高等应用型人才培养规划教材

线性代数

(第6版)

王志刚　徐　芳　主　编
万狮狮　欧高林　副主编
钱椿林　主　审

電子工業出版社
Publishing House of Electronics Industry
北京 · BEIJING

内 容 简 介

本书是为高等职业院校编写的线性代数课程教材，是根据教育部颁发的关于高等职业教育线性代数课程的基本要求而编写的。本书共5章，详细讲述了线性代数的基本内容及其应用，包括行列式的定义及其运算、矩阵及其运算、线性方程组的有关知识、相似矩阵与二次型，以及数学实验等。本书的特点是每章通过例题介绍解题思路，并对解题方法、步骤进行了详细归纳。每章都安排小结与练习，使读者巩固所学知识，并提高分析、解决问题的能力。在每章的习题与练习题中都配有相应的二维码，读者可以使用移动设备扫码浏览参考答案与提示。

本书适合高等职业院校计算机类、电子信息类等相关工程类专业的学生使用，也可供应用型本科及其他类型院校的学生选用参考。

图书在版编目（CIP）数据

线性代数/王志刚，徐芳主编. —6版. —北京：电子工业出版社，2018.9
ISBN 978-7-121-33269-2

Ⅰ. ①线… Ⅱ. ①王… ②徐… Ⅲ. ①线性代数－高等职业教育－教材 Ⅳ. ①O151.2

中国版本图书馆CIP数据核字（2017）第308862号

策划编辑：薛华强（xuehq@phei.com.cn）
责任编辑：程超群　　文字编辑：薛华强
印　　刷：北京虎彩文化传播有限公司
装　　订：北京虎彩文化传播有限公司
出版发行：电子工业出版社
　　　　　北京市海淀区万寿路173信箱　邮编 100036
开　　本：787×1092　1/16　印张：13　字数：333千字
版　　次：2001年3月第2版
　　　　　2018年9月第6版
印　　次：2018年9月第1次印刷
定　　价：36.00元

凡所购买电子工业出版社图书有缺损问题，请向购买书店调换。若书店售缺，请与本社发行部联系，联系及邮购电话：（010）88254888，88258888。

质量投诉请发邮件至zlts@phei.com.cn，盗版侵权举报请发邮件至dbqq@phei.com.cn。

本书咨询联系方式：（010）88254569，xuehq@phei.com.cn，QQ1140210769。

第 6 版前言

为了适应高等职业教育发展的需要，我们对 2013 年出版的第 5 版进行了修订，具体内容如下。

(1)在第 1 章中，强调利用行列式的三个重要性质进行行列式的计算是最简捷、最有用和最方便的方法，并对例题和习题中的一些错误进行了改正。

(2)在第 2 章中，强调利用初等行变换进行矩阵的计算是最重要和最有用的方法，并对一些错误进行了改正。

(3)在第 3 章中，利用初等行变换的方法，将增广矩阵化为行简化阶梯形矩阵，从而解决了线性方程组的三个问题，并对一些错误进行了改正。

(4)在第 4 章中，利用行列式的计算和线性方程组的计算相结合的方法，解决了矩阵中的一些其他重要问题，并对一些错误进行了改正。

(5)在第 5 章中，对于一些比较难的线性代数问题，可以利用数学软件来做，并对一些错误进行了改正。

(6)在每章的习题与练习题中都配有相应的二维码，读者可以使用移动设备扫码浏览参考答案与提示。此外，在华信教育资源网上也提供了本书的参考答案与提示。

本次修订，基本上保持了第 5 版教材的风格与体系，读者使用起来会更方便。

本书由王志刚、徐芳担任主编，万狮狮、欧高林担任副主编，钱椿林教授担任主审。参加本书编写的还有：黄振明、吴平、蒋麟、周良英、马林德、倪受荣、钱江、钱华。限于作者水平，书中不当和疏漏之处，敬请读者批评指正。

编　　者

第 5 版前言

为适应高职高专教育发展的需要，我们根据高职高专计算机系列教材出版规划的要求对2009 年出版的第 4 版进行了修订，具体内容如下。

(1)在第 1 章中，对行列式的三个重要性质，行列式如何变化的情况进行汇总，对例题和习题中的一些错误进行了改正。

(2)在第 2 章中，增加了解矩阵方程的例题与习题，删去了较难的例题，强调矩阵方法的实际应用。

(3)在第 3 章中，对例题中的一些错误进行了改正。

(4)在第 4 章中，矩阵的初等行变换化为阶梯形矩阵后，增加了进一步将阶梯形矩阵化为行简化阶梯形矩阵，给矩阵的特征向量的计算带来了方便。

通过这次修订，保持了第 4 版教材的风格与体系，读者使用起来会更方便。

对于高职高专计算机专业，线性代数是一门很重要的基础课。为此，我们强调一下线性代数课程的核心内容，作为读者的一个提示。

第一，关于行列式的计算。主要有两种方法：(1)利用行列式的三个重要性质，将行列式化为上三角行列式来计算。这三个重要性质是：①互换行列式的两行(列)，行列式的值改变符号；②行列式某一行(列)的公因子可以提出来；③将行列式的某一行(列)的各元素都乘以同一常数后，再加到另一行(列)的对应元素上，则行列式的值不变。(2)利用“化零降阶”方法。

第二，关于矩阵的计算。主要是对矩阵的初等行变换方法，即，利用矩阵的初等行变换方法，将矩阵化为阶梯形矩阵或行简化阶梯形矩阵，然后对矩阵进行计算。例如，用初等行变换求矩阵的秩；用初等行变换求逆矩阵；用初等行变换求解矩阵方程等。

第三，关于线性方程组的计算。主要是高斯消元法。高斯消元法的本质是对增广矩阵进行初等行变换，将增广矩阵化为行简化阶梯形矩阵，从而解决了线性方程组的三个问题：①如何判定线性方程组是否有解；②在线性方程组有解的情况下，解是否唯一；③在线性方程组有无穷多解时，解的结构如何。

第四，关于矩阵的特征值与特征向量的计算。主要是矩阵相似的方法。矩阵相似的方法的本质是行列式的计算和线性方程组的计算相结合。即，首先利用行列式的计算方法，求出矩阵的特征值，然后运用矩阵的每个特征值，求齐次线性方程组的非零解，其非零解即为对应特征值的特征向量。

第五，关于二次型的计算。主要是对称矩阵相合的方法。对称矩阵相合的方法的本质是化二次型为标准型。化二次型为标准型的方法有两种：①配方法；②正交变换法，即求矩阵的特征值与特征向量的方法。

综上所述，矩阵的初等行变换方法贯串线性代数课程的始终，因此，矩阵的初等行变换是线性代数中最重要的方法，也是最有用的方法。

本次修订由钱椿林、田立炎完成。参加本书编写的有：黄振明、吴平、蒋麟、倪爱荣、钱江、钱华、朱吉、朱瑞根、徐桂宝、周良荣、马林德。

编　者

2013 年 1 月

目　录

第1章　行列式 …… (1)
1.1　行列式的定义 …… (1)
1.1.1　二阶和三阶行列式 …… (1)
1.1.2　n阶行列式 …… (3)
1.1.3　特殊行列式 …… (5)
习题1.1 …… (8)
1.2　行列式的性质与计算 …… (8)
1.2.1　行列式的性质 …… (8)
1.2.2　行列式的计算 …… (14)
习题1.2 …… (19)
1.3　克拉默法则及其应用 …… (20)
1.3.1　克拉默法则 …… (20)
1.3.2　运用克拉默法则讨论齐次线性方程组的解 …… (23)
习题1.3 …… (24)
1.4　本章小结与练习 …… (24)
1.4.1　内容提要 …… (24)
1.4.2　疑点解析 …… (25)
1.4.3　例题、方法精讲 …… (25)
练习题 …… (30)
第2章　矩阵 …… (33)
2.1　矩阵及其运算 …… (33)
2.1.1　矩阵的概念 …… (33)
2.1.2　矩阵的加法 …… (34)
2.1.3　数与矩阵的乘法(数乘矩阵) …… (35)
2.1.4　矩阵的乘法 …… (36)
2.1.5　矩阵的转置 …… (41)
2.1.6　方阵的行列式 …… (42)
习题2.1 …… (44)
2.2　逆矩阵 …… (46)
2.2.1　逆矩阵的概念 …… (46)
2.2.2　逆矩阵的性质 …… (47)
2.2.3　矩阵可逆的判定与逆矩阵的求法 …… (47)
习题2.2 …… (52)
2.3　分块矩阵 …… (52)
2.3.1　分块矩阵的加法 …… (53)
2.3.2　分块矩阵的乘法 …… (54)
2.3.3　分块对角矩阵的运算 …… (57)
习题2.3 …… (59)
2.4　特殊矩阵 …… (60)

2.4.1 对角矩阵 …… (60)
2.4.2 三角形矩阵 …… (61)
2.4.3 对称矩阵和反对称矩阵 …… (61)
2.4.4 正交矩阵 …… (62)
习题 2.4 …… (63)
2.5 矩阵的初等行变换及其应用 …… (64)
2.5.1 矩阵的初等行变换 …… (64)
2.5.2 初等矩阵 …… (64)
2.5.3 运用初等行变换求逆矩阵 …… (65)
习题 2.5 …… (69)
2.6 矩阵的秩 …… (69)
2.6.1 矩阵的秩的概念 …… (69)
2.6.2 运用矩阵的初等行变换求矩阵的秩 …… (70)
2.6.3 关于矩阵的秩的性质 …… (72)
习题 2.6 …… (72)
2.7 本章小结与练习 …… (73)
2.7.1 内容提要 …… (73)
2.7.2 疑点解析 …… (73)
2.7.3 例题、方法精讲 …… (74)
练习题 …… (86)
第 3 章 线性方程组 …… (89)
3.1 高斯消元法 …… (90)
习题 3.1 …… (95)
3.2 线性方程组的相容性定理 …… (95)
习题 3.2 …… (97)
3.3 n 维向量及向量组的线性相关性 …… (98)
3.3.1 n 维向量的定义 …… (98)
3.3.2 线性相关与线性无关 …… (98)
3.3.3 线性相关性的判定 …… (102)
习题 3.3 …… (105)
3.4 向量组的秩 …… (106)
3.4.1 向量组的等价关系 …… (106)
3.4.2 极大线性无关组 …… (107)
习题 3.4 …… (110)
3.5 向量空间 …… (111)
3.5.1 向量空间的定义 …… (111)
3.5.2 向量空间的基与维数 …… (112)
习题 3.5 …… (116)
3.6 线性方程组解的结构及其应用 …… (117)
3.6.1 齐次线性方程组解的结构 …… (117)
3.6.2 非齐次线性方程组解的结构 …… (120)
3.6.3 线性方程组的应用 …… (125)
习题 3.6 …… (127)
3.7 本章小结与练习 …… (128)

3.7.1 内容提要……………………………………………………………………………………………… (128)
3.7.2 疑点解析……………………………………………………………………………………………… (128)
3.7.3 例题、方法精讲 ……………………………………………………………………………………… (129)
练习题 …… (141)
第4章 相似矩阵与二次型 ………………………………………………………………………………… (145)
4.1 向量的内积和向量组的正交单位化……………………………………………………………………… (145)
4.1.1 向量的内积……………………………………………………………………………………………… (145)
4.1.2 向量组的正交单位化…………………………………………………………………………………… (146)
习题4.1 ……………………………………………………………………………………………………… (148)
4.2 矩阵的特征值与特征向量………………………………………………………………………………… (148)
4.2.1 特征值与特征向量……………………………………………………………………………………… (148)
4.2.2 特征值与特征向量的求法……………………………………………………………………………… (149)
习题4.2 ……………………………………………………………………………………………………… (152)
4.3 相似矩阵…………………………………………………………………………………………………… (153)
4.3.1 相似矩阵的概念………………………………………………………………………………………… (153)
4.3.2 相似矩阵的对角化……………………………………………………………………………………… (155)
4.3.3 实对称矩阵的相似矩阵………………………………………………………………………………… (157)
习题4.3 ……………………………………………………………………………………………………… (160)
4.4 二次型……………………………………………………………………………………………………… (161)
4.4.1 二次型的概念及矩阵表示……………………………………………………………………………… (161)
4.4.2 化二次型为标准型……………………………………………………………………………………… (162)
4.4.3 正定二次型……………………………………………………………………………………………… (169)
习题4.4 ……………………………………………………………………………………………………… (174)
4.5 本章小结与练习…………………………………………………………………………………………… (175)
4.5.1 内容提要………………………………………………………………………………………………… (175)
4.5.2 疑点解析………………………………………………………………………………………………… (175)
4.5.3 例题、方法精讲 ………………………………………………………………………………………… (176)
练习题 …… (186)
第5章 数学实验 …………………………………………………………………………………………… (189)
5.1 矩阵的基本运算的演示与实验…………………………………………………………………………… (189)
5.1.1 实验目的………………………………………………………………………………………………… (189)
5.1.2 内容与步骤……………………………………………………………………………………………… (189)
5.2 求线性方程组解的演示与实验…………………………………………………………………………… (192)
5.2.1 实验目的………………………………………………………………………………………………… (192)
5.2.2 内容与步骤……………………………………………………………………………………………… (192)
5.3 求方阵的特征值与特征向量的演示与实验……………………………………………………………… (195)
5.3.1 实验目的………………………………………………………………………………………………… (195)
5.3.2 内容与步骤……………………………………………………………………………………………… (195)
参考文献 …………………………………………………………………………………………………… (198)

第1章 行 列 式

行列式在线性代数中是一个基本工具，研究许多问题时都需要用到它，如线性方程组、矩阵、矩阵的特征值、二次型等. 本章在二阶、三阶行列式定义的基础上，归纳出一般的 n 阶行列式的定义，然后讨论行列式的基本性质与计算. 为了便于学生能较好地掌握这部分内容，本章介绍了几种常用的计算 n 阶行列式的方法，还介绍了用行列式这一工具求解一类非齐次线性方程组的一种重要方法——克拉默法则，并由此给出了齐次线性方程组有非零解的必要条件.

1.1 行列式的定义

1.1.1 二阶和三阶行列式

行列式这个概念究竟是如何形成的呢？这就得从求解方程个数和未知量个数相等的一次(线性)方程组入手.

在初等代数中，用加、减消元法求解一个二元一次方程组

$$\begin{cases} a_{11}x_1 + a_{12}x_2 = b_1, \\ a_{21}x_1 + a_{22}x_2 = b_2, \end{cases} \tag{1.1}$$

的具体步骤是：先从方程组(1.1)里消去 x_2 而求得 x_1，这只要将方程组(1.1)的第1、第2两个式子分别乘以 a_{22} 与 $-a_{12}$，然后再相加，就得到

$$(a_{11}a_{22} - a_{12}a_{21})x_1 = a_{22}b_1 - a_{12}b_2;$$

同理，也可从方程组(1.1)里消去 x_1 而求得 x_2，这只要将方程组(1.1)的第1、第2两个式子分别乘以 $-a_{21}$ 与 a_{11}，然后相加，得到

$$(a_{11}a_{22} - a_{12}a_{21})x_2 = a_{11}b_2 - a_{21}b_1,$$

即

$$\begin{cases} (a_{11}a_{22} - a_{12}a_{21})x_1 = a_{22}b_1 - a_{12}b_2, \\ (a_{11}a_{22} - a_{12}a_{21})x_2 = a_{11}b_2 - a_{21}b_1. \end{cases}$$

如果未知量 x_1, x_2 的系数 $a_{11}a_{22} - a_{12}a_{21} \neq 0$，那么，这个线性方程组(1.1)有唯一解：

$$x_1 = \frac{a_{22}b_1 - a_{12}b_2}{a_{11}a_{22} - a_{12}a_{21}}, \qquad x_2 = \frac{a_{11}b_2 - a_{21}b_1}{a_{11}a_{22} - a_{12}a_{21}}.$$

为了便于使用与记忆，我们引入二阶行列式的概念.

如果把线性方程组(1.1)中未知量 x_1, x_2 的系数按原来的位置写成2行2列的数表，并用两条竖线加以标出，那么，便得到一个二阶行列式，对此除引入字母 Δ 作为记号外，还规定：

$$\Delta = \begin{vmatrix} a_{11} & a_{12} \\ a_{21} & a_{22} \end{vmatrix} = a_{11}a_{22} - a_{12}a_{21}, \tag{1.2}$$

式(1.2)最右边的式子称为**二阶行列式 Δ 的展开式**.

于是，线性方程组(1.1)的解可以表示为

$$x_1=\frac{\begin{vmatrix} b_1 & a_{12} \\ b_2 & a_{22} \end{vmatrix}}{\begin{vmatrix} a_{11} & a_{12} \\ a_{21} & a_{22} \end{vmatrix}},\qquad x_2=\frac{\begin{vmatrix} a_{11} & b_1 \\ a_{21} & b_2 \end{vmatrix}}{\begin{vmatrix} a_{11} & a_{12} \\ a_{21} & a_{22} \end{vmatrix}},$$

若记

$$\Delta_1=\begin{vmatrix} b_1 & a_{12} \\ b_2 & a_{22} \end{vmatrix}=b_1a_{22}-b_2a_{12},\quad \Delta_2=\begin{vmatrix} a_{11} & b_1 \\ a_{21} & b_2 \end{vmatrix}=b_2a_{11}-b_1a_{21},$$

则线性方程组(1.1)的解可以简洁地表示为

$$x_1=\frac{\Delta_1}{\Delta},\qquad x_2=\frac{\Delta_2}{\Delta}. \tag{1.3}$$

由此可见，二阶行列式的引入与二元一次方程组有关，它表示排成2行、2列的4个数在规定运算下得到的一个数值.

类似地，对于三元一次方程组

$$\begin{cases} a_{11}x_1+a_{12}x_2+a_{13}x_3=b_1, \\ a_{21}x_1+a_{22}x_2+a_{23}x_3=b_2, \\ a_{31}x_1+a_{32}x_2+a_{33}x_3=b_3, \end{cases} \tag{1.4}$$

为了简单地表达它的解，我们引入三阶行列式的概念. 三阶行列式就是排成3行、3列的9个数的一张数表，其展开式规定为

$$\begin{aligned}\Delta&=\begin{vmatrix} a_{11} & a_{12} & a_{13} \\ a_{21} & a_{22} & a_{23} \\ a_{31} & a_{32} & a_{33} \end{vmatrix} \\ &=(-1)^{1+1}a_{11}\begin{vmatrix} a_{22} & a_{23} \\ a_{32} & a_{33} \end{vmatrix}+(-1)^{1+2}a_{12}\begin{vmatrix} a_{21} & a_{23} \\ a_{31} & a_{33} \end{vmatrix}+(-1)^{1+3}a_{13}\begin{vmatrix} a_{21} & a_{22} \\ a_{31} & a_{32} \end{vmatrix} \\ &=a_{11}(a_{22}a_{33}-a_{23}a_{32})-a_{12}(a_{21}a_{33}-a_{23}a_{31})+a_{13}(a_{21}a_{32}-a_{22}a_{31}) \\ &=a_{11}a_{22}a_{33}+a_{12}a_{23}a_{31}+a_{13}a_{21}a_{32}-a_{13}a_{22}a_{31}-a_{11}a_{23}a_{32}-a_{12}a_{21}a_{33}.\end{aligned}$$

【例 1.1】 计算三阶行列式

$$\begin{vmatrix} -1 & 6 & 7 \\ 4 & 0 & 9 \\ 2 & 1 & 5 \end{vmatrix}.$$

解

$$\begin{aligned}\begin{vmatrix} -1 & 6 & 7 \\ 4 & 0 & 9 \\ 2 & 1 & 5 \end{vmatrix}&=(-1)^{1+1}\times(-1)\begin{vmatrix} 0 & 9 \\ 1 & 5 \end{vmatrix}+(-1)^{1+2}\times 6\begin{vmatrix} 4 & 9 \\ 2 & 5 \end{vmatrix}+(-1)^{1+3}\times 7\begin{vmatrix} 4 & 0 \\ 2 & 1 \end{vmatrix} \\ &=(-1)\times(0\times5-9\times1)-6\times(4\times5-9\times2)+7\times(4\times1-0\times2) \\ &=9-12+28=25.\end{aligned}$$

所以，三阶行列式也是在规定运算下的一个数值，它可转化为二阶行列式进一步计算得到. 三阶行列式可以用来表达三元一次方程组(1.4)的解. 如果方程组(1.4)系数行列式

$$\Delta=\begin{vmatrix} a_{11} & a_{12} & a_{13} \\ a_{21} & a_{22} & a_{23} \\ a_{31} & a_{32} & a_{33} \end{vmatrix}\neq 0,$$

那么方程组有唯一解，其解同样可以简洁地表示为

$$x_1=\frac{\Delta_1}{\Delta},\qquad x_2=\frac{\Delta_2}{\Delta},\qquad x_3=\frac{\Delta_3}{\Delta},\tag{1.5}$$

其中

$$\Delta_1=\begin{vmatrix} b_1 & a_{12} & a_{13}\\ b_2 & a_{22} & a_{23}\\ b_3 & a_{32} & a_{33}\end{vmatrix},\quad \Delta_2=\begin{vmatrix} a_{11} & b_1 & a_{13}\\ a_{21} & b_2 & a_{23}\\ a_{31} & b_3 & a_{33}\end{vmatrix},\quad \Delta_3=\begin{vmatrix} a_{11} & a_{12} & b_1\\ a_{21} & a_{22} & b_2\\ a_{31} & a_{32} & b_3\end{vmatrix}.$$

在方程组(1.4)的解的表达式(1.5)中，$x_i(i=1,2,3)$分母均是方程组(1.4)的系数行列式Δ，x_i的分子是将系数行列式Δ中的第i列换成方程组(1.4)中的常数项，其余列不动所得到的行列式，并简记为$\Delta_i(i=1,2,3)$.

【例 1.2】 解方程组

$$\begin{cases} x_1+2x_2+x_3=2,\\ -2x_1+x_2-x_3=-1,\\ x_1+3x_2-x_3=-2.\end{cases}$$

解 方程组的系数行列式为

$$\Delta=\begin{vmatrix} 1 & 2 & 1\\ -2 & 1 & -1\\ 1 & 3 & -1\end{vmatrix}=\begin{vmatrix} 1 & -1\\ 3 & -1\end{vmatrix}-2\begin{vmatrix} -2 & -1\\ 1 & -1\end{vmatrix}+\begin{vmatrix} -2 & 1\\ 1 & 3\end{vmatrix}=-11\neq 0,$$

又计算得

$$\Delta_1=\begin{vmatrix} 2 & 2 & 1\\ -1 & 1 & -1\\ -2 & 3 & -1\end{vmatrix}=5,\quad \Delta_2=\begin{vmatrix} 1 & 2 & 1\\ -2 & -1 & -1\\ 1 & -2 & -1\end{vmatrix}=-2,\quad \Delta_3=\begin{vmatrix} 1 & 2 & 2\\ -2 & 1 & -1\\ 1 & 3 & -2\end{vmatrix}=-23.$$

所以方程组的解为

$$x_1=\frac{\Delta_1}{\Delta}=-\frac{5}{11},\quad x_2=\frac{\Delta_2}{\Delta}=\frac{2}{11},\quad x_3=\frac{\Delta_3}{\Delta}=\frac{23}{11}.$$

显然，对于未知数个数等于方程个数的二元、三元线性方程组，当它们的系数行列式不等于零时，利用行列式这一工具求解十分简便，结果也容易记忆. 我们自然联想到：对于未知数个数等于方程个数的n元($n>3$)线性方程组，是否也有类似的结果？这就需要引入n阶($n>3$)行列式的定义.

1.1.2 *n* 阶行列式

在上面的讨论中，是将三阶行列式转化为二阶行列式来计算的. 下面，根据此思路给出n阶行列式的递归法定义.

定义 1.1 将n^2个数$a_{ij}(i,j=1,2,\cdots,n)$排列成n行n列(横的称行，竖的称列)，并在左、右两边各加一条竖线的算式，即

$$D_n=\begin{vmatrix} a_{11} & a_{12} & \cdots & a_{1n}\\ a_{21} & a_{22} & \cdots & a_{2n}\\ \vdots & \vdots & & \vdots\\ a_{n1} & a_{n2} & \cdots & a_{nn}\end{vmatrix}$$

称为 **n 阶行列式**，它代表一个由确定的运算关系所得到的数值. 例如，当 $n=2$ 时

$$D_2=\begin{vmatrix} a_{11} & a_{12} \\ a_{21} & a_{22} \end{vmatrix}=a_{11}a_{22}-a_{12}a_{21},$$

当 $n>2$ 时，定义为

$$D_n=a_{11}A_{11}+a_{12}A_{12}+\cdots+a_{1n}A_{1n}=\sum_{j=1}^{n}a_{1j}A_{1j},$$

其中，数 a_{1j} 为第 1 行第 j 列的元素；$A_{1j}=(-1)^{1+j}M_{1j}$ 称为 a_{1j} 的**代数余子式**；M_{1j} 为由 D_n 划去第 1 行和第 j 列后余下元素构成的 $n-1$ 阶行列式.

从定义 1.1 可以知道一个 n 阶行列式代表一个数值，并且这个数值由第 1 行所有元素与其相应的代数余子式乘积之和得到. 我们通常将此定义简称为 n 阶行列式按第 1 行展开.

对于一般情况下，M_{ij} 为由 D_n 划去第 i 行和第 j 列后余下元素构成的 $n-1$ 阶行列式，即

$$M_{ij}=\begin{vmatrix} a_{11} & \cdots & a_{1,j-1} & a_{1,j+1} & \cdots & a_{1n} \\ \vdots & & \vdots & \vdots & & \vdots \\ a_{i-1,1} & \cdots & a_{i-1,j-1} & a_{i-1,j+1} & \cdots & a_{i-1,n} \\ a_{i+1,1} & \cdots & a_{i+1,j-1} & a_{i+1,j+1} & \cdots & a_{i+1,n} \\ \vdots & & \vdots & \vdots & & \vdots \\ a_{n1} & \cdots & a_{n,j-1} & a_{n,j+1} & \cdots & a_{nn} \end{vmatrix}$$

称为元素 a_{ij} 的**余子式**；元素 a_{ij} 的**代数余子式**为 $A_{ij}=(-1)^{i+j}M_{ij}$.

例如，四阶行列式

$$D_4=\begin{vmatrix} 5 & -1 & 9 & 3 \\ 2 & 0 & 7 & -6 \\ 1 & -4 & -3 & 7 \\ 8 & 4 & -2 & -9 \end{vmatrix}$$

中，元素 a_{23} 的余子式即为划去第 2 行和第 3 列元素后的三阶行列式

$$M_{23}=\begin{vmatrix} 5 & -1 & 3 \\ 1 & -4 & 7 \\ 8 & 4 & -9 \end{vmatrix},$$

元素 a_{23} 的代数余子式为余子式 M_{23} 前再加一个符号因子，即

$$A_{23}=(-1)^{2+3}M_{23}=-\begin{vmatrix} 5 & -1 & 3 \\ 1 & -4 & 7 \\ 8 & 4 & -9 \end{vmatrix}.$$

【例 1.3】 计算三阶行列式

$$D_3=\begin{vmatrix} 1 & -6 & 2 \\ 3 & 0 & -3 \\ -2 & 6 & 5 \end{vmatrix}.$$

解 由定义

$$D_3=1\times(-1)^{1+1}\begin{vmatrix} 0 & -3 \\ 6 & 5 \end{vmatrix}+(-6)\times(-1)^{1+2}\begin{vmatrix} 3 & -3 \\ -2 & 5 \end{vmatrix}+2\times(-1)^{1+3}\begin{vmatrix} 3 & 0 \\ -2 & 6 \end{vmatrix}$$

$= 18 + 54 + 36 = 108.$

【例 1.4】 计算四阶行列式

$$D_4 = \begin{vmatrix} 2 & 0 & 0 & -4 \\ 9 & -1 & 0 & 1 \\ -2 & 6 & 1 & 0 \\ 6 & 10 & -2 & -5 \end{vmatrix}.$$

解 由定义

$$D_4 = 2 \times (-1)^{1+1} \begin{vmatrix} -1 & 0 & 1 \\ 6 & 1 & 0 \\ 10 & -2 & -5 \end{vmatrix} + (-4) \times (-1)^{1+4} \begin{vmatrix} 9 & -1 & 0 \\ -2 & 6 & 1 \\ 6 & 10 & -2 \end{vmatrix}$$

$$= 2 \times \left[(-1) \times (-1)^{1+1} \begin{vmatrix} 1 & 0 \\ -2 & -5 \end{vmatrix} + 1 \times (-1)^{1+3} \begin{vmatrix} 6 & 1 \\ 10 & -2 \end{vmatrix} \right] +$$

$$4 \times \left[9 \times (-1)^{1+1} \begin{vmatrix} 6 & 1 \\ 10 & -2 \end{vmatrix} + (-1) \times (-1)^{1+2} \begin{vmatrix} -2 & 1 \\ 6 & -2 \end{vmatrix} \right]$$

$$= 2 \times [5 - 22] + 4[9 \times (-22) - 2] = -834.$$

通过本例的计算，可以体会到第 1 行的零元素越多，则由定义按第 1 行展开时计算越简便. 以后将会看到，一个行列式可以按任意一行或任意一列展开.

1.1.3 特殊行列式

下面利用行列式的定义来计算几种特殊的 n 阶行列式.

1. 对角行列式

只有在对角线上有非零元素的行列式称为**对角行列式**.

【例 1.5】 证明对角行列式：

(1)
$$\begin{vmatrix} \lambda_1 & 0 & \cdots & 0 & 0 \\ 0 & \lambda_2 & \cdots & 0 & 0 \\ \vdots & \vdots & & \vdots & \vdots \\ 0 & 0 & \cdots & \lambda_{n-1} & 0 \\ 0 & 0 & \cdots & 0 & \lambda_n \end{vmatrix} = \lambda_1 \lambda_2 \cdots \lambda_n; \tag{1.6}$$

(2)
$$\begin{vmatrix} 0 & 0 & \cdots & 0 & \lambda_1 \\ 0 & 0 & \cdots & \lambda_2 & 0 \\ \vdots & \vdots & & \vdots & \vdots \\ 0 & \lambda_{n-1} & \cdots & 0 & 0 \\ \lambda_n & 0 & \cdots & 0 & 0 \end{vmatrix} = (-1)^{\frac{n(n-1)}{2}} \lambda_1 \lambda_2 \cdots \lambda_n. \tag{1.7}$$

其中行列式(1.6) 主对角线上的元素是 $\lambda_i (i = 1, 2, \cdots, n)$，行列式(1.7) 次对角线上的元素是 $\lambda_i (i = 1, 2, \cdots, n)$，其他元素都是零.

证 利用 n 阶行列式的定义逐次降阶展开行列式(1.6) 得

$$
\begin{vmatrix} \lambda_1 & 0 & \cdots & 0 & 0 \\ 0 & \lambda_2 & \cdots & 0 & 0 \\ \vdots & \vdots & & \vdots & \vdots \\ 0 & 0 & \cdots & \lambda_{n-1} & 0 \\ 0 & 0 & \cdots & 0 & \lambda_n \end{vmatrix} = \lambda_1(-1)^{1+1} \begin{vmatrix} \lambda_2 & 0 & \cdots & 0 & 0 \\ 0 & \lambda_2 & \cdots & 0 & 0 \\ \vdots & \vdots & & \vdots & \vdots \\ 0 & 0 & \cdots & \lambda_{n-1} & 0 \\ 0 & 0 & \cdots & 0 & \lambda_n \end{vmatrix}
$$

$$
= \lambda_1\lambda_2(-1)^{1+1} \begin{vmatrix} \lambda_3 & 0 & \cdots & 0 & 0 \\ 0 & \lambda_4 & \cdots & 0 & 0 \\ \vdots & \vdots & & \vdots & \vdots \\ 0 & 0 & \cdots & \lambda_{n-1} & 0 \\ 0 & 0 & \cdots & 0 & \lambda_n \end{vmatrix} = \cdots = \lambda_1\lambda_2\cdots\lambda_n,
$$

对行列式(1.7)，注意到降阶展开时，元素 $\lambda_1,\lambda_2,\cdots,\lambda_n$ 依次在第 $n,n-1,\cdots,2,1$ 列，故有

$$
\begin{vmatrix} 0 & 0 & \cdots & 0 & \lambda_1 \\ 0 & 0 & \cdots & \lambda_2 & 0 \\ \vdots & \vdots & & \vdots & \vdots \\ 0 & \lambda_{n-1} & \cdots & 0 & 0 \\ \lambda_n & 0 & \cdots & 0 & 0 \end{vmatrix} = \lambda_1(-1)^{1+n} \begin{vmatrix} 0 & 0 & \cdots & 0 & \lambda_2 \\ 0 & 0 & \cdots & \lambda_3 & 0 \\ \vdots & \vdots & & \vdots & \vdots \\ 0 & \lambda_{n-1} & \cdots & 0 & 0 \\ \lambda_n & 0 & \cdots & 0 & 0 \end{vmatrix}
$$

$$
= \lambda_1(-1)^{1+n}\lambda_2(-1)^{1+n-1} \begin{vmatrix} 0 & 0 & \cdots & 0 & \lambda_3 \\ 0 & 0 & \cdots & \lambda_4 & 0 \\ \vdots & \vdots & & \vdots & \vdots \\ 0 & \lambda_{n-1} & \cdots & 0 & 0 \\ \lambda_n & 0 & \cdots & 0 & 0 \end{vmatrix}
$$

$$
= \cdots = (-1)^{1+n}(-1)^{1+n-1}\cdots(-1)^{1+2} \times (-1)^{1+1}\lambda_1\lambda_2\cdots\lambda_n
$$

$$
= (-1)^{n+\frac{n(n+1)}{2}}\lambda_1\lambda_2\cdots\lambda_n = (-1)^{\frac{n(n-1)}{2}}\lambda_1\lambda_2\cdots\lambda_n.
$$

用同样的方法可以将式(1.7) 的结果加以类推，即

$$
\begin{vmatrix} a_{11} & a_{12} & \cdots & a_{1,n-1} & a_{1n} \\ a_{21} & a_{22} & \cdots & a_{2,n-1} & 0 \\ \vdots & \vdots & & \vdots & \vdots \\ a_{n-1,1} & a_{n-1,2} & \cdots & 0 & 0 \\ a_{n1} & 0 & \cdots & 0 & 0 \end{vmatrix} = \begin{vmatrix} 0 & 0 & \cdots & 0 & a_{1n} \\ 0 & 0 & \cdots & a_{2,n-1} & a_{2n} \\ \vdots & \vdots & & \vdots & \vdots \\ 0 & a_{n-1,2} & \cdots & a_{n-1,n-1} & a_{n-1,n} \\ a_{n1} & a_{n2} & \cdots & a_{n,n-1} & a_{nn} \end{vmatrix}
$$

$$
= (-1)^{\frac{n(n-1)}{2}} a_{1n}a_{2,n-1}\cdots a_{n-1,2}a_{n1}. \tag{1.8}
$$

2. 下(上) 三角行列式

对角线以上(下) 的元素都为零的行列式称为**下(上) 三角行列式**.

【例 1.6】 试证下三角行列式

$$D_n=\begin{vmatrix} a_{11} & 0 & \cdots & 0 & 0 \\ a_{21} & a_{22} & \cdots & 0 & 0 \\ \vdots & \vdots & & \vdots & \vdots \\ a_{n-1,1} & a_{n-1,2} & \cdots & a_{n-1,n-1} & 0 \\ a_{n1} & a_{n2} & \cdots & a_{n,n-1} & a_{nn} \end{vmatrix}=a_{11}a_{22}\cdots a_{nn}. \tag{1.9}$$

证 利用 n 阶行列式的定义,逐次降阶展开,故有

$$D_n=a_{11}(-1)^{1+1}\begin{vmatrix} a_{22} & 0 & \cdots & 0 \\ a_{32} & a_{33} & \cdots & 0 \\ \vdots & \vdots & & \vdots \\ a_{n2} & a_{n3} & \cdots & a_{nn} \end{vmatrix}$$

$$=\cdots=a_{11}(-1)^{1+1}\times a_{22}(-1)^{1+1}\cdots a_{nn}=a_{11}a_{22}\cdots a_{nn}.$$

3. 一个重要的行列式公式

【例 1.7】 证明

$$\begin{vmatrix} a_{11} & a_{12} & 0 & 0 \\ a_{21} & a_{22} & 0 & 0 \\ c_{11} & c_{12} & b_{11} & b_{12} \\ c_{21} & c_{22} & b_{21} & b_{22} \end{vmatrix}=\begin{vmatrix} a_{11} & a_{12} \\ a_{21} & a_{22} \end{vmatrix}\times\begin{vmatrix} b_{11} & b_{12} \\ b_{21} & b_{22} \end{vmatrix}.$$

证 对等式左边行列式按第 1 行展开,得

$$\begin{vmatrix} a_{11} & a_{12} & 0 & 0 \\ a_{21} & a_{22} & 0 & 0 \\ c_{11} & c_{12} & b_{11} & b_{12} \\ c_{21} & c_{22} & b_{21} & b_{22} \end{vmatrix}=a_{11}\begin{vmatrix} a_{22} & 0 & 0 \\ c_{12} & b_{11} & b_{12} \\ c_{22} & b_{21} & b_{22} \end{vmatrix}-a_{12}\begin{vmatrix} a_{21} & 0 & 0 \\ c_{11} & b_{11} & b_{12} \\ c_{21} & b_{21} & b_{22} \end{vmatrix}$$

$$=a_{11}a_{22}\begin{vmatrix} b_{11} & b_{12} \\ b_{21} & b_{22} \end{vmatrix}-a_{12}a_{21}\begin{vmatrix} b_{11} & b_{12} \\ b_{21} & b_{22} \end{vmatrix}$$

$$=(a_{11}a_{22}-a_{12}a_{21})\begin{vmatrix} b_{11} & b_{12} \\ b_{21} & b_{22} \end{vmatrix}$$

$$=\begin{vmatrix} a_{11} & a_{12} \\ a_{21} & a_{22} \end{vmatrix}\times\begin{vmatrix} b_{11} & b_{12} \\ b_{21} & b_{22} \end{vmatrix},$$

所以原式成立.

一般地,可以用数学归纳法证明

$$\begin{vmatrix} a_{11} & \cdots & a_{1s} & 0 & \cdots & 0 \\ \vdots & & \vdots & \vdots & & \vdots \\ a_{s1} & \cdots & a_{ss} & 0 & \cdots & 0 \\ c_{11} & \cdots & c_{1s} & b_{11} & \cdots & b_{1t} \\ \vdots & & \vdots & \vdots & & \vdots \\ c_{t1} & \cdots & c_{ts} & b_{t1} & \cdots & b_{tt} \end{vmatrix}=\begin{vmatrix} a_{11} & \cdots & a_{1s} \\ \vdots & & \vdots \\ a_{s1} & \cdots & a_{ss} \end{vmatrix}\times\begin{vmatrix} b_{11} & \cdots & b_{1t} \\ \vdots & & \vdots \\ b_{t1} & \cdots & b_{tt} \end{vmatrix}. \tag{1.10}$$

公式(1.10)在行列式的计算与证明中经常使用.

习题 1.1

参考答案与提示

1. 利用定义计算下列行列式：

(1)$\begin{vmatrix} 1 & 9 \\ 9 & 7 \end{vmatrix}$；(2)$\begin{vmatrix} 2 & -1 & 5 \\ 3 & 1 & -2 \\ 1 & 4 & 6 \end{vmatrix}$；(3)$\begin{vmatrix} 0 & x & y \\ -x & 0 & z \\ -y & -z & 0 \end{vmatrix}$；(4)$\begin{vmatrix} a & b & c \\ b & c & a \\ c & a & b \end{vmatrix}$.

2. 利用三阶行列式解三元一次方程组：

$$\begin{cases} x_1-2x_2+x_3=1, \\ 2x_1+x_2-x_3=1, \\ x_1-3x_2-4x_3=-10. \end{cases}$$

3. 写出下列行列式中元素 a_{23} 的余子式及代数余子式：

$$\begin{vmatrix} 6 & 5 & -7 & 9 \\ 0 & 4 & 4 & 2 \\ 1 & -3 & 8 & -5 \\ 3 & 0 & 2 & 0 \end{vmatrix}.$$

4. 写出下列行列式中元素 a_{43} 的余子式及代数余子式：

$$\begin{vmatrix} c & a & -b & d \\ b & -a & 6 & c \\ a & 2 & -8 & b \\ d & -9 & -3 & 9 \end{vmatrix}.$$

5. 利用定义计算下列行列式：

(1)$\begin{vmatrix} 5 & 0 & 4 & 2 \\ 1 & -1 & 2 & 1 \\ 4 & 1 & 2 & 0 \\ 1 & 1 & 1 & 1 \end{vmatrix}$；(2)$\begin{vmatrix} 0 & 0 & 0 & 6 \\ 0 & 0 & 6 & 1 \\ 0 & 6 & 2 & 0 \\ 6 & 1 & 1 & 1 \end{vmatrix}$；(3)$\begin{vmatrix} a_1 & 0 & b_1 & 0 \\ 0 & c_1 & 0 & d_1 \\ a_2 & 0 & b_2 & 0 \\ 0 & c_2 & 0 & d_2 \end{vmatrix}$.

6. 计算下列行列式：

(1)$\begin{vmatrix} 1 & 3 & 5 & 7 \\ 1 & 3 & 5 & 0 \\ 1 & 3 & 0 & 0 \\ 1 & 0 & 0 & 0 \end{vmatrix}$；(2)$\begin{vmatrix} 2 & 5 & 0 & 0 \\ 3 & -8 & 0 & 0 \\ 7 & -4 & -5 & 6 \\ 6 & 8 & 7 & -8 \end{vmatrix}$.

1.2 行列式的性质与计算

1.2.1 行列式的性质

从行列式的定义出发直接计算行列式是比较麻烦的.为了进一步讨论 n 阶行列式，简化 n 阶行列式的计算，下面介绍 n 阶行列式的一些基本性质.

将行列式 D 的行、列互换后，得到新的行列式 D^{T}，D^{T} 称为 D 的转置行列式.即，如果

$$D=\begin{vmatrix} a_{11} & a_{12} & \cdots & a_{1n} \\ a_{21} & a_{22} & \cdots & a_{2n} \\ \vdots & \vdots & & \vdots \\ a_{n1} & a_{n2} & \cdots & a_{nn} \end{vmatrix},$$

则

$$D^{\mathrm{T}}=\begin{vmatrix} a_{11} & a_{21} & \cdots & a_{n1} \\ a_{12} & a_{22} & \cdots & a_{n2} \\ \vdots & \vdots & & \vdots \\ a_{1n} & a_{2n} & \cdots & a_{nn} \end{vmatrix}.$$

性质 1.1 行列式与它的转置行列式相等，即 $D=D^{\mathrm{T}}$.

对于二阶行列式可由定义直接验证：

$$D_2=\begin{vmatrix} a_{11} & a_{12} \\ a_{21} & a_{22} \end{vmatrix}=a_{11}a_{22}-a_{12}a_{21},$$

$$D_2^{\mathrm{T}}=\begin{vmatrix} a_{11} & a_{21} \\ a_{12} & a_{22} \end{vmatrix}=a_{11}a_{22}-a_{21}a_{12}=D_2.$$

对于 n 阶行列式则可用数学归纳法予以证明，此处从略.

性质 1.1 说明了**行列式中行、列地位的对称性，凡是对行成立的性质对列也成立.**

【例 1.8】 验算下列行列式 D 与它的转置行列式 D^{T} 相等. 设

$$D=\begin{vmatrix} -2 & 3 & 2 \\ 1 & -1 & 2 \\ 1 & 4 & 1 \end{vmatrix}.$$

解 $$D=\begin{vmatrix} -2 & 3 & 2 \\ 1 & -1 & 2 \\ 1 & 4 & 1 \end{vmatrix}=-2\begin{vmatrix} -1 & 2 \\ 4 & 1 \end{vmatrix}-3\begin{vmatrix} 1 & 2 \\ 1 & 1 \end{vmatrix}+2\begin{vmatrix} 1 & -1 \\ 1 & 4 \end{vmatrix}=18+3+10=31,$$

$$D^{\mathrm{T}}=\begin{vmatrix} -2 & 1 & 1 \\ 3 & -1 & 4 \\ 2 & 2 & 1 \end{vmatrix}=-2\begin{vmatrix} -1 & 4 \\ 2 & 1 \end{vmatrix}-\begin{vmatrix} 3 & 4 \\ 2 & 1 \end{vmatrix}+\begin{vmatrix} 3 & -1 \\ 2 & 2 \end{vmatrix}=18+5+8=31.$$

【例 1.9】 证明

$$D=\begin{vmatrix} a_{11} & a_{12} & a_{13} & \cdots & a_{1n} \\ 0 & a_{22} & a_{23} & \cdots & a_{2n} \\ 0 & 0 & a_{33} & \cdots & a_{3n} \\ \vdots & \vdots & \vdots & & \vdots \\ 0 & 0 & 0 & \cdots & a_{nn} \end{vmatrix}=a_{11}a_{22}\cdots a_{nn}.$$

证 由性质 1.1 得

$$D=D^{\mathrm{T}}=\begin{vmatrix} a_{11} & 0 & 0 & \cdots & 0 \\ a_{12} & a_{22} & 0 & \cdots & 0 \\ a_{13} & a_{23} & a_{33} & \cdots & 0 \\ \vdots & \vdots & \vdots & & \vdots \\ a_{1n} & a_{2n} & a_{3n} & \cdots & a_{nn} \end{vmatrix}.$$

利用下三角行列式公式(1.9)，可得 $D^{T}=a_{11}a_{22}\cdots a_{nn}$，故有 $D=a_{11}a_{22}\cdots a_{nn}$.

这个例子说明：**上、下三角行列式的值都等于主对角线上元素的乘积.**

性质 1.2 互换行列式的两行(列)，行列式的值改变符号.

对于二阶行列式可直接验证.

$$D_2=\begin{vmatrix} a_{11} & a_{12} \\ a_{21} & a_{22} \end{vmatrix}=a_{11}a_{22}-a_{12}a_{21},$$

把两行互换得行列式

$$\begin{vmatrix} a_{21} & a_{22} \\ a_{11} & a_{12} \end{vmatrix}=a_{21}a_{12}-a_{22}a_{11}=-D_2.$$

对于 n 阶行列式也可用数学归纳法证明，此处从略.

【例 1.10】 若已知

$$D=\begin{vmatrix} 5 & -1 & 3 \\ 2 & 2 & 2 \\ 196 & 203 & 199 \end{vmatrix}=8,$$

互换第 1 行与第 3 行后，得

$$\overline{D}=\begin{vmatrix} 196 & 203 & 199 \\ 2 & 2 & 2 \\ 5 & -1 & 3 \end{vmatrix},$$

由性质 1.2 一定有：$\overline{D}=-D=-8$.

【例 1.11】 计算

$$D=\begin{vmatrix} 3 & -7 & 3 & -9 & 1 \\ 4 & -2 & 0 & 2 & -6 \\ -7 & 1 & 4 & -6 & 3 \\ 4 & -2 & 0 & 2 & -6 \\ 2 & -8 & 0 & -4 & 9 \end{vmatrix}.$$

解 注意到 D 中第 2 行和第 4 行是相同的，因此将这相同的 2 行互换，其结果仍是 D，而由性质 1.2 可知交换 2 行的结果为 $-D$. 因此，$D=-D$，即 $D=0$.

推论 1.1 如果行列式有 2 行(列) 的对应元素相同，则这个行列式等于零.

性质 1.3 n 阶行列式等于任意一行(列) 所有元素与其对应的代数余子式的乘积之和，即

$$D_n=a_{i1}A_{i1}+a_{i2}A_{i2}+\cdots+a_{in}A_{in}=\sum_{k=1}^{n}a_{ik}A_{ik}\quad(i=1,2,\cdots,n),$$

$$D_n=a_{1j}A_{1j}+a_{2j}A_{2j}+\cdots+a_{nj}A_{nj}=\sum_{k=1}^{n}a_{kj}A_{kj}\quad(j=1,2,\cdots,n).$$

性质 1.3 说明了行列式可按任意一行(列) 展开.

【例 1.12】 计算下列行列式

$$D=\begin{vmatrix} 7 & 0 & 0 & 0 & 5 \\ 2 & 0 & 0 & 0 & -4 \\ 3 & 4 & 9 & 2 & -6 \\ -2 & 6 & 1 & 0 & 0 \\ 8 & 4 & -3 & 0 & -5 \end{vmatrix}.$$

解 注意到第 4 列有 4 个零元素，可利用性质 1.3 按第 4 列展开

$$D=2\times(-1)^{3+4}\begin{vmatrix} 7 & 0 & 0 & 5 \\ 2 & 0 & 0 & -4 \\ -2 & 6 & 1 & 0 \\ 8 & 4 & -3 & -5 \end{vmatrix},$$

对上面的四阶行列式可按第 2 行展开

$$D=-2\times\left[2\times(-1)^{2+1}\begin{vmatrix} 0 & 0 & 5 \\ 6 & 1 & 0 \\ 4 & -3 & -5 \end{vmatrix}-4\times(-1)^{2+4}\begin{vmatrix} 7 & 0 & 0 \\ -2 & 6 & 1 \\ 8 & 4 & -3 \end{vmatrix}\right],$$

上述 2 个三阶行列式都可按第 1 行展开，最后得 $D=-1668$.

从上面可看出，行列式不仅可以按第 1 行展开，它还可以按任意一行(列) 展开. 只要行列式的某一行(某一列) 的零元素多，按该行(该列) 来展开，行列式的计算就简单，并且得到的行列式都是相等的.

性质 1.4 n 阶行列式中任意一行(列) 的元素与另一行(列) 的相应元素的代数余子式的乘积之和等于零，即当 $i\neq k$ 时，有

$$a_{k1}A_{i1}+a_{k2}A_{i2}+\cdots+a_{kn}A_{in}=0.$$

证 在 n 阶行列式

$$D=\begin{vmatrix} a_{11} & a_{12} & \cdots & a_{1n} \\ \vdots & \vdots & & \vdots \\ a_{i1} & a_{i2} & \cdots & a_{in} \\ \vdots & \vdots & & \vdots \\ a_{k1} & a_{k2} & \cdots & a_{kn} \\ \vdots & \vdots & & \vdots \\ a_{n1} & a_{n2} & \cdots & a_{nn} \end{vmatrix}\begin{matrix} \\ \\ \leftarrow \text{第 } i \text{ 行} \\ \\ \leftarrow \text{第 } k \text{ 行} \\ \\ \\ \end{matrix}$$

中，将第 i 行的元素都换成第 $k(i\neq k)$ 行的元素，得到另一个行列式

$$D_0=\begin{vmatrix} a_{11} & a_{12} & \cdots & a_{1n} \\ \vdots & \vdots & & \vdots \\ a_{k1} & a_{k2} & \cdots & a_{kn} \\ \vdots & \vdots & & \vdots \\ a_{k1} & a_{k2} & \cdots & a_{kn} \\ \vdots & \vdots & & \vdots \\ a_{n1} & a_{n2} & \cdots & a_{nn} \end{vmatrix}\begin{matrix} \\ \\ \leftarrow \text{第 } i \text{ 行} \\ \\ \leftarrow \text{第 } k \text{ 行} \\ \\ \\ \end{matrix},$$

显然，D_0 的第 i 行的代数余子式与 D 的第 i 行的代数余子式是完全一样的. 将 D_0 按第 i 行展

开，得

$$D_0 = a_{k1}A_{i1} + a_{k2}A_{i2} + \cdots + a_{kn}A_{in},$$

因为 D_0 中有两行元素相同，所以 $D_0 = 0$. 因此

$$a_{k1}A_{i1} + a_{k2}A_{i2} + \cdots + a_{kn}A_{in} = 0 \quad (i \neq k),$$

由性质 1.3 和性质 1.4 得到如下结论：

$$a_{k1}A_{i1} + a_{k2}A_{i2} + \cdots + a_{kn}A_{in} = \begin{cases} D_n, & k = i, \\ 0, & k \neq i; \end{cases} \tag{1.11}$$

或

$$a_{1s}A_{1j} + a_{2s}A_{2j} + \cdots + a_{ns}A_{nj} = \begin{cases} D_n, & s = j, \\ 0, & s \neq j. \end{cases} \tag{1.12}$$

性质 1.5 行列式某一行(列)的公因子可以提出来. 即

$$\begin{vmatrix} a_{11} & a_{12} & \cdots & a_{1n} \\ \vdots & \vdots & & \vdots \\ \lambda a_{k1} & \lambda a_{k2} & \cdots & \lambda a_{kn} \\ \vdots & \vdots & & \vdots \\ a_{n1} & a_{n2} & \cdots & a_{nn} \end{vmatrix} = \lambda \begin{vmatrix} a_{11} & a_{12} & \cdots & a_{1n} \\ \vdots & \vdots & & \vdots \\ a_{k1} & a_{k2} & \cdots & a_{kn} \\ \vdots & \vdots & & \vdots \\ a_{n1} & a_{n2} & \cdots & a_{nn} \end{vmatrix}.$$

证 由性质 1.3 将上式左、右两边的行列式分别按第 k 行展开，注意到它们的第 k 行元素的代数余子式是对应相同的，均为 $A_{k1}, A_{k2}, \cdots, A_{kn}$. 于是

$$左边 = \lambda a_{k1}A_{k1} + \lambda a_{k2}A_{k2} + \cdots + \lambda a_{kn}A_{kn} = \lambda(a_{k1}A_{k1} + a_{k2}A_{k2} + \cdots + a_{kn}A_{kn}) = 右边.$$

推论 1.2 用一个数乘以行列式的某一行(列) 就等于用这个数乘以此行列式.

推论 1.3 行列式中如果有两行(列) 元素对应成比例，则此行列式为零.

性质 1.6 如果行列式中某一行(列) 的元素都是两数之和，则这个行列式等于两个行列式的和，而且这两个行列式除这一行(列) 外，其余的元素与原来行列式的对应元素相同，即

$$\begin{vmatrix} a_{11} & a_{12} & \cdots & a_{1n} \\ \vdots & \vdots & & \vdots \\ b_{k1}+c_{k1} & b_{k2}+c_{k2} & \cdots & b_{kn}+c_{kn} \\ \vdots & \vdots & & \vdots \\ a_{n1} & a_{n2} & \cdots & a_{nn} \end{vmatrix} = \begin{vmatrix} a_{11} & a_{12} & \cdots & a_{1n} \\ \vdots & \vdots & & \vdots \\ b_{k1} & b_{k2} & \cdots & b_{kn} \\ \vdots & \vdots & & \vdots \\ a_{n1} & a_{n2} & \cdots & a_{nn} \end{vmatrix} + \begin{vmatrix} a_{11} & a_{12} & \cdots & a_{1n} \\ \vdots & \vdots & & \vdots \\ c_{k1} & c_{k2} & \cdots & c_{kn} \\ \vdots & \vdots & & \vdots \\ a_{n1} & a_{n2} & \cdots & a_{nn} \end{vmatrix}.$$

证 将上述 3 个行列式分别按第 k 行展开，且注意到它们的第 k 行元素的代数余子式都是相同的. 于是有

$$\begin{aligned} 左边 = &(b_{k1}+c_{k1})A_{k1} + (b_{k2}+c_{k2})A_{k2} + \cdots + (b_{kn}+c_{kn})A_{kn} = \\ &(b_{k1}A_{k1} + b_{k2}A_{k2} + \cdots + b_{kn}A_{kn}) + (c_{k1}A_{k1} + c_{k2}A_{k2} + \cdots + c_{kn}A_{kn}) = 右边. \end{aligned}$$

【例 1.13】 计算下列行列式：

$$D = \begin{vmatrix} 3 & -1 & 4 & 6 \\ 0 & 2 & 7 & 8 \\ 6 & -2 & 2 & 13 \\ 0 & 0 & -2 & 0 \end{vmatrix}.$$

解 利用性质 1.6 将行列式 D 分解为两个行列式的和

$$D=\begin{vmatrix}3&-1&4&6\\0&2&7&8\\6+0&-2+0&8-6&12+1\\0&0&-2&0\end{vmatrix}=\begin{vmatrix}3&-1&4&6\\0&2&7&8\\6&-2&8&12\\0&0&-2&0\end{vmatrix}+\begin{vmatrix}3&-1&4&6\\0&2&7&8\\0&0&-6&1\\0&0&-2&0\end{vmatrix}.$$

从上式分解成两个行列式的和的右端可知，第1个行列式的第1行与第3行成比例，所以第1个行列式为零，再把第2个行列式的第3列与第4列进行交换，得

$$D=0+(-1)\begin{vmatrix}3&-1&6&4\\0&2&8&7\\0&0&1&-6\\0&0&0&-2\end{vmatrix}=12.$$

性质 1.7 将行列式的某一行(列)的各元素都乘以同一个常数后，再加到另一行(列)的对应元素上，则行列式的值不变，即

$$\begin{vmatrix}a_{11}&a_{12}&\cdots&a_{1n}\\\vdots&\vdots&&\vdots\\a_{i1}&a_{i2}&\cdots&a_{in}\\\vdots&\vdots&&\vdots\\a_{k1}&a_{k2}&\cdots&a_{kn}\\\vdots&\vdots&&\vdots\\a_{n1}&a_{n2}&\cdots&a_{nn}\end{vmatrix}=\begin{vmatrix}a_{11}&a_{12}&\cdots&a_{1n}\\\vdots&\vdots&&\vdots\\a_{i1}&a_{i2}&\cdots&a_{in}\\\vdots&\vdots&&\vdots\\a_{k1}+\lambda a_{i1}&a_{k2}+\lambda a_{i2}&\cdots&a_{kn}+\lambda a_{in}\\\vdots&\vdots&&\vdots\\a_{n1}&a_{n2}&\cdots&a_{nn}\end{vmatrix}.$$

证 由性质1.6得

$$\text{右边}=\begin{vmatrix}a_{11}&a_{12}&\cdots&a_{1n}\\\vdots&\vdots&&\vdots\\a_{i1}&a_{i2}&\cdots&a_{in}\\\vdots&\vdots&&\vdots\\a_{k1}&a_{k2}&\cdots&a_{kn}\\\vdots&\vdots&&\vdots\\a_{n1}&a_{n2}&\cdots&a_{nn}\end{vmatrix}+\begin{vmatrix}a_{11}&a_{12}&\cdots&a_{1n}\\\vdots&\vdots&&\vdots\\a_{i1}&a_{i2}&\cdots&a_{in}\\\vdots&\vdots&&\vdots\\\lambda a_{i1}&\lambda a_{i2}&\cdots&\lambda a_{in}\\\vdots&\vdots&&\vdots\\a_{n1}&a_{n2}&\cdots&a_{nn}\end{vmatrix},$$

又由性质1.5可得上述第2个行列式

$$\begin{vmatrix}a_{11}&a_{12}&\cdots&a_{1n}\\\vdots&\vdots&&\vdots\\a_{i1}&a_{i2}&\cdots&a_{in}\\\vdots&\vdots&&\vdots\\\lambda a_{i1}&\lambda a_{i2}&\cdots&\lambda a_{in}\\\vdots&\vdots&&\vdots\\a_{n1}&a_{n2}&\cdots&a_{nn}\end{vmatrix}=\lambda\begin{vmatrix}a_{11}&a_{12}&\cdots&a_{1n}\\\vdots&\vdots&&\vdots\\a_{i1}&a_{i2}&\cdots&a_{in}\\\vdots&\vdots&&\vdots\\a_{i1}&a_{i2}&\cdots&a_{in}\\\vdots&\vdots&&\vdots\\a_{n1}&a_{n2}&\cdots&a_{nn}\end{vmatrix}=0,$$

所以，右边 = 左边.

上述性质对于简化行列式的计算有很大的作用，在计算 n 阶行列式时常常用到，其中，性质1.7使用最为频繁.

为方便起见，今后使用下列记号：“$\lambda\times$ⓘ”表示将第 i 行(列)乘以 λ；“(ⓘ，ⓙ)”表示将第

i 行(列)与第 j 行(列)交换;"ⓚ + ⓘ × λ"表示将第 i 行(列)乘以 λ 后加到第 k 行(列)上.并把对行的变换写在等号上方,把对列的变换写在等号下方.

由性质 1.2,1.5,1.7,可将行列式经行变换时发生的变化情况汇总如下:

(1) 若 $D \xrightarrow{(ⓘ,ⓙ)} \overline{D}$,则 $\overline{D} = -D$;

(2) 若 $D \xrightarrow{\lambda \times ⓘ} \overline{D}$,则 $\overline{D} = \lambda D(\lambda \neq 0)$;

(3) 若 $D \xrightarrow{ⓚ + ⓘ \times \lambda} \overline{D}$,则 $\overline{D} = D$;

这三个性质最重要也最常用.对行列式的列变换来说,当然有相同的结论.

【例 1.14】 计算下列行列式:

$$D = \begin{vmatrix} 2 & 1 & 4 & -1 \\ 3 & 1 & 2 & -3 \\ 1 & 2 & 3 & -2 \\ 5 & 0 & 6 & -2 \end{vmatrix}.$$

解 $$D \underset{(①,②)}{=\!=\!=} -\begin{vmatrix} 1 & 2 & 4 & -1 \\ 1 & 3 & 2 & -3 \\ 2 & 1 & 3 & -2 \\ 0 & 5 & 6 & -2 \end{vmatrix} \overset{\substack{②+①\times(-1)\\③+①\times(-2)}}{=\!=\!=} -\begin{vmatrix} 1 & 2 & 4 & -1 \\ 0 & 1 & -2 & -2 \\ 0 & -3 & -5 & 0 \\ 0 & 5 & 6 & -2 \end{vmatrix}$$

$$\overset{\substack{③+②\times3\\④+②\times(-5)}}{=\!=\!=} -\begin{vmatrix} 1 & 2 & 4 & -1 \\ 0 & 1 & -2 & -2 \\ 0 & 0 & -11 & -6 \\ 0 & 0 & 16 & 8 \end{vmatrix} \overset{④+③\times(16/11)}{=\!=\!=} -\begin{vmatrix} 1 & 2 & 4 & -1 \\ 0 & 1 & -2 & -2 \\ 0 & 0 & -11 & -6 \\ 0 & 0 & 0 & -8/11 \end{vmatrix}$$

$$= -1 \times 1 \times (-11) \times \left(-\frac{8}{11}\right) = -8.$$

1.2.2 行列式的计算

一般来说,计算行列式的方法比较灵活,技巧性较强,计算较复杂,但,还是可以总结一些方法.主要方法有:利用行列式的性质;利用行列式的展开式;利用递推公式和加"边"等方法.一般地,综合运用这些方法来计算行列式.下面举例说明.

计算数字行列式的基本方法是:利用行列式的性质,把行列式化为上(下)三角行列式,利用前面的公式(1.9),可知这时行列式的值就是主对角线上元素的乘积.

【例 1.15】 计算

$$D = \begin{vmatrix} 3 & 6 & 0 & -7/3 \\ 2 & 5 & 8 & -4/3 \\ 1 & 3 & 6 & -1/3 \\ -3 & -2 & -2 & 5/3 \end{vmatrix}.$$

解 为了避免比较麻烦的分数运算,先对第 4 列提取公因子 1/3,并设法将 D 化为上三角行列式.同样,为了计算简便,最好把第 1 行第 1 列的元素变成 1(或 -1),这个想法可利用行列式的性质,即将第 1 行与第 3 行互换实现.若第 1 行第 1 列的元素为零元素,则可通过行(或列)的变换使之成为非零元素.

$$D \xlongequal{(①,③)} -\frac{1}{3}\begin{vmatrix} 1 & 3 & 6 & -1 \\ 2 & 5 & 8 & -4 \\ 3 & 6 & 0 & -7 \\ -3 & -2 & -2 & 5 \end{vmatrix} \xlongequal[④+①\times 3]{\substack{②+①\times(-2) \\ ③+①\times(-3)}} -\frac{1}{3}\begin{vmatrix} 1 & 3 & 6 & -1 \\ 0 & -1 & -4 & -2 \\ 0 & -3 & -18 & -4 \\ 0 & 7 & 16 & 2 \end{vmatrix}$$

$$\xlongequal{\substack{③+②\times(-3) \\ ④+②\times 7}} -\frac{1}{3}\begin{vmatrix} 1 & 3 & 6 & -1 \\ 0 & -1 & -4 & -2 \\ 0 & 0 & -6 & 2 \\ 0 & 0 & -12 & -12 \end{vmatrix} \xlongequal{④+③\times(-2)} -\frac{1}{3}\begin{vmatrix} 1 & 3 & 6 & -1 \\ 0 & -1 & -4 & -2 \\ 0 & 0 & -6 & 2 \\ 0 & 0 & 0 & -16 \end{vmatrix}$$

$$= -\frac{1}{3}\times 1\times(-1)\times(-6)\times(-16) = 32.$$

由【例 1.12】可以看出，为使行列式便于计算，可选择零元素最多的行或列，然后按这行或列展开. 当然在展开之前也可利用性质把某一行或列的元素尽量化为零，然后展开.

【例 1.16】 计算

$$D = \begin{vmatrix} 3 & 1 & -1 & 2 \\ -5 & 1 & 3 & -4 \\ 2 & 0 & 1 & -1 \\ 1 & -5 & 3 & -3 \end{vmatrix}.$$

解 注意到 D 的第 3 行零元素有 1 个，在按第 3 行展开之前还可化简 D. 即

$$D \xlongequal[\substack{①+③\times(-2) \\ ④+③}]{} \begin{vmatrix} 5 & 1 & -1 & 1 \\ -11 & 1 & 3 & -1 \\ 0 & 0 & 1 & 0 \\ -5 & -5 & 3 & 0 \end{vmatrix} \xlongequal{\text{按第3行展开}} 1\times(-1)^{3+3}\begin{vmatrix} 5 & 1 & 1 \\ -11 & 1 & -1 \\ -5 & -5 & 0 \end{vmatrix}$$

$$\xlongequal{②+①} \begin{vmatrix} 5 & 1 & 1 \\ -6 & 2 & 0 \\ -5 & -5 & 0 \end{vmatrix} \xlongequal[\text{按第3列展开}]{} 1\times(-1)^{1+3}\begin{vmatrix} -6 & 2 \\ -5 & -5 \end{vmatrix} = 40.$$

【例 1.17】 计算

$$D_4 = \begin{vmatrix} a_1 & -a_1 & 0 & 0 \\ 0 & a_2 & -a_2 & 0 \\ 0 & 0 & a_3 & -a_3 \\ 1 & 1 & 1 & 1 \end{vmatrix}.$$

解 根据 D_4 中元素的规律，可将第 4 列加至第 3 列，然后将第 3 列加至第 2 列，再将第 2 列加至第 1 列，目的是使 D_4 中的零元素增多.

$$D_4 \xlongequal[③+④]{} \begin{vmatrix} a_1 & -a_1 & 0 & 0 \\ 0 & a_2 & -a_2 & 0 \\ 0 & 0 & 0 & -a_3 \\ 1 & 1 & 2 & 1 \end{vmatrix} \xlongequal[②+③]{} \begin{vmatrix} a_1 & -a_1 & 0 & 0 \\ 0 & 0 & -a_2 & 0 \\ 0 & 0 & 0 & -a_3 \\ 1 & 3 & 2 & 1 \end{vmatrix}$$

$$\xlongequal[①+②]{} \begin{vmatrix} 0 & -a_1 & 0 & 0 \\ 0 & 0 & -a_2 & 0 \\ 0 & 0 & 0 & -a_3 \\ 4 & 3 & 2 & 1 \end{vmatrix} = 4(-1)^{4+1}\begin{vmatrix} -a_1 & 0 & 0 \\ 0 & -a_2 & 0 \\ 0 & 0 & -a_3 \end{vmatrix} = 4a_1a_2a_3.$$

通过上述四阶行列式的计算规律，一般地，可以归纳得到：

$$D_{n+1}=\begin{vmatrix} a_1 & -a_1 & 0 & \cdots & 0 & 0 \\ 0 & a_2 & -a_2 & \cdots & 0 & 0 \\ 0 & 0 & a_3 & \cdots & 0 & 0 \\ \vdots & \vdots & \vdots & & \vdots & \vdots \\ 0 & 0 & 0 & \cdots & a_n & -a_n \\ 1 & 1 & 1 & \cdots & 1 & 1 \end{vmatrix}=(1+n)a_1a_2\cdots a_n.$$

【例 1.18】 计算

$$D_4=\begin{vmatrix} a & 1 & 1 & 1 \\ 1 & a & 1 & 1 \\ 1 & 1 & a & 1 \\ 1 & 1 & 1 & a \end{vmatrix}.$$

解 这个行列式的特点是各列元素的和是相同的，都是 $a+3$. 故可把第 2,3,4 列同时加到第 1 列，提出公因子 $(a+3)$，然后各行减去第 1 行，得

$$D_4 \xlongequal[\text{①+④}]{\text{①+②}\ \text{①+③}} \begin{vmatrix} a+3 & 1 & 1 & 1 \\ a+3 & a & 1 & 1 \\ a+3 & 1 & a & 1 \\ a+3 & 1 & 1 & a \end{vmatrix}=(a+3)\begin{vmatrix} 1 & 1 & 1 & 1 \\ 1 & a & 1 & 1 \\ 1 & 1 & a & 1 \\ 1 & 1 & 1 & a \end{vmatrix}$$

$$\xlongequal{\substack{\text{②+①×(−1)}\\ \text{③+①×(−1)}\\ \text{④+①×(−1)}}}(a+3)\begin{vmatrix} 1 & 1 & 1 & 1 \\ 0 & a-1 & 0 & 0 \\ 0 & 0 & a-1 & 0 \\ 0 & 0 & 0 & a-1 \end{vmatrix}=(a+3)(a-1)^3.$$

通过上述四阶行列式的计算规律，一般地，可以归纳得到：

$$D_n=\begin{vmatrix} a & 1 & 1 & \cdots & 1 \\ 1 & a & 1 & \cdots & 1 \\ \vdots & \vdots & \vdots & & \vdots \\ 1 & 1 & 1 & \cdots & a \end{vmatrix}=(a+n-1)(a-1)^{n-1}.$$

【例 1.19】 计算

$$D_4=\begin{vmatrix} 1+a_1 & 1 & 1 & 1 \\ 1 & 1+a_2 & 1 & 1 \\ 1 & 1 & 1+a_3 & 1 \\ 1 & 1 & 1 & 1+a_4 \end{vmatrix},$$

其中 $a_i\neq 0(i=1,2,3,4)$.

解 把 D_4 增加 1 行与 1 列，变成五阶行列式，且使其值不变，这种方法称为加“边”法，然后利用行列式的性质进行计算.

$$D_4 = \begin{vmatrix} 1 & 1 & 1 & 1 & 1 \\ 0 & 1+a_1 & 1 & 1 & 1 \\ 0 & 1 & 1+a_2 & 1 & 1 \\ 0 & 1 & 1 & 1+a_3 & 1 \\ 0 & 1 & 1 & 1 & 1+a_4 \end{vmatrix} \xlongequal[\text{⑤+①×(−1)}]{\substack{\text{②+①×(−1)} \\ \text{③+①×(−1)} \\ \text{④+①×(−1)}}} \begin{vmatrix} 1 & 1 & 1 & 1 & 1 \\ -1 & a_1 & 0 & 0 & 0 \\ -1 & 0 & a_2 & 0 & 0 \\ -1 & 0 & 0 & a_3 & 0 \\ -1 & 0 & 0 & 0 & a_4 \end{vmatrix},$$

再将上述第 2 个行列式中第 2,3,4,5 列分别乘以 $a_1^{-1},a_2^{-1},a_3^{-1},a_4^{-1}$ 加到第 1 列,则有

$$D_4 = \begin{vmatrix} 1+\sum_{i=1}^{4} a_i^{-1} & 1 & 1 & 1 & 1 \\ 0 & a_1 & 0 & 0 & 0 \\ 0 & 0 & a_2 & 0 & 0 \\ 0 & 0 & 0 & a_3 & 0 \\ 0 & 0 & 0 & 0 & a_4 \end{vmatrix} = a_1 a_2 a_3 a_4 \left(1+\sum_{i=1}^{4} \frac{1}{a_i}\right).$$

通过上述四阶行列式的计算规律,一般地,可以归纳得到:

$$D_n = \begin{vmatrix} 1+a_1 & 1 & 1 & \cdots & 1 \\ 1 & 1+a_2 & 1 & \cdots & 1 \\ 1 & 1 & 1+a_3 & \cdots & 1 \\ \vdots & \vdots & \vdots & & \vdots \\ 1 & 1 & 1 & \cdots & 1+a_n \end{vmatrix} = a_1 a_2 \cdots a_n \left(1+\sum_{i=1}^{n} \frac{1}{a_i}\right).$$

对某些有规律的行列式,有时可用递推公式来计算.

【例 1.20】 计算

$$D_5 = \begin{vmatrix} 3 & 2 & 0 & 0 & 0 \\ 1 & 3 & 2 & 0 & 0 \\ 0 & 1 & 3 & 2 & 0 \\ 0 & 0 & 1 & 3 & 2 \\ 0 & 0 & 0 & 1 & 3 \end{vmatrix}.$$

解 观察 D_5 中的元素可知 D_5 具有某种“规律性”.若将 D_5 按第 1 行展开可得

$$D_5 = 3\begin{vmatrix} 3 & 2 & 0 & 0 \\ 1 & 3 & 2 & 0 \\ 0 & 1 & 3 & 2 \\ 0 & 0 & 1 & 3 \end{vmatrix} - 2\begin{vmatrix} 1 & 2 & 0 & 0 \\ 0 & 3 & 2 & 0 \\ 0 & 1 & 3 & 2 \\ 0 & 0 & 1 & 3 \end{vmatrix},$$

上述右边第 2 项即为

$$2\begin{vmatrix} 3 & 2 & 0 \\ 1 & 3 & 2 \\ 0 & 1 & 3 \end{vmatrix},$$

由此得到递推公式

$$D_5 = 3D_4 - 2D_3,$$

反复运用上式可得

$$D_5 = 3(3D_3 - 2D_2) - 2D_3 = 7D_3 - 6D_2 = 7(3D_2 - 2D_1) - 6D_2$$

$$= 15D_2 - 14D_1 = 15\begin{vmatrix} 3 & 2 \\ 1 & 3 \end{vmatrix} - 14 \times 3 = 63 = 2^{5+1} - 1.$$

通过上述五阶行列式的计算规律，一般地，可以归纳得到：

$$D_n = \begin{vmatrix} 3 & 2 & 0 & \cdots & 0 & 0 \\ 1 & 3 & 2 & \cdots & 0 & 0 \\ 0 & 1 & 3 & \cdots & 0 & 0 \\ \vdots & \vdots & \vdots & & \vdots & \vdots \\ 0 & 0 & 0 & \cdots & 3 & 2 \\ 0 & 0 & 0 & \cdots & 1 & 3 \end{vmatrix} = 2^{n+1} - 1.$$

【例 1.21】 证明 n 阶范德蒙行列式

$$D_n = \begin{vmatrix} 1 & 1 & 1 & \cdots & 1 \\ x_1 & x_2 & x_3 & \cdots & x_n \\ x_1^2 & x_2^2 & x_3^2 & \cdots & x_n^2 \\ \vdots & \vdots & \vdots & & \vdots \\ x_1^{n-2} & x_2^{n-2} & x_3^{n-2} & \cdots & x_n^{n-2} \\ x_1^{n-1} & x_2^{n-1} & x_3^{n-1} & \cdots & x_n^{n-1} \end{vmatrix} = \prod_{1 \leqslant j < i \leqslant n} (x_i - x_j). \tag{1.13}$$

证 对其行列式的阶数 n 用数学归纳法.

第 1 步，$n = 2$ 时，计算二阶范德蒙行列式的值：

$$\begin{vmatrix} 1 & 1 \\ x_1 & x_2 \end{vmatrix} = x_2 - x_1,$$

可见 $n = 2$ 时，结论成立.

第 2 步，假设对于 $n-1$ 阶范德蒙行列式结论成立. 我们对 n 阶范德蒙行列式进行如下计算：把第 $n-1$ 行的 $(-x_1)$ 倍加到第 n 行，再把第 $n-2$ 行的 $(-x_1)$ 倍加到第 $n-1$ 行，按照此方式继续进行，最后把第 1 行的 $(-x_1)$ 倍加到第 2 行，得到

$$D_n = \begin{vmatrix} 1 & 1 & 1 & \cdots & 1 \\ 0 & x_2 - x_1 & x_3 - x_1 & \cdots & x_n - x_1 \\ 0 & x_2^2 - x_1x_2 & x_3^2 - x_1x_3 & \cdots & x_n^2 - x_1x_n \\ \vdots & \vdots & \vdots & & \vdots \\ 0 & x_2^{n-2} - x_1x_2^{n-3} & x_3^{n-2} - x_1x_3^{n-3} & \cdots & x_n^{n-2} - x_1x_n^{n-3} \\ 0 & x_2^{n-1} - x_1x_2^{n-2} & x_3^{n-1} - x_1x_3^{n-2} & \cdots & x_n^{n-1} - x_1x_n^{n-1} \end{vmatrix}$$

$$= \begin{vmatrix} x_2 - x_1 & x_3 - x_1 & \cdots & x_n - x_1 \\ x_2(x_2 - x_1) & x_3(x_3 - x_1) & \cdots & x_n(x_n - x_1) \\ \vdots & \vdots & & \vdots \\ x_2^{n-2}(x_2 - x_1) & x_3^{n-2}(x_3 - x_1) & \cdots & x_n^{n-2}(x_n - x_1) \end{vmatrix}$$

$$= (x_2 - x_1)(x_3 - x_1)\cdots(x_n - x_1)\begin{vmatrix} 1 & 1 & \cdots & 1 \\ x_2 & x_3 & \cdots & x_n \\ \vdots & \vdots & & \vdots \\ x_2^{n-2} & x_3^{n-2} & \cdots & x_n^{n-2} \end{vmatrix}$$

$$= (x_2 - x_1)(x_3 - x_1)\cdots(x_n - x_1)D_{n-1},$$

D_{n-1} 是一个 $n-1$ 阶范德蒙行列式，由归纳假设得

$$D_{n-1} = \begin{vmatrix} 1 & 1 & \cdots & 1 \\ x_2 & x_3 & \cdots & x_n \\ \vdots & \vdots & & \vdots \\ x_2^{n-2} & x_3^{n-2} & \cdots & x_n^{n-2} \end{vmatrix} = \prod_{2 \leqslant j < i \leqslant n}(x_i - x_j),$$

于是上述 n 阶范德蒙行列式

$$D_n = (x_2 - x_1)(x_3 - x_1)\cdots(x_n - x_1)\prod_{2 \leqslant j < i \leqslant n}(x_i - x_j) = \prod_{1 \leqslant j < i \leqslant n}(x_i - x_j),$$

根据数学归纳法，对于一切 $n \geqslant 2$，式(1.13) 成立.

上面简要地介绍了常见的计算行列式的方法，在具体计算之前，应注意观察所给的行列式是否具有某些特点，然后考虑能否利用这些特点采取相应的方法，以达到简化计算的目的. 在计算以字母做元素的行列式时，更要注意简化.

综上所述，对于 n 阶行列式的计算，主要归纳为如下 5 种方法.

(1) 对二阶、三阶行列式按定义展开，直接计算.

(2) 对特殊的行列式，如上(下) 三角行列式，其值为主对角线元素的乘积.

(3) 利用 n 阶行列式定义，按某一行(或列) 的展开式展开，即

$$D_n = a_{i1}A_{i1} + a_{i2}A_{i2} + \cdots + a_{in}A_{in} = \sum_{k=1}^{n} a_{ik}A_{ik}\ (i = 1,2,\cdots,n),$$

或

$$D_n = a_{1j}A_{1j} + a_{2j}A_{2j} + \cdots + a_{nj}A_{nj} = \sum_{k=1}^{n} a_{kj}A_{kj}\ (j = 1,2,\cdots,n),$$

将行列式化成低一阶行列式，反复使用，直至降到三阶或二阶行列式，然后直接计算.

(4) 利用性质 1.7 使行列式中产生足够多的零或化成上三角行列式，或降阶展开，这些是计算 n 阶数字行列式常用的“化零降阶” 法.

(5) 观察 n 阶行列式所具有的特点，首先计算四阶、五阶行列式，根据情况利用行列式的性质、行列式的展开式、递推公式，以及加“边” 等方法，或者综合运用上述方法来进行计算，然后利用归纳法进行推广，来计算其 n 阶行列式. 这是计算一般 n 阶行列式常用的最佳方法.

习题 1.2

参考答案与提示

1. 计算下列行列式：

(1) $\begin{vmatrix} 1 & 2 & 3 \\ 99 & 201 & 298 \\ 4 & 5 & 6 \end{vmatrix}$；　(2) $\begin{vmatrix} 234 & 420 & 186 \\ 97 & 220 & 104 \\ -40 & 20 & 21 \end{vmatrix}$；　(3) $\begin{vmatrix} x & y & x+y \\ y & x+y & x \\ x+y & x & y \end{vmatrix}$；

(4) $\begin{vmatrix} 0 & 1 & 1 & 1 \\ 1 & 0 & 1 & 1 \\ 1 & 1 & 0 & 1 \\ 1 & 1 & 1 & 0 \end{vmatrix}$； (5) $\begin{vmatrix} 1 & a & b & a \\ a & 0 & a & b \\ b & a & 1 & a \\ a & b & a & 0 \end{vmatrix}$； (6) $\begin{vmatrix} a & b & b & b \\ a & b & a & b \\ b & a & b & a \\ b & b & b & a \end{vmatrix}$.

2. 证明下列等式：

(1) $\begin{vmatrix} a_1 & b_1 & a_1x+b_1y+c_1 \\ a_2 & b_2 & a_2x+b_2y+c_2 \\ a_3 & b_3 & a_3x+b_3y+c_3 \end{vmatrix} = \begin{vmatrix} a_1 & b_1 & c_1 \\ a_2 & b_2 & c_2 \\ a_3 & b_3 & c_3 \end{vmatrix}$；

(2) $\begin{vmatrix} a^2 & ab & b^2 \\ 1 & 1 & 1 \\ 2a & a+b & 2b \end{vmatrix} = (b-a)^3$；

(3) $\begin{vmatrix} 1 & 1 & 1 & 1 \\ x_1 & x_2 & x_3 & x_4 \\ x_1^2 & x_2^2 & x_3^2 & x_4^2 \\ x_1^3 & x_2^3 & x_3^3 & x_4^3 \end{vmatrix} = (x_2-x_1)(x_3-x_1)(x_4-x_1)(x_3-x_2)(x_4-x_2)(x_4-x_3)$；

（上述行列式称为四阶范德蒙行列式）

(4) $\begin{vmatrix} a^2 & (a+1)^2 & (a+2)^2 & (a+3)^2 \\ b^2 & (b+1)^2 & (b+2)^2 & (b+3)^2 \\ c^2 & (c+1)^2 & (c+2)^2 & (c+3)^2 \\ d^2 & (d+1)^2 & (d+2)^2 & (d+3)^2 \end{vmatrix} = 0$.

3. 计算下列行列式：

(1) $\begin{vmatrix} 1/3 & -5/2 & 2/5 & 3/2 \\ 3 & -12 & 21/5 & 15 \\ 2/3 & -9/2 & 4/5 & 5/2 \\ -1/7 & 2/7 & -1/7 & 3/7 \end{vmatrix}$；

(2) $\begin{vmatrix} 1+a & 1 & 1 & 1 \\ 1 & 1-a & 1 & 1 \\ 1 & 1 & 1+b & 1 \\ 1 & 1 & 1 & 1-b \end{vmatrix}$， 其中 $ab \neq 0$；

(3) $D_n = \begin{vmatrix} x & a & a & \cdots & a \\ -a & x & a & \cdots & a \\ -a & -a & x & \cdots & a \\ \vdots & \vdots & \vdots & & \vdots \\ -a & -a & -a & \cdots & x \end{vmatrix}$； (4) $D_n = \begin{vmatrix} 1 & 2 & 2 & \cdots & 2 & 2 \\ 2 & 2 & 2 & \cdots & 2 & 2 \\ 2 & 2 & 3 & \cdots & 2 & 2 \\ \vdots & \vdots & \vdots & & \vdots & \vdots \\ 2 & 2 & 2 & \cdots & n-1 & 2 \\ 2 & 2 & 2 & \cdots & 2 & n \end{vmatrix}$.

1.3 克拉默法则及其应用

1.3.1 克拉默法则

n 阶行列式的概念是二阶、三阶行列式的推广，而二阶、三阶行列式来源于解线性方程组，那么,n 阶行列式能否用来解由 n 个未知数、n 个方程构成的线性方程组呢?也就是说,用 n 阶行列式来解此类线性方程组时,能否得到与前面类似的解的表达式呢?本节将重点讨论这个问题.

考虑由 n 个未知数、n 个方程构成的线性方程组:

$$\begin{cases} a_{11}x_1 + a_{12}x_2 + \cdots + a_{1n}x_n = b_1, \\ a_{21}x_1 + a_{22}x_2 + \cdots + a_{2n}x_n = b_2, \\ \quad \vdots \qquad \vdots \qquad\qquad \vdots \qquad \vdots \\ a_{n1}x_1 + a_{n2}x_2 + \cdots + a_{nn}x_n = b_n. \end{cases} \tag{1.14}$$

定理 1.1 克拉默法则(Cramer's Rule) 如果线性方程组(1.14)的系数行列式

$$\Delta = \begin{vmatrix} a_{11} & a_{12} & \cdots & a_{1n} \\ a_{21} & a_{22} & \cdots & a_{2n} \\ \vdots & \vdots & & \vdots \\ a_{n1} & a_{n2} & \cdots & a_{nn} \end{vmatrix} \neq 0, \tag{1.15}$$

那么,线性方程组(1.14)一定有唯一解,其解为

$$x_1 = \frac{\Delta_1}{\Delta}, \quad x_2 = \frac{\Delta_2}{\Delta}, \quad \cdots, \quad x_n = \frac{\Delta_n}{\Delta}, \tag{1.16}$$

其中,$\Delta_j (j = 1,2,\cdots,n)$ 是把系数行列式 Δ 中第 j 列的元素 $a_{1j},a_{2j},\cdots,a_{nj}$ 换成方程组右端的常数列 $b_1,b_2,\cdots,b_n$,而其余各列不变所得到的 n 阶行列式,即

$$\Delta_j = \begin{vmatrix} a_{11} & \cdots & a_{1,j-1} & b_1 & a_{1,j+1} & \cdots & a_{1n} \\ a_{21} & \cdots & a_{2,j-1} & b_2 & a_{2,j+1} & \cdots & a_{2n} \\ \vdots & & \vdots & \vdots & \vdots & & \vdots \\ a_{n1} & \cdots & a_{n,j-1} & b_n & a_{n,j+1} & \cdots & a_{nn} \end{vmatrix} \quad (j = 1,2,\cdots,n),$$

证 第 1 步,证明线性方程组(1.14)有解,并且公式(1.16)表示的就是线性方程组(1.14)的一个解.把 $x_1 = \frac{\Delta_1}{\Delta}, x_2 = \frac{\Delta_2}{\Delta}, \cdots, x_n = \frac{\Delta_n}{\Delta}$ 代入线性方程组(1.14)中,只要验证线性方程组(1.14)中的每个方程都是恒等式即可.

在第 $i(i = 1,2,\cdots,n)$ 个方程中用 $x_1 = \frac{\Delta_1}{\Delta}, x_2 = \frac{\Delta_2}{\Delta}, \cdots, x_n = \frac{\Delta_n}{\Delta}$ 代入后

$$\begin{aligned} a_{i1}x_1 + a_{i2}x_2 + \cdots + a_{in}x_n &= a_{i1}\frac{\Delta_1}{\Delta} + a_{i2}\frac{\Delta_2}{\Delta} + \cdots + a_{in}\frac{\Delta_n}{\Delta} \\ &= \frac{1}{\Delta}(a_{i1}\Delta_1 + a_{i2}\Delta_2 + \cdots + a_{in}\Delta_n), \end{aligned} \tag{1.17}$$

把 Δ_1 按第 1 列展开,注意到 Δ_1 除第 1 列外,其余各列的元素都与 Δ 的相应列的元素相同,所以 Δ_1 的第 1 列元素的代数余子式就是 Δ 的第 1 列元素的代数余子式 $A_{11},A_{21},\cdots,A_{n1}$,因此

$$\Delta_1 = b_1A_{11} + \cdots + b_iA_{i1} + \cdots + b_nA_{n1},$$

同理,把 Δ_2 按第 2 列展开 …… 把 Δ_n 按第 n 列展开,然后把它们全部代入式(1.17)中,得

$$\begin{aligned} a_{i1}x_1 + a_{i2}x_2 + \cdots + a_{in}x_n = \frac{1}{\Delta}[&a_{i1}(b_1A_{11} + \cdots + b_iA_{i1} + \cdots + b_nA_{n1}) + \\ &a_{i2}(b_1A_{12} + \cdots + b_iA_{i2} + \cdots + b_nA_{n2}) + \cdots + \\ &a_{in}(b_1A_{1n} + \cdots + b_iA_{in} + \cdots + b_nA_{nn})], \end{aligned} \tag{1.18}$$

利用公式(1.11),于是式(1.18)为

$$a_{i1}x_1 + a_{i2}x_2 + \cdots + a_{in}x_n = \frac{1}{\Delta}(b_1 \times 0 + \cdots + b_i \times \Delta + \cdots + b_n \times 0) = \frac{1}{\Delta}b_i\Delta = b_i,$$

所以第 i 个方程是恒等式. 由于 i 可取 $1,2,\cdots,n$ 中的任意一个数,因此证明了式(1.16) 所表示的 $x_1=\frac{\Delta_1}{\Delta},x_2=\frac{\Delta_2}{\Delta},\cdots,x_n=\frac{\Delta_n}{\Delta}$ 是线性方程组(1.14) 的解.

第 2 步, 证明线性方程组(1.14) 的解是唯一的. 如果任意取线性方程组(1.14) 的一个解 $x_1=d_1,x_2=d_2,\cdots,x_n=d_n$,只要能够证明必有如下表达式:

$$d_1=\frac{\Delta_1}{\Delta},d_2=\frac{\Delta_2}{\Delta},\cdots,d_n=\frac{\Delta_n}{\Delta}$$

即可.

因为 $x_1=d_1,x_2=d_2,\cdots,x_n=d_n$ 是线性方程组(1.14) 的解,所以把它们代入线性方程组(1.14) 中,每个方程就变成了恒等式:

$$\begin{cases}a_{11}d_1+\cdots+a_{1j}d_j+\cdots+a_{1n}d_n=b_1,\\ a_{21}d_1+\cdots+a_{2j}d_j+\cdots+a_{2n}d_n=b_2,\\ \vdots \qquad\qquad \vdots \qquad\qquad \vdots \qquad \vdots\\ a_{n1}d_1+\cdots+a_{nj}d_j+\cdots+a_{nn}d_n=b_n,\end{cases} \tag{1.19}$$

在式(1.19) 中,每个恒等式依次用 $A_{1j},A_{2j},\cdots,A_{nj}$ 乘以等式两边,得:

$$\begin{cases}a_{11}A_{1j}d_1+\cdots+a_{1j}A_{1j}d_j+\cdots+a_{1n}A_{1j}d_n=b_1A_{1j},\\ a_{21}A_{2j}d_1+\cdots+a_{2j}A_{2j}d_j+\cdots+a_{2n}A_{2j}d_n=b_2A_{2j},\\ \vdots \qquad\qquad \vdots \qquad\qquad \vdots \qquad \vdots\\ a_{n1}A_{nj}d_1+\cdots+a_{nj}A_{nj}d_j+\cdots+a_{nn}A_{nj}d_n=b_nA_{nj},\end{cases}$$

把上述 n 个恒等式相加,并且利用公式(1.12),有

$$0\times d_1+\cdots+\Delta\times d_j+\cdots+0\times d_n=\Delta_j,$$

即

$$\Delta\times d_j=\Delta_j,$$

因为 $\Delta\neq 0$,所以 $d_j=\frac{\Delta_j}{\Delta}$. 由于在上述证明中 j 可取遍 $1,2,\cdots,n$,于是得:

$$d_1=\frac{\Delta_1}{\Delta},d_2=\frac{\Delta_2}{\Delta},\cdots,d_n=\frac{\Delta_n}{\Delta},$$

所以线性方程组(1.14) 的解是唯一的.

显然,该定理是前述2个、3个未知数的线性方程组解的表达式的推广,这正是所希望的结果. 注意:用克拉默法则求解含有 n 个方程、n 个未知数的线性方程组,必须满足2个条件: 方程组中方程的个数与未知数的个数相等; 方程组的系数行列式不等于零(即 $\Delta\neq 0$). 当一个线性方程组满足上述 2 个条件时,得到 3 个结论:此方程组的解存在;此方程组的解唯一;此方程组的解是式(1.16).

【例 1.22】 某物流公司有 3 辆汽车同时运送一批货物,一天共运 8800 吨;如果第 1 辆汽车运 2 天,第 2 辆汽车运 3 天,则共运货物 13200 吨;如果第 1 辆汽车运 1 天,第 2 辆汽车运 2 天,第 3 辆汽车运 3 天,则共运货物 18800 吨,问每辆汽车每天可运货物多少吨?

解 设第 i 辆汽车每天运货物 $x_i(i=1,2,3)$ 吨,根据题意,可建立如下的线性方程组:

$$\begin{cases}x_1+x_2+x_3=8800,\\ 2x_1+3x_2=13200,\\ x_1+2x_2+3x_3=18800.\end{cases}$$

由于线性方程组有 3 个方程、3 个未知数,又

$$\Delta = \begin{vmatrix} 1 & 1 & 1 \\ 2 & 3 & 0 \\ 1 & 2 & 3 \end{vmatrix} \xlongequal[③+①\times(-1)]{②+①\times(-2)} \begin{vmatrix} 1 & 1 & 1 \\ 2 & 3 & 0 \\ 1 & 2 & 3 \end{vmatrix} = \begin{vmatrix} 1 & 1 & 1 \\ 0 & 1 & -2 \\ 0 & 1 & 2 \end{vmatrix} = 4 \neq 0.$$

根据克拉默法则,此线性方程组有唯一解.

类似地可以计算得

$$\Delta_1 = \begin{vmatrix} 8800 & 1 & 1 \\ 13200 & 3 & 0 \\ 18800 & 2 & 3 \end{vmatrix} = 9600, \Delta_2 = \begin{vmatrix} 1 & 8800 & 1 \\ 2 & 13200 & 0 \\ 1 & 18800 & 3 \end{vmatrix} = 11200, \Delta_3 = \begin{vmatrix} 1 & 1 & 8800 \\ 2 & 3 & 13200 \\ 1 & 2 & 18800 \end{vmatrix} = 14400.$$

于是此方程组的解是

$$x_1 = \frac{\Delta_1}{\Delta} = \frac{9600}{4} = 2400, x_2 = \frac{\Delta_2}{\Delta} = \frac{11200}{4} = 2800, x_3 = \frac{\Delta_3}{\Delta} = \frac{14400}{4} = 3600.$$

因此,3 辆汽车每天运货物分别为 2400 吨,2800 吨,3600 吨.

用克拉默法则求解含有 n 个方程、n 个未知数的线性方程组,需要计算 $n+1$ 个 n 阶行列式,这样的计算量是很大的.所以,在一般情况下,我们不采用克拉默法则求解线性方程组.那么,克拉默法则有什么作用呢?它的作用很多,比较重要的有以下两点.

(1) 克拉默法则在理论上是相当重要的.它告诉我们:当含有 n 个方程、n 个未知数的线性方程组的系数行列式不等于零时,此线性方程组有唯一解.这说明只要根据方程组的系数,就能分析它的解的情况.

(2) 克拉默法则还告诉我们:当线性方程组的系数行列式不等于零时,线性方程组的唯一解可用公式(1.16) 表示,这充分体现了线性方程组的解与它的系数、常数项之间的依存关系.

在后面的几章中,我们还能看到克拉默法则的应用.

1.3.2 运用克拉默法则讨论齐次线性方程组的解

当线性方程组(1.14) 的常数项 $b_1, b_2, \cdots, b_n$ 全为零时,即

$$\begin{cases} a_{11}x_1 + a_{12}x_2 + \cdots + a_{1n}x_n = 0, \\ a_{21}x_1 + a_{22}x_2 + \cdots + a_{2n}x_n = 0, \\ \quad\vdots \qquad\quad \vdots \qquad\qquad\quad \vdots \qquad\quad \vdots \\ a_{n1}x_1 + a_{n2}x_2 + \cdots + a_{nn}x_n = 0, \end{cases} \tag{1.20}$$

线性方程组(1.20) 称为**齐次线性方程组**.

对齐次线性方程组(1.20),由于行列式 Δ_j 中第 j 列的元素都是零,所以 $\Delta_j = 0(j = 1, 2, \cdots, n)$. 当线性方程组(1.20) 的系数行列式 $\Delta \neq 0$ 时,根据克拉默法则,齐次线性方程组(1.20) 的唯一解是

$$x_j = 0 \quad (j = 1, 2, \cdots, n),$$

全部由零组成的解叫作零解.

于是,得到一个结论:齐次线性方程组(1.20),当它的系数行列式 $\Delta \neq 0$ 时,它只有唯一零解.另外,当齐次线性方程组有非零解时,必定有它的系数行列式 $\Delta = 0$. 这是齐次线性方程组有非零解的必要条件.因此,得到以下 2 个推论.

推论 1.4 如果含有 n 个未知数、n 个方程的齐次线性方程组(1.20) 的系数行列式 $\Delta \neq 0$,则齐次线性方程组(1.20) 只有唯一零解.

推论 1.5 如果含有 n 个未知数、n 个方程的齐次线性方程组(1.20) 有非零解,则齐次线

性方程组(1.20)的系数行列式 $\Delta = 0$.

关于齐次线性方程组有非零解的充分条件(系数行列式等于零),以及非零解如何去求,将在第3章讨论.

【例1.23】 已知齐次线性方程组

$$\begin{cases}(5-\lambda)x+2y+2z=0,\\2x+(6-\lambda)y \qquad =0,\\2x+ \qquad (4-\lambda)z=0\end{cases}$$

有非零解,问 λ 应取何值?

解 由推论1.5知,若齐次线性方程组有非零解,则系数行列式 Δ 一定等于零.而

$$\Delta=\begin{vmatrix}5-\lambda & 2 & 2\\2 & 6-\lambda & 0\\2 & 0 & 4-\lambda\end{vmatrix}=(5-\lambda)(2-\lambda)(8-\lambda),$$

由 $\Delta=0$ 知 λ 应取5或2或8.

习题1.3

参考答案与提示

1. 用克拉默法则解下列方程组:

(1) $\begin{cases}x \quad +2y+2z=3,\\-x-4y+ \ z=7,\\3x \quad +7y+4z=3;\end{cases}$ (2) $\begin{cases}x_1-2x_2+3x_3-4x_4=4,\\ \qquad x_2-\ x_3+\ x_4=-3,\\x_1+3x_2+ \qquad 2x_4=1,\\ \quad -7x_2+3x_3+\ x_4=-3.\end{cases}$

2. 为使齐次线性方程组

(1) $\begin{cases}ax_1+x_2 \quad +x_3=0,\\x_1 \quad +bx_2 \ +x_3=0,\\x_1 \quad +2bx_2+x_3=0;\end{cases}$ (2) $\begin{cases}x_1+x_2 \ +x_3 \ +ax_4=0,\\x_1+2x_2+x_3 \ + \ x_4=0,\\x_1+x_2 \ -3x_3+ \ x_4=0,\\x_1+x_2 \ +ax_3+bx_4=0.\end{cases}$

有非零解,a,b 必须满足什么条件?

3. 某鞋业公司对员工的工作效率进行调研,经过研究表明,一个中等水平的员工早上8:00开始工作,在 t 小时之后,可以生产品牌鞋产量为 Q,它的数学模型是 $Q(t)=at^3+bt^2+ct$.测得3个数据:工作1小时,生产20双品牌鞋;工作2小时,生产52双品牌鞋;工作3小时,生产90双品牌鞋,求出产量 Q 与时间 t 的数学模型.

1.4 本章小结与练习

1.4.1 内容提要

1. 基本概念

n 阶行列式的定义,余子式,代数余子式,转置行列式,对角行列式,上(下)三角行列式.

2. 基本定理

n 阶行列式的展开式,行列式的7条性质,克拉默法则,n 个未知数、n 个方程的齐次线性方

程组有非零解的必要条件.

3. 基本方法

计算以四阶行列式为主,方法有:行列式展开法,化上(下)三角行列式法,递推法,加"边"法.

1.4.2 疑点解析

【问题 1】 在计算代数余子式时,应注意什么?

解析 在计算 a_{ij} 的代数余子式 A_{ij} 时,应注意不要忘记符号因子$(-1)^{i+j}$,即 $A_{ij}=(-1)^{i+j}M_{ij}$,其中 M_{ij} 是 a_{ij} 的余子式.

【问题 2】 在利用行列式的性质 1.7 计算行列式时,应注意什么?

解析 行列式的性质 1.7 是很重要的,且用处很大,但在做题时最容易发生错误,应引起重视.

例如,将下列行列式的第 1 行的元素分别减去第 2,3,4 行的对应元素,得

$$\begin{vmatrix} 1 & 2 & 3 & 4 \\ 1 & 3 & 2 & 4 \\ 1 & 4 & 3 & 2 \\ 1 & 2 & 6 & 4 \end{vmatrix} = \begin{vmatrix} 1 & 2 & 3 & 4 \\ 0 & -1 & 1 & 0 \\ 0 & -2 & 0 & 2 \\ 0 & 0 & -3 & 0 \end{vmatrix} = \begin{vmatrix} -1 & 1 & 0 \\ -2 & 0 & 2 \\ 0 & -3 & 0 \end{vmatrix} = -3\begin{vmatrix} -1 & 0 \\ -2 & 2 \end{vmatrix} = 6.$$

此题是用性质 1.7 来进行计算的,但性质 1.7 是说:将行列式的某一行(列)的元素都乘以同一个常数后,再加到另一行(列)的对应元素上,其值不变.即变换后的行列式,乘数的那一行应保持不变,而被加的一行随之改变.上面的计算却正好相反,这样符号就相反了,一共计算了 3 次,共相差 3 个负号;另外,在降阶时只注意了将元素提出来,而忽略了代数余子式的符号,又差 1 个负号,前后共差 4 个负号,使最后结果凑巧正确了,但运算过程是错误的.

所以用性质 1.7 来进行计算时,按性质的本意,应始终坚持使用加法,不宜使用减法;此外,代数余子式前面是有符号的,一定要记住,不能漏掉.

1.4.3 例题、方法精讲

1. 行列式展开法

计算三阶、四阶行列式常用此方法.

【例 1.24】 计算四阶行列式

$$D_4 = \begin{vmatrix} 0 & 0 & 0 & a_{14} \\ 0 & 0 & a_{23} & a_{24} \\ 0 & a_{32} & a_{33} & a_{34} \\ a_{41} & a_{42} & a_{43} & a_{44} \end{vmatrix}.$$

对四阶及四阶以上的行列式,求值的最基本方法也是用行列式展开法,即按某一行(或列)来展开:用该行(或列)的所有元素与其相应的代数余子式乘积之和.一般选择含零元素较多的那一行(或列).

解 方法 1 按行展开法.按第 1 行来展开,即

$$D_4 = a_{14} \times (-1)^{1+4} \begin{vmatrix} 0 & 0 & a_{23} \\ 0 & a_{32} & a_{33} \\ a_{41} & a_{42} & a_{43} \end{vmatrix} = -a_{14} \begin{vmatrix} 0 & 0 & a_{23} \\ 0 & a_{32} & a_{33} \\ a_{41} & a_{42} & a_{43} \end{vmatrix}$$

$$= -a_{14} \times a_{23} \times (-1)^{1+3} \begin{vmatrix} 0 & a_{32} \\ a_{41} & a_{42} \end{vmatrix} = -a_{14}a_{23}(-a_{32}a_{41}) = a_{14}a_{23}a_{32}a_{41}.$$

方法 2　按列展开法. 按第 1 列来展开，即

$$D_4 = a_{41} \times (-1)^{4+1} \begin{vmatrix} 0 & 0 & a_{14} \\ 0 & a_{23} & a_{24} \\ a_{32} & a_{33} & a_{34} \end{vmatrix} = -a_{41} \begin{vmatrix} 0 & 0 & a_{14} \\ 0 & a_{23} & a_{24} \\ a_{32} & a_{33} & a_{34} \end{vmatrix}$$

$$= -a_{41} \times a_{32} \times (-1)^{3+1} \begin{vmatrix} 0 & a_{14} \\ a_{23} & a_{24} \end{vmatrix} = -a_{41}a_{32}(-a_{23}a_{14}) = a_{14}a_{23}a_{32}a_{41}.$$

可见，行列式按某一行或某一列来展开，只要计算正确，结果是一样的.

【例 1.25】　计算五阶行列式

$$D_5 = \begin{vmatrix} 8 & 5 & 0 & -4 & 3 \\ 0 & 6 & -7 & -2 & 4 \\ 0 & 0 & 0 & 0 & 9 \\ 0 & -6 & 2 & 3 & -1 \\ 0 & 6 & -7 & -2 & 8 \end{vmatrix}.$$

解　用行、列展开法，即行展开、列展开综合使用的方法，建议选取含零元素较多的那一行或那一列来展开，得

$$D_5 \xlongequal[\text{按第1列展开}]{} 8 \times (-1)^{1+1} \begin{vmatrix} 6 & -7 & -2 & 4 \\ 0 & 0 & 0 & 9 \\ -6 & 2 & 3 & -1 \\ 6 & -7 & -2 & 8 \end{vmatrix} \xlongequal{\text{按第2行展开}} 8 \times 9 \times (-1)^{2+4} \begin{vmatrix} 6 & -7 & -2 \\ -6 & 2 & 3 \\ 6 & -7 & -2 \end{vmatrix} = 0.$$

上面最后一个三阶行列式的计算，可以用行列式的展开法. 但是，注意到这个三阶行列式的第 1 行与第 3 行的元素相同，由行列式的性质 1.2 的推论 1.1 可知，这个三阶行列式的值为零，这是利用行列式的性质得到的结果，也是一种行列式计算的重要方法.

2. 化上(下) 三角行列式法

计算四阶、五阶数字行列式有时也用此方法.

上(下) 三角行列式的计算是比较容易的，其值等于主对角线所有元素的乘积. 所以，利用性质将行列式化为上(下) 三角行列式，也是计算行列式的一种有效方法，而且，将所求的行列式化为上(下) 三角行列式的过程是若干性质综合运用的结果. 其中，最重要的是性质 1.7 的灵活运用. 以化为上三角行列式为例，首先将主对角线下方第 1 列的元素全部化为零，然后依次将主对角线下方的第 2 列、第 3 列、…、第 $n-1$ 列元素化为零. 一般情况下，为了避免分数运算，应先将主对角线元素变成 1 或 -1.

【例 1.26】　计算行列式

$$D_4 = \begin{vmatrix} -2 & 3 & -8/3 & -1 \\ 1 & -2 & 5/3 & 0 \\ 4 & -1 & 1 & 4 \\ 2 & -3 & -4/3 & 9 \end{vmatrix}.$$

解　用化上三角法. 在计算中,分数运算总是比较麻烦的,所以如果行列式中含有分数,利用性质 1.5 将每行(列) 提取公因子,然后进行整数运算比较简便,即

$$D_4=\frac{1}{3}\begin{vmatrix}-2&3&-8&-1\\1&-2&5&0\\4&-1&3&4\\2&-3&-4&9\end{vmatrix}\xlongequal{①+②}\frac{1}{3}\begin{vmatrix}-1&1&-3&-1\\1&-2&5&0\\4&-1&3&4\\2&-3&-4&9\end{vmatrix}$$

$$\xlongequal[\substack{③+①\times4\\④+①\times2}]{②+①}\frac{1}{3}\begin{vmatrix}-1&1&-3&-1\\0&-1&2&-1\\0&3&-9&0\\0&-1&-10&7\end{vmatrix}\xlongequal[④+②\times(-1)]{③+②\times3}\frac{1}{3}\begin{vmatrix}-1&1&-3&-1\\0&-1&2&-1\\0&0&-3&-3\\0&0&-12&8\end{vmatrix}$$

$$\xlongequal{④+③\times(-4)}\frac{1}{3}\begin{vmatrix}-1&1&-3&-1\\0&-1&2&-1\\0&0&-3&-3\\0&0&0&20\end{vmatrix}=\frac{1}{3}\times(-1)\times(-1)\times(-3)\times20=-20.$$

3. 递推法和加"边"法

对于有规律的 n 阶行列式常用上述方法.

【例 1.27】　计算 n 阶行列式

$$D_n=\begin{vmatrix}x&a&a&\cdots&a\\a&x&a&\cdots&a\\a&a&x&\cdots&a\\\vdots&\vdots&\vdots&&\vdots\\a&a&a&\cdots&x\end{vmatrix},n\geqslant2,x\neq a.$$

解　本题用多种方法来解,除用递推法与加"边"法外, 还可用化上三角法.

方法 1　用递推法. 把第 1 列的各元素分别写成两个元素的和,利用行列式性质 1.6 可得到

$$D_n=\begin{vmatrix}x-a+a&a&a&\cdots&a\\0+a&x&a&\cdots&a\\0+a&a&x&\cdots&a\\\vdots&\vdots&\vdots&&\vdots\\0+a&a&a&\cdots&x\end{vmatrix}$$

$$=\begin{vmatrix}x-a&a&a&\cdots&a\\0&x&a&\cdots&a\\0&a&x&\cdots&a\\\vdots&\vdots&\vdots&&\vdots\\0&a&a&\cdots&x\end{vmatrix}+\begin{vmatrix}a&a&a&\cdots&a\\a&x&a&\cdots&a\\a&a&x&\cdots&a\\\vdots&\vdots&\vdots&&\vdots\\a&a&a&\cdots&x\end{vmatrix}.$$

把上式中第 2 个 n 阶行列式的第 1 行乘以(-1), 再分别加到第 2 行、第 3 行、…、第 n 行,于是得

$$\begin{vmatrix} a & a & a & \cdots & a \\ a & x & a & \cdots & a \\ a & a & x & \cdots & a \\ \vdots & \vdots & \vdots & & \vdots \\ a & a & a & \cdots & x \end{vmatrix} = \begin{vmatrix} a & a & \cdots & a \\ 0 & x-a & \cdots & 0 \\ \vdots & \vdots & & \vdots \\ 0 & 0 & \cdots & x-a \end{vmatrix}_{n阶} = a(x-a)^{n-1},$$

故得到递推公式

$$D_n = (x-a)D_{n-1} + a(x-a)^{n-1},\ (n = 1,2,\cdots).$$

利用递推公式,依次类推得

$$\begin{aligned} D_n &= (x-a)D_{n-1} + a(x-a)^{n-1} \\ &= (x-a)[(x-a)D_{n-2} + a(x-a)^{n-2}] + a(x-a)^{n-1} \\ &= (x-a)^2 D_{n-2} + 2a(x-a)^{n-1} \\ &= \cdots = (x-a)^{n-2} D_2 + (n-2)a(x-a)^{n-1} \\ &= (x-a)^{n-2}(x^2-a^2) + (n-2)a(x-a)^{n-1} \\ &= [x+(n-1)a](x-a)^{n-1}, \end{aligned}$$

所以

$$D_n = [x+(n-1)a](x-a)^{n-1}.$$

方法 2　用加“边”法.将 D_n 添加 1 行 1 列,但使其值不变,即

$$D_n = D_{n+1}^* = \begin{vmatrix} 1 & a & a & a & \cdots & a \\ 0 & x & a & a & \cdots & a \\ 0 & a & x & a & \cdots & a \\ 0 & a & a & x & \cdots & a \\ \vdots & \vdots & \vdots & \vdots & & \vdots \\ 0 & a & a & a & \cdots & x \end{vmatrix}_{n+1阶}.$$

将此行列式的第 1 行乘以(-1),再分别加到各行,得

$$D_{n+1}^* = \begin{vmatrix} 1 & a & a & a & \cdots & a \\ -1 & x-a & 0 & 0 & \cdots & 0 \\ -1 & 0 & x-a & 0 & \cdots & 0 \\ -1 & 0 & 0 & x-a & \cdots & 0 \\ \vdots & \vdots & \vdots & \vdots & & \vdots \\ -1 & 0 & 0 & 0 & \cdots & x-a \end{vmatrix}_{n+1阶}.$$

由于 $x \neq a$,所以第 2 行至第 $n+1$ 行分别乘以$\dfrac{-a}{x-a}$,再加到第 1 行,得

$$D_{n+1}^* = \begin{vmatrix} 1+\dfrac{na}{x-a} & 0 & 0 & 0 & \cdots & 0 \\ -1 & x-a & 0 & 0 & \cdots & 0 \\ -1 & 0 & x-a & 0 & \cdots & 0 \\ -1 & 0 & 0 & x-a & \cdots & 0 \\ \vdots & \vdots & \vdots & \vdots & & \vdots \\ -1 & 0 & 0 & 0 & \cdots & x-a \end{vmatrix}_{n+1阶}.$$

这是一个下三角行列式，所以

$$D_n = D_{n+1}^* = \left(1+\frac{na}{x-a}\right)(x-a)^n$$

$$= (x-a+na)(x-a)^{n-1} = [x+(n-1)a](x-a)^{n-1}.$$

方法 3　用化上三角法. 将 D_n 的第 1 行乘以(-1)，再分别加到第 2 行至第 n 行，得

$$D_n = \begin{vmatrix} x & a & a & \cdots & a \\ a-x & x-a & 0 & \cdots & 0 \\ a-x & 0 & x-a & \cdots & 0 \\ \vdots & \vdots & \vdots & & \vdots \\ a-x & 0 & 0 & \cdots & x-a \end{vmatrix}.$$

将上述行列式的第 2 列至第 n 列都加到第 1 列，有

$$D_n = \begin{vmatrix} x+(n-1)a & a & a & \cdots & a \\ 0 & x-a & 0 & \cdots & 0 \\ 0 & 0 & x-a & \cdots & 0 \\ \vdots & \vdots & \vdots & & \vdots \\ 0 & 0 & 0 & \cdots & x-a \end{vmatrix}.$$

$$= [x+(n-1)a](x-a)^{n-1}$$

方法 4　用化下三角法. 将 D_n 的第 2 行至第 n 行都加到第 1 行，得

$$D_n = \begin{vmatrix} x+(n-1)a & x+(n-1)a & x+(n-1)a & \cdots & x+(n-1)a \\ a & x & a & \cdots & a \\ a & a & x & \cdots & a \\ \vdots & \vdots & \vdots & & \vdots \\ a & a & a & \cdots & x \end{vmatrix}$$

$$= [x+(n-1)a]\begin{vmatrix} 1 & 1 & 1 & \cdots & 1 \\ a & x & a & \cdots & a \\ a & a & x & \cdots & a \\ \vdots & \vdots & \vdots & & \vdots \\ a & a & a & \cdots & x \end{vmatrix}.$$

将上述行列式的第 1 列乘以(-1)，再分别加到第 2 列至第 n 列，有

$$D_n = [x+(n-1)a]\begin{vmatrix} 1 & 0 & 0 & \cdots & 0 \\ a & x-a & 0 & \cdots & 0 \\ a & 0 & x-a & \cdots & 0 \\ \vdots & \vdots & \vdots & & \vdots \\ a & 0 & 0 & \cdots & x-a \end{vmatrix}$$

$$= [x+(n-1)a](x-a)^{n-1}.$$

由此可见，本例的计算行列式的方法很多，也很灵活. 要掌握行列式的计算方法，应加强练习，在练习中总结经验.

4. 用克拉默法则求解线性方程组的方法

【例 1.28】　已知三次曲线 $f(x) = a_1 + a_2x + a_3x^2 + a_4x^3$，它在 4 个点的坐标分别为(1,

6)，(−1，6)，(2，6)，(−2，−6)，试求其系数 a_1,a_2,a_3,a_4.

解 将坐标代入方程，则得到关于 a_1,a_2,a_3,a_4 的线性方程组：

$$\begin{cases} a_1+a_2 \qquad\quad +a_3 \qquad\quad +a_4 \qquad\quad =6, \\ a_1+a_2(-1)+a_3(-1)^2+a_4(-1)^3=6, \\ a_1+a_2(2) \quad +a_3(2)^2 \quad +a_4(2)^3 \quad =6, \\ a_1+a_2(-2)+a_3(-2)^2+a_4(-2)^3=-6. \end{cases}$$

它的系数行列式是范德蒙行列式的转置，即

$$\Delta=\begin{vmatrix} 1 & 1 & 1 & 1 \\ 1 & -1 & (-1)^2 & (-1)^3 \\ 1 & 2 & 2^2 & 2^3 \\ 1 & -2 & (-2)^2 & (-2)^3 \end{vmatrix}.$$

由转置行列式性质和范德蒙行列式的结果，得

$$\begin{aligned}\Delta=\Delta^{\mathrm{T}}&=\prod_{1\leqslant j<i\leqslant 4}(x_i-x_j)\\&=(-1-1)(2-1)(-2-1)(2+1)(-2+1)(-2-2)=72\neq 0.\end{aligned}$$

$$\Delta_1=\begin{vmatrix} 6 & 1 & 1 & 1 \\ 6 & -1 & 1 & -1 \\ 6 & 2 & 4 & 8 \\ -6 & -2 & 4 & -8 \end{vmatrix}=576, \quad \Delta_2=\begin{vmatrix} 1 & 6 & 1 & 1 \\ 1 & 6 & 1 & -1 \\ 1 & 6 & 4 & 8 \\ 1 & -6 & 4 & -8 \end{vmatrix}=-72,$$

$$\Delta_3=\begin{vmatrix} 1 & 1 & 6 & 1 \\ 1 & -1 & 6 & -1 \\ 1 & 2 & 6 & 8 \\ 1 & -2 & -6 & -8 \end{vmatrix}=-144, \quad \Delta_4=\begin{vmatrix} 1 & 1 & 1 & 6 \\ 1 & -1 & 1 & 6 \\ 1 & 2 & 4 & 6 \\ 1 & -2 & 4 & -6 \end{vmatrix}=72.$$

则由克拉默法则知，$a_j=\dfrac{\Delta_j}{\Delta}(j=1,2,3,4)$，即 $a_1=8,a_2=-1,a_3=-2,a_4=1$，从而得出所求的三次曲线方程为

$$f(x)=8-x-2x^2+x^3.$$

练 习 题

参考答案与提示

1. 填空题

(1) 非零元素只有 $n-1$ 个的 n 阶行列式的值等于________.

(2) $\begin{vmatrix} a_1 & a_2 & a_3 \\ b_1 & b_2 & b_3 \\ c_1 & c_2 & c_3 \end{vmatrix}=8$，$\begin{vmatrix} c_1 & c_2 & c_3 \\ -2b_1 & -2b_2 & -2b_3 \\ a_1 & a_2 & a_3 \end{vmatrix}=$______.

(3) $\begin{vmatrix} 0 & 1 & 0 & 0 \\ 0 & 0 & 1 & 0 \\ 0 & 0 & 0 & 1 \\ 4 & 0 & 0 & 0 \end{vmatrix}=$________.

(4) $\begin{vmatrix} a_{11} & a_{12} & a_{13} \\ a_{21}+a_{11} & a_{22}+a_{12} & a_{23}+a_{13} \\ a_{31} & a_{32} & a_{33} \end{vmatrix} =$ ________.

(5)n 阶行列式 D_n 中元素 a_{ij} 的代数余子式 A_{ij} 与余子式 M_{ij} 之间的关系是 $A_{ij} =$ ________，D_n 按第 j 列展开的公式是 $D_n =$ ________.

(6) $\begin{vmatrix} -a_{11} & -a_{12} & -a_{13} \\ 3a_{21} & 3a_{22} & 3a_{33} \\ -6a_{31} & -6a_{32} & -6a_{33} \end{vmatrix} =$ ______ $\begin{vmatrix} a_{11} & a_{12} & a_{13} \\ a_{21} & a_{22} & a_{23} \\ a_{31} & a_{32} & a_{33} \end{vmatrix}$.

(7) $\begin{vmatrix} 2 & 5 & 6 & 4 \\ 1 & 0 & 0 & 2 \\ 4 & 1 & 2 & a \\ 0 & 1 & 6 & 1 \end{vmatrix}$ 中 a 的代数余子式为________.

2. 单项选择题

(1) 设非齐次线性方程组 $\begin{cases} ax_1 + 2x_2 + 3x_3 = 8, \\ 2ax_1 + 2x_2 + 3x_3 = 10, \\ x_1 + x_2 + bx_3 = 5, \end{cases}$ 有唯一解，则 a，b 必须满足（　）.

A. $a \neq 0$ 且 $b \neq 0$　　B. $a \neq 3/2$ 且 $b \neq 0$

C. $a \neq 3/2$ 且 $b \neq 3/2$　　D. $a \neq 0$ 且 $b \neq 3/2$

(2) 若 $k =$（　），则 $\begin{vmatrix} k & 2 & 1 \\ 2 & k & 0 \\ 1 & -1 & 1 \end{vmatrix} = 0$.

A. -2　　B. 2　　C. 0　　D. -3

(3) $\begin{vmatrix} 2 & 1 & 5 \\ 1 & -1 & 2 \\ 0 & 2 & 3 \end{vmatrix} = -\begin{vmatrix} 1 & 5 \\ 2 & 3 \end{vmatrix} - \begin{vmatrix} 2 & 5 \\ 0 & 3 \end{vmatrix} - 2\begin{vmatrix} 2 & 1 \\ 0 & 2 \end{vmatrix}$ 是按（　）展开的.

A. 第 2 列　　B. 第 2 行　　C. 第 1 列　　D. 第 1 行.

(4) 设 $D = \begin{vmatrix} a_{11} & a_{12} & \cdots & a_{1n} \\ a_{21} & a_{22} & \cdots & a_{2n} \\ \vdots & \vdots & & \vdots \\ a_{n1} & a_{n2} & \cdots & a_{nn} \end{vmatrix}$，则下式中（　）是正确的.

A. $a_{i1}A_{i1} + a_{i2}A_{i2} + \cdots + a_{in}A_{in} = 0$　　B. $a_{1j}A_{1j} + a_{2j}A_{2j} + \cdots + a_{nj}A_{nj} = 0$

C. $a_{i1}A_{1i} + a_{i2}A_{2i} + \cdots + a_{in}A_{ni} = D$　　D. $a_{1j}A_{1j} + a_{2j}A_{2j} + \cdots + a_{nj}A_{nj} = D$

(5) $\begin{vmatrix} 3 & 4 & 9 \\ 5 & 7 & 1 \\ 2 & 1 & 4 \end{vmatrix}$ 的 a_{23} 的代数余子式 A_{23} 的值为（　）.

A. 3　　B. -3　　C. 5　　D. -5

3. 判断题

(1) $\begin{vmatrix} 6 & 1 & 2 \\ 1 & 4 & 5 \\ 3 & 3 & 6 \end{vmatrix} = -\begin{vmatrix} 6 & 1 & 3 \\ 1 & 4 & 3 \\ 2 & 5 & 6 \end{vmatrix}$.　　（　）

(2) $\begin{vmatrix} 1 & 3 & 4 \\ 1 & 2 & 1 \\ 0 & 4 & 2 \end{vmatrix} = -\begin{vmatrix} 3 & 4 \\ 4 & 2 \end{vmatrix}$. ( )

(3) $\begin{vmatrix} a_1 & a_2 & a_3 \\ b_1 & b_2 & b_3 \\ c_1 & c_2 & c_3 \end{vmatrix} = \begin{vmatrix} b_2 & b_1 & b_3 \\ a_2 & a_1 & a_3 \\ c_2 & c_1 & c_3 \end{vmatrix}$. ( )

(4) $\begin{vmatrix} -a_1 & -a_2 & -a_3 \\ -b_1 & -b_2 & -b_3 \\ -c_1 & -c_2 & -c_3 \end{vmatrix} = \begin{vmatrix} -a_1 & -a_2 & -a_3 \\ b_1 & b_2 & b_3 \\ c_1 & c_2 & c_3 \end{vmatrix}$. ( )

(5) n 阶行列式 D_n 中元素 a_{ij} 的代数余子式 A_{ij} 为 $n-1$ 行列式. ( )

(6) $\begin{vmatrix} 3 & 1 & 2 \\ 2 & 4 & 5 \\ 8 & 3 & 6 \end{vmatrix} = \begin{vmatrix} 1 & 4 & 3 \\ 3 & 2 & 8 \\ 2 & 5 & 6 \end{vmatrix}$. ( )

(7) $\begin{vmatrix} a_{11} & a_{12} & a_{13} \\ a_{21} & a_{22} & a_{23} \\ a_{31} & a_{32} & a_{33} \end{vmatrix} \xlongequal{①+②\times k} \begin{vmatrix} a_{11} & a_{12} & a_{13} \\ ka_{21}+a_{11} & ka_{22}+a_{12} & ka_{23}+a_{13} \\ a_{31} & a_{32} & a_{33} \end{vmatrix}$. ( )

(8) 若方程个数与未知量个数相等,且系数行列式 $\Delta \neq 0$,则方程组一定有解. ( )

4. 计算行列式:

(1) $\begin{vmatrix} \lambda-1 & 2 & -2 \\ 2 & \lambda+2 & -4 \\ -2 & -4 & \lambda+2 \end{vmatrix}$;　　(2) $\begin{vmatrix} \lambda-2 & -2 & 2 \\ -2 & \lambda-5 & 4 \\ 2 & 4 & \lambda-5 \end{vmatrix}$;

(3) $\begin{vmatrix} 1 & 2 & -1 & 1 \\ 3 & 0 & 1 & 2 \\ 1 & -1 & 2 & 1 \\ 1 & 0 & 3 & -1 \end{vmatrix}$;　　(4) $\begin{vmatrix} 2 & -5 & 1 & 2 \\ 3 & -7 & 1 & -4 \\ 5 & -9 & 2 & 7 \\ 4 & -6 & 1 & 2 \end{vmatrix}$;

(5) $\begin{vmatrix} 1 & 0 & 2 & -3 \\ -4 & -1 & -5 & 0 \\ 2 & 3 & -6 & -1 \\ 3 & 3 & 1 & 4 \end{vmatrix}$;　　(6) $\begin{vmatrix} 2 & -4 & -3 & 5 \\ -3 & 1 & 4 & -2 \\ 7 & 2 & 5 & 3 \\ 4 & -3 & -2 & 6 \end{vmatrix}$.

5. 解行列式方程:

$$\begin{vmatrix} 1 & x-1 & 1 \\ 0 & 0 & x-2 \\ x-3 & 0 & 1 \end{vmatrix} = 0.$$

第2章　矩　　阵

矩阵是线性代数的组成部分，几乎贯串线性代数的各方面. 矩阵还是许多数学分支研究和应用的一个重要工具，矩阵论的方法也能有效处理许多实际问题. 本章介绍的矩阵是一种新的研究对象，其运算方法也是线性代数中颇具特色的；矩阵求逆及分块矩阵的运算都较为重要；最后，我们将运用行列式工具讨论矩阵的秩之后，进一步介绍矩阵的初等变换和初等矩阵，并利用它们来求逆和计算矩阵的秩.

2.1　矩阵及其运算

2.1.1　矩阵的概念

矩阵这一概念也如行列式一样，是从研究线性方程组的问题中引出来的. 不过行列式是从未知数个数与方程个数相同这种特殊的线性方程组引出的，而矩阵则是从线性方程组的一般形式引出的，所以矩阵比行列式的应用更为广泛. 线性方程组的一般形式为：

$$\begin{cases} a_{11}x_1 + a_{12}x_2 + \cdots + a_{1n}x_n = b_1, \\ a_{21}x_1 + a_{22}x_2 + \cdots + a_{2n}x_n = b_2, \\ \quad\vdots \qquad\quad \vdots \qquad\qquad\quad \vdots \qquad\quad \vdots \\ a_{m1}x_1 + a_{m2}x_2 + \cdots + a_{mn}x_n = b_m, \end{cases} \tag{2.1}$$

其中，未知数的个数 n 与方程的个数 m 未必相同.

我们知道，线性方程组是完全由未知数前面的系数及其常数项所决定的，未知数的记号在线性方程组中是不起实质性作用的. 因此，为方便起见，从每个线性方程中把未知数分离出来，剩下的系数及其常数项按它们在式(2.1) 中的相对位置排成矩形形状的数表，即

$$\begin{bmatrix} a_{11} & a_{12} & \cdots & a_{1n} & b_1 \\ a_{21} & a_{22} & \cdots & a_{2n} & b_2 \\ \vdots & \vdots & & \vdots & \vdots \\ a_{m1} & a_{m2} & \cdots & a_{mn} & b_m \end{bmatrix}, \tag{2.2}$$

从而，我们可以把对线性方程组(2.1) 的研究转化为对矩形数表(2.2) 的研究. 这个矩形数表可以简洁并且明确地把线性方程组的特征表示出来，矩形数表(2.2) 中的每个元素不能随意变动，它们都有各自的意义.

这种矩形数表在实际问题中应用非常广泛，如商店中的商品价目表；工厂中产品原材料的消耗表；物资调运方案等. 一般来说，我们可把类似于(2.2) 的这种矩形数表作为一个研究对象，这就是矩阵的概念.

定义 2.1　由 $m \times n$ 个数 a_{ij} $(i = 1,2,\cdots,m; j = 1,2,\cdots,n)$ 排成的 m 行 n 列，并用方括号(或圆括弧) 括起来的矩形数表，称为 $m \times n$ **矩阵**，记作

$$\begin{bmatrix} a_{11} & a_{12} & \cdots & a_{1n} \\ a_{21} & a_{22} & \cdots & a_{2n} \\ \vdots & \vdots & & \vdots \\ a_{m1} & a_{m2} & \cdots & a_{mn} \end{bmatrix},$$

其中,横的各元素构成矩阵的行,纵的各元素构成矩阵的列,a_{ij} 称为此矩阵的第i行第j列的元素. 通常用大写字母$\boldsymbol{A}$,$\boldsymbol{B}$,$\boldsymbol{C}$等表示矩阵,有时为了标明一个矩阵的行数和列数,用$\boldsymbol{A}_{m\times n}$或$\boldsymbol{A}=[a_{ij}]_{m\times n}$表示一个$m$行$n$列的矩阵. 其中,有以下4种特例:

(1) 当$m=n$时,矩阵$\boldsymbol{A}$称为**n阶方阵**;

(2) 当$m=1$时,矩阵$\boldsymbol{A}$称为**行矩阵**,此时

$$\boldsymbol{A}=[a_{11},\quad a_{12},\quad \cdots,\quad a_{1n}];$$

(3) 当$n=1$时,矩阵$\boldsymbol{A}$称为**列矩阵**,此时

$$\boldsymbol{A}=\begin{bmatrix} a_{11} \\ a_{21} \\ \vdots \\ a_{m1} \end{bmatrix};$$

(4) 当所有的$a_{ij}=0(i=1,2,\cdots,m;j=1,2,\cdots,n)$时,称$\boldsymbol{A}$为**零矩阵**,一般记为$\boldsymbol{O}_{m\times n}$或$\boldsymbol{O}$.

定义 2.2 若矩阵$\boldsymbol{A}$和矩阵$\boldsymbol{B}$的行数、列数分别相等,则称$\boldsymbol{A}$,$\boldsymbol{B}$为**同型矩阵**.

定义 2.3 若矩阵$\boldsymbol{A}=[a_{ij}]$和矩阵$\boldsymbol{B}=[b_{ij}]$为同型矩阵,并且对应的元素相等,即$a_{ij}=b_{ij}(i=1,2,\cdots,m;j=1,2,\cdots,n)$,则称矩阵$\boldsymbol{A}$与矩阵$\boldsymbol{B}$**相等**,记作$\boldsymbol{A}=\boldsymbol{B}$.

2.1.2 矩阵的加法

定义 2.4 设$\boldsymbol{A}=[a_{ij}]_{m\times n}$,$\boldsymbol{B}=[b_{ij}]_{m\times n}$为同型矩阵,把矩阵$\boldsymbol{A}$,$\boldsymbol{B}$对应元素相加得到新的矩阵$\boldsymbol{C}$,则称矩阵$\boldsymbol{C}$为矩阵$\boldsymbol{A}$与矩阵$\boldsymbol{B}$的和,记为$\boldsymbol{C}=\boldsymbol{A}+\boldsymbol{B}$,即

$$\boldsymbol{C}=\boldsymbol{A}+\boldsymbol{B}=\begin{bmatrix} a_{11} & a_{12} & \cdots & a_{1n} \\ a_{21} & a_{22} & \cdots & a_{2n} \\ \vdots & \vdots & & \vdots \\ a_{m1} & a_{m2} & \cdots & a_{mn} \end{bmatrix}+\begin{bmatrix} b_{11} & b_{12} & \cdots & b_{1n} \\ b_{21} & b_{22} & \cdots & b_{2n} \\ \vdots & \vdots & & \vdots \\ b_{m1} & b_{m2} & \cdots & b_{mn} \end{bmatrix}$$

$$=\begin{bmatrix} a_{11}+b_{11} & a_{12}+b_{12} & \cdots & a_{1n}+b_{1n} \\ a_{21}+b_{21} & a_{22}+b_{22} & \cdots & a_{2n}+b_{2n} \\ \vdots & \vdots & & \vdots \\ a_{m1}+b_{m1} & a_{m2}+b_{m2} & \cdots & a_{mn}+b_{mn} \end{bmatrix}.$$

这样就引进了矩阵的加法运算. 由定义知,只有同型矩阵才可以相加,不难验证,矩阵加法具有和实数加法相同的性质.

矩阵的加法具有以下运算律(设$\boldsymbol{A}$,$\boldsymbol{B}$,$\boldsymbol{C}$都是$m\times n$矩阵):

(1) **交换律**:$\boldsymbol{A}+\boldsymbol{B}=\boldsymbol{B}+\boldsymbol{A}$;

(2) **结合律**:$\boldsymbol{A}+(\boldsymbol{B}+\boldsymbol{C})=(\boldsymbol{A}+\boldsymbol{B})+\boldsymbol{C}$.

其特例为:

$$\boldsymbol{O}+\boldsymbol{A}=\boldsymbol{A}+\boldsymbol{O}=\boldsymbol{A}.$$

定义 2.5 设 $\boldsymbol{A}=[a_{ij}]$,则$[-a_{ij}]$称作 $\boldsymbol{A}$ 的**负矩阵**,记为 $-\boldsymbol{A}$,即

$$-\boldsymbol{A}=\begin{bmatrix} -a_{11} & -a_{12} & \cdots & -a_{1n} \\ -a_{21} & -a_{22} & \cdots & -a_{2n} \\ \vdots & \vdots & & \vdots \\ -a_{m1} & -a_{m2} & \cdots & -a_{mn} \end{bmatrix}.$$

定义 2.6 设 $\boldsymbol{A}=[a_{ij}]$,$\boldsymbol{B}=[b_{ij}]$,且 $\boldsymbol{A}$,$\boldsymbol{B}$ 为同型矩阵,则

$$\begin{aligned}\boldsymbol{A}-\boldsymbol{B}=\boldsymbol{A}+(-\boldsymbol{B})&=\begin{bmatrix} a_{11} & a_{12} & \cdots & a_{1n} \\ a_{21} & a_{22} & \cdots & a_{2n} \\ \vdots & \vdots & & \vdots \\ a_{m1} & a_{m2} & \cdots & a_{mn} \end{bmatrix}+\begin{bmatrix} -b_{11} & -b_{12} & \cdots & -b_{1n} \\ -b_{21} & -b_{22} & \cdots & -b_{2n} \\ \vdots & \vdots & & \vdots \\ -b_{m1} & -b_{m2} & \cdots & -b_{mn} \end{bmatrix} \\ &=\begin{bmatrix} a_{11}-b_{11} & a_{12}-b_{12} & \cdots & a_{1n}-b_{1n} \\ a_{21}-b_{21} & a_{22}-b_{22} & \cdots & a_{2n}-b_{2n} \\ \vdots & \vdots & & \vdots \\ a_{m1}-b_{m1} & a_{m2}-b_{m2} & \cdots & a_{mn}-b_{mn} \end{bmatrix}.\end{aligned}$$

显然 $\boldsymbol{A}-\boldsymbol{A}=\boldsymbol{A}+(-\boldsymbol{A})=\boldsymbol{O}$.

【例 2.1】 设

$$\boldsymbol{A}=\begin{bmatrix} 3 & 2 & 4 \\ 5 & 1 & -2 \end{bmatrix},\quad \boldsymbol{B}=\begin{bmatrix} 0 & -1 & 2 \\ -5 & 1 & 3 \end{bmatrix},$$

求 $\boldsymbol{A}+\boldsymbol{B}$.

解

$$\boldsymbol{A}+\boldsymbol{B}=\begin{bmatrix} 3+0 & 2+(-1) & 4+2 \\ 5+(-5) & 1+1 & (-2)+3 \end{bmatrix}=\begin{bmatrix} 3 & 1 & 6 \\ 0 & 2 & 1 \end{bmatrix}.$$

2.1.3 数与矩阵的乘法(数乘矩阵)

定义 2.7 数 k 乘以矩阵 $\boldsymbol{A}_{m\times n}$ 得到一个矩阵 $\boldsymbol{C}_{m\times n}$,其定义为

$$\boldsymbol{C}=k\boldsymbol{A}=k\begin{bmatrix} a_{11} & a_{12} & \cdots & a_{1n} \\ a_{21} & a_{22} & \cdots & a_{2n} \\ \vdots & \vdots & & \vdots \\ a_{m1} & a_{m2} & \cdots & a_{mn} \end{bmatrix}=\begin{bmatrix} ka_{11} & ka_{12} & \cdots & ka_{1n} \\ ka_{21} & ka_{22} & \cdots & ka_{2n} \\ \vdots & \vdots & & \vdots \\ ka_{m1} & ka_{m2} & \cdots & ka_{mn} \end{bmatrix},$$

即用数 k 乘以矩阵 $\boldsymbol{A}_{m\times n}$ 的每个元素所得的矩阵,称为数 k 与矩阵 $\boldsymbol{A}_{m\times n}$ 的**乘法**,简称**数乘**.

数乘矩阵具有以下运算律(设 $\boldsymbol{A}$,$\boldsymbol{B}$ 都是 $m\times n$ 矩阵,k,是任意常数):

(1) **分配律**:$k(\boldsymbol{A}+\boldsymbol{B})=k\boldsymbol{A}+k\boldsymbol{B}$,$(k+l)\boldsymbol{A}=k\boldsymbol{A}+l\boldsymbol{A}$;

(2) **结合律**:$(kl)\boldsymbol{A}=k(l\boldsymbol{A})=l(k\boldsymbol{A})$;

(3)$1\boldsymbol{A}=\boldsymbol{A}$,$(-1)\boldsymbol{A}=-\boldsymbol{A}$.

【例 2.2】 设

$$\boldsymbol{A}=\begin{bmatrix} 1 & 4 & 3 \\ -2 & 5 & 7 \end{bmatrix},$$

求 $3\boldsymbol{A}$.

解

$$3\boldsymbol{A}=\begin{bmatrix} 3\times 1 & 3\times 4 & 3\times 3 \\ 3\times(-2) & 3\times 5 & 3\times 7 \end{bmatrix}=\begin{bmatrix} 3 & 12 & 9 \\ -6 & 15 & 21 \end{bmatrix}.$$

2.1.4 矩阵的乘法

【例 2.3】 设某商场有 3 个分场，用矩阵 $\boldsymbol{A}$ 表示 3 个分场每天两类商品（彩电、冰箱）的销售数量，矩阵 $\boldsymbol{B}$ 表示彩电和冰箱的单价和单位利润，求该商场 3 个分场每天两类商品的总营业额和总利润.

$$\boldsymbol{A}=\begin{bmatrix} 100 & 120 \\ 150 & 180 \\ 120 & 160 \end{bmatrix}\begin{matrix}\leftarrow 1\text{分场}\\ \leftarrow 2\text{分场}\\ \leftarrow 3\text{分场}\end{matrix}\quad(\text{列：彩电、冰箱}),\qquad \boldsymbol{B}=\begin{bmatrix} 3000 & 150 \\ 2600 & 200 \end{bmatrix}\begin{matrix}\leftarrow \text{彩电}\\ \leftarrow \text{冰箱}\end{matrix}\quad(\text{列：单价(元)、单位利润(元)}).$$

解

$$\boldsymbol{C}=\begin{bmatrix} 100\times 3000+120\times 2600 & 100\times 150+120\times 200 \\ 150\times 3000+180\times 2600 & 150\times 150+180\times 200 \\ 120\times 3000+160\times 2600 & 120\times 150+160\times 200 \end{bmatrix}\begin{matrix}\leftarrow 1\text{分场}\\ \leftarrow 2\text{分场}\\ \leftarrow 3\text{分场}\end{matrix}\quad(\text{列：总营业额(元)、总利润(元)})$$

$$=\begin{bmatrix} 612000 & 39000 \\ 918000 & 58500 \\ 776000 & 50000 \end{bmatrix}.$$

矩阵 $\boldsymbol{C}$ 的第 1 行的两个元素分别表示了 1 分场的总营业额和总利润；第 2 行的两个元素分别表示了 2 分场的总营业额和总利润；第 3 行的两个元素分别表示了 3 分场的总营业额和总利润. 从这个矩阵上很清楚地看到所求的结果，下面循此引入矩阵乘法的概念.

定义 2.8 设 $\boldsymbol{A}$ 为 $m\times s$ 矩阵，$\boldsymbol{B}$ 为 $s\times n$ 矩阵，即

$$\boldsymbol{A}=\begin{bmatrix} a_{11} & a_{12} & \cdots & a_{1s} \\ a_{21} & a_{22} & \cdots & a_{2s} \\ \vdots & \vdots & & \vdots \\ a_{m1} & a_{m2} & \cdots & a_{ms} \end{bmatrix},\qquad \boldsymbol{B}=\begin{bmatrix} b_{11} & b_{12} & \cdots & b_{1n} \\ b_{21} & b_{22} & \cdots & b_{2n} \\ \vdots & \vdots & & \vdots \\ b_{s1} & b_{s2} & \cdots & b_{sn} \end{bmatrix},$$

由元素

$$c_{ij}=a_{i1}b_{1j}+a_{i2}b_{2j}+\cdots+a_{is}b_{sj}=\sum_{k=1}^{s}a_{ik}b_{kj}\quad(i=1,2,\cdots,m;j=1,2,\cdots,n),$$

构成 m 行 n 列矩阵 $\boldsymbol{C}$，则称矩阵 $\boldsymbol{C}$ 为矩阵 $\boldsymbol{A}$ 与矩阵 $\boldsymbol{B}$ 的**乘积**，记为 $\boldsymbol{C}=\boldsymbol{AB}$. 其中

$$\boldsymbol{C}=[c_{ij}]_{m\times n}=\Big[\sum_{k=1}^{s}a_{ik}b_{kj}\Big]_{m\times n}.$$

注意：

(1) 只有当左边矩阵 $\boldsymbol{A}$ 的列数与右边矩阵 $\boldsymbol{B}$ 的行数相等时 $\boldsymbol{A}$ 与 $\boldsymbol{B}$ 才能相乘，简称为**行乘列的规则**；

(2) 矩阵 $\boldsymbol{C}$ 中第 i 行第 j 列的元素等于左矩阵 $\boldsymbol{A}$ 的第 i 行元素与右矩阵 $\boldsymbol{B}$ 的第 j 列对应元

素乘积之和；

(3)$\boldsymbol{AB}$ 仍为矩阵，它的行数等于 $\boldsymbol{A}$ 的行数，它的列数等于 $\boldsymbol{B}$ 的列数，矩阵乘法示意图如图 2.1 所示.

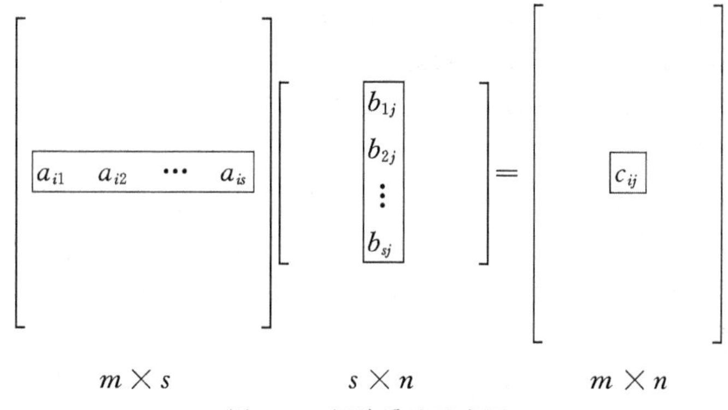

图 2.1 矩阵乘法示意图

【例 2.4】 设

$$\boldsymbol{A}=\begin{bmatrix}1&0\\2&-1\\4&3\end{bmatrix},\qquad \boldsymbol{B}=\begin{bmatrix}1&2\\-3&4\end{bmatrix},$$

求 $\boldsymbol{AB}$.

解 因为 $\boldsymbol{A}$ 的列数等于 $\boldsymbol{B}$ 的行数，所以可以相乘

$$\boldsymbol{AB}=\begin{bmatrix}1&0\\2&-1\\4&3\end{bmatrix}\begin{bmatrix}1&2\\-3&4\end{bmatrix}=\begin{bmatrix}1\times1+0\times(-3)&1\times2+0\times4\\2\times1+(-1)\times(-3)&2\times2+(-1)\times4\\4\times1+3\times(-3)&4\times2+3\times4\end{bmatrix}=\begin{bmatrix}1&2\\5&0\\-5&20\end{bmatrix}.$$

【例 2.5】 设 $\boldsymbol{A}$ 是一个行矩阵，$\boldsymbol{B}$ 是一个列矩阵，且

$$\boldsymbol{A}=[a_1,a_2,\cdots,a_n],\qquad \boldsymbol{B}=\begin{bmatrix}b_1\\b_2\\\vdots\\b_n\end{bmatrix},$$

求 $\boldsymbol{AB}$ 和 $\boldsymbol{BA}$.

解

$$\boldsymbol{AB}=[a_1,a_2,\cdots,a_n]\begin{bmatrix}b_1\\b_2\\\vdots\\b_n\end{bmatrix}=a_1b_1+a_2b_2+\cdots+a_nb_n.$$

$$\boldsymbol{BA}=\begin{bmatrix}b_1\\b_2\\\vdots\\b_n\end{bmatrix}[a_1,a_2,\cdots,a_n]=\begin{bmatrix}a_1b_1&a_2b_1&\cdots&a_nb_1\\a_1b_2&a_2b_2&\cdots&a_nb_2\\\vdots&\vdots&&\vdots\\a_1b_n&a_2b_n&\cdots&a_nb_n\end{bmatrix}.$$

矩阵的乘法满足以下运算律：

(1) **结合律**：$(\boldsymbol{AB})\boldsymbol{C}=\boldsymbol{A}(\boldsymbol{BC})$.

其中 $\boldsymbol{A}$ 为 $m\times n$ 矩阵，$\boldsymbol{B}$ 为 $n\times s$ 矩阵，$\boldsymbol{C}$ 为 $s\times p$ 矩阵.

(2) **数乘结合律**:$k(\boldsymbol{AB})=(k\boldsymbol{A})\boldsymbol{B}=\boldsymbol{A}(k\boldsymbol{B})$.

其中,k 为任意实数,$\boldsymbol{A}$ 为 $m\times n$ 矩阵,$\boldsymbol{B}$ 为 $n\times s$ 矩阵.

(3) **左乘分配律**:$\boldsymbol{A}(\boldsymbol{B}+\boldsymbol{C})=\boldsymbol{AB}+\boldsymbol{AC}$.

其中,$\boldsymbol{A}$ 为 $m\times n$ 矩阵,$\boldsymbol{B}$ 和 $\boldsymbol{C}$ 均为 $n\times s$ 矩阵.

(4) **右乘分配律**:$(\boldsymbol{B}+\boldsymbol{C})\boldsymbol{A}=\boldsymbol{BA}+\boldsymbol{CA}$.

其中,$\boldsymbol{B}$ 和 $\boldsymbol{C}$ 均为 $m\times n$ 矩阵,$\boldsymbol{A}$ 为 $n\times s$ 矩阵.

【例 2.6】 计算

$$[x_1,\quad x_2,\quad x_3]\begin{bmatrix}1&-2&3\\1&4&-1\\5&-3&2\end{bmatrix}\begin{bmatrix}x_1\\x_2\\x_3\end{bmatrix}.$$

解 首先计算

$$\begin{bmatrix}1&-2&3\\1&4&-1\\5&-3&2\end{bmatrix}\begin{bmatrix}x_1\\x_2\\x_3\end{bmatrix}=\begin{bmatrix}x_1-2x_2+3x_3\\x_1+4x_2-x_3\\5x_1-3x_2+2x_3\end{bmatrix},$$

然后,得

$$\begin{aligned}&[x_1,\quad x_2,\quad x_3]\begin{bmatrix}1&-2&3\\1&4&-1\\5&-3&2\end{bmatrix}\begin{bmatrix}x_1\\x_2\\x_3\end{bmatrix}\\=&[x_1,\quad x_2,\quad x_3]\begin{bmatrix}x_1-2x_2+3x_3\\x_1+4x_2-x_3\\5x_1-3x_2+2x_3\end{bmatrix}\\=&x_1(x_1-2x_2+3x_3)+x_2(x_1+4x_2-x_3)+x_3(5x_1-3x_2+2x_3)\\=&x_1^2+4x_2^2+2x_3^2-x_1x_2+8x_1x_3-4x_2x_3.\end{aligned}$$

定义 2.9 设有 n 阶矩阵 $\boldsymbol{A}$,若它的主对角线上元素全为 1,其余元素全部为零,则称 $\boldsymbol{A}$ 为 **n 阶单位矩阵**,记为 $\boldsymbol{E}_n$ 或 $\boldsymbol{E}$,即

$$\boldsymbol{E}_n=\begin{bmatrix}1&0&0&\cdots&0\\0&1&0&\cdots&0\\\vdots&\vdots&\vdots&&\vdots\\0&0&0&\cdots&1\end{bmatrix},$$

当 $n=2,3$ 时

$$\boldsymbol{E}_2=\begin{bmatrix}1&0\\0&1\end{bmatrix},\quad \boldsymbol{E}_3=\begin{bmatrix}1&0&0\\0&1&0\\0&0&1\end{bmatrix},$$

就是二阶、三阶单位矩阵.

单位矩阵满足:

(1)$\boldsymbol{E}_m\boldsymbol{A}_{m\times n}=\boldsymbol{A}_{m\times n}\boldsymbol{E}_n=\boldsymbol{A}_{m\times n}$;

(2) 当 $\boldsymbol{A}$ 是 n 阶方阵时,$\boldsymbol{E}_n\boldsymbol{A}=\boldsymbol{A}\boldsymbol{E}_n=\boldsymbol{A}$.

显然,单位矩阵 $\boldsymbol{E}$ 在矩阵乘法中的作用类似于数 1 在数的乘法中的作用.

另外,要特别注意矩阵乘法运算律和数的乘法运算律的区别,矩阵乘法不满足交换律,即 $\boldsymbol{AB}$ 和 $\boldsymbol{BA}$ 不一定相等.

【例 2.7】 设

$$A=\begin{bmatrix}-2&4\\1&-2\end{bmatrix},\quad B=\begin{bmatrix}2&4\\-3&-6\end{bmatrix},$$

则

$$AB=\begin{bmatrix}-16&-32\\8&16\end{bmatrix},\quad BA=\begin{bmatrix}0&0\\0&0\end{bmatrix},$$

$\boldsymbol{AB}$ 和 $\boldsymbol{BA}$ 虽是同型矩阵，但 $\boldsymbol{AB}\neq\boldsymbol{BA}$.

【例 2.8】 设

$$A=\begin{bmatrix}1&0&0\\0&0&1\end{bmatrix},\quad B=\begin{bmatrix}1&2\\0&1\\2&0\end{bmatrix},$$

则

$$AB=\begin{bmatrix}1&2\\2&0\end{bmatrix},\quad BA=\begin{bmatrix}1&0&2\\0&0&1\\2&0&0\end{bmatrix},$$

$\boldsymbol{AB}$ 和 $\boldsymbol{BA}$ 是不同型的矩阵，更谈不上相等与不相等.

当进行矩阵乘法时，一定要注意乘的次序，不能随意改变.

若 $\boldsymbol{AB}\neq\boldsymbol{BA}$，我们称 $\boldsymbol{A}$ 与 $\boldsymbol{B}$ 不可交换；若 $\boldsymbol{AB}=\boldsymbol{BA}$ 时，我们称 $\boldsymbol{A}$ 与 $\boldsymbol{B}$ 可交换. 显然，只有 $\boldsymbol{A}$ 与 $\boldsymbol{B}$ 可交换，才能改变矩阵相乘的次序.

【例 2.9】 设

$$A=\begin{bmatrix}1&1\\0&1\end{bmatrix},\quad B=\begin{bmatrix}2&3\\0&2\end{bmatrix},$$

则

$$AB=\begin{bmatrix}2&5\\0&2\end{bmatrix},\quad BA=\begin{bmatrix}2&5\\0&2\end{bmatrix},$$

所以，$\boldsymbol{AB}=\boldsymbol{BA}$，称 $\boldsymbol{A}$ 与 $\boldsymbol{B}$ 是可交换矩阵.

在矩阵的乘法运算中还有一个奇特的现象，即虽然矩阵 $\boldsymbol{A}$ 与 $\boldsymbol{B}$ 都是非零矩阵($\boldsymbol{A}\neq\boldsymbol{O},\boldsymbol{B}\neq\boldsymbol{O}$)，但是矩阵 $\boldsymbol{A}$ 与 $\boldsymbol{B}$ 的乘积矩阵 $\boldsymbol{AB}$ 有时却是一个零矩阵($\boldsymbol{AB}=\boldsymbol{O}$)，也就是说，两个非零矩阵的乘积可能是零矩阵，这种现象在数的乘法运算中是不可能出现的.

【例 2.10】 设

$$A=\begin{bmatrix}1&1\\-1&-1\end{bmatrix},\quad B=\begin{bmatrix}1&-1\\-1&1\end{bmatrix},$$

则

$$AB=\begin{bmatrix}0&0\\0&0\end{bmatrix}.$$

当 $\boldsymbol{A}\neq\boldsymbol{O},\boldsymbol{B}\neq\boldsymbol{O}$ 且 $\boldsymbol{AB}=\boldsymbol{O}$ 时，我们称矩阵 $\boldsymbol{A}$ 是 $\boldsymbol{B}$ 的**左零因子**，矩阵 $\boldsymbol{B}$ 是 $\boldsymbol{A}$ 的**右零因子**. 一般说来，如果一个非零矩阵 $\boldsymbol{A}$ 有右(或左) 零因子，那么它的右(或左) 零因子不是唯一的.

【例 2.11】 设

$$A=\begin{bmatrix}3&-4\\6&-8\end{bmatrix},\quad B=\begin{bmatrix}4&8\\3&6\end{bmatrix},\quad C=\begin{bmatrix}-12&16\\-9&12\end{bmatrix},$$

求 $\boldsymbol{AB}$ 和 $\boldsymbol{AC}$.

$$\boldsymbol{AB}=\begin{bmatrix}3&-4\\6&-8\end{bmatrix}\begin{bmatrix}4&8\\3&6\end{bmatrix}=\begin{bmatrix}0&0\\0&0\end{bmatrix},$$

$$\boldsymbol{AC}=\begin{bmatrix}3&-4\\6&-8\end{bmatrix}\begin{bmatrix}-12&16\\-9&12\end{bmatrix}=\begin{bmatrix}0&0\\0&0\end{bmatrix}.$$

由此可知,【例 2.11】中的矩阵 $\boldsymbol{B},\boldsymbol{C}$ 都是矩阵 $\boldsymbol{A}$ 的右零因子,即 $\boldsymbol{AB}=\boldsymbol{AC}=\boldsymbol{O}$.

一般情况下,当 $\boldsymbol{A}\neq\boldsymbol{O}$ 且乘积矩阵 $\boldsymbol{AB}=\boldsymbol{AC}$ 时,不能消去矩阵 $\boldsymbol{A}$,而得到 $\boldsymbol{B}=\boldsymbol{C}$. 如【例 2.11】中矩阵 $\boldsymbol{B}\neq\boldsymbol{C}$.

【例 2.12】 设

$$\boldsymbol{A}=\begin{bmatrix}0&0\\0&1\end{bmatrix},\quad \boldsymbol{B}=\begin{bmatrix}7&9\\5&4\end{bmatrix},\quad \boldsymbol{C}=\begin{bmatrix}6&8\\5&4\end{bmatrix},$$

则

$$\boldsymbol{AB}=\boldsymbol{AC}=\begin{bmatrix}0&0\\5&4\end{bmatrix},$$

显然,$\boldsymbol{B}\neq\boldsymbol{C}$.

矩阵乘法不满足交换律、消去律,两个非零矩阵的乘积有可能是零矩阵. 这些都是矩阵乘法与数的乘法不同的地方. 在做矩阵乘法运算时,要特别引起重视.

对 n 阶方阵还可以定义乘幂运算.

定义 2.10 设 $\boldsymbol{A}$ 为 n 阶方阵,m 为正整数,规定

$$\boldsymbol{A}^m=\overbrace{\boldsymbol{A}\times\boldsymbol{A}\times\cdots\times\boldsymbol{A}}^{m},$$

则称 $\boldsymbol{A}^m$ 为方阵 $\boldsymbol{A}$ 的 m 次幂.

并规定 n 阶矩阵 $\boldsymbol{A}$ 的零次幂为单位矩阵 $\boldsymbol{E}$,即 $\boldsymbol{A}^0=\boldsymbol{E}$. 显然有

$$\boldsymbol{A}^k\boldsymbol{A}^l=\boldsymbol{A}^{k+l},\qquad (\boldsymbol{A}^k)^l=\boldsymbol{A}^{kl},$$

其中,k,l 为任意非负整数.

由于矩阵乘法不满足交换律,因此一般地

$$(\boldsymbol{AB})^k\neq\boldsymbol{A}^k\boldsymbol{B}^k\ (k\text{ 为正整数}).$$

【例 2.13】 计算

$$\begin{bmatrix}1&0&0\\0&1&0\\\lambda&0&1\end{bmatrix}^n\quad(n\text{ 为正整数}).$$

解 设

$$\boldsymbol{A}=\begin{bmatrix}1&0&0\\0&1&0\\\lambda&0&1\end{bmatrix}=\begin{bmatrix}1&0&0\\0&1&0\\0&0&1\end{bmatrix}+\begin{bmatrix}0&0&0\\0&0&0\\\lambda&0&0\end{bmatrix}=\boldsymbol{E}+\boldsymbol{B},$$

其中

$$\boldsymbol{B}=\begin{bmatrix}0&0&0\\0&0&0\\\lambda&0&0\end{bmatrix},$$

显然

$$\boldsymbol{B}^2=\begin{bmatrix}0&0&0\\0&0&0\\\lambda&0&0\end{bmatrix}\begin{bmatrix}0&0&0\\0&0&0\\\lambda&0&0\end{bmatrix}=\begin{bmatrix}0&0&0\\0&0&0\\0&0&0\end{bmatrix},$$

由此可知,当 $n\geqslant 2$ 时

$$\boldsymbol{B}^n=\begin{bmatrix}0&0&0\\0&0&0\\0&0&0\end{bmatrix},$$

且

$$\boldsymbol{EB}=\begin{bmatrix}1&0&0\\0&1&0\\0&0&1\end{bmatrix}\begin{bmatrix}0&0&0\\0&0&0\\\lambda&0&0\end{bmatrix}=\begin{bmatrix}0&0&0\\0&0&0\\\lambda&0&0\end{bmatrix}\begin{bmatrix}1&0&0\\0&1&0\\0&0&1\end{bmatrix}=\boldsymbol{BE},$$

即 $\boldsymbol{E}$ 与 $\boldsymbol{B}$ 可交换,所以可以用二项定理,得

$$\begin{aligned}\boldsymbol{A}^n&=(\boldsymbol{E}+\boldsymbol{B})^n=\boldsymbol{E}^n+n\boldsymbol{E}^{n-1}\boldsymbol{B}+\cdots+\boldsymbol{B}^n=\boldsymbol{E}+n\boldsymbol{B}\\&=\begin{bmatrix}1&0&0\\0&1&0\\0&0&1\end{bmatrix}+\begin{bmatrix}0&0&0\\0&0&0\\n\lambda&0&0\end{bmatrix}=\begin{bmatrix}1&0&0\\0&1&0\\n\lambda&0&1\end{bmatrix}.\end{aligned}$$

【例 2.14】 试证:设方阵 $\boldsymbol{A}$ 满足 $\boldsymbol{A}^3=\boldsymbol{O}$,则 $(\boldsymbol{E}+\boldsymbol{A}+\boldsymbol{A}^2)(\boldsymbol{E}-\boldsymbol{A})=\boldsymbol{E}$.

证 由矩阵乘法和运算律,有

$$\begin{aligned}(\boldsymbol{E}+\boldsymbol{A}+\boldsymbol{A}^2)(\boldsymbol{E}-\boldsymbol{A})&=\boldsymbol{E}(\boldsymbol{E}-\boldsymbol{A})+\boldsymbol{A}(\boldsymbol{E}-\boldsymbol{A})+\boldsymbol{A}^2(\boldsymbol{E}-\boldsymbol{A})\\&=\boldsymbol{E}-\boldsymbol{A}+\boldsymbol{A}\boldsymbol{E}-\boldsymbol{A}^2+\boldsymbol{A}^2\boldsymbol{E}-\boldsymbol{A}^3\\&=\boldsymbol{E}-\boldsymbol{A}^3=\boldsymbol{E}-\boldsymbol{O}=\boldsymbol{E}.\end{aligned}$$

本例可以推广为:若方阵 $\boldsymbol{A}$ 满足 $\boldsymbol{A}^s=\boldsymbol{O}$($s$ 为正整数),则

$$(\boldsymbol{E}+\boldsymbol{A}+\cdots+\boldsymbol{A}^{s-1})(\boldsymbol{E}-\boldsymbol{A})=\boldsymbol{E}.$$

2.1.5 矩阵的转置

定义 2.11 把 $m\times n$ 矩阵

$$\boldsymbol{A}=\begin{bmatrix}a_{11}&a_{12}&\cdots&a_{1n}\\a_{21}&a_{22}&\cdots&a_{2n}\\\vdots&\vdots&&\vdots\\a_{m1}&a_{m2}&\cdots&a_{mn}\end{bmatrix}$$

的行、列互换得到的 $n\times m$ 矩阵,称为 $\boldsymbol{A}$ 的转置矩阵,记为 $\boldsymbol{A}^{\mathrm{T}}$,即

$$\boldsymbol{A}^{\mathrm{T}}=\begin{bmatrix}a_{11}&a_{21}&\cdots&a_{m1}\\a_{12}&a_{22}&\cdots&a_{m2}\\\vdots&\vdots&&\vdots\\a_{1n}&a_{2n}&\cdots&a_{mn}\end{bmatrix},$$

其中 $\boldsymbol{A}^{\mathrm{T}}$ 的第 i 行第 j 列的元素等于 $\boldsymbol{A}$ 的第 j 行第 i 列的元素.

矩阵的转置满足下列运算律：

(1)$(\boldsymbol{A}^{\mathrm{T}})^{\mathrm{T}}=\boldsymbol{A}$；

(2)$(\boldsymbol{A}+\boldsymbol{B})^{\mathrm{T}}=\boldsymbol{A}^{\mathrm{T}}+\boldsymbol{B}^{\mathrm{T}}$；

(3)$(k\boldsymbol{A})^{\mathrm{T}}=k\boldsymbol{A}^{\mathrm{T}}$；

(4)$(\boldsymbol{AB})^{\mathrm{T}}=\boldsymbol{B}^{\mathrm{T}}\boldsymbol{A}^{\mathrm{T}}$.

【例 2.15】 设

$$\boldsymbol{A}=\begin{bmatrix}2&0&-1\\1&3&2\end{bmatrix},\quad \boldsymbol{B}=\begin{bmatrix}1&7&-1\\4&2&3\\2&0&1\end{bmatrix},$$

计算$(\boldsymbol{AB})^{\mathrm{T}}$,$\boldsymbol{B}^{\mathrm{T}}\boldsymbol{A}^{\mathrm{T}}$.

解

$$\boldsymbol{AB}=\begin{bmatrix}2&0&-1\\1&3&2\end{bmatrix}\begin{bmatrix}1&7&-1\\4&2&3\\2&0&1\end{bmatrix}=\begin{bmatrix}0&14&-3\\17&13&10\end{bmatrix},$$

所以

$$(\boldsymbol{AB})^{\mathrm{T}}=\begin{bmatrix}0&17\\14&13\\-3&10\end{bmatrix},$$

又

$$\boldsymbol{B}^{\mathrm{T}}=\begin{bmatrix}1&4&2\\7&2&0\\-1&3&1\end{bmatrix},\quad \boldsymbol{A}^{\mathrm{T}}=\begin{bmatrix}2&1\\0&3\\-1&2\end{bmatrix},$$

所以

$$\boldsymbol{B}^{\mathrm{T}}\boldsymbol{A}^{\mathrm{T}}=\begin{bmatrix}1&4&2\\7&2&0\\-1&3&1\end{bmatrix}\begin{bmatrix}2&1\\0&3\\-1&2\end{bmatrix}=\begin{bmatrix}0&17\\14&13\\-3&10\end{bmatrix},$$

从而我们看到：$(\boldsymbol{AB})^{\mathrm{T}}=\boldsymbol{B}^{\mathrm{T}}\boldsymbol{A}^{\mathrm{T}}$.

【例 2.16】 设$\boldsymbol{B}^{\mathrm{T}}=\boldsymbol{B}$,证明:$(\boldsymbol{AB}\,\boldsymbol{A}^{\mathrm{T}})^{\mathrm{T}}=\boldsymbol{ABA}^{\mathrm{T}}$.

证 因为$\boldsymbol{B}^{\mathrm{T}}=\boldsymbol{B}$,所以

$$(\boldsymbol{ABA}^{\mathrm{T}})^{\mathrm{T}}=((\boldsymbol{AB})\boldsymbol{A}^{\mathrm{T}})^{\mathrm{T}}=(\boldsymbol{A}^{\mathrm{T}})^{\mathrm{T}}(\boldsymbol{AB})^{\mathrm{T}}=\boldsymbol{AB}^{\mathrm{T}}\boldsymbol{A}^{\mathrm{T}}=\boldsymbol{ABA}^{\mathrm{T}}.$$

2.1.6 方阵的行列式

关于方阵,还有一个重要概念,即方阵的行列式.

定义 2.12 设 n 阶方阵

$$\boldsymbol{A}=\begin{bmatrix}a_{11}&a_{12}&\cdots&a_{1n}\\a_{21}&a_{22}&\cdots&a_{2n}\\\vdots&\vdots&&\vdots\\a_{n1}&a_{n2}&\cdots&a_{nn}\end{bmatrix},$$

则称对应的行列式

$$\begin{vmatrix} a_{11} & a_{12} & \cdots & a_{1n} \\ a_{21} & a_{22} & \cdots & a_{2n} \\ \vdots & \vdots & & \vdots \\ a_{n1} & a_{n2} & \cdots & a_{nn} \end{vmatrix}$$

为方阵 $\boldsymbol{A}$ 的行列式,记为 $\det\boldsymbol{A}$.

例如,设

$$\boldsymbol{A}=\begin{bmatrix} 1 & 0 & 2 \\ 2 & 1 & -1 \\ -3 & 2 & 1 \end{bmatrix},$$

则 $\boldsymbol{A}$ 的行列式为

$$\det\boldsymbol{A}=\begin{vmatrix} 1 & 0 & 2 \\ 2 & 1 & -1 \\ -3 & 2 & 1 \end{vmatrix}=\begin{vmatrix} 1 & 0 & 2 \\ 0 & 1 & -5 \\ 0 & 2 & 7 \end{vmatrix}=17.$$

关于方阵的行列式有以下重要的定理:

定理 2.1 设 $\boldsymbol{A},\boldsymbol{B}$ 是任意两个 n 阶方阵,则 $\det(\boldsymbol{AB})=\det\boldsymbol{A}\cdot\det\boldsymbol{B}$.

证明略,此定理又称为**方阵行列式定理**. 由此定理可知:

(1) **方阵和行列式有如下关系:两个同阶方阵相乘的行列式等于这两个方阵的行列式相乘;**

(2) **两个同阶行列式相乘也可以先求相应的乘积矩阵,然后求这个乘积矩阵的行列式.**

【例 2.17】 设

$$\boldsymbol{A}=\begin{bmatrix} 1 & 5 \\ -2 & 6 \end{bmatrix},\quad \boldsymbol{B}=\begin{bmatrix} 4 & 5 \\ 3 & 8 \end{bmatrix},$$

验证: $\det(\boldsymbol{AB})=\det\boldsymbol{A}\cdot\det\boldsymbol{B}$.

解 因为

$$\boldsymbol{AB}=\begin{bmatrix} 1 & 5 \\ -2 & 6 \end{bmatrix}\begin{bmatrix} 4 & 5 \\ 3 & 8 \end{bmatrix}=\begin{bmatrix} 19 & 45 \\ 10 & 38 \end{bmatrix},$$

所以

$$\det(\boldsymbol{AB})=\begin{vmatrix} 19 & 45 \\ 10 & 38 \end{vmatrix}=272,$$

又因为

$$\det\boldsymbol{A}=\begin{vmatrix} 1 & 5 \\ -2 & 6 \end{vmatrix}=16,\quad \det\boldsymbol{B}=\begin{vmatrix} 4 & 5 \\ 3 & 8 \end{vmatrix}=17,$$

所以

$$\det\boldsymbol{A}\cdot\det\boldsymbol{B}=16\times17=272=\det(\boldsymbol{AB}).$$

【例 2.18】 设

$$A=\begin{bmatrix}2&16&8\\0&-4&36\\0&0&6\end{bmatrix},\quad B=\begin{bmatrix}3&6&-10\\0&-5&51\\0&0&-7\end{bmatrix},$$

求 $\det(AB)$，$\det(A+B)$，$\det A+\det B$，$\det(6A)$.

解 $\det(AB)=\det A\cdot\det B=2\times(-4)\times6\times3\times(-5)\times(-7)=-5040.$

$$\det(A+B)=\begin{vmatrix}5&22&-2\\0&-9&87\\0&0&-1\end{vmatrix}=5\times(-9)\times(-1)=45.$$

$\det A+\det B=-48+105=57.$

$$\det(6A)=\begin{vmatrix}12&96&48\\0&-24&216\\0&0&36\end{vmatrix}=12\times(-24)\times36=-10368.$$

由【例 2.18】可知，一般有：

(1) $\det(A+B)\neq\det A+\det B$；

(2) $\det(kA)\neq k\det A$，而有 $\det(kA)=k^n\det A$（A 为 n 阶方阵，请读者自行证明）.

这两点在行列式的计算和证明时，容易出现错误，希望引起重视.

【例 2.19】 设 A 是 n 阶方阵，且满足 $A^{\mathrm T}A=E$，$\det A=-1$，证明 $\det(E+A)=0$.

证 利用已知条件，因为

$$A^{\mathrm T}(E+A)=A^{\mathrm T}+A^{\mathrm T}A=A^{\mathrm T}+E=E+A^{\mathrm T}=(E+A)^{\mathrm T},$$

所以

$$\det(E+A)=\det(E+A)^{\mathrm T}=\det(A^{\mathrm T}(E+A))=\det(E+A)\cdot\det(A^{\mathrm T})=-\det(E+A),$$

因此

$$\det(E+A)=0.$$

习题 2.1

参考答案与提示

1. 已知

$$A=\begin{bmatrix}6&3&8\\x_1-x_2&0&5\end{bmatrix},\quad B=\begin{bmatrix}6&3&x_1+x_2\\4&0&5\end{bmatrix},$$

若 $A=B$，求 x_1,x_2.

2. 设

$$A=\begin{bmatrix}4&3&2&1\\0&-1&5&2\\2&3&1&0\end{bmatrix},\quad B=\begin{bmatrix}8&7&6&5\\4&1&0&2\\0&-3&2&5\end{bmatrix},$$

求 $A+B$，$2A+3B$.

3. 请判断下列矩阵运算是否正确?请说明原因.

$$\begin{bmatrix} 4 & 5 & 6 \\ 6 & 8 & 10 \\ 0 & 3 & 1 \end{bmatrix} = 2\begin{bmatrix} 4 & 5 & 6 \\ 3 & 4 & 5 \\ 0 & 3 & 1 \end{bmatrix}.$$

4. 计算下列矩阵:

(1) $\begin{bmatrix} 4 \\ 3 \\ 6 \end{bmatrix}\begin{bmatrix} -2, & 3 \end{bmatrix}$;　(2) $\begin{bmatrix} 6, & 2, & 3 \end{bmatrix}\begin{bmatrix} 3 \\ 6 \\ 2 \end{bmatrix}$;　(3) $\begin{bmatrix} 1 & 0 & 0 \\ 0 & 0 & 1 \\ 0 & 1 & 0 \end{bmatrix}\begin{bmatrix} 2 & 7 \\ 3 & 8 \\ 4 & 9 \end{bmatrix}$;

(4) $\begin{bmatrix} 0 & 0 \\ 1 & 1 \end{bmatrix}\begin{bmatrix} -2 & 1 \\ 2 & -1 \end{bmatrix}$;　(5) $\begin{bmatrix} 1 & 0 & 1 & 4 \\ 3 & -1 & -3 & 0 \\ 1 & 2 & 1 & -2 \end{bmatrix}\begin{bmatrix} 2 & 1 \\ 1 & -1 \\ 4 & 3 \\ 0 & 4 \end{bmatrix}\begin{bmatrix} -1 & 4 & 6 \\ 3 & -1 & 2 \end{bmatrix}$.

5. 设

$$\boldsymbol{A} = \begin{bmatrix} 2 & 3 & 0 \\ 1 & 2 & 0 \end{bmatrix}, \boldsymbol{B} = \begin{bmatrix} -1 & 4 & 6 \\ 3 & -1 & 2 \end{bmatrix}, \boldsymbol{C} = \begin{bmatrix} -1 & 1 & 2 \\ 2 & 3 & -1 \\ 1 & 0 & 2 \end{bmatrix},$$

求 $\boldsymbol{AC} - \boldsymbol{BC}$.

6. 已知

$$\boldsymbol{A} = \begin{bmatrix} 3 & -2 \\ 0 & 1 \end{bmatrix}, \boldsymbol{B} = \begin{bmatrix} 5 & 0 \\ 3 & -2 \end{bmatrix},$$

求满足方程 $2\boldsymbol{A} - 6\boldsymbol{X} = 3\boldsymbol{B}$ 中的 $\boldsymbol{X}$.

7. 计算下列矩阵:

(1) $\begin{bmatrix} 0 & 2 \\ 3 & 0 \end{bmatrix}^2$;　(2) $\begin{bmatrix} x_1, & x_2, & x_3 \end{bmatrix}\begin{bmatrix} 2 & 5 & 0 \\ -4 & 3 & -2 \\ 3 & -1 & 1 \end{bmatrix}\begin{bmatrix} x_1 \\ x_2 \\ x_3 \end{bmatrix}$;

(3) $\begin{bmatrix} 1 & 1 & 1 & 1 \\ 1 & 1 & -1 & -1 \\ 1 & -1 & 1 & -1 \\ 1 & -1 & -1 & -1 \end{bmatrix}^4$;　(4) $\begin{bmatrix} \lambda & 2 & 0 \\ 0 & \lambda & 2 \\ 0 & 0 & \lambda \end{bmatrix}^n$($n$ 是正整数).

8. 设

$$\boldsymbol{A} = \begin{bmatrix} a & 0 & 0 \\ 0 & b & 0 \\ 0 & 0 & c \end{bmatrix},$$

通过计算 $\boldsymbol{A}^2, \boldsymbol{A}^3 \cdots\cdots$ 归纳出 $\boldsymbol{A}^n$ 的一般运算规律.

9. 请证明,若矩阵 $\boldsymbol{A}$ 和矩阵 $\boldsymbol{B}$ 可交换,则有:

(1) $(\boldsymbol{A} - \boldsymbol{B})^2 = \boldsymbol{A}^2 - 2\boldsymbol{AB} + \boldsymbol{B}^2$;

(2) $(\boldsymbol{A} + \boldsymbol{B})(\boldsymbol{A} - \boldsymbol{B}) = \boldsymbol{A}^2 - \boldsymbol{B}^2$;

(3) $(\boldsymbol{A} - \boldsymbol{B})^3 = \boldsymbol{A}^3 - 3\boldsymbol{A}^2\boldsymbol{B} + 3\boldsymbol{AB}^2 - \boldsymbol{B}^3$.

10. 如果 $\boldsymbol{AB} = \boldsymbol{BA}, \boldsymbol{AC} = \boldsymbol{CA}$,证明 $\boldsymbol{A}(\boldsymbol{B} + \boldsymbol{C}) = (\boldsymbol{B} + \boldsymbol{C})\boldsymbol{A}, \boldsymbol{A}(\boldsymbol{BC}) = (\boldsymbol{BC})\boldsymbol{A}$.

11. 设

$$A=\begin{bmatrix}1&1&0\\0&1&-1\\1&-1&1\end{bmatrix},\quad B=\begin{bmatrix}1&2&3\\-1&-2&-4\\0&2&1\end{bmatrix},$$

求：(1)$A^{T}B$；(2)$B^{T}A$；(3)$A^{T}B^{T}$；(4)$(AB)^{T}$.

12. 证明：$(ABC)^{T}=C^{T}B^{T}A^{T}$.

13. 设矩阵

$$A=\begin{bmatrix}-1&6&9\\0&5&2\\0&0&3\end{bmatrix},\quad B=\begin{bmatrix}4&2&7\\0&2&8\\0&0&5\end{bmatrix},$$

求：$\det(AB^{T})$；$\det A+\det B$，$\det(-3A)$.

14. 设矩阵

$$A=\begin{bmatrix}1&2&3\\-2&1&2\end{bmatrix},\quad B=\begin{bmatrix}2&1&0\\0&1&-1\end{bmatrix},$$

求：(1)$\det((AB^{T})^{4})$；(2)$\det(B^{T}B)$.

15. 设 A 为 n 阶方阵，k 为实数，试证：$\det(kA)=k^{n}\det A$.

2.2 逆矩阵

2.2.1 逆矩阵的概念

在 2.1 节里定义了矩阵的加法、数乘和乘法运算，下面将介绍逆矩阵的概念及求法.

先看数的除法. 设 a,b 为两个数，当 $a\neq 0$ 时，有 $b\div a=b\times\frac{1}{a}$，$\frac{1}{a}$ 就是 a 的倒数，也称之为 a 的逆. 而当 $a\neq 0$，a 是可逆的，a 的逆一定存在，记 a 的逆为 a^{-1}，此时有

$$a\times a^{-1}=a^{-1}\times a=1.$$

我们知道，在矩阵运算中对任意 n 阶方阵 A，存在 n 阶单位矩阵 E，使得

$$AE=EA=A,$$

E 在矩阵乘法中的作用类似于数 1 在数乘中的作用. 试问对任意方阵 A，是否存在同阶方阵 B，使得

$$AB=BA=E$$

成立呢？于是我们引出如下定义.

定义 2.13 设 A 为 n 阶方阵，如果存在 n 阶方阵 B，使得

$$AB=BA=E,$$

则称 B 为 A 的**逆矩阵**，此时称 A 是可逆的. 一般地，A 的逆矩阵 B 记为 A^{-1}（读作"A 逆"），即 $B=A^{-1}$.

于是，若矩阵 A 是可逆矩阵，则存在矩阵 A^{-1}，满足

$$AA^{-1}=A^{-1}A=E.$$

【例 2.20】 设

$$A=\begin{bmatrix}7&4\\2&1\end{bmatrix},\quad B=\begin{bmatrix}-1&4\\2&-7\end{bmatrix},$$

验证 $\boldsymbol{B}$ 是否为 $\boldsymbol{A}$ 的逆矩阵.

解 因为 $\boldsymbol{AB}=\begin{bmatrix}1&0\\0&1\end{bmatrix}$, $\boldsymbol{BA}=\begin{bmatrix}1&0\\0&1\end{bmatrix}$,所以 $\boldsymbol{AB}=\boldsymbol{BA}=\boldsymbol{E}$,故 $\boldsymbol{A}$ 可逆,且 $\boldsymbol{A}^{-1}=\boldsymbol{B}$.

2.2.2 逆矩阵的性质

由定义可直接证明可逆矩阵具有下列性质.

性质 2.1 若 $\boldsymbol{A}$ 可逆,则 $\boldsymbol{A}^{-1}$ 也可逆,并且 $(\boldsymbol{A}^{-1})^{-1}=\boldsymbol{A}$.

性质 2.2 若 $\boldsymbol{A}$ 可逆,则 $\boldsymbol{A}^{-1}$ 是唯一的.

证 假设 $\boldsymbol{B}_1,\boldsymbol{B}_2$ 都是 $\boldsymbol{A}$ 的逆矩阵,有

$$\boldsymbol{AB}_1=\boldsymbol{B}_1\boldsymbol{A}=\boldsymbol{E},\qquad \boldsymbol{AB}_2=\boldsymbol{B}_2\boldsymbol{A}=\boldsymbol{E},$$

则

$$\boldsymbol{B}_1=\boldsymbol{B}_1\boldsymbol{E}=\boldsymbol{B}_1(\boldsymbol{AB}_2)=(\boldsymbol{B}_1\boldsymbol{A})\boldsymbol{B}_2=\boldsymbol{EB}_2=\boldsymbol{B}_2,$$

故 $\boldsymbol{A}$ 的逆矩阵唯一.

性质 2.3 若 n 阶方阵 $\boldsymbol{A}$ 和 $\boldsymbol{B}$ 均可逆,则 $\boldsymbol{AB}$ 也可逆,并且 $(\boldsymbol{AB})^{-1}=\boldsymbol{B}^{-1}\boldsymbol{A}^{-1}$.

证 因为

$$(\boldsymbol{AB})(\boldsymbol{B}^{-1}\boldsymbol{A}^{-1})=\boldsymbol{A}(\boldsymbol{BB}^{-1})\boldsymbol{A}^{-1}=\boldsymbol{AEA}^{-1}=\boldsymbol{AA}^{-1}=\boldsymbol{E},$$
$$(\boldsymbol{B}^{-1}\boldsymbol{A}^{-1})(\boldsymbol{AB})=\boldsymbol{B}^{-1}(\boldsymbol{A}^{-1}\boldsymbol{A})\boldsymbol{B}=\boldsymbol{B}^{-1}\boldsymbol{EB}=\boldsymbol{B}^{-1}\boldsymbol{B}=\boldsymbol{E},$$

由定义知 $\boldsymbol{AB}$ 可逆,且 $(\boldsymbol{AB})^{-1}=\boldsymbol{B}^{-1}\boldsymbol{A}^{-1}$.

性质 2.3 可推广到有限个 n 阶可逆矩阵相乘的情形,即若 $\boldsymbol{A}_1,\boldsymbol{A}_2,\cdots,\boldsymbol{A}_s$ 都可逆,则 $\boldsymbol{A}_1\boldsymbol{A}_2\cdots\boldsymbol{A}_s$ 也可逆,并且 $(\boldsymbol{A}_1\boldsymbol{A}_2\cdots\boldsymbol{A}_s)^{-1}=\boldsymbol{A}_s^{-1}\boldsymbol{A}_{s-1}^{-1}\cdots\boldsymbol{A}_1^{-1}$.

性质 2.4 若 $\boldsymbol{A}$ 可逆,则 $\boldsymbol{A}^{\mathrm{T}}$ 也可逆,并且 $(\boldsymbol{A}^{\mathrm{T}})^{-1}=(\boldsymbol{A}^{-1})^{\mathrm{T}}$.

性质 2.5 若 $\boldsymbol{A}$ 可逆,则 $\det(\boldsymbol{A}^{-1})=(\det\boldsymbol{A})^{-1}$.

【例 2.21】 单位矩阵是可逆的,且 $\boldsymbol{E}^{-1}=\boldsymbol{E}$.

证 因为 $\boldsymbol{EE}=\boldsymbol{EE}=\boldsymbol{E}$,所以 $\boldsymbol{E}$ 是可逆的,且 $\boldsymbol{E}^{-1}=\boldsymbol{E}$.

【例 2.22】 零矩阵不可逆.

证 设 $\boldsymbol{O}$ 是 n 阶零矩阵,对任意 n 阶矩阵 $\boldsymbol{A}$,都有

$$\boldsymbol{OA}=\boldsymbol{AO}=\boldsymbol{O}\neq\boldsymbol{E},$$

故不存在零矩阵的逆矩阵,即零矩阵不可逆.

2.2.3 矩阵可逆的判定与逆矩阵的求法

矩阵 $\boldsymbol{A}$ 满足什么条件时,$\boldsymbol{A}$ 一定是可逆的?而当 $\boldsymbol{A}$ 可逆时,如何求 $\boldsymbol{A}$ 的逆?

【例 2.23】 如果矩阵 $\boldsymbol{A}$ 是可逆矩阵,则有 $\det\boldsymbol{A}\neq0$.

证 因为 $\boldsymbol{A}^{-1}$ 存在,于是 $\boldsymbol{AA}^{-1}=\boldsymbol{E}$,所以 $\det(\boldsymbol{AA}^{-1})=\det\boldsymbol{A}\cdot\det(\boldsymbol{A}^{-1})=\det\boldsymbol{E}=1$,所以 $\det\boldsymbol{A}\neq0$.

定义 2.14 设 $\boldsymbol{A}$ 为 n 阶方阵,若 $\det\boldsymbol{A}\neq0$,则称 $\boldsymbol{A}$ 为**非奇异的**,否则称 $\boldsymbol{A}$ 是**奇异的**.

由【例 2.23】知,因为 $\boldsymbol{A}$ 是可逆矩阵,所以 $\det\boldsymbol{A}\neq0$,那么,反过来是否成立呢?为了回答这个问题,先引入伴随矩阵的定义.

定义 2.15 设有 n 阶方阵

$$A=\begin{bmatrix} a_{11} & a_{12} & \cdots & a_{1n} \\ a_{21} & a_{22} & \cdots & a_{2n} \\ \vdots & \vdots & & \vdots \\ a_{n1} & a_{n2} & \cdots & a_{nn} \end{bmatrix},$$

则由 $\boldsymbol{A}$ 的行列式 $\det\boldsymbol{A}$ 中元素 a_{ij} 的代数余子式 A_{ij} 所构成的 n 阶方阵

$$\boldsymbol{A}^*=\begin{bmatrix} A_{11} & A_{21} & \cdots & A_{n1} \\ A_{12} & A_{22} & \cdots & A_{n2} \\ \vdots & \vdots & & \vdots \\ A_{1n} & A_{2n} & \cdots & A_{nn} \end{bmatrix}$$

称为 $\boldsymbol{A}$ 的伴随矩阵，记为 $\boldsymbol{A}^*$.

注意：行列式 $\det\boldsymbol{A}$ 中各行元素的代数余子式作为 $\boldsymbol{A}^*$ 的相应列的元素.

【例 2.24】 求矩阵

$$\boldsymbol{A}=\begin{bmatrix} 3 & -4 & 5 \\ 2 & -3 & 1 \\ 3 & -5 & -1 \end{bmatrix}$$

的伴随矩阵 $\boldsymbol{A}^*$.

解

$$A_{11}=(-1)^{1+1}\begin{vmatrix} -3 & 1 \\ -5 & -1 \end{vmatrix}=8,\quad A_{12}=(-1)^{1+2}\begin{vmatrix} 2 & 1 \\ 3 & -1 \end{vmatrix}=5,\quad A_{13}=(-1)^{1+3}\begin{vmatrix} 2 & -3 \\ 3 & -5 \end{vmatrix}=-1,$$

$$A_{21}=(-1)^{2+1}\begin{vmatrix} -4 & 5 \\ -5 & -1 \end{vmatrix}=-29,A_{22}=(-1)^{2+2}\begin{vmatrix} 3 & 5 \\ 3 & -1 \end{vmatrix}=-18,A_{23}=(-1)^{2+3}\begin{vmatrix} 3 & -4 \\ 3 & -5 \end{vmatrix}=3,$$

$$A_{31}=(-1)^{3+1}\begin{vmatrix} -4 & 5 \\ -3 & 1 \end{vmatrix}=11,\quad A_{32}=(-1)^{3+2}\begin{vmatrix} 3 & 5 \\ 2 & 1 \end{vmatrix}=7,\quad A_{33}=(-1)^{3+3}\begin{vmatrix} 3 & -4 \\ 2 & -3 \end{vmatrix}=-1.$$

按定义 2.15，得

$$\boldsymbol{A}^*=\begin{bmatrix} A_{11} & A_{21} & A_{31} \\ A_{12} & A_{22} & A_{32} \\ A_{13} & A_{23} & A_{33} \end{bmatrix}=\begin{bmatrix} 8 & -29 & 11 \\ 5 & -18 & 7 \\ -1 & 3 & -1 \end{bmatrix}.$$

利用伴随矩阵，可以证明如下定理.

定理 2.2 设 $\boldsymbol{A}$ 为 n 阶方阵，则 $\boldsymbol{A}$ 可逆的充分必要条件为 $\boldsymbol{A}$ 是非奇异的，并且

$$\boldsymbol{A}^{-1}=\frac{1}{\det\boldsymbol{A}}\boldsymbol{A}^*. \tag{2.3}$$

证 充分性 设 $\boldsymbol{AA}^*=[c_{ij}]$，由行列式的性质知

$$c_{ij}=a_{i1}A_{j1}+a_{i2}A_{j2}+\cdots+a_{in}A_{jn}=\begin{cases} \det\boldsymbol{A}, & \text{当 } i=j \text{ 时}, \\ 0, & \text{当 } i\neq j \text{ 时}, \end{cases}$$

故有

$$\boldsymbol{AA}^*=\begin{bmatrix} \det\boldsymbol{A} & 0 & \cdots & 0 \\ 0 & \det\boldsymbol{A} & \cdots & 0 \\ \vdots & \vdots & & \vdots \\ 0 & 0 & \cdots & \det\boldsymbol{A} \end{bmatrix}=(\det\boldsymbol{A})\boldsymbol{E},$$

同理

$$\boldsymbol{A}^*\boldsymbol{A} = (\det\boldsymbol{A})\boldsymbol{E} = \boldsymbol{A}\boldsymbol{A}^*. \tag{2.4}$$

若 $\det \boldsymbol{A} \neq 0$，则从式(2.4)得

$$\boldsymbol{A}\left(\frac{1}{\det\boldsymbol{A}}\boldsymbol{A}^*\right) = \left(\frac{1}{\det\boldsymbol{A}}\boldsymbol{A}^*\right)\boldsymbol{A} = \boldsymbol{E},$$

即 $\boldsymbol{A}$ 可逆，并且 $\boldsymbol{A}^{-1} = \frac{1}{\det\boldsymbol{A}}\boldsymbol{A}^*$.

必要性　若 $\boldsymbol{A}$ 可逆，即有 $\boldsymbol{A}\boldsymbol{A}^{-1} = \boldsymbol{E}$，则可推得 $\det(\boldsymbol{A}\boldsymbol{A}^{-1}) = \det \boldsymbol{E} = 1$，又 $\det(\boldsymbol{A}\boldsymbol{A}^{-1}) = \det\boldsymbol{A} \cdot \det(\boldsymbol{A}^{-1})$，即 $\det\boldsymbol{A} \cdot \det(\boldsymbol{A}^{-1}) = 1$，故必有 $\det\boldsymbol{A} \neq 0$.

这个定理不仅给出了判定一个矩阵是否可逆的方法，而且还给出了求逆矩阵 $\boldsymbol{A}^{-1}$ 的一种方法——伴随矩阵法. 下面给出判定一个矩阵是否可逆的简单方法.

定理 2.3　设 $\boldsymbol{A}$ 与 $\boldsymbol{B}$ 都是 n 阶方阵，若 $\boldsymbol{AB} = \boldsymbol{E}$(或 $\boldsymbol{BA} = \boldsymbol{E}$)，则 $\boldsymbol{A}$ 与 $\boldsymbol{B}$ 均可逆，并且 $\boldsymbol{A}^{-1} = \boldsymbol{B}$，$\boldsymbol{B}^{-1} = \boldsymbol{A}$.

证　由 $\boldsymbol{AB} = \boldsymbol{E}$ 得

$$\det(\boldsymbol{AB}) = \det \boldsymbol{A} \cdot \det \boldsymbol{B} = \det \boldsymbol{E} = 1,$$

所以 $\det \boldsymbol{A} \neq 0$，即 $\boldsymbol{A}$ 可逆. 又

$$\boldsymbol{B} = \boldsymbol{EB} = (\boldsymbol{A}^{-1}\boldsymbol{A})\boldsymbol{B} = \boldsymbol{A}^{-1}(\boldsymbol{AB}) = \boldsymbol{A}^{-1}\boldsymbol{E} = \boldsymbol{A}^{-1},$$

同理可得 $\boldsymbol{B}^{-1} = \boldsymbol{A}$.

此定理说明，要验证方阵 $\boldsymbol{B}$ 是否为 $\boldsymbol{A}$ 的逆矩阵，只要验证 $\boldsymbol{AB} = \boldsymbol{E}$ 或 $\boldsymbol{BA} = \boldsymbol{E}$ 中一个式子成立即可，这比直接用定义去判定要节省一半的计算量.

【例 2.25】　设

$$\boldsymbol{A} = \begin{bmatrix} 5 & 6 \\ 4 & 3 \end{bmatrix},$$

问 $\boldsymbol{A}$ 是否可逆？若可逆，求 $\boldsymbol{A}^{-1}$.

解　因为 $\det \boldsymbol{A} = \begin{vmatrix} 5 & 6 \\ 4 & 3 \end{vmatrix} = -9 \neq 0$，所以 $\boldsymbol{A}$ 可逆.

又

$$A_{11} = (-1)^{1+1}\,|3| = 3,\qquad A_{12} = (-1)^{1+2}\,|4| = -4,$$
$$A_{21} = (-1)^{2+1}\,|6| = -6,\qquad A_{22} = (-1)^{2+2}\,|5| = 5,$$

故

$$\boldsymbol{A}^{-1} = \frac{1}{\det\boldsymbol{A}}\boldsymbol{A}^* = \frac{1}{15-24}\begin{bmatrix} 3 & -6 \\ -4 & 5 \end{bmatrix} = -\frac{1}{9}\begin{bmatrix} 3 & -6 \\ -4 & 5 \end{bmatrix} = \begin{bmatrix} -1/3 & 2/3 \\ 4/9 & -5/9 \end{bmatrix}.$$

【例 2.26】　设

$$\boldsymbol{A} = \begin{bmatrix} 1 & 2 & -1 \\ 0 & 5 & -3 \\ -1 & 2 & 4 \end{bmatrix},$$

判定 $\boldsymbol{A}$ 是否可逆？若可逆，求 $\boldsymbol{A}^{-1}$.

解　因为

$$\det \boldsymbol{A} = \begin{vmatrix} 1 & 2 & -1 \\ 0 & 5 & -3 \\ -1 & 2 & 4 \end{vmatrix} = 27 \neq 0,$$

所以 $\boldsymbol{A}$ 可逆. 又因为

$$A_{11}=(-1)^{1+1}\begin{vmatrix}5&-3\\2&4\end{vmatrix}=26,\quad A_{12}=(-1)^{1+2}\begin{vmatrix}0&-3\\-1&4\end{vmatrix}=3,\quad A_{13}=(-1)^{1+3}\begin{vmatrix}0&5\\-1&2\end{vmatrix}=5,$$

$$A_{21}=(-1)^{2+1}\begin{vmatrix}2&-1\\2&4\end{vmatrix}=-10,\quad A_{22}=(-1)^{2+2}\begin{vmatrix}1&-1\\-1&4\end{vmatrix}=3,\quad A_{23}=(-1)^{2+3}\begin{vmatrix}1&2\\-1&2\end{vmatrix}=-4,$$

$$A_{31}=(-1)^{3+1}\begin{vmatrix}2&-1\\5&-3\end{vmatrix}=-1,\quad A_{32}=(-1)^{3+2}\begin{vmatrix}1&-1\\0&-3\end{vmatrix}=3,\quad A_{33}=(-1)^{3+3}\begin{vmatrix}1&2\\0&5\end{vmatrix}=5,$$

所以

$$\boldsymbol{A}^{-1}=\frac{1}{\det\boldsymbol{A}}\boldsymbol{A}^*=\frac{1}{27}\begin{bmatrix}26&-10&-1\\3&3&3\\5&-4&5\end{bmatrix}=\begin{bmatrix}26/27&-10/27&-1/27\\1/9&1/9&1/9\\5/27&-4/27&5/27\end{bmatrix}.$$

【例 2.27】 设

$$\boldsymbol{A}=\begin{bmatrix}a&0&0\\0&b&0\\0&0&c\end{bmatrix},$$

问 $\boldsymbol{A}$ 是否可逆？若可逆，求 $\boldsymbol{A}^{-1}$.

解 因为 $\det\boldsymbol{A}=abc$，所以当 $abc\neq 0$ 时，$\boldsymbol{A}$ 可逆.

此时 $\boldsymbol{A}^*=\begin{bmatrix}bc&0&0\\0&ac&0\\0&0&ab\end{bmatrix}$， 所以 $\boldsymbol{A}^{-1}=\begin{bmatrix}a^{-1}&0&0\\0&b^{-1}&0\\0&0&c^{-1}\end{bmatrix}$.

【例 2.28】 设 n 阶矩阵 $\boldsymbol{A}$ 满足方程 $\boldsymbol{A}^2-3\boldsymbol{A}-10\boldsymbol{E}=\boldsymbol{O}$，证明：$\boldsymbol{A}$ 和 $\boldsymbol{A}-4\boldsymbol{E}$ 都可逆，并求它们的逆矩阵.

证 由 $\boldsymbol{A}^2-3\boldsymbol{A}-10\boldsymbol{E}=\boldsymbol{O}$，得 $\boldsymbol{A}(\boldsymbol{A}-3\boldsymbol{E})=10\boldsymbol{E}$，即

$$\boldsymbol{A}\left(\frac{1}{10}(\boldsymbol{A}-3\boldsymbol{E})\right)=\boldsymbol{E},$$

由定理 2.3 知，$\boldsymbol{A}$ 可逆，且 $\boldsymbol{A}^{-1}=\frac{1}{10}(\boldsymbol{A}-3\boldsymbol{E})$；

再由 $\boldsymbol{A}^2-3\boldsymbol{A}-10\boldsymbol{E}=\boldsymbol{O}$，得 $(\boldsymbol{A}+\boldsymbol{E})(\boldsymbol{A}-4\boldsymbol{E})=6\boldsymbol{E}$，即

$$\left(\frac{1}{6}(\boldsymbol{A}+\boldsymbol{E})\right)(\boldsymbol{A}-4\boldsymbol{E})=\boldsymbol{E},$$

由定理 2.3 知，$(\boldsymbol{A}-4\boldsymbol{E})$ 可逆，且 $(\boldsymbol{A}-4\boldsymbol{E})^{-1}=\frac{1}{6}(\boldsymbol{A}+\boldsymbol{E})$.

有了逆矩阵的概念，可以用来求解矩阵方程. 例如，矩阵方程

$$\boldsymbol{AX}=\boldsymbol{B},$$

其中 $\boldsymbol{A}$ 是 $n\times n$ 矩阵，$\boldsymbol{X},\boldsymbol{B}$ 都是 $n\times m$ 矩阵. 若 $\boldsymbol{A}$ 可逆，则可用 $\boldsymbol{A}^{-1}$ 同时左乘等式 $\boldsymbol{AX}=\boldsymbol{B}$ 的两端，得

$$\boldsymbol{A}^{-1}\boldsymbol{AX}=\boldsymbol{A}^{-1}\boldsymbol{B},$$

即该矩阵方程的解为

$$\boldsymbol{X}=\boldsymbol{EX}=\boldsymbol{A}^{-1}\boldsymbol{B}.$$

类似地，对于矩阵方程 $\boldsymbol{XA}=\boldsymbol{B}$，则必须两边同时右乘 $\boldsymbol{A}^{-1}$，才能解得 $\boldsymbol{X}=\boldsymbol{B}\boldsymbol{A}^{-1}$.

【例 2.29】 已知矩阵

$$\boldsymbol{A}=\begin{bmatrix}3&0&1\\1&1&0\\0&1&4\end{bmatrix},$$

且满足 $\boldsymbol{AX}=\boldsymbol{A}+2\boldsymbol{X}$,求矩阵 $\boldsymbol{X}$.

解 这是一个矩阵方程求解问题.一般先将关系式变形,解出 $\boldsymbol{X}$ 的表达式,然后再代入具体矩阵进行计算.

由 $\boldsymbol{AX}=\boldsymbol{A}+2\boldsymbol{X}$,得 $(\boldsymbol{A}-2\boldsymbol{E})\boldsymbol{X}=\boldsymbol{A}$.因为

$$\det(\boldsymbol{A}-2\boldsymbol{E})=\begin{vmatrix}1&0&1\\1&-1&0\\0&1&2\end{vmatrix}=-1\neq 0,$$

在等式 $(\boldsymbol{A}-2\boldsymbol{E})\boldsymbol{X}=\boldsymbol{A}$ 两端同时左乘 $(\boldsymbol{A}-2\boldsymbol{E})^{-1}$,即得

$$\boldsymbol{X}=(\boldsymbol{A}-2\boldsymbol{E})^{-1}\boldsymbol{A},$$

再用伴随矩阵法,求得

$$(\boldsymbol{A}-2\boldsymbol{E})^{-1}=\begin{bmatrix}2&-1&-1\\2&-2&-1\\-1&1&1\end{bmatrix},$$

故

$$\boldsymbol{X}=(\boldsymbol{A}-2\boldsymbol{E})^{-1}\boldsymbol{A}=\begin{bmatrix}2&-1&-1\\2&-2&-1\\-1&1&1\end{bmatrix}\begin{bmatrix}3&0&1\\1&1&0\\0&1&4\end{bmatrix}=\begin{bmatrix}5&-2&-2\\4&-3&-2\\-2&2&3\end{bmatrix}.$$

【例 2.30】 用逆矩阵求解线性方程组

$$\begin{cases}x_1+x_2-x_3=1,\\x_1+2x_2-x_3=-2,\\-2x_1-3x_2-x_3=1.\end{cases}$$

解 此线性方程组可写为矩阵方程

$$\boldsymbol{AX}=\boldsymbol{B},$$

其中

$$\boldsymbol{A}=\begin{bmatrix}1&1&-1\\1&2&-1\\-2&-3&-1\end{bmatrix},\quad \boldsymbol{X}=\begin{bmatrix}x_1\\x_2\\x_3\end{bmatrix},\quad \boldsymbol{B}=\begin{bmatrix}1\\-2\\1\end{bmatrix},$$

因为 $\det\boldsymbol{A}=-3$,且

$$\boldsymbol{A}^*=\begin{bmatrix}-5&4&1\\3&-3&0\\1&1&1\end{bmatrix},$$

所以

$$\boldsymbol{A}^{-1}=\frac{1}{\det\boldsymbol{A}}\boldsymbol{A}^*=\begin{bmatrix}5/3&-4/3&-1/3\\-1&1&0\\-1/3&-1/3&-1/3\end{bmatrix},$$

故

$$X = A^{-1}B = \begin{bmatrix} 5/3 & -4/3 & -1/3 \\ -1 & 1 & 0 \\ -1/3 & -1/3 & -1/3 \end{bmatrix}\begin{bmatrix} 1 \\ -2 \\ 1 \end{bmatrix} = \begin{bmatrix} 4 \\ -3 \\ 0 \end{bmatrix},$$

得

$$x_1 = 4, x_2 = -3, x_3 = 0.$$

利用逆矩阵求解线性方程组的方法称为求逆求解法.

习题 2.2

参考答案与提示

1. 若 n 阶矩阵 $\boldsymbol{A}$ 与 $\boldsymbol{B}$ 都可逆,问:$\boldsymbol{A}+\boldsymbol{B}$ 可逆吗?

2. 若 n 阶矩阵 $\boldsymbol{A}$ 可逆,问:$k\boldsymbol{A}$ 何时可逆? 在可逆时求它的逆矩阵.

3. 设

$$\boldsymbol{A} = \begin{bmatrix} a & b \\ c & d \end{bmatrix},$$

问:满足什么条件时 $\boldsymbol{A}$ 可逆? 在可逆时求 $\boldsymbol{A}^{-1}$.

4. 判定下列方阵是否奇异.若方阵是非奇异的,求 $\boldsymbol{A}^{-1}$.

$$(1)\boldsymbol{A} = \begin{bmatrix} 2 & 2 & 3 \\ 1 & -1 & 0 \\ -1 & 2 & 1 \end{bmatrix};\quad (2)\boldsymbol{A} = \begin{bmatrix} 5 & -3 & 8 \\ 2 & -3 & 8 \\ 6 & -3 & 8 \end{bmatrix};\quad (3)\boldsymbol{A} = \begin{bmatrix} 3 & -4 & 5 \\ 2 & -3 & 1 \\ 3 & -5 & -1 \end{bmatrix}.$$

5. 设矩阵 $\boldsymbol{A} = \begin{bmatrix} 2 & 5 \\ 1 & 3 \end{bmatrix}$, $\boldsymbol{B} = \begin{bmatrix} 4 & -6 \\ 2 & 1 \end{bmatrix}$, $\boldsymbol{C} = \begin{bmatrix} -2 & 4 \\ 2 & 1 \end{bmatrix}$,解下列矩阵方程:

(1)$\boldsymbol{AX} = \boldsymbol{B}$;(2)$\boldsymbol{XA} = \boldsymbol{B}$;(3)$\boldsymbol{AXB} = \boldsymbol{C}$.

6. 试用逆矩阵求解线性方程组

$$\begin{cases} x_1 + 2x_2 + 3x_3 = -7, \\ 2x_1 - x_2 + 2x_3 = -8, \\ x_1 + 3x_2 = 7. \end{cases}$$

7. 试证:设 $\boldsymbol{A}$ 是 n 阶矩阵,则

$$\det(\boldsymbol{A}^*) = (\det \boldsymbol{A})^{n-1} \quad (n \geqslant 2).$$

8. 证明:

(1) 若 $\boldsymbol{A},\boldsymbol{B},\boldsymbol{C}$ 为同阶方阵且均可逆,则 $\boldsymbol{ABC}$ 也可逆,且

$$(\boldsymbol{ABC})^{-1} = \boldsymbol{C}^{-1}\boldsymbol{B}^{-1}\boldsymbol{A}^{-1};$$

(2) 若方阵 $\boldsymbol{A}$ 可逆,则其伴随方阵 $\boldsymbol{A}^*$ 也可逆,且

$$(\boldsymbol{A}^*)^{-1} = \frac{1}{\det\boldsymbol{A}}\boldsymbol{A};$$

(3) 若 $\boldsymbol{AB} = \boldsymbol{AC}$,且 $\boldsymbol{A}$ 为可逆方阵,则 $\boldsymbol{B} = \boldsymbol{C}$;

(4) 若 $\boldsymbol{AB} = \boldsymbol{O}$,且 $\boldsymbol{A}$ 为可逆方阵,则 $\boldsymbol{B} = \boldsymbol{O}$.

2.3 分块矩阵

对于阶数比较高的矩阵,在讨论和运算时,为了计算方便且更直观地看出矩阵的局部特

性，我们常用一些横线和竖线把它分成许多小块，我们将每一小块称为原矩阵的子块或子矩阵。这种以子矩阵为元素的矩阵便是**分块矩阵**.

例如，

$$A=\left[\begin{array}{cc|ccc} 3 & 1 & 2 & 0 & -3 \\ 1 & 3 & 1 & -2 & 0 \\ \hline 0 & 0 & 1 & 0 & 0 \\ 0 & 0 & 0 & 1 & 0 \\ 0 & 0 & 0 & 0 & 1 \end{array}\right],$$

它的行分成 2 组：前 2 行为第 1 组，后 3 行为第 2 组；它的列也分成 2 组：前 2 列为第 1 组，后 3 列为第 2 组. 我们用横虚线和竖虚线把矩阵 A 分成 4 个子块，每个子块的元素按原次序分别组成一个矩阵. 令

$$A_{11}=\begin{bmatrix} 3 & 1 \\ 1 & 3 \end{bmatrix},\quad A_{12}=\begin{bmatrix} 2 & 0 & -3 \\ -1 & -2 & 0 \end{bmatrix},\quad O=\begin{bmatrix} 0 & 0 \\ 0 & 0 \\ 0 & 0 \end{bmatrix},\quad E_3=\begin{bmatrix} 1 & 0 & 0 \\ 0 & 1 & 0 \\ 0 & 0 & 1 \end{bmatrix},$$

那么 A 便是由 4 个子矩阵构成的分块矩阵，即

$$A=\begin{bmatrix} A_{11} & A_{12} \\ O & E_3 \end{bmatrix}.$$

显然，矩阵 A 经分块处理后，可以显示其局部特性.

矩阵分块方式是不唯一的，同一个矩阵可以根据需要按不同的划分方式形成不同的分块矩阵.

例如，

$$A=\begin{bmatrix} a_{11} & a_{12} & a_{13} & a_{14} & a_{15} \\ a_{21} & a_{22} & a_{23} & a_{24} & a_{25} \\ a_{31} & a_{32} & a_{33} & a_{34} & a_{35} \end{bmatrix},$$

可以按不同方式分块，如

$$A=\left[\begin{array}{cc|cc|c} a_{11} & a_{12} & a_{13} & a_{14} & a_{15} \\ a_{21} & a_{22} & a_{23} & a_{24} & a_{25} \\ a_{31} & a_{32} & a_{33} & a_{34} & a_{35} \end{array}\right],\qquad A=\left[\begin{array}{c|cc|cc} a_{11} & a_{12} & a_{13} & a_{14} & a_{15} \\ a_{21} & a_{22} & a_{23} & a_{24} & a_{25} \\ \hline a_{31} & a_{32} & a_{33} & a_{34} & a_{35} \end{array}\right].$$

分块矩阵的运算可以通过子矩阵的运算来实现.

2.3.1 分块矩阵的加法

设矩阵 A 与矩阵 B 是同型矩阵，如果用同样的方式分块

$$A=\begin{bmatrix} A_{11} & A_{12} & \cdots & A_{1s} \\ A_{21} & A_{22} & \cdots & A_{2s} \\ \vdots & \vdots & & \vdots \\ A_{r1} & A_{r2} & \cdots & A_{rs} \end{bmatrix},\qquad B=\begin{bmatrix} B_{11} & B_{12} & \cdots & B_{1s} \\ B_{21} & B_{22} & \cdots & B_{2s} \\ \vdots & \vdots & & \vdots \\ B_{r1} & B_{r2} & \cdots & B_{rs} \end{bmatrix},$$

其中 A_{ij} 与 B_{ij} 是同型矩阵($i=1,2,\cdots,r;j=1,2,\cdots,s$). 易证

$$A+B=\begin{bmatrix} A_{11}+B_{11} & A_{12}+B_{12} & \cdots & A_{1s}+B_{1s} \\ A_{21}+B_{21} & A_{22}+B_{22} & \cdots & A_{2s}+B_{2s} \\ \vdots & \vdots & & \vdots \\ A_{r1}+B_{r1} & A_{r2}+B_{r2} & \cdots & A_{rs}+B_{rs} \end{bmatrix}.$$

也就是说，分块矩阵A与B相加，只需把对应的子矩阵相加即可. 不过，A与B的分块结构要一样.

【例 2.31】 设矩阵

$$A=\begin{bmatrix} 1 & 0 & 1 & 3 \\ 0 & 1 & 2 & 4 \\ 0 & 0 & -1 & 0 \\ 0 & 0 & 0 & -1 \end{bmatrix}, \quad B=\begin{bmatrix} 1 & 2 & 0 & 0 \\ 2 & 0 & 0 & 0 \\ 6 & 3 & 1 & 0 \\ 0 & -2 & 0 & 1 \end{bmatrix},$$

求$A+B$.

解 按同样的方式把A，B分成以下子块

$$A=\left[\begin{array}{cc:cc} 1 & 0 & 1 & 3 \\ 0 & 1 & 2 & 4 \\ \hdashline 0 & 0 & -1 & 0 \\ 0 & 0 & 0 & -1 \end{array}\right], \quad B=\left[\begin{array}{cc:cc} 1 & 2 & 0 & 0 \\ 2 & 0 & 0 & 0 \\ \hdashline 6 & 3 & 1 & 0 \\ 0 & -2 & 0 & 1 \end{array}\right],$$

分块的原则是尽可能地显示子矩阵的特征. 令

$$E_2=\begin{bmatrix} 1 & 0 \\ 0 & 1 \end{bmatrix}, O=\begin{bmatrix} 0 & 0 \\ 0 & 0 \end{bmatrix}, A_1=\begin{bmatrix} 1 & 3 \\ 2 & 4 \end{bmatrix}, B_1=\begin{bmatrix} 1 & 2 \\ 2 & 0 \end{bmatrix}, B_2=\begin{bmatrix} 6 & 3 \\ 0 & -2 \end{bmatrix},$$

于是，A，B分块后化为

$$A=\begin{bmatrix} E_2 & A_1 \\ O & -E_2 \end{bmatrix}, \quad B=\begin{bmatrix} B_1 & O \\ B_2 & E_2 \end{bmatrix},$$

所以有

$$A+B=\begin{bmatrix} E_2+B_1 & A_1+O \\ O+B_2 & -E_2+E_2 \end{bmatrix}=\begin{bmatrix} E_2+B_1 & A_1 \\ B_2 & O \end{bmatrix},$$

由于

$$E_2+B_1=\begin{bmatrix} 2 & 2 \\ 2 & 1 \end{bmatrix},$$

所以

$$A+B=\begin{bmatrix} 2 & 2 & 1 & 3 \\ 2 & 1 & 2 & 4 \\ 6 & 3 & 0 & 0 \\ 0 & -2 & 0 & 0 \end{bmatrix}.$$

2.3.2 分块矩阵的乘法

设A是$m\times l$矩阵，B是$l\times n$矩阵，将A和B进行分块

$$
\boldsymbol{A}=\begin{bmatrix}\boldsymbol{A}_{11} & \boldsymbol{A}_{12} & \cdots & \boldsymbol{A}_{1s}\\ \boldsymbol{A}_{21} & \boldsymbol{A}_{22} & \cdots & \boldsymbol{A}_{2s}\\ \vdots & \vdots & & \vdots\\ \boldsymbol{A}_{r1} & \boldsymbol{A}_{r2} & \cdots & \boldsymbol{A}_{rs}\end{bmatrix}\begin{matrix}m_1\\ m_2\\ \vdots\\ m_r\end{matrix},\qquad \boldsymbol{B}=\begin{bmatrix}\boldsymbol{B}_{11} & \boldsymbol{B}_{12} & \cdots & \boldsymbol{A}_{1t}\\ \boldsymbol{B}_{21} & \boldsymbol{B}_{22} & \cdots & \boldsymbol{B}_{2t}\\ \vdots & \vdots & & \vdots\\ \boldsymbol{B}_{s1} & \boldsymbol{B}_{s2} & \cdots & \boldsymbol{B}_{st}\end{bmatrix}\begin{matrix}l_1\\ l_2\\ \vdots\\ l_s\end{matrix},
$$

$$
\qquad\quad l_1 \quad\ l_2 \quad \cdots \quad l_s \qquad\qquad\qquad\qquad\qquad n_1 \quad n_2 \quad \cdots \quad n_t
$$

其中 $\boldsymbol{A}_{ik}$ 是 $m_i \times l_k$ 阶子矩阵，$\boldsymbol{B}_{kj}$ 是 $l_k \times n_j$ 阶子矩阵($i=1,2,\cdots,r$;$k=1$,$2,\cdots,s$;$j=1$,$2,\cdots,t$)，因此 $\boldsymbol{A}_{ik}\boldsymbol{B}_{kj}$ 有意义，则有

$$
\boldsymbol{AB}=\begin{bmatrix}\boldsymbol{C}_{11} & \boldsymbol{C}_{12} & \cdots & \boldsymbol{C}_{1t}\\ \boldsymbol{C}_{21} & \boldsymbol{C}_{22} & \cdots & \boldsymbol{C}_{2t}\\ \vdots & \vdots & & \vdots\\ \boldsymbol{C}_{r1} & \boldsymbol{C}_{r2} & \cdots & \boldsymbol{C}_{rt}\end{bmatrix},
$$

其中

$$
\boldsymbol{C}_{ij}=\sum_{k=1}^{s}\boldsymbol{A}_{ik}\boldsymbol{B}_{kj}\quad (i=1,2,\cdots,r\ ;j=1,2,\cdots,t).
$$

【例 2.32】 设矩阵

$$
\boldsymbol{A}=\begin{bmatrix}1 & 0 & 0 & 0 & 0\\ 0 & 1 & 0 & 0 & 0\\ -1 & 2 & 1 & 0 & 0\\ 1 & 1 & 0 & 1 & 0\\ -2 & 0 & 0 & 0 & 1\end{bmatrix},\quad \boldsymbol{B}=\begin{bmatrix}3 & 2 & 0 & 1 & 0\\ 1 & 3 & 0 & 0 & 1\\ -1 & 0 & 0 & 0 & 0\\ 0 & -1 & 0 & 0 & 0\\ 0 & 0 & -1 & 0 & 0\end{bmatrix},
$$

求 $\boldsymbol{AB}$.

解 将 $\boldsymbol{A}$ 和 $\boldsymbol{B}$ 进行分块

$$
\boldsymbol{A}=\begin{bmatrix}\boldsymbol{E}_2 & \boldsymbol{O}_{2\times 3}\\ \boldsymbol{A}_{21} & \boldsymbol{E}_3\end{bmatrix},\quad \boldsymbol{B}=\begin{bmatrix}\boldsymbol{B}_{11} & \boldsymbol{E}_2\\ -\boldsymbol{E}_3 & \boldsymbol{O}_{3\times 2}\end{bmatrix},
$$

其中

$$
\boldsymbol{E}_2=\begin{bmatrix}1 & 0\\ 0 & 1\end{bmatrix},\quad \boldsymbol{O}_{2\times 3}=\begin{bmatrix}0 & 0 & 0\\ 0 & 0 & 0\end{bmatrix},\quad \boldsymbol{A}_{21}=\begin{bmatrix}-1 & 2\\ 1 & 1\\ -2 & 0\end{bmatrix},
$$

$$
\boldsymbol{E}_3=\begin{bmatrix}1 & 0 & 0\\ 0 & 1 & 0\\ 0 & 0 & 1\end{bmatrix},\quad \boldsymbol{B}_{11}=\begin{bmatrix}3 & 2 & 0\\ 1 & 3 & 0\end{bmatrix},\quad \boldsymbol{O}_{3\times 2}=\begin{bmatrix}0 & 0\\ 0 & 0\\ 0 & 0\end{bmatrix},
$$

所以

$$
\boldsymbol{AB}=\begin{bmatrix}\boldsymbol{E}_2 & \boldsymbol{O}_{2\times 3}\\ \boldsymbol{A}_{21} & \boldsymbol{E}_3\end{bmatrix}\begin{bmatrix}\boldsymbol{B}_{11} & \boldsymbol{E}_2\\ -\boldsymbol{E}_3 & \boldsymbol{O}_{3\times 2}\end{bmatrix}
$$

$$=\begin{bmatrix} E_2B_{11}+O_{2\times 3}(-E_3) & E_2E_2+O_{2\times 3}O_{3\times 2} \\ A_{21}B_{11}-E_3E_3 & A_{21}E_2+E_3O_{3\times 2} \end{bmatrix}=\begin{bmatrix} B_{11} & E_2 \\ A_{21}B_{11}-E_3 & A_{21} \end{bmatrix},$$

又

$$A_{21}B_{11}-E_3=\begin{bmatrix} -1 & 2 \\ 1 & 1 \\ -2 & 0 \end{bmatrix}\begin{bmatrix} 3 & 2 & 0 \\ 1 & 3 & 0 \end{bmatrix}-\begin{bmatrix} 1 & 0 & 0 \\ 0 & 1 & 0 \\ 0 & 0 & 1 \end{bmatrix}$$

$$=\begin{bmatrix} -1 & 4 & 0 \\ 4 & 5 & 0 \\ -6 & -4 & 0 \end{bmatrix}-\begin{bmatrix} 1 & 0 & 0 \\ 0 & 1 & 0 \\ 0 & 0 & 1 \end{bmatrix}=\begin{bmatrix} -2 & 4 & 0 \\ 4 & 4 & 0 \\ -6 & -4 & -1 \end{bmatrix},$$

故得

$$AB=\begin{bmatrix} B_{11} & E_2 \\ A_{21}B_{11}-E_3 & A_{21} \end{bmatrix}=\begin{bmatrix} 3 & 2 & 0 & 1 & 0 \\ 1 & 3 & 0 & 0 & 1 \\ -2 & 4 & 0 & -1 & 2 \\ 4 & 4 & 0 & 1 & 1 \\ -6 & -4 & -1 & -2 & 0 \end{bmatrix}.$$

【例 2.33】 设

$$A=\begin{bmatrix} 3 & 0 & 2 \\ -2 & -1 & -1 \\ -1 & -3 & 5 \end{bmatrix},\quad B=\begin{bmatrix} 1 & -1 & 4 \\ 2 & 3 & 0 \\ 5 & 0 & 2 \end{bmatrix},$$

求 AB.

解 用分块矩阵做乘法，为此，将 A，B 分成

$$A=\left[\begin{array}{c:c:c} 3 & 0 & 2 \\ -2 & -1 & -1 \\ -1 & -3 & 5 \end{array}\right]=[A_1,\ A_2,\ A_3],\quad B=\left[\begin{array}{ccc} 1 & -1 & 4 \\ \hdashline 2 & 3 & 0 \\ \hdashline 5 & 0 & 2 \end{array}\right]=\begin{bmatrix} B_1 \\ B_2 \\ B_3 \end{bmatrix},$$

那么

$$AB=[A_1,\ A_2,\ A_3]\begin{bmatrix} B_1 \\ B_2 \\ B_3 \end{bmatrix}=A_1B_1+A_2B_2+A_3B_3$$

$$=\begin{bmatrix} 3 \\ -2 \\ -1 \end{bmatrix}[1,\ -1,\ 4]+\begin{bmatrix} 0 \\ -1 \\ -3 \end{bmatrix}[2,\ 3,\ 0]+\begin{bmatrix} 2 \\ -1 \\ 5 \end{bmatrix}[5,\ 0,\ 2]$$

$$=\begin{bmatrix} 3 & -3 & 12 \\ -2 & 2 & -8 \\ -1 & 1 & -4 \end{bmatrix}+\begin{bmatrix} 0 & 0 & 0 \\ -2 & -3 & 0 \\ -6 & -9 & 0 \end{bmatrix}+\begin{bmatrix} 10 & 0 & 4 \\ -5 & 0 & -2 \\ 25 & 0 & 10 \end{bmatrix}=\begin{bmatrix} 13 & -3 & 16 \\ -9 & -1 & -10 \\ 18 & -8 & 6 \end{bmatrix}.$$

注意:两个相加的分块矩阵,都应按相同的方式进行分块;但两个相乘的分块矩阵,左矩阵的分块与右矩阵的分块要满足以下条件.

(1) 左矩阵分块后的列组数要与右矩阵分块后的行组数相同.例如,【例 2.33】中左矩阵 $\boldsymbol{A}$ 的列组数和右矩阵 $\boldsymbol{B}$ 的行组数都是 3.

(2) 左矩阵每个列组所含的列数要与右矩阵相应行组所含的行数相同.例如,【例 2.32】中左矩阵 $\boldsymbol{A}$ 的第 1 列组含 2 列,右矩阵 $\boldsymbol{B}$ 相应的第 1 行组含 2 行.

总之,左矩阵列的分法必须与右矩阵行的分法相匹配,才能进行两个分块矩阵的乘法,这是由于矩阵乘法要求左矩阵的列数等于右矩阵的行数所决定的.至于左矩阵行的分法及右矩阵列的分法可随意.

注意:分块矩阵的乘法满足结合律,但交换律不一定成立.

2.3.3 分块对角矩阵的运算

若矩阵 $\boldsymbol{A}$ 的分块矩阵具有以下形式

$$\boldsymbol{A}=\begin{bmatrix} \boldsymbol{A}_1 & \boldsymbol{O} & \cdots & \boldsymbol{O} \\ \boldsymbol{O} & \boldsymbol{A}_2 & \cdots & \boldsymbol{O} \\ \vdots & \vdots & & \vdots \\ \boldsymbol{O} & \boldsymbol{O} & \cdots & \boldsymbol{A}_n \end{bmatrix},$$

其特点是不在主对角线上的子块都是零矩阵,而主对角线上的子块均为方阵,这样的矩阵称为**分块对角矩阵**,其运算可以化为对其主对角线上子块的运算.

例如,

$$\boldsymbol{A}=\begin{bmatrix} \boldsymbol{A}_1 & \boldsymbol{O} & \cdots & \boldsymbol{O} \\ \boldsymbol{O} & \boldsymbol{A}_2 & \cdots & \boldsymbol{O} \\ \vdots & \vdots & & \vdots \\ \boldsymbol{O} & \boldsymbol{O} & \cdots & \boldsymbol{A}_n \end{bmatrix},\quad \boldsymbol{B}=\begin{bmatrix} \boldsymbol{B}_1 & \boldsymbol{O} & \cdots & \boldsymbol{O} \\ \boldsymbol{O} & \boldsymbol{B}_2 & \cdots & \boldsymbol{O} \\ \vdots & \vdots & & \vdots \\ \boldsymbol{O} & \boldsymbol{O} & \cdots & \boldsymbol{B}_n \end{bmatrix},$$

若 $\boldsymbol{A}_i$ 与 $\boldsymbol{B}_i$ 是阶数相等的方阵($i=1,2,\cdots,n$),则

$$\boldsymbol{A}+\boldsymbol{B}=\begin{bmatrix} \boldsymbol{A}_1+\boldsymbol{B}_1 & \boldsymbol{O} & \cdots & \boldsymbol{O} \\ \boldsymbol{O} & \boldsymbol{A}_2+\boldsymbol{B}_2 & \cdots & \boldsymbol{O} \\ \vdots & \vdots & & \vdots \\ \boldsymbol{O} & \boldsymbol{O} & \cdots & \boldsymbol{A}_n+\boldsymbol{B}_n \end{bmatrix},\quad \boldsymbol{AB}=\begin{bmatrix} \boldsymbol{A}_1\boldsymbol{B}_1 & \boldsymbol{O} & \cdots & \boldsymbol{O} \\ \boldsymbol{O} & \boldsymbol{A}_2\boldsymbol{B}_2 & \cdots & \boldsymbol{O} \\ \vdots & \vdots & & \vdots \\ \boldsymbol{O} & \boldsymbol{O} & \cdots & \boldsymbol{A}_n\boldsymbol{B}_n \end{bmatrix},$$

设

$$\boldsymbol{A}=\begin{bmatrix} \boldsymbol{A}_1 & \boldsymbol{O} & \cdots & \boldsymbol{O} \\ \boldsymbol{O} & \boldsymbol{A}_2 & \cdots & \boldsymbol{O} \\ \vdots & \vdots & & \vdots \\ \boldsymbol{O} & \boldsymbol{O} & \cdots & \boldsymbol{A}_n \end{bmatrix},$$

若 $\boldsymbol{A}_i(i=1,2,\cdots,n)$ 都有逆矩阵,那么便可得到

$$\boldsymbol{A}^{-1}=\begin{bmatrix}\boldsymbol{A}_1^{-1} & \boldsymbol{O} & \cdots & \boldsymbol{O}\\ \boldsymbol{O} & \boldsymbol{A}_2^{-1} & \cdots & \boldsymbol{O}\\ \vdots & \vdots & & \vdots\\ \boldsymbol{O} & \boldsymbol{O} & \cdots & \boldsymbol{A}_n^{-1}\end{bmatrix}.$$

【例 2.34】 设

$$\boldsymbol{A}=\begin{bmatrix}6 & 0 & 0\\ 0 & 4 & 5\\ 0 & 2 & 3\end{bmatrix},$$

求 $\boldsymbol{A}^{-1}$.

解 将 $\boldsymbol{A}$ 分块

$$\boldsymbol{A}=\begin{bmatrix}\boldsymbol{A}_1 & \boldsymbol{O}\\ \boldsymbol{O} & \boldsymbol{A}_2\end{bmatrix},$$

其中

$$\boldsymbol{A}_1=[6],\quad \boldsymbol{A}_2=\begin{bmatrix}4 & 5\\ 2 & 3\end{bmatrix},$$

因为

$$\boldsymbol{A}_1^{-1}=[1/6],\quad \boldsymbol{A}_2^{-1}=\begin{bmatrix}3/2 & -5/2\\ -1 & 2\end{bmatrix},$$

所以

$$\boldsymbol{A}^{-1}=\begin{bmatrix}\boldsymbol{A}_1^{-1} & \boldsymbol{O}\\ \boldsymbol{O} & \boldsymbol{A}_2^{-1}\end{bmatrix}=\begin{bmatrix}1/6 & 0 & 0\\ 0 & 3/2 & -5/2\\ 0 & -1 & 2\end{bmatrix}.$$

【例 2.35】 设

$$\boldsymbol{A}=\begin{bmatrix}1 & 5 & 0 & 0\\ 0 & 2 & 0 & 0\\ 0 & 0 & 3 & 6\\ 0 & 0 & 0 & 4\end{bmatrix},$$

求 $\boldsymbol{A}^{-1}$.

解 将 $\boldsymbol{A}$ 分块

$$\boldsymbol{A}=\begin{bmatrix}\boldsymbol{A}_1 & \boldsymbol{O}\\ \boldsymbol{O} & \boldsymbol{A}_2\end{bmatrix},$$

其中

$$\boldsymbol{A}_1=\begin{bmatrix}1 & 5\\ 0 & 2\end{bmatrix},\qquad \boldsymbol{A}_2=\begin{bmatrix}3 & 6\\ 0 & 4\end{bmatrix},$$

因为

$$\boldsymbol{A}_1^{-1}=\begin{bmatrix}1 & -5/2\\ 0 & 1/2\end{bmatrix},\qquad \boldsymbol{A}_2^{-1}=\begin{bmatrix}1/3 & -1/2\\ 0 & 1/4\end{bmatrix},$$

所以

$$A^{-1}=\begin{bmatrix} A_1^{-1} & O \\ O & A_2^{-1} \end{bmatrix}=\begin{bmatrix} 1 & -5/2 & 0 & 0 \\ 0 & 1/2 & 0 & 0 \\ 0 & 0 & 1/3 & -1/2 \\ 0 & 0 & 0 & 1/4 \end{bmatrix}.$$

一般地,当矩阵中含有较多的零元素,或高阶矩阵经分块后有若干子块是有特征的矩阵时,用分块矩阵进行运算是比较方便的,可以大大减少计算量.

习题 2.3

参考答案与提示

1. 用分块矩阵的乘法,计算下列矩阵的乘积.

(1) $A=\begin{bmatrix} 2 & 0 & 0 & 0 & 0 \\ 0 & 2 & 0 & 0 & 0 \\ 0 & 0 & 1 & 0 & 1 \\ 0 & 0 & 0 & 2 & -1 \\ 0 & 0 & 3 & 1 & 0 \end{bmatrix}$, $B=\begin{bmatrix} 1 & -3 & 0 & 0 & 0 \\ -4 & -2 & 0 & 0 & 0 \\ 1 & 0 & 1 & 0 & 2 \\ 0 & 1 & 1 & 2 & -1 \\ 3 & 2 & 1 & 1 & 1 \end{bmatrix}$,求 AB.

(2) $A=\begin{bmatrix} \alpha & 2 & 0 & 0 \\ 0 & \alpha & 0 & 0 \\ 0 & 0 & \beta & 0 \\ 0 & 0 & -2 & \beta \end{bmatrix}$, $B=\begin{bmatrix} \alpha & -2 & 0 & 0 \\ 0 & \alpha & 0 & 0 \\ 0 & 0 & \beta & 0 \\ 0 & 0 & 2 & \beta \end{bmatrix}$,求 ABA.

2. 设 C 是四阶可逆矩阵,D 是 3×4 矩阵

$$D=\begin{bmatrix} 1 & -1 & 4 & 6 \\ 0 & 0 & 0 & 0 \\ 0 & 0 & 0 & 0 \end{bmatrix},$$

试用分块乘法,求一个 4×7 矩阵 A,使得

$$A\begin{bmatrix} C \\ D \end{bmatrix}=E_4.$$

3. 设

$$A=\begin{bmatrix} 1 & 2 & 0 & 0 & 0 \\ 3 & 5 & 0 & 0 & 0 \\ 0 & 0 & 4 & 0 & 0 \\ 0 & 0 & 0 & 2 & 0 \\ 0 & 0 & 0 & 3 & 4 \end{bmatrix},$$

用矩阵分块的方法求 A^{-1}.

4. 试证:若

$$A=\begin{bmatrix} A_1 & B_1 \\ O & C_1 \end{bmatrix},$$

其中 A_1,C_1 均可逆,则

$$A^{-1}=\begin{bmatrix} A_1^{-1} & -A_1^{-1}B_1C_1^{-1} \\ O & C_1^{-1} \end{bmatrix}.$$

5. 求 $\boldsymbol{A}^{-1}$，其中

$$\boldsymbol{A}=\begin{bmatrix}1&0&1&0&1\\2&3&0&-1&0\\0&0&2&1&0\\0&0&1&0&4\\0&0&0&3&1\end{bmatrix}.$$

6. 设

$$\boldsymbol{A}=\begin{bmatrix}-1&0&0\\1&-1&0\\1&1&-1\end{bmatrix},$$

试计算 $(\boldsymbol{A}+2\boldsymbol{E})^{-1}(\boldsymbol{A}^2-4\boldsymbol{E})$ 及 $(\boldsymbol{A}+2\boldsymbol{E})^{-1}(\boldsymbol{A}-2\boldsymbol{E})$.

7. 设 $\boldsymbol{A},\boldsymbol{B},\boldsymbol{C},\boldsymbol{D}$ 都是 $n\times n$ 矩阵，且 $\det\boldsymbol{A}\neq 0$，$\boldsymbol{AC}=\boldsymbol{CA}$，试证：

$$\det\begin{bmatrix}\boldsymbol{A}&\boldsymbol{B}\\\boldsymbol{C}&\boldsymbol{D}\end{bmatrix}=\det(\boldsymbol{AD}-\boldsymbol{CB}).$$

2.4 特殊矩阵

为了进一步展开对矩阵的讨论，下面介绍几类常用的特殊矩阵及其运算.

2.4.1 对角矩阵

本章提及的特殊矩阵原则上都是指 n 阶方阵.

定义 2.16 形如

$$\boldsymbol{A}=\begin{bmatrix}a_{11}&0&\cdots&0\\0&a_{22}&\cdots&0\\\vdots&\vdots&&\vdots\\0&0&\cdots&a_{nn}\end{bmatrix}$$

的矩阵称为**对角矩阵**，矩阵 $\boldsymbol{A}$ 中除了主对角线上的元素 $a_{ii}(i=1,2,\cdots,n)$ 外，其他元素均为零.

对角矩阵的运算有以下几条简单的性质.

性质 2.6 同阶对角矩阵的和仍然是对角矩阵.

性质 2.7 数与对角矩阵的乘积仍然是对角矩阵.

性质 2.8 同阶对角矩阵的乘积仍然是对角矩阵，而且它们的乘法满足乘法交换律.

性质 2.9 对角矩阵 $\boldsymbol{A}$ 与它的转置矩阵 $\boldsymbol{A}^{\mathrm{T}}$ 相等，即 $\boldsymbol{A}^{\mathrm{T}}=\boldsymbol{A}$.

性质 2.10 对角矩阵 $\boldsymbol{A}$ 可逆的充分必要条件是主对角线上的元素全不为零，即 $a_{ii}(i=1,2,\cdots,n)$ 全不为零，此时

$$\boldsymbol{A}^{-1}=\begin{bmatrix}a_{11}^{-1}&0&\cdots&0\\0&a_{22}^{-1}&\cdots&0\\\vdots&\vdots&&\vdots\\0&0&\cdots&a_{nn}^{-1}\end{bmatrix}.$$

定义 2.17 主对角线上元素全相等的对角矩阵就称为**数量矩阵**，记为 $k\boldsymbol{E}$.

性质 2.11 n 阶数量矩阵能够与所有的 n 阶方阵交换,即对任意一个 n 阶方阵 $\boldsymbol{A}$,都有

$$k\boldsymbol{E}\boldsymbol{A}=\boldsymbol{A}(k\boldsymbol{E}).$$

证 由数乘矩阵的法则得

$$(k\boldsymbol{E})\boldsymbol{A}=k(\boldsymbol{E}\boldsymbol{A})=k(\boldsymbol{A}\boldsymbol{E})=\boldsymbol{A}(k\boldsymbol{E}).$$

2.4.2 三角形矩阵

定义 2.18 形如

$$\boldsymbol{A}=\begin{bmatrix} a_{11} & a_{12} & \cdots & a_{1n} \\ 0 & a_{22} & \cdots & a_{2n} \\ \vdots & \vdots & & \vdots \\ 0 & 0 & \cdots & a_{nn} \end{bmatrix}$$

的矩阵称为**上三角形矩阵**,形如

$$\boldsymbol{B}=\begin{bmatrix} b_{11} & 0 & \cdots & 0 \\ b_{22} & b_{22} & \cdots & 0 \\ \vdots & \vdots & & \vdots \\ b_{n1} & b_{n2} & \cdots & b_{nn} \end{bmatrix}$$

的矩阵称为**下三角形矩阵**.

上(下)三角形矩阵统称为**三角形矩阵**.

显然,两个同阶上(下)三角形矩阵的和、差以及乘积矩阵仍然是同阶的上(下)三角形矩阵.

2.4.3 对称矩阵和反对称矩阵

定义 2.19 如果矩阵 $\boldsymbol{A}=[a_{ij}]$ 满足 $\boldsymbol{A}^{\mathrm{T}}=\boldsymbol{A}$,那么称 $\boldsymbol{A}$ 是**对称矩阵**.

由定义知,对称矩阵中的每个元素均满足 $a_{ij}=a_{ji}(i,j=1,2,\cdots,n)$.

显然,对角矩阵、数量矩阵和单位矩阵都是对称矩阵.

定义 2.20 如果矩阵 $\boldsymbol{A}=[a_{ij}]$ 满足 $\boldsymbol{A}^{\mathrm{T}}=-\boldsymbol{A}$,那么称 $\boldsymbol{A}$ 是**反对称矩阵**.

由定义 2.20 可知,反对称矩阵主对角线上的元素一定为零,其余元素均有 $a_{ij}=-a_{ji}$ $(i\neq j)$.

对称矩阵和反对称矩阵具有以下几条简单的性质.

性质 2.12 对称(反对称)矩阵的和、差仍然是对称(反对称)矩阵.

性质 2.13 数乘对称(反对称)矩阵仍然是对称(反对称)矩阵.

注意:两个对称(反对称)矩阵的乘积不一定是对称(反对称)矩阵.例如,

$$\boldsymbol{A}=\begin{bmatrix} 1 & -1 \\ -1 & 0 \end{bmatrix},\quad \boldsymbol{B}=\begin{bmatrix} 0 & 1 \\ 1 & 0 \end{bmatrix},$$

都是对称矩阵,但是它们的乘积矩阵

$$\boldsymbol{A}\boldsymbol{B}=\begin{bmatrix} 1 & -1 \\ -1 & 0 \end{bmatrix}\begin{bmatrix} 0 & 1 \\ 1 & 0 \end{bmatrix}=\begin{bmatrix} -1 & 1 \\ 0 & -1 \end{bmatrix},$$

却不是对称矩阵.又如

$$\boldsymbol{C}=\begin{bmatrix} 0 & 1 \\ -1 & 0 \end{bmatrix},\quad \boldsymbol{D}=\begin{bmatrix} 0 & -1 \\ 1 & 0 \end{bmatrix},$$

都是反对称矩阵,但是它们的乘积矩阵

$$CD = \begin{bmatrix} 0 & 1 \\ -1 & 0 \end{bmatrix}\begin{bmatrix} 0 & -1 \\ 1 & 0 \end{bmatrix} = \begin{bmatrix} 1 & 0 \\ 0 & 1 \end{bmatrix},$$

却不是反对称矩阵.

性质 2.14 奇数阶反对称矩阵的行列式等于零.

证 因为矩阵 $\boldsymbol{A}$ 满足 $\boldsymbol{A}^{\mathrm{T}} = -\boldsymbol{A}$,并且矩阵 $\boldsymbol{A}$ 是奇数阶,有

$$\det(-\boldsymbol{A}) = (-1)^n \det \boldsymbol{A} = -\det \boldsymbol{A}.$$

故得 $\det\boldsymbol{A} = \det(\boldsymbol{A}^{\mathrm{T}}) = \det(-\boldsymbol{A}) = -\det\boldsymbol{A}$,所以 $\det\boldsymbol{A} = 0$.

2.4.4 正交矩阵

定义 2.21 如果 n 阶方阵 $\boldsymbol{A}$ 满足 $\boldsymbol{A}\boldsymbol{A}^{\mathrm{T}} = \boldsymbol{A}^{\mathrm{T}}\boldsymbol{A} = \boldsymbol{E}$,则称 $\boldsymbol{A}$ 为正交矩阵.

例如,

$$\boldsymbol{A} = \begin{bmatrix} 0 & -1 \\ 1 & 0 \end{bmatrix}, \quad \boldsymbol{B} = \begin{bmatrix} \sqrt{2}/2 & \sqrt{2}/2 \\ -\sqrt{2}/2 & \sqrt{2}/2 \end{bmatrix}$$

都是正交矩阵.

由定义知,正交矩阵 $\boldsymbol{A}$ 一定是可逆的,并且 $\boldsymbol{A}^{-1} = \boldsymbol{A}^{\mathrm{T}}$;反之,若实数方阵 $\boldsymbol{A}$ 满足 $\boldsymbol{A}^{-1} = \boldsymbol{A}^{\mathrm{T}}$,则 $\boldsymbol{A}$ 是正交矩阵,于是我们可以得到下列结论:

(1)n 阶实数方阵 $\boldsymbol{A}$ 是正交矩阵的充分必要条件是 $\boldsymbol{A}^{-1} = \boldsymbol{A}^{\mathrm{T}}$;

(2)n 阶实数方阵 $\boldsymbol{A}$ 是正交矩阵的充分必要条件是 $\boldsymbol{A}\boldsymbol{A}^{\mathrm{T}} = \boldsymbol{E}$.

由此可见,欲验证 $\boldsymbol{A}$ 是否为正交矩阵,只需验证一个等式就可以了,即 $\boldsymbol{A}\boldsymbol{A}^{\mathrm{T}} = \boldsymbol{E}$ 或 $\boldsymbol{A}^{\mathrm{T}}\boldsymbol{A} = \boldsymbol{E}$,这样可以节省一半的计算量.

【例 2.36】 判定下述矩阵是否为正交矩阵:

(1)$\boldsymbol{A} = \begin{bmatrix} \cos\theta & -\sin\theta \\ \sin\theta & \cos\theta \end{bmatrix}$,其中 θ 为实数;

(2)$\boldsymbol{B} = \begin{bmatrix} -2\sqrt{5}/5 & 2\sqrt{5}/15 & -1/3 \\ \sqrt{5}/5 & 4\sqrt{5}/15 & -2/3 \\ 0 & \sqrt{5}/3 & 2/3 \end{bmatrix}$.

解 (1)

$$\boldsymbol{A}\boldsymbol{A}^{\mathrm{T}} = \begin{bmatrix} \cos\theta & -\sin\theta \\ \sin\theta & \cos\theta \end{bmatrix}\begin{bmatrix} \cos\theta & \sin\theta \\ -\sin\theta & \cos\theta \end{bmatrix} = \begin{bmatrix} 1 & 0 \\ 0 & 1 \end{bmatrix} = \boldsymbol{E},$$

所以 $\boldsymbol{A}$ 是正交矩阵.

(2)

$$\boldsymbol{B}\boldsymbol{B}^{\mathrm{T}} = \begin{bmatrix} -2\sqrt{5}/5 & 2\sqrt{5}/15 & -1/3 \\ \sqrt{5}/5 & 4\sqrt{5}/15 & -2/3 \\ 0 & \sqrt{5}/3 & 2/3 \end{bmatrix}\begin{bmatrix} -2\sqrt{5}/5 & \sqrt{5}/5 & 0 \\ 2\sqrt{5}/15 & 4\sqrt{5}/15 & \sqrt{5}/3 \\ -1/3 & -2/3 & 2/3 \end{bmatrix}$$

$$= \begin{bmatrix} 1 & 0 & 0 \\ 0 & 1 & 0 \\ 0 & 0 & 1 \end{bmatrix} = \boldsymbol{E},$$

所以 $\boldsymbol{B}$ 是正交矩阵.

正交矩阵具有以下性质.

性质 2.15 单位矩阵 $\boldsymbol{E}$ 是正交矩阵.

性质 2.16 若 $\boldsymbol{A}$ 与 $\boldsymbol{B}$ 都是 n 阶正交矩阵,则 $\boldsymbol{AB}$ 也是正交矩阵.

性质 2.17 若 $\boldsymbol{A}$ 是正交矩阵,则 $\boldsymbol{A}^{-1}$ 也是正交矩阵.

性质 2.18 若 $\boldsymbol{A}$ 是正交矩阵,则 $\det \boldsymbol{A} = 1$ 或 $\det\boldsymbol{A} = -1$.

读者自己可以根据正交矩阵和行列式的性质证明上述几条性质.

根据正交矩阵的定义,可以知道正交矩阵 $\boldsymbol{A} = [a_{ij}]$ 的元素有以下特征:

$$a_{i1}a_{j1} + a_{i2}a_{j2} + \cdots + a_{in}a_{jn} = \begin{cases} 1, & i = j, \\ 0, & i \neq j, \end{cases}$$

即

(1)$\boldsymbol{A}$ 的任意一行(列)元素的平方和为 1;

(2)$\boldsymbol{A}$ 的任意不同的两行(列)对应元素乘积之和为零.

因此,读者可以利用上述的结论直观地判定矩阵 $\boldsymbol{A}$ 是否为正交矩阵.

【例 2.37】 证明任意一个 n 阶方阵都可以表示为一个对称矩阵与一个反对称矩阵之和.

证 设 $\boldsymbol{A}$ 为任意一个 n 阶方阵,则有

$$\boldsymbol{A} = \boldsymbol{B} + \boldsymbol{C},$$

其中 $\boldsymbol{B} = (\boldsymbol{A} + \boldsymbol{A}^{\mathrm{T}})/2, \boldsymbol{C} = (\boldsymbol{A} - \boldsymbol{A}^{\mathrm{T}})/2$.

易知 $\boldsymbol{B}^{\mathrm{T}} = \boldsymbol{B}, \boldsymbol{C}^{\mathrm{T}} = -\boldsymbol{C}$,故 $\boldsymbol{B}$ 为对称矩阵,$\boldsymbol{C}$ 为反对称矩阵. 所以任意一个方阵都可以表示为一个对称矩阵与一个反对称矩阵之和.

习题 2.4

参考答案与提示

1. 试证:如果 $\boldsymbol{A}$ 是对称(反对称)矩阵,那么 $\boldsymbol{A}^{-1}$ 也是对称(反对称)矩阵.

2. 试证:

(1) 两个上(下)三角形矩阵的乘积仍是上(下)三角形矩阵;

(2) 可逆的上(下)三角形矩阵的逆仍是上(下)三角形矩阵.

3. 试证:如果 $\boldsymbol{A}$ 是实对称矩阵,且 $\boldsymbol{A}^2 = \boldsymbol{O}$,那么 $\boldsymbol{A} = \boldsymbol{O}$.

4. 设 $\boldsymbol{A}, \boldsymbol{B}$ 为 n 阶对称矩阵,试证:$\boldsymbol{AB} + \boldsymbol{BA}$ 也是对称矩阵.

5. 试证:

(1) $$\begin{bmatrix} k_1 & 0 & 0 \\ 0 & k_2 & 0 \\ 0 & 0 & k_3 \end{bmatrix} \begin{bmatrix} a_{11} & a_{12} & a_{13} \\ a_{21} & a_{22} & a_{23} \\ a_{31} & a_{32} & a_{33} \end{bmatrix} = \begin{bmatrix} k_1a_{11} & k_1a_{12} & k_1a_{13} \\ k_2a_{21} & k_2a_{22} & k_2a_{23} \\ k_3a_{31} & k_3a_{32} & k_3a_{33} \end{bmatrix};$$

(2) $$\begin{bmatrix} a_{11} & a_{12} & a_{13} \\ a_{21} & a_{22} & a_{23} \\ a_{31} & a_{32} & a_{33} \end{bmatrix} \begin{bmatrix} k_1 & 0 & 0 \\ 0 & k_2 & 0 \\ 0 & 0 & k_3 \end{bmatrix} = \begin{bmatrix} k_1a_{11} & k_2a_{12} & k_3a_{13} \\ k_1a_{21} & k_2a_{22} & k_3a_{23} \\ k_1a_{31} & k_2a_{32} & k_3a_{33} \end{bmatrix}.$$

6. 设 $\boldsymbol{A}$ 是反对称矩阵,$\boldsymbol{B}$ 是对称矩阵,试证:

(1)$\boldsymbol{A}^2$ 是对称矩阵,$\boldsymbol{A}^3$ 是反对称矩阵;

(2)$\boldsymbol{AB}-\boldsymbol{BA}$ 是对称矩阵,$\boldsymbol{AB}+\boldsymbol{BA}$ 是反对称矩阵;

(3)$\boldsymbol{AB}$ 是反对称矩阵的充分必要条件是 $\boldsymbol{AB}=\boldsymbol{BA}$.

7. 试证:若 $\boldsymbol{A}$ 是对称矩阵,$\boldsymbol{U}$ 是正交矩阵,则 $\boldsymbol{U}^{-1}\boldsymbol{AU}$ 也是对称矩阵.

2.5 矩阵的初等行变换及其应用

在这一节引入矩阵的另一个重要概念:矩阵的初等行变换.它有很多用处,例如,可以利用它来求可逆矩阵的逆矩阵和化简矩阵,在研究线性方程组问题时,它也起着重要的作用.

2.5.1 矩阵的初等行变换

我们知道,用高斯消元法解线性方程组时,经常要反复进行以下三种运算:

(1) 将一个方程遍乘一个非零常数 k;

(2) 将两个方程位置互换;

(3) 将一个方程遍乘一个非零常数 k 后加到另一个方程上.

这三种变换称为方程组的**初等变换**,而且线性方程组经过初等变换后其解不变.如果从矩阵的角度来看方程组的初等变换,就可以引出矩阵的初等行变换的概念.

定义 2.22 矩阵的**初等行变换**是指:

(1) 用一个非零常数 k 遍乘矩阵的某一行;

(2) 互换矩阵任意两行的位置;

(3) 将矩阵的某一行遍乘一个常数 k 后加到另一行对应元素上.

如果把定义 2.22 中对矩阵的“行”进行变换,改为对矩阵的“列”进行相应的变换,则称为矩阵的**初等列变换**.矩阵的初等行变换和初等列变换统称为**初等变换**.这几种初等变换按其功能又分别称为矩阵的**倍乘变换**、**互换变换**和**倍加变换**.下面我们主要运用矩阵的初等行变换.

矩阵的初等变换不仅可以用语言来表达,它还可以用矩阵的乘法运算来表示,为此引入初等矩阵的概念.

2.5.2 初等矩阵

定义 2.23 对单位矩阵 $\boldsymbol{E}$ 施行一次初等变换,所得到的矩阵称为**初等矩阵**.对应三种初等变换,有下列三种类型的初等矩阵.

1. 初等倍乘矩阵

$$\boldsymbol{E}_{i(k)}=\begin{bmatrix}1 & & & & & & \\ & \ddots & & & & & \\ & & 1 & & & & \\ & & & k & \cdots & \cdots & \cdots \\ & & & & 1 & & \\ & & & & & \ddots & \\ & & & & & & 1\end{bmatrix} \leftarrow \text{第 } i \text{ 行}$$,

其中 $k \neq 0$，$\boldsymbol{E}_{i(k)}$ 是由单位矩阵 $\boldsymbol{E}$ 的第 i 行乘以 k 而得到的.

2. 初等互换矩阵

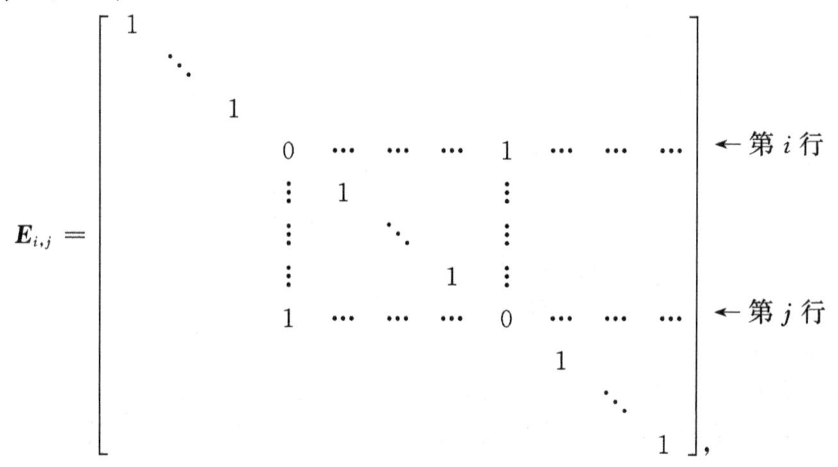

$\boldsymbol{E}_{i,j}$ 是由单位矩阵 $\boldsymbol{E}$ 第 i,j 行互换而得到的.

3. 初等倍加矩阵

$$
\boldsymbol{E}_{i,j(k)} = \begin{bmatrix} 1 & & & & & & \\ & \ddots & & & & & \\ & & 1 & \cdots & k & \cdots & \cdots \\ & & \vdots & \ddots & \vdots & & \\ & & 0 & \cdots & 1 & \cdots & \cdots \\ & & & & & \ddots & \\ & & & & & & 1 \end{bmatrix} \begin{matrix} \\ \\ \leftarrow 第\, i\, 行 \\ \\ \leftarrow 第\, j\, 行 \\ \\ \\ \end{matrix},
$$

$\boldsymbol{E}_{i,j(k)}$ 是由单位矩阵的第 j 行乘以 k 后加到第 i 行而得到的.

易证 $\det \boldsymbol{E}_{i(k)} = k$，$\det \boldsymbol{E}_{i,j} = -1$，$\det \boldsymbol{E}_{i,j(k)} = 1$. 故 $\boldsymbol{E}_{i(k)}$，$\boldsymbol{E}_{i,j}$，$\boldsymbol{E}_{i,j(k)}$ 都是可逆矩阵，它们的逆矩阵分别为

$$
\boldsymbol{E}_{i(k)}^{-1} = \boldsymbol{E}_{i(1/k)},
$$
$$
\boldsymbol{E}_{i,j}^{-1} = \boldsymbol{E}_{i,j},
$$
$$
\boldsymbol{E}_{i,j(k)}^{-1} = \boldsymbol{E}_{i,j(-k)},
$$

易知 $\boldsymbol{E}_{i(k)}^{-1}$，$\boldsymbol{E}_{i,j}^{-1}$，$\boldsymbol{E}_{i,j(k)}^{-1}$ 都是初等矩阵.

可以证明，对 $m \times n$ 矩阵 $\boldsymbol{A}$ 进行一次初等行(列) 变换相当于对 $\boldsymbol{A}$ 左(右) 乘相应的 m 阶(n 阶) 初等矩阵，即：

$\boldsymbol{A}$ 的第 i 行(列) 遍乘 $k(k \neq 0)$ 等同于 $\boldsymbol{E}_{i(k)}\boldsymbol{A}(\boldsymbol{A}\,\boldsymbol{E}_{i(k)})$；

$\boldsymbol{A}$ 的第 i 行(列) 与第 j 行(列) 互换等同于 $\boldsymbol{E}_{i,j}\boldsymbol{A}(\boldsymbol{A}\,\boldsymbol{E}_{i,j})$；

$\boldsymbol{A}$ 的第 j 行(列) 乘以 k 后加到第 i 行(列) 等同于 $\boldsymbol{E}_{i,j(k)}\boldsymbol{A}(\boldsymbol{A}\,\boldsymbol{E}_{i,j(k)})$.

有了初等变换和初等矩阵的概念，就可以给出求逆矩阵的另一种较为简便的方法.

2.5.3　运用初等行变换求逆矩阵

定理 2.4　任意一个矩阵 $\boldsymbol{A} = [a_{ij}]_{m \times n}$ 经过若干次初等变换，可以化为如下形式的矩阵

$\boldsymbol{D}$,即

$$\boldsymbol{D}=\begin{bmatrix} 1 & & & & & & \\ & 1 & & & & & \\ & & \ddots & & & & \\ & & & 1 & \cdots & \cdots & \cdots \\ & & & & 0 & & \\ & & & & & \ddots & \\ & & & & & & 0 \end{bmatrix} \leftarrow \text{第 } r \text{ 行}$$

$$=\begin{bmatrix} \boldsymbol{E}_r & \boldsymbol{O} \\ \boldsymbol{O} & \boldsymbol{O} \end{bmatrix},$$

其中 $\boldsymbol{E}_r$ 是 r 阶单位方阵.

证 如果所有 $a_{ij}=0(i=1,2,\cdots,m;\ j=1,2,\cdots,n)$,那么 $\boldsymbol{A}$ 已是 $\boldsymbol{D}$ 的形式,此时 $r=0$.

如果 a_{ij} 中至少有一个不为零,不妨假设 $a_{11}\neq 0$($a_{11}=0$ 时,可以将 $\boldsymbol{A}$ 的行或列互换位置,使左上角元素不为零.),用 $-a_{i1}/a_{11}$ 乘以第1行加到第 i 行上($i=2,3,\cdots,m$),用$-a_{1j}/a_{11}$ 乘以所得到矩阵的第1列加到第 j 列上($j=2,3,\cdots,n$),然后再用 $1/a_{11}$ 乘以第1行,于是矩阵 $\boldsymbol{A}$ 化为

$$\boldsymbol{A}_1=\begin{bmatrix} 1 & 0 & \cdots & 0 \\ 0 & a_{22}^{(1)} & \cdots & a_{2n}^{(1)} \\ \vdots & \vdots & & \vdots \\ 0 & a_{m2}^{(1)} & \cdots & a_{mn}^{(1)} \end{bmatrix}=\begin{bmatrix} 1 & \boldsymbol{O} \\ \boldsymbol{O} & \boldsymbol{B}_1 \end{bmatrix},$$

其中 $\boldsymbol{B}_1$ 是$(m-1)\times(n-1)$ 矩阵.

如果 $\boldsymbol{B}_1=\boldsymbol{O}$,那么 $\boldsymbol{A}$ 已化为 $\boldsymbol{D}$ 的形式;如果 $\boldsymbol{B}_1\neq\boldsymbol{O}$,那么按上述方法,继续做下去,最后总可以化为 $\boldsymbol{D}$ 的形式.

由于对 $\boldsymbol{A}$ 进行初等变换化成了 $\boldsymbol{D}$,相当于有初等矩阵 $\boldsymbol{P}_1,\boldsymbol{P}_2,\cdots,\boldsymbol{P}_s,\boldsymbol{Q}_1,\boldsymbol{Q}_2,\cdots,\boldsymbol{Q}_t$,满足

$$\boldsymbol{P}_s\boldsymbol{P}_{s-1}\cdots\boldsymbol{P}_2\boldsymbol{P}_1\boldsymbol{A}\boldsymbol{Q}_1\boldsymbol{Q}_2\cdots\boldsymbol{Q}_{t-1}\boldsymbol{Q}_t=\boldsymbol{D}. \tag{2.5}$$

于是有以下结论.

定理 2.5 如果 $\boldsymbol{A}$ 为可逆矩阵,则 $\boldsymbol{D}=\boldsymbol{E}$.

证 设 $\boldsymbol{A}$ 可逆,即 $\det\boldsymbol{A}\neq 0$,由定理2.4和式(2.5)得

$$\boldsymbol{D}=\boldsymbol{P}_s\boldsymbol{P}_{s-1}\cdots\boldsymbol{P}_2\boldsymbol{P}_1\boldsymbol{A}\boldsymbol{Q}_1\boldsymbol{Q}_2\cdots\boldsymbol{Q}_{t-1}\boldsymbol{Q}_t,$$

其中 $\boldsymbol{P}_i(i=1,2,\cdots,s)$,$\boldsymbol{Q}_i(i=1,2,\cdots,t)$ 都是初等矩阵,因为初等矩阵可逆,可知 $\boldsymbol{D}$ 可逆,易知 $\boldsymbol{D}$ 为单位矩阵.

利用定理2.5可知,存在初等矩阵 $\boldsymbol{P}_i(i=1,2,\cdots,s)$,$\boldsymbol{Q}_i(i=1,2,\cdots,t)$ 对可逆矩阵 $\boldsymbol{A}$ 有

$$\boldsymbol{P}_s\boldsymbol{P}_{s-1}\cdots\boldsymbol{P}_2\boldsymbol{P}_1\boldsymbol{A}\boldsymbol{Q}_1\boldsymbol{Q}_2\cdots\boldsymbol{Q}_{t-1}\boldsymbol{Q}_t=\boldsymbol{E}, \tag{2.6}$$

即

$$\boldsymbol{P}_s\boldsymbol{P}_{s-1}\cdots\boldsymbol{P}_2\boldsymbol{P}_1\boldsymbol{A}=\boldsymbol{Q}_t^{-1}\boldsymbol{Q}_{t-1}^{-1}\cdots\boldsymbol{Q}_2^{-1}\boldsymbol{Q}_1^{-1},$$

利用式(2.6),有

$$\boldsymbol{E}=\boldsymbol{Q}_1\boldsymbol{Q}_2\cdots\boldsymbol{Q}_{t-1}\boldsymbol{Q}_t\boldsymbol{P}_s\boldsymbol{P}_{s-1}\cdots\boldsymbol{P}_2\boldsymbol{P}_1\boldsymbol{A}, \tag{2.7}$$

对式(2.7)两边同时右乘 $\boldsymbol{A}^{-1}$,得

$$\boldsymbol{E}\boldsymbol{A}^{-1}=\boldsymbol{Q}_1\boldsymbol{Q}_2\cdots\boldsymbol{Q}_{t-1}\boldsymbol{Q}_t\boldsymbol{P}_s\boldsymbol{P}_{s-1}\cdots\boldsymbol{P}_2\boldsymbol{P}_1\boldsymbol{A}\boldsymbol{A}^{-1},$$

即

$$A^{-1} = Q_1Q_2\cdots Q_{t-1}Q_tP_sP_{s-1}\cdots P_2P_1E. \tag{2.8}$$

比较式(2.7)与式(2.8)发现，对 $\boldsymbol{A}$ 进行一系列初等行变换化成 $\boldsymbol{E}$ 时，对 $\boldsymbol{E}$ 进行同样的这一系列初等行变换就得到 $\boldsymbol{A}^{-1}$. 由此得到求逆矩阵的另一种方法：

$$[\boldsymbol{A} \vdots \boldsymbol{E}] \xrightarrow{\text{初等行变换}} [\boldsymbol{E} \vdots \boldsymbol{A}^{-1}],$$

即在矩阵 $\boldsymbol{A}$ 的右边同时写出与 $\boldsymbol{A}$ 同阶的单位矩阵 $\boldsymbol{E}$，构成一个 $n\times 2n$ 矩阵 $[\boldsymbol{A} \vdots \boldsymbol{E}]$，然后对 $[\boldsymbol{A} \vdots \boldsymbol{E}]$ 进行初等行变换，当它的左块化成单位矩阵时，它的右块就是 $\boldsymbol{A}^{-1}$.

对矩阵进行初等行变换时，为了看清每步的作用，每做一次初等行变换都标明是哪种变换，且写在箭头上方，记法如下：

(1) 用 kⓘ 表示第 i 行乘以公因子 k；

(2) 用(ⓘ，ⓙ)表示第 i 行与第 j 行互换；

(3) 用 ⓘ $+k$ⓙ 表示第 j 行的 k 倍加到第 i 行.

【例 2.38】 设

$$\boldsymbol{A} = \begin{bmatrix} 2 & 1 & 0 \\ 1 & 0 & 4 \\ 0 & 3 & 1 \end{bmatrix},$$

求 $\boldsymbol{A}^{-1}$.

解

$$[\boldsymbol{A} \vdots \boldsymbol{E}] = \left[\begin{array}{ccc:ccc} 2 & 1 & 0 & 1 & 0 & 0 \\ 1 & 0 & 4 & 0 & 1 & 0 \\ 0 & 3 & 1 & 0 & 0 & 1 \end{array}\right]$$

$$\xrightarrow{①+②\times(-1)} \left[\begin{array}{ccc:ccc} 1 & 1 & -4 & 1 & -1 & 0 \\ 1 & 0 & 4 & 0 & 1 & 0 \\ 0 & 3 & 1 & 0 & 0 & 1 \end{array}\right]$$

$$\xrightarrow{②+①\times(-1)} \left[\begin{array}{ccc:ccc} 1 & 1 & -4 & 1 & -1 & 0 \\ 0 & -1 & 8 & -1 & 2 & 0 \\ 0 & 3 & 1 & 0 & 0 & 1 \end{array}\right]$$

$$\xrightarrow[③+②\times 3]{①+②} \left[\begin{array}{ccc:ccc} 1 & 0 & 4 & 0 & 1 & 0 \\ 0 & -1 & 8 & -1 & 2 & 0 \\ 0 & 0 & 25 & -3 & 6 & 1 \end{array}\right]$$

$$\xrightarrow[③\times(1/25)]{②\times(-1)} \left[\begin{array}{ccc:ccc} 1 & 0 & 4 & 0 & 1 & 0 \\ 0 & 1 & -8 & 1 & -2 & 0 \\ 0 & 0 & 1 & -3/25 & 6/25 & 1/25 \end{array}\right]$$

$$\xrightarrow[②+③\times 8]{①+③\times(-4)} \left[\begin{array}{ccc:ccc} 1 & 0 & 0 & 12/25 & 1/25 & -4/25 \\ 0 & 1 & 0 & 1/25 & -2/25 & 8/25 \\ 0 & 0 & 1 & -3/25 & 6/25 & 1/25 \end{array}\right]$$

$$= [\boldsymbol{E} \vdots \boldsymbol{A}^{-1}],$$

所以

$$A^{-1}=\begin{bmatrix} 12/25 & 1/25 & -4/25 \\ 1/25 & -2/25 & 8/25 \\ -3/25 & 6/25 & 1/25 \end{bmatrix}.$$

下面再举一个较为复杂的例子.

【例 2.39】 解矩阵方程

$$\begin{bmatrix} 2 & 2 & 3 \\ 1 & 1 & 1 \\ 3 & 1 & 1 \end{bmatrix} X=\begin{bmatrix} 2 & 0 \\ 0 & 2 \\ -2 & 2 \end{bmatrix}.$$

解 令 $A=\begin{bmatrix} 2 & 2 & 3 \\ 1 & 1 & 1 \\ 3 & 1 & 1 \end{bmatrix}$,$B=\begin{bmatrix} 2 & 0 \\ 0 & 2 \\ -2 & 2 \end{bmatrix}$,则 $AX=B$.

用初等行变换法,直接求出方程的解.即

$$[A \vdots B] \xrightarrow{\text{初等行变换}} [E \vdots A^{-1}B]$$

我们有

$$[A \vdots B]=\left[\begin{array}{ccc:cc} 2 & 2 & 3 & 2 & 0 \\ 1 & 1 & 1 & 0 & 2 \\ 3 & 1 & 1 & -2 & 2 \end{array}\right]$$

$$\xrightarrow{(①,②)}\left[\begin{array}{ccc:cc} 1 & 1 & 1 & 0 & 2 \\ 2 & 2 & 3 & 2 & 0 \\ 3 & 1 & 1 & -2 & 2 \end{array}\right]$$

$$\xrightarrow[③+①\times(-3)]{②+①\times(-2)}\left[\begin{array}{ccc:cc} 1 & 1 & 1 & 0 & 2 \\ 0 & 0 & 1 & 2 & -4 \\ 0 & -2 & -2 & -2 & -4 \end{array}\right]$$

$$\xrightarrow{(②,③)}\left[\begin{array}{ccc:cc} 1 & 1 & 1 & 0 & 2 \\ 0 & -2 & -2 & -2 & -4 \\ 0 & 0 & 1 & 2 & -4 \end{array}\right]$$

$$\xrightarrow{②\times(-1/2)}\left[\begin{array}{ccc:cc} 1 & 1 & 1 & 0 & 2 \\ 0 & 1 & 1 & 1 & 2 \\ 0 & 0 & 1 & 2 & -4 \end{array}\right]$$

$$\xrightarrow{①+②\times(-1)}\left[\begin{array}{ccc:cc} 1 & 0 & 0 & -1 & 0 \\ 0 & 1 & 1 & 1 & 2 \\ 0 & 0 & 1 & 2 & -4 \end{array}\right]$$

$$\xrightarrow{②+③\times(-1)}\left[\begin{array}{ccc:cc} 1 & 0 & 0 & -1 & 0 \\ 0 & 1 & 0 & -1 & 6 \\ 0 & 0 & 1 & 2 & -4 \end{array}\right]=[E \vdots A^{-1}B].$$

所以直接得到矩阵方程的解为

$$X=A^{-1}B=\begin{bmatrix} -1 & 0 \\ -1 & 6 \\ 2 & -4 \end{bmatrix}.$$

习题 2.5

参考答案与提示

1. 用初等行变换求下列矩阵的逆矩阵：

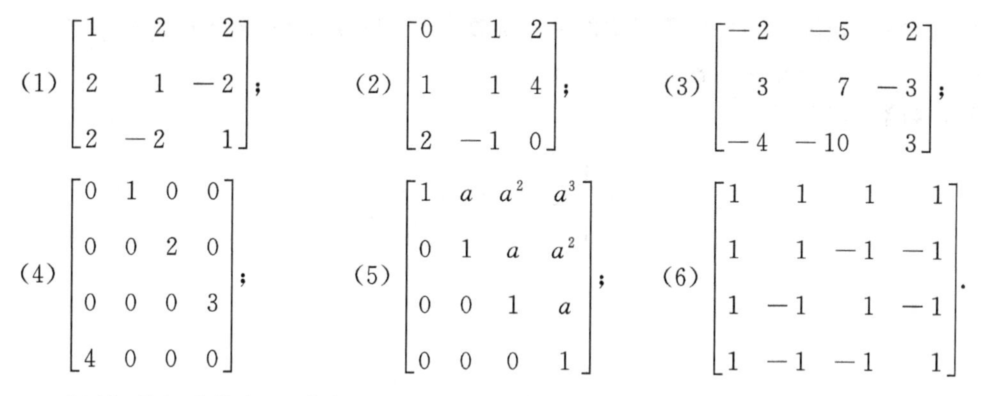

(1) $\begin{bmatrix}1&2&2\\2&1&-2\\2&-2&1\end{bmatrix}$；　(2) $\begin{bmatrix}0&1&2\\1&1&4\\2&-1&0\end{bmatrix}$；　(3) $\begin{bmatrix}-2&-5&2\\3&7&-3\\-4&-10&3\end{bmatrix}$；

(4) $\begin{bmatrix}0&1&0&0\\0&0&2&0\\0&0&0&3\\4&0&0&0\end{bmatrix}$；　(5) $\begin{bmatrix}1&a&a^2&a^3\\0&1&a&a^2\\0&0&1&a\\0&0&0&1\end{bmatrix}$；　(6) $\begin{bmatrix}1&1&1&1\\1&1&-1&-1\\1&-1&1&-1\\1&-1&-1&1\end{bmatrix}$.

2. 试用初等行变换解矩阵方程：

(1) $\begin{bmatrix}1&1&3\\-1&1&2\\1&0&1\end{bmatrix}\boldsymbol{X}=\begin{bmatrix}4&0&2\\2&-1&1\\3&5&1\end{bmatrix}$；(2) $\begin{bmatrix}1&1&-1\\-2&1&1\\1&1&1\end{bmatrix}\boldsymbol{X}=\begin{bmatrix}2&0\\3&-1\\-2&0\end{bmatrix}$.

2.6　矩阵的秩

如果用矩阵来表示线性方程组，那么线性方程组的一些解的情况应该与矩阵的某些特征有关. 描述矩阵特征的是哪些量呢？矩阵的秩就是其中之一.

2.6.1　矩阵的秩的概念

为了建立矩阵的秩的概念，首先给出矩阵的子式的定义.

定义 2.24　设 $\boldsymbol{A}$ 是一个 $m\times n$ 矩阵，在 $\boldsymbol{A}$ 中任取 k 行、k 列，位于这些行和列相交处的元素，按它们原来的次序组成的一个 k 阶行列式，称为矩阵 $\boldsymbol{A}$ 的一个 k 阶子式.

【例 2.40】　设矩阵

$$\boldsymbol{A}=\begin{bmatrix}2&-1&3&7\\0&6&8&9\\0&0&4&-2\\0&0&0&0\\0&0&0&0\end{bmatrix},$$

取 $\boldsymbol{A}$ 的第 2,4,5 行、第 1,2,4 列相交处的元素组成一个 $\boldsymbol{A}$ 的三阶子式

$$\begin{vmatrix}0&6&9\\0&0&0\\0&0&0\end{vmatrix}=0,$$

取 A 的第 1,2 行、第 2,3 列相交处的元素组成一个 A 的二阶子式

$$\begin{vmatrix} -1 & 3 \\ 6 & 8 \end{vmatrix} = -26 \neq 0,$$

不难看出,从 A 中可取到一阶、二阶、三阶、四阶子式.在 A 的所有四阶子式中,可知均为零,而三阶子式不全为零,三阶子式是矩阵 A 中不等于零的子式的最高阶数,我们给它取一个专门的名称.

定义 2.25 矩阵 A 中的非零子式的最高阶数称为矩阵 A 的**秩**,记作秩(A) 或 $r(A)$.

在【例 2.40】中矩阵 A 的秩等于 3,即 $r(A) = 3$.

【例 2.41】 求矩阵

$$B = \begin{bmatrix} 1 & -3 & 3 & 5 \\ 0 & 2 & 3 & 4 \\ 1 & -1 & 6 & 9 \end{bmatrix}$$

的秩.

解 因为

$$\begin{vmatrix} 1 & -3 \\ 0 & 2 \end{vmatrix} = 2 \neq 0,$$

所以,B 的不为零的子式的最高阶数至少是 2,而 B 的所有(4 个)三阶子式均为零,即

$$\begin{vmatrix} 1 & -3 & 3 \\ 0 & 2 & 3 \\ 1 & -6 & 6 \end{vmatrix} = 0, \quad \begin{vmatrix} 1 & -3 & 5 \\ 0 & 2 & 4 \\ 1 & -1 & 9 \end{vmatrix} = 0, \quad \begin{vmatrix} -3 & 3 & 5 \\ 2 & 3 & 4 \\ -1 & 6 & 9 \end{vmatrix} = 0, \quad \begin{vmatrix} 1 & 3 & 5 \\ 0 & 3 & 4 \\ 1 & 6 & 9 \end{vmatrix} = 0.$$

由定义 2.25 知 $r(B) = 2$.

因为零矩阵的所有子式全为零,故规定零矩阵的秩为零.

用定义 2.25 求矩阵 A 的秩,对于低阶矩阵还是方便的,但对于高阶矩阵,计算 k 阶子式是比较麻烦的,而且计算量较大.下面介绍求矩阵的秩的另一种方法 —— **用矩阵的初等行变换求矩阵的秩**.

2.6.2 运用矩阵的初等行变换求矩阵的秩

定义 2.26 满足下列两个条件的矩阵称为**阶梯形矩阵**:

(1) 首非零元素(即非零行的第一个不为零的元素)的列标随着行标的递增而严格增大;

(2) 矩阵的零行位于矩阵的最下方(或无零行).

例如,矩阵

$$A = \begin{bmatrix} 6 & 1 & 0 & -1 & 5 \\ 0 & 5 & 2 & 0 & 2 \\ 0 & 0 & 0 & 0 & -1 \\ 0 & 0 & 0 & 0 & 0 \end{bmatrix}, \quad B = \begin{bmatrix} 4 & 7 & 8 & 0 \\ 0 & -3 & -5 & 9 \\ 0 & 0 & 2 & 0 \end{bmatrix}$$

都是阶梯形矩阵,而矩阵

$$C = \begin{bmatrix} -1 & 2 & 6 & 0 \\ 0 & 5 & -4 & 8 \\ 0 & -4 & 3 & 0 \\ 0 & 0 & 0 & 0 \end{bmatrix}, \quad D = \begin{bmatrix} 1 & 2 & 0 \\ 0 & 0 & 0 \\ 0 & -3 & 2 \end{bmatrix}$$

都不是阶梯形矩阵.

关于阶梯形矩阵和初等行变换有以下性质.

性质 2.19 阶梯形矩阵的秩等于它的非零行的行数.

性质 2.20 任意一个矩阵 $\boldsymbol{A}=[a_{ij}]_{m\times n}$,经过若干次初等行变换可以化成阶梯形矩阵.

性质 2.21 初等行变换不改变矩阵的秩.

性质 2.22 n 阶可逆矩阵的秩等于 n,反之亦成立,即若一个 n 阶方阵 $\boldsymbol{A}$ 的秩为 n,则 $\boldsymbol{A}$ 必可逆.

由性质 2.22 可知,n 阶方阵 $\boldsymbol{A}$ 可逆等价于 $r(\boldsymbol{A})=n$,所以称 $r(\boldsymbol{A})=n$ 的 n 阶方阵为**满秩矩阵**.

由性质 2.19、性质 2.20 和性质 2.21 可得到如下结论.

定理 2.6 任何矩阵 $\boldsymbol{A}=[a_{ij}]_{m\times n}$ 都可以经过一系列初等行变换化为阶梯形矩阵,矩阵 $\boldsymbol{A}$ 的秩等于其相应阶梯形矩阵非零行的行数.

由此我们得到了一个**求矩阵秩的方法:只要对矩阵进行初等行变换,使其化为阶梯形矩阵,这个阶梯形矩阵的非零行的行数即为该矩阵的秩.**

在【例 2.40】中 $\boldsymbol{A}$ 已是阶梯形矩阵了,所以 $r(\boldsymbol{A})=3$.

【例 2.42】 用初等行变换的方法,求矩阵

$$\boldsymbol{B}=\begin{bmatrix}2&-1&3&-2&4\\4&-2&5&1&7\\2&-1&1&8&2\end{bmatrix}$$

的秩.

解

$$\boldsymbol{B}\xrightarrow[③+①\times(-1)]{②+①\times(-2)}\begin{bmatrix}2&-1&3&-2&4\\0&0&-1&5&-1\\0&0&-2&10&-2\end{bmatrix}\xrightarrow{③+②\times(-2)}\begin{bmatrix}2&-1&3&-2&4\\0&0&-1&5&-1\\0&0&0&0&0\end{bmatrix}=\boldsymbol{B}_1,$$

$\boldsymbol{B}_1$ 是阶梯形矩阵,非零行的数量为 2,因此 $r(\boldsymbol{B})=2$.

【例 2.43】 求矩阵

$$\boldsymbol{A}=\begin{bmatrix}1&2&0&0&1&2&0&0\\1&8&2&4&11&2&6&8\\2&13&3&6&17&4&9&15\\3&-15&-7&-14&-32&6&-21&-28\end{bmatrix}$$

的秩.

解

$$\boldsymbol{A}\xrightarrow[\substack{③+①\times(-2)\\④+①\times(-3)}]{②+①\times(-1)}\begin{bmatrix}1&2&0&0&1&2&0&0\\0&6&2&4&10&0&6&8\\0&9&3&6&15&0&9&15\\0&-21&-7&-14&-35&0&-21&-28\end{bmatrix}$$

$$\xrightarrow[\substack{③\times(1/3)\\④\times(-1/7)}]{②\times(1/2)}\begin{bmatrix}1&2&0&0&1&2&0&0\\0&3&1&2&5&0&3&4\\0&3&1&2&5&0&3&5\\0&3&1&2&5&0&3&4\end{bmatrix}$$

$$\xrightarrow[\text{④}+\text{②}\times(-1)]{\text{③}+\text{②}\times(-1)}\begin{bmatrix}1&2&0&0&1&2&0&0\\0&3&1&2&5&0&3&4\\0&0&0&0&0&0&0&1\\0&0&0&0&0&0&0&0\end{bmatrix}=\boldsymbol{A}_1,$$

矩阵 $\boldsymbol{A}_1$ 是阶梯形矩阵,非零行的数量为 3,故 $r(\boldsymbol{A})=3$.

2.6.3 关于矩阵的秩的性质

矩阵的秩是反映矩阵内在特征的一个重要的量.关于矩阵的秩的性质,我们给出下面两个定理.

定理 2.7 设 $\boldsymbol{A}$ 为 $m\times n$ 矩阵,则:

(1)$0\leqslant r(\boldsymbol{A})\leqslant\min\{m,n\}$;

(2)$r(\boldsymbol{A})=r(\boldsymbol{A}^{\mathrm{T}})$.

由秩的定义易证上述结论成立.

定理 2.8 设 $\boldsymbol{A}$ 为 $m\times n$ 矩阵,$\boldsymbol{B}$ 为 m 阶满秩矩阵,$\boldsymbol{C}$ 为 n 阶满秩矩阵,则

$$r(\boldsymbol{A})=r(\boldsymbol{BA})=r(\boldsymbol{AC}).$$

证 由式(2.7)知,对于满秩矩阵 $\boldsymbol{B}$,能够找到初等矩阵 $\boldsymbol{P}_1,\boldsymbol{P}_2,\cdots,\boldsymbol{P}_s$,使得

$$\boldsymbol{P}_s\boldsymbol{P}_{s-1}\cdots\boldsymbol{P}_2\boldsymbol{P}_1\boldsymbol{B}=\boldsymbol{E},$$

即

$$\boldsymbol{B}=\boldsymbol{P}_1^{-1}\boldsymbol{P}_2^{-1}\cdots\boldsymbol{P}_{s-1}^{-1}\boldsymbol{P}_s^{-1},$$

且知 $\boldsymbol{P}_i^{-1}(i=1,2,\cdots,s)$ 也是初等矩阵,有

$$\boldsymbol{BA}=\boldsymbol{P}_1^{-1}\boldsymbol{P}_2^{-1}\cdots\boldsymbol{P}_{s-1}^{-1}\boldsymbol{P}_s^{-1}\boldsymbol{A},$$

由性质 2.21 可知其秩不变,即 $r(\boldsymbol{A})=r(\boldsymbol{BA})$.

同理可得

$$r(\boldsymbol{A})=r(\boldsymbol{AC}).$$

习题 2.6

参考答案与提示

1. 求下列矩阵的秩:

(1) $\begin{bmatrix}1&1&1&-1\\-1&-1&2&3\\2&2&5&0\end{bmatrix}$; (2) $\begin{bmatrix}1&3&5&-1\\2&-1&-3&4\\5&1&-1&7\\7&7&9&1\end{bmatrix}$;

(3) $\begin{bmatrix}3&2&-1&2&0&1\\4&1&0&-3&0&2\\2&-1&-2&1&1&-3\\3&1&3&-9&-1&6\\3&-1&5&7&2&-7\end{bmatrix}$; (4) $\begin{bmatrix}1&2&0&0&1\\0&6&2&4&10\\1&11&3&6&16\\1&-19&-7&-14&-34\end{bmatrix}$.

2. 设 $\boldsymbol{A}$ 为分块矩阵的秩，且

$$\boldsymbol{A}=\begin{bmatrix} \boldsymbol{O} & \boldsymbol{B} \\ \boldsymbol{C} & \boldsymbol{O} \end{bmatrix},$$

问 $r(\boldsymbol{A})$ 与 $r(\boldsymbol{B})$,$r(\boldsymbol{C})$ 有什么关系？

3. 设 $\boldsymbol{A},\boldsymbol{B}$ 为 n 阶方阵，且 $\boldsymbol{AB}=\boldsymbol{O}$,试证：

$$r(\boldsymbol{A})+r(\boldsymbol{B})\leqslant n.$$

4. 试证：若 $\boldsymbol{A}$ 为 n 阶方阵($n\geqslant 2$),则

$$r(\boldsymbol{A}^*)=\begin{cases} n, & \text{当 } r(\boldsymbol{A})=n \text{ 时}, \\ 1, & \text{当 } r(\boldsymbol{A})=n-1 \text{ 时}, \\ 0, & \text{当 } r(\boldsymbol{A})<n-1 \text{ 时}. \end{cases}$$

5. 设 $\boldsymbol{B}$ 是 s 阶方阵,$\boldsymbol{C}$ 为 $s\times n$ 矩阵，且 $r(\boldsymbol{C})=s$,试证：

(1) 如果 $\boldsymbol{BC}=\boldsymbol{O}$,那么 $\boldsymbol{B}=\boldsymbol{O}$;

(2) 如果 $\boldsymbol{BC}=\boldsymbol{C}$,那么 $\boldsymbol{B}=\boldsymbol{E}$.

2.7 本章小结与练习

2.7.1 内容提要

1. 基本概念

矩阵，矩阵的加法、乘法、数乘的定义，同型矩阵，转置矩阵，单位矩阵，对角矩阵，数量矩阵，三角形矩阵，对称矩阵，反对称矩阵，正交矩阵，可交换矩阵，可逆矩阵，逆矩阵，伴随矩阵，非奇异矩阵，奇异矩阵，分块矩阵，分块矩阵的加法、乘法的定义，初等变换，初等行变换，初等矩阵，矩阵的秩，阶梯形矩阵，满秩矩阵，方阵的行列式.

2. 基本定理

矩阵的加法、乘法、数乘的性质，转置矩阵的性质，方阵的行列式定理，逆矩阵的性质，可逆矩阵的定理，矩阵的秩及其相关的性质、定理，矩阵初等变换的定理.

3. 基本方法

矩阵的加法、乘法和数乘运算，求多个同阶方阵相乘的行列式的方法，运用初等行变换求逆矩阵的方法，运用逆矩阵解矩阵方程的方法，运用初等行变换求矩阵的秩的方法.

2.7.2 疑点解析

问题 1 矩阵相乘的条件是什么？矩阵乘法与数的乘法有什么不同？

解析 只有当左面矩阵 $\boldsymbol{A}$ 的列数与右面矩阵 $\boldsymbol{B}$ 的行数相等时 $\boldsymbol{A}$ 与 $\boldsymbol{B}$ 才能相乘，其乘积为 $\boldsymbol{AB}$. 数的乘法满足交换律和消去律，而矩阵乘法不满足交换律和消去律，并且两个非零矩阵相乘有可能是零矩阵. 这些是矩阵乘法与数的乘法不同的地方，在做矩阵乘法运算时，应引起重视.

问题 2 设 $\boldsymbol{A},\boldsymbol{B}$ 为 $n(n>1)$ 阶方阵，下列等式成立吗？

(1) $\det(\boldsymbol{A}+\boldsymbol{B})=\det\boldsymbol{A}+\det\boldsymbol{B}$;　　(2) $\det(k\boldsymbol{A})=k(\det\boldsymbol{A})$.

解析　不成立.一般来说,$\det(\boldsymbol{A}+\boldsymbol{B})\neq\det\boldsymbol{A}+\det\boldsymbol{B}$,而 $\det(k\boldsymbol{A})=k^n(\det\boldsymbol{A})$.下面举例来说明.

【例 2.44】　设

$$\boldsymbol{A}=\begin{bmatrix}1&2\\0&3\end{bmatrix},\boldsymbol{B}=\begin{bmatrix}2&6\\0&5\end{bmatrix}.$$

解　因为 $\det(\boldsymbol{A}+\boldsymbol{B})=\begin{vmatrix}1+2&2+6\\0+0&3+5\end{vmatrix}=\begin{vmatrix}3&8\\0&8\end{vmatrix}=24$,

$$\det\boldsymbol{A}=\begin{vmatrix}1&2\\0&3\end{vmatrix}=3,\det\boldsymbol{B}=\begin{vmatrix}2&6\\0&5\end{vmatrix}=10,$$

所以 $\det\boldsymbol{A}+\det\boldsymbol{B}=3+10=13\neq24=\det(\boldsymbol{A}+\boldsymbol{B})$.

因为 $\det(2\boldsymbol{A})=\begin{vmatrix}2&4\\0&6\end{vmatrix}=12,\det\boldsymbol{A}=2\begin{vmatrix}1&2\\0&3\end{vmatrix}=6$,所以 $\det(2\boldsymbol{A})\neq2\det\boldsymbol{A}$.

问题 3　对于 n 阶可逆方阵 $\boldsymbol{C}$,若 $\boldsymbol{AC}=\boldsymbol{BC}$,可以有 $\boldsymbol{A}=\boldsymbol{B}$ 吗?为什么?

解析　可以有 $\boldsymbol{A}=\boldsymbol{B}$.因为 $\boldsymbol{C}$ 是可逆方阵,所以在等式 $\boldsymbol{AC}=\boldsymbol{BC}$ 两端同时右乘 $\boldsymbol{C}^{-1}$,得 $\boldsymbol{ACC}^{-1}=\boldsymbol{BCC}^{-1}$,即 $\boldsymbol{A}=\boldsymbol{B}$.

问题 4　在对矩阵 $\boldsymbol{A}$ 做初等行变换时,我们总是以箭头"→"相连,即 $\boldsymbol{A}\xrightarrow{\text{初等行变换}}\boldsymbol{B}$,为什么不能用等号"="连接呢?

解析　因为在对矩阵 $\boldsymbol{A}$ 做初等行变换后,得到的矩阵 $\boldsymbol{B}$,实际上是多个初等矩阵左乘 $\boldsymbol{A}$ 而得到矩阵 $\boldsymbol{B}$ 的,初等矩阵在中间运算过程中没有必要写出来,所以在对矩阵 $\boldsymbol{A}$ 做初等行变换时,我们总是以箭头"→"相连,不能用等号"="连接.如果所做初等行变换的初等矩阵乘积为矩阵 $\boldsymbol{P}$,那么可写成 $\boldsymbol{PA}=\boldsymbol{B}$.

问题 5　到目前为止,初等行变换法都用在了什么地方?

解析　初等行变换法可求逆矩阵、矩阵的秩和求解矩阵方程.

2.7.3　例题、方法精讲

1. 矩阵的乘积运算

【例 2.45】　设

$$\boldsymbol{A}=\begin{bmatrix}1&-1&2&3\\0&1&3&-2\\1&2&-1&0\\2&0&1&1\end{bmatrix},\boldsymbol{B}=\begin{bmatrix}2&1\\0&4\\2&-3\\1&7\end{bmatrix},\boldsymbol{C}=\begin{bmatrix}2&2&-3\\0&-4&5\end{bmatrix},$$

求 $\boldsymbol{BC},\boldsymbol{AB},\boldsymbol{AA}$.

解　利用矩阵乘法,得

$$\boldsymbol{BC}=\begin{bmatrix}2&1\\0&4\\2&-3\\1&7\end{bmatrix}\begin{bmatrix}2&2&-3\\0&-4&5\end{bmatrix}$$

$$=\begin{bmatrix} 2\times2+1\times0 & 2\times2+1\times(-4) & 2\times(-3)+1\times5 \\ 0\times2+4\times0 & 0\times2+4\times(-4) & 0\times(-3)+4\times5 \\ 2\times2+(-3)\times0 & 2\times2+(-3)\times(-4) & 2\times(-3)+(-3)\times5 \\ 1\times2+7\times0 & 1\times2+7\times(-4) & 1\times(-3)+7\times5 \end{bmatrix}$$

$$=\begin{bmatrix} 4 & 0 & -1 \\ 0 & -16 & 20 \\ 4 & 16 & -21 \\ 2 & -26 & 32 \end{bmatrix}.$$

同样,有

$$\boldsymbol{AB}=\begin{bmatrix} 1 & -1 & 2 & 3 \\ 0 & 1 & 3 & -2 \\ 1 & 2 & -1 & 0 \\ 2 & 0 & 1 & 1 \end{bmatrix}\begin{bmatrix} 2 & 1 \\ 0 & 4 \\ 2 & -3 \\ 1 & 7 \end{bmatrix}=\begin{bmatrix} 9 & 12 \\ 4 & -19 \\ 0 & 12 \\ 7 & 6 \end{bmatrix}.$$

$$\boldsymbol{AA}=\begin{bmatrix} 1 & -1 & 2 & 3 \\ 0 & 1 & 3 & -2 \\ 1 & 2 & -1 & 0 \\ 2 & 0 & 1 & 1 \end{bmatrix}\begin{bmatrix} 1 & -1 & 2 & 3 \\ 0 & 1 & 3 & -2 \\ 1 & 2 & -1 & 0 \\ 2 & 0 & 1 & 1 \end{bmatrix}=\begin{bmatrix} 9 & 2 & 0 & 8 \\ -1 & 7 & -2 & -4 \\ 0 & -1 & 9 & -1 \\ 5 & 0 & 4 & 7 \end{bmatrix}.$$

由此例可知：

(1) 并不是任意两个矩阵都能相乘,如 **BA**,**CA** 就不存在；

(2) 即使某一顺序的相乘运算存在,但交换相乘顺序后的运算也有可能不存在,如 **BC**,**AB** 存在,但 **CB**,**BA** 却不存在；

(3) 并不是任意一个矩阵都可以与自身相乘的,如 **BB**,**CC** 不存在,仅当这一矩阵为方阵时才可自乘,如 **AA** 存在,即方阵才有乘方运算；

(4) 两个矩阵相乘的结果仍为一矩阵,并且这个乘积矩阵的行数等于左矩阵的行数,列数等于右矩阵的列数.

因此,矩阵相乘的运算一定要引起读者足够的重视.

【例 2.46】 设 $\boldsymbol{A}=\begin{bmatrix} 0 & 1 & 0 \\ 0 & 0 & 1 \\ 0 & 0 & 0 \end{bmatrix}$,求所有与 **A** 可交换的矩阵.

解 设 $\boldsymbol{B}=\begin{bmatrix} b_{11} & b_{12} & b_{13} \\ b_{21} & b_{22} & b_{23} \\ b_{31} & b_{32} & b_{33} \end{bmatrix}$与 **A** 可交换,利用 $\boldsymbol{AB}=\boldsymbol{BA}$,得

$$\begin{bmatrix} 0 & 1 & 0 \\ 0 & 0 & 1 \\ 0 & 0 & 0 \end{bmatrix}\begin{bmatrix} b_{11} & b_{12} & b_{13} \\ b_{21} & b_{22} & b_{23} \\ b_{31} & b_{32} & b_{33} \end{bmatrix}=\begin{bmatrix} b_{11} & b_{12} & b_{13} \\ b_{21} & b_{22} & b_{23} \\ b_{31} & b_{32} & b_{33} \end{bmatrix}\begin{bmatrix} 0 & 1 & 0 \\ 0 & 0 & 1 \\ 0 & 0 & 0 \end{bmatrix},$$

即

$$\begin{bmatrix} b_{21} & b_{22} & b_{23} \\ b_{31} & b_{32} & b_{33} \\ 0 & 0 & 0 \end{bmatrix}=\begin{bmatrix} 0 & b_{11} & b_{12} \\ 0 & b_{21} & b_{22} \\ 0 & b_{31} & b_{32} \end{bmatrix}.$$

利用矩阵相等的条件,得 $b_{21}=b_{31}=b_{32}=0$,$b_{11}=b_{22}=b_{33}=a$,$b_{12}=b_{23}=b$,$b_{13}=c$,

即所求的矩阵为

$$B=\begin{bmatrix} a & b & c \\ 0 & a & b \\ 0 & 0 & a \end{bmatrix}（其中 a,b,c 为任意实数）.$$

【例 2.47】 万成建筑公司承包一住宅小区的 6 幢 A 类住房、5 幢 B 类住房、3 幢 C 类住房的基建任务，各类住房每幢所需的主要原材料及其单价如表 2.1 所示.

表 2.1 各类住房每幢所需的主要原材料及其单价

数量 原材料 类别	钢筋(吨)	水泥(吨)	石子(吨)	黄沙(吨)
A	80	330	1480	780
B	95	390	1780	930
C	110	460	2080	1090
单价(元)	2500	350	25	20

利用矩阵计算：

(1) 完成这些基建任务所需各种主要原材料的数量；

(2) 购买这些原材料共需支付多少费用？

解 设各类住房数量的矩阵

$$A=[6\quad 5\quad 3],$$

各类住房所需各种原材料数量的矩阵

$$B=\begin{bmatrix} 80 & 330 & 1480 & 780 \\ 95 & 390 & 1780 & 930 \\ 110 & 460 & 2080 & 1090 \end{bmatrix},$$

各种原材料单价的矩阵

$$C=\begin{bmatrix} 2500 \\ 350 \\ 25 \\ 20 \end{bmatrix}.$$

(1) 完成基建任务所需各种主要原材料的数量为：

$$AB=[6\quad 5\quad 3]\begin{bmatrix} 80 & 330 & 1480 & 780 \\ 95 & 390 & 1780 & 930 \\ 110 & 460 & 2080 & 1090 \end{bmatrix}=[1285\quad 5310\quad 24020\quad 12600].$$

即需要用钢筋 1285 吨，水泥 5310 吨，石子 24020 吨，黄沙 12600 吨.

(2) 购买这些原材料所需支付的费用为：

$$ABC=[6\quad 5\quad 3]\begin{bmatrix} 80 & 330 & 1480 & 780 \\ 95 & 390 & 1780 & 930 \\ 110 & 460 & 2080 & 1090 \end{bmatrix}\begin{bmatrix} 2500 \\ 350 \\ 25 \\ 20 \end{bmatrix}$$

$$=[1285\quad 5310\quad 24020\quad 12600]\begin{bmatrix} 2500 \\ 350 \\ 25 \\ 20 \end{bmatrix}$$

$$= 5923500(\text{元}).$$

即需要支付 5923500 元.

2. 求多个 n 阶方阵相乘的行列式的方法

对多个行列式相乘,利用方阵行列式定理,可以简化计算.

【例 2.48】 设 $\boldsymbol{A}=\begin{bmatrix}1&1&-1\\0&-1&2\\1&0&-7\end{bmatrix}$, $\boldsymbol{B}=\begin{bmatrix}1&20&-5\\0&-3&4\\0&0&2\end{bmatrix}$,

求(1) $\det(-5\boldsymbol{A})$;(2) $\det(\boldsymbol{A}^{\mathrm{T}}\boldsymbol{B})$.

解

$$\det(-5\boldsymbol{A})=\begin{vmatrix}-5&-5&5\\0&5&-10\\-5&0&35\end{vmatrix}=(-5)^3\begin{vmatrix}1&1&-1\\0&-1&2\\1&0&-7\end{vmatrix}=-1000.$$

而下面的计算是错误的:

$$\det(-5\boldsymbol{A})=-5\det(\boldsymbol{A})=-5\begin{vmatrix}1&1&-1\\0&-1&2\\1&0&-7\end{vmatrix}=-40.$$

错误在于 $\det(k\boldsymbol{A})\neq k\det\boldsymbol{A}$,实际上,若 $\boldsymbol{A}$ 为 n 阶方阵,则有 $\det(k\boldsymbol{A})=k^n\det\boldsymbol{A}$. 利用方阵行列式定理,得

$$\begin{aligned}\det(\boldsymbol{A}^{\mathrm{T}}\boldsymbol{B})&=\det\boldsymbol{A}^{\mathrm{T}}\cdot\det\boldsymbol{B}=\det\boldsymbol{A}\cdot\det\boldsymbol{B}\\&=\begin{vmatrix}1&1&-1\\0&-1&2\\1&0&-7\end{vmatrix}\times\begin{vmatrix}1&20&-5\\0&-3&4\\0&0&2\end{vmatrix}=8\times(-6)=-48.\end{aligned}$$

3. 求逆矩阵的方法

(1) 伴随矩阵法. $\boldsymbol{A}^{-1}=\dfrac{1}{\det\boldsymbol{A}}\boldsymbol{A}^*$,其中 $\boldsymbol{A}^*$ 是 $\boldsymbol{A}$ 的伴随矩阵.

(2) 初等行变换法. 设 $\boldsymbol{P}_1,\boldsymbol{P}_2,\cdots,\boldsymbol{P}_t$ 为一系列初等矩阵,$\boldsymbol{P}=\boldsymbol{P}_t\boldsymbol{P}_{t-1}\cdots\boldsymbol{P}_2\boldsymbol{P}_1$,若

$$\boldsymbol{P}[\boldsymbol{A}\vdots\boldsymbol{E}]=[\boldsymbol{PA}\vdots\boldsymbol{PE}]=[\boldsymbol{E}\vdots\boldsymbol{P}],$$

即

$$[\boldsymbol{A}\vdots\boldsymbol{E}]\xrightarrow{\text{初等行变换}}[\boldsymbol{E}\vdots\boldsymbol{P}],$$

则 $\boldsymbol{P}=\boldsymbol{A}^{-1}$.

(3) 分块矩阵法. 将矩阵适当分块,先求每一小块矩阵的逆矩阵,再求得原矩阵的逆矩阵.

【例 2.49】 设

$$\boldsymbol{A}=\begin{bmatrix}3&-1&2\\1&0&-1\\-2&1&4\end{bmatrix},\quad \text{求 }\boldsymbol{A}^{-1}.$$

解 方法 1 用伴随矩阵法. 计算 $\boldsymbol{A}$ 的代数余子式,得

$$\det\boldsymbol{A}=\begin{vmatrix}3&-1&2\\1&0&-1\\-2&1&4\end{vmatrix}=7\neq 0,$$

$$A_{11}=1, A_{12}=-2, A_{13}=1,$$
$$A_{21}=6, A_{22}=16, A_{23}=-1,$$
$$A_{31}=1, A_{32}=5, A_{33}=1,$$

所以

$$\boldsymbol{A}^{-1}=\frac{1}{\det\boldsymbol{A}}\boldsymbol{A}^{*}=\frac{1}{7}\begin{bmatrix}1&6&1\\-2&16&5\\1&-1&1\end{bmatrix}=\begin{bmatrix}1/7&6/7&1/7\\-2/7&16/7&5/7\\1/7&-1/7&1/7\end{bmatrix}.$$

方法 2　用初等行变换法. 将$[\boldsymbol{A}\vdots\boldsymbol{E}]$用初等行变换化为$[\boldsymbol{E}\vdots\boldsymbol{A}^{-1}]$,即

$$[\boldsymbol{A}\vdots\boldsymbol{E}]=\left[\begin{array}{ccc:ccc}3&-1&2&1&0&0\\1&0&-1&0&1&0\\-2&1&4&0&0&1\end{array}\right]$$

$$\xrightarrow{①+③}\left[\begin{array}{ccc:ccc}1&0&6&1&0&1\\1&0&-1&0&1&0\\-2&1&4&0&0&1\end{array}\right]$$

$$\xrightarrow[③+①\times 2]{②+①\times(-1)}\left[\begin{array}{ccc:ccc}1&0&6&1&0&1\\0&0&-7&-1&1&-1\\0&1&16&2&0&3\end{array}\right]$$

$$\xrightarrow{(②,③)}\left[\begin{array}{ccc:ccc}1&0&6&1&0&1\\0&1&16&2&0&3\\0&0&-7&-1&1&-1\end{array}\right]$$

$$\xrightarrow{③\times(-1/7)}\left[\begin{array}{ccc:ccc}1&0&6&1&0&1\\0&1&16&2&0&3\\0&0&1&1/7&-1/7&1/7\end{array}\right]$$

$$\xrightarrow[②+③\times(-16)]{①+③\times(-6)}\left[\begin{array}{ccc:ccc}1&0&0&1/7&6/7&1/7\\0&1&0&-2/7&16/7&5/7\\0&0&1&1/7&-1/7&1/7\end{array}\right]=[\boldsymbol{E}\vdots\boldsymbol{A}^{-1}],$$

得

$$\boldsymbol{A}^{-1}=\begin{bmatrix}1/7&6/7&1/7\\-2/7&16/7&5/7\\1/7&-1/7&1/7\end{bmatrix}.$$

对于三阶或三阶以下的矩阵求逆矩阵,这两种方法都可以运用. 一般情况下,求高阶矩阵

的逆矩阵,常用初等行变换法.

【例 2.50】 设

$$A=\begin{bmatrix}3&7&-4&1&0\\-2&-5&9&0&-1\\0&0&-1&0&0\\0&0&0&4&0\\0&0&0&0&-6\end{bmatrix},\text{求 }A^{-1}.$$

解 用分块矩阵法.对于具有某些特征的高阶矩阵,若矩阵分块后有零块出现,经常使用对分块矩阵求逆矩阵的方法.设

$$A=\begin{bmatrix}A_1&B_1\\O&C_1\end{bmatrix},$$

其中 A_1,C_1 是可逆矩阵,且

$$A_1=\begin{bmatrix}3&7\\-2&-5\end{bmatrix},B_1=\begin{bmatrix}-4&1&0\\9&0&-1\end{bmatrix},C_1=\begin{bmatrix}-1&0&0\\0&4&0\\0&0&-6\end{bmatrix},$$

利用逆矩阵的定理 2.3,设 D 为 A 的逆矩阵,即

$$AD=E, \tag{2.9}$$

将 D 进行分块,设

$$D=\begin{bmatrix}D_{11}&D_{12}\\D_{21}&D_{22}\end{bmatrix}, \tag{2.10}$$

将 A 与 D 的分块矩阵代入式(2.9),得

$$\begin{aligned}AD&=\begin{bmatrix}A_1&B_1\\O&C_1\end{bmatrix}\begin{bmatrix}D_{11}&D_{12}\\D_{21}&D_{22}\end{bmatrix}\\&=\begin{bmatrix}A_1D_{11}+B_1D_{21}&A_1D_{12}+B_1D_{22}\\OD_{11}+C_1D_{21}&OD_{12}+C_1D_{22}\end{bmatrix}\\&=\begin{bmatrix}A_1D_{11}+B_1D_{21}&A_1D_{12}+B_1D_{22}\\C_1D_{21}&C_1D_{22}\end{bmatrix}=\begin{bmatrix}E&O\\O&E\end{bmatrix},\end{aligned} \tag{2.11}$$

从式(2.11)中,有

$$\begin{cases}A_1D_{11}+B_1D_{21}=E,\\A_1D_{12}+B_1D_{22}=O,\\C_1D_{21}=O,\\C_1D_{22}=E,\end{cases} \tag{2.12}$$

由于 A_1,C_1 是可逆矩阵,从式(2.12)中,解得

$$\begin{cases}D_{11}=A_1^{-1},\\D_{12}=-A_1^{-1}B_1C_1^{-1},\\D_{21}=O,\\D_{22}=C_1^{-1},\end{cases} \tag{2.13}$$

将式(2.13)代入式(2.10),有

$$A^{-1}=\begin{bmatrix}A_1^{-1}&-A_1^{-1}B_1C_1^{-1}\\O&C_1^{-1}\end{bmatrix}.$$

下面只需计算 $\boldsymbol{A}_1,\boldsymbol{C}_1$ 的逆矩阵与 $-\boldsymbol{A}_1^{-1}\boldsymbol{B}_1\boldsymbol{C}_1^{-1}$，即有

$$\boldsymbol{A}_1^{-1}=\begin{bmatrix}5 & 7\\ -2 & -3\end{bmatrix},\quad \boldsymbol{C}_1^{-1}=\begin{bmatrix}-1 & 0 & 0\\ 0 & 1/4 & 0\\ 0 & 0 & -1/6\end{bmatrix},$$

$$-\boldsymbol{A}_1^{-1}\boldsymbol{B}_1\boldsymbol{C}_1^{-1}=-\begin{bmatrix}5 & 7\\ -2 & -3\end{bmatrix}\begin{bmatrix}-4 & 1 & 0\\ 9 & 0 & -1\end{bmatrix}\begin{bmatrix}-1 & 0 & 0\\ 0 & 1/4 & 0\\ 0 & 0 & -1/6\end{bmatrix}$$

$$=\begin{bmatrix}43 & -5/4 & -7/6\\ -19 & 1/2 & 1/2\end{bmatrix},$$

所以得

$$\boldsymbol{A}^{-1}=\begin{bmatrix}\boldsymbol{A}_1^{-1} & -\boldsymbol{A}_1^{-1}\boldsymbol{B}_1\boldsymbol{C}_1^{-1}\\ \boldsymbol{O} & \boldsymbol{C}_1^{-1}\end{bmatrix}=\begin{bmatrix}5 & 7 & 43 & -5/4 & -7/6\\ -2 & -3 & -19 & 1/2 & 1/2\\ 0 & 0 & -1 & 0 & 0\\ 0 & 0 & 0 & 1/4 & 0\\ 0 & 0 & 0 & 0 & -1/6\end{bmatrix}$$

【例 2.51】 设 $\boldsymbol{A}=\begin{bmatrix}\boldsymbol{O} & \boldsymbol{B}\\ \boldsymbol{C} & \boldsymbol{O}\end{bmatrix}$，其中 $\boldsymbol{B},\boldsymbol{C}$ 都是可逆矩阵，求 $\boldsymbol{A}^{-1}$.

解 不妨设

$$\boldsymbol{A}^{-1}=\begin{bmatrix}\boldsymbol{A}_{11} & \boldsymbol{A}_{12}\\ \boldsymbol{A}_{21} & \boldsymbol{A}_{22}\end{bmatrix},$$

利用 $\boldsymbol{A}^{-1}\boldsymbol{A}=\boldsymbol{E}$，得

$$\boldsymbol{A}^{-1}\boldsymbol{A}=\begin{bmatrix}\boldsymbol{A}_{11} & \boldsymbol{A}_{12}\\ \boldsymbol{A}_{21} & \boldsymbol{A}_{22}\end{bmatrix}\begin{bmatrix}\boldsymbol{O} & \boldsymbol{B}\\ \boldsymbol{C} & \boldsymbol{O}\end{bmatrix}=\begin{bmatrix}\boldsymbol{A}_{12}\boldsymbol{C} & \boldsymbol{A}_{11}\boldsymbol{B}\\ \boldsymbol{A}_{22}\boldsymbol{C} & \boldsymbol{A}_{21}\boldsymbol{B}\end{bmatrix}=\begin{bmatrix}\boldsymbol{E} & \boldsymbol{O}\\ \boldsymbol{O} & \boldsymbol{E}\end{bmatrix},\tag{2.14}$$

从式(2.14)得

$$\boldsymbol{A}_{12}\boldsymbol{C}=\boldsymbol{E},\quad \boldsymbol{A}_{11}\boldsymbol{B}=\boldsymbol{O},\quad \boldsymbol{A}_{22}\boldsymbol{C}=\boldsymbol{O},\quad \boldsymbol{A}_{21}\boldsymbol{B}=\boldsymbol{E},\tag{2.15}$$

利用 $\boldsymbol{B},\boldsymbol{C}$ 可逆，从式(2.15)得

$$\boldsymbol{A}_{11}=\boldsymbol{O},\quad \boldsymbol{A}_{12}=\boldsymbol{C}^{-1},\quad \boldsymbol{A}_{21}=\boldsymbol{B}^{-1},\quad \boldsymbol{A}_{22}=\boldsymbol{O},\tag{2.16}$$

利用式(2.16)得

$$\boldsymbol{A}^{-1}=\begin{bmatrix}\boldsymbol{O} & \boldsymbol{C}^{-1}\\ \boldsymbol{B}^{-1} & \boldsymbol{O}\end{bmatrix}.$$

【例 2.50】和【例 2.51】分别展示了对高阶矩阵和分块矩阵求逆矩阵的常用方法，希望引起读者的重视.

4. 运用逆矩阵解矩阵方程的方法

利用逆矩阵和矩阵的乘法可以求解矩阵方程. 一般情况下，矩阵方程有以下三种类型：

(1) $\boldsymbol{XA}=\boldsymbol{B}$，解为 $\boldsymbol{X}=\boldsymbol{BA}^{-1}$；

(2) $\boldsymbol{AX}=\boldsymbol{B}$，解为 $\boldsymbol{X}=\boldsymbol{A}^{-1}\boldsymbol{B}$；

(3) $\boldsymbol{AXB}=\boldsymbol{C}$，解为 $\boldsymbol{X}=\boldsymbol{A}^{-1}\boldsymbol{CB}^{-1}$.

【例 2.52】 求解矩阵方程

$$X\begin{bmatrix} 2 & 1 & -1 \\ 2 & 1 & 0 \\ 1 & -1 & 1 \end{bmatrix}=\begin{bmatrix} -1 & -2 & 3 \\ 4 & -6 & 5 \end{bmatrix}.$$

解　对于第一种类型,即 $XA=B$,先用初等行变换求 A 的逆矩阵,然后再求解.有

$$[A\ \vdots\ E]=\left[\begin{array}{ccc:ccc} 2 & 1 & -1 & 1 & 0 & 0 \\ 2 & 1 & 0 & 0 & 1 & 0 \\ 1 & -1 & 1 & 0 & 0 & 1 \end{array}\right]$$

$$\xrightarrow{(①,③)}\left[\begin{array}{ccc:ccc} 1 & -1 & 1 & 0 & 0 & 1 \\ 2 & 1 & 0 & 0 & 1 & 0 \\ 2 & 1 & -1 & 1 & 0 & 0 \end{array}\right]$$

$$\xrightarrow[③+①\times(-2)]{②+①\times(-2)}\left[\begin{array}{ccc:ccc} 1 & -1 & 1 & 0 & 0 & 1 \\ 0 & 3 & -2 & 0 & 1 & -2 \\ 0 & 3 & -3 & 1 & 0 & -2 \end{array}\right]$$

$$\xrightarrow{②\times(1/3)}\left[\begin{array}{ccc:ccc} 1 & -1 & 1 & 0 & 0 & 1 \\ 0 & 1 & -2/3 & 0 & 1/3 & -2/3 \\ 0 & 3 & -3 & 1 & 0 & -2 \end{array}\right]$$

$$\xrightarrow[③+②\times(-3)]{①+②}\left[\begin{array}{ccc:ccc} 1 & 0 & 1/3 & 0 & 1/3 & 1/3 \\ 0 & 1 & -2/3 & 0 & 1/3 & -2/3 \\ 0 & 0 & -1 & 1 & -1 & 0 \end{array}\right]$$

$$\xrightarrow{③\times(-1)}\left[\begin{array}{ccc:ccc} 1 & 0 & 1/3 & 0 & 1/3 & 1/3 \\ 0 & 1 & -2/3 & 0 & 1/3 & -2/3 \\ 0 & 0 & 1 & -1 & 1 & 0 \end{array}\right]$$

$$\xrightarrow[②+③\times(2/3)]{①+③\times(-1/3)}\left[\begin{array}{ccc:ccc} 1 & 0 & 0 & 1/3 & 0 & 1/3 \\ 0 & 1 & 0 & -2/3 & 1 & -2/3 \\ 0 & 0 & 1 & -1 & 1 & 0 \end{array}\right]=[E\ \vdots\ A^{-1}],$$

得

$$A^{-1}=\begin{bmatrix} 1/3 & 0 & 1/3 \\ -2/3 & 1 & -2/3 \\ -1 & 1 & 0 \end{bmatrix},$$

所以矩阵方程的解为

$$X = BA^{-1} = \begin{bmatrix} -1 & -2 & 3 \\ 4 & -6 & 5 \end{bmatrix} \begin{bmatrix} 1/3 & 0 & 1/3 \\ -2/3 & 1 & -2/3 \\ -1 & 1 & 0 \end{bmatrix} = \begin{bmatrix} -2 & 1 & 1 \\ 1/3 & -1 & 16/3 \end{bmatrix}.$$

【例 2.53】 求解矩阵方程

$$\begin{bmatrix} 2 & 1 & -1 \\ 2 & 1 & 0 \\ 1 & -1 & 1 \end{bmatrix} X = \begin{bmatrix} -1 & 4 \\ -2 & -6 \\ 3 & 5 \end{bmatrix}.$$

解 对于第二种类型，即 $AX = B$，有以下两种方法.

方法 1 先用初等行变换求 A 的逆矩阵，然后再求解. 有

$$A^{-1} = \begin{bmatrix} 2 & 1 & -1 \\ 2 & 1 & 0 \\ 1 & -1 & 1 \end{bmatrix}^{-1} = \begin{bmatrix} 1/3 & 0 & 1/3 \\ -2/3 & 1 & -2/3 \\ -1 & 1 & 0 \end{bmatrix},$$

所以矩阵方程的解为

$$X = A^{-1}B = \begin{bmatrix} 1/3 & 0 & 1/3 \\ -2/3 & 1 & -2/3 \\ -1 & 1 & 0 \end{bmatrix} \begin{bmatrix} -1 & 4 \\ -2 & -6 \\ 3 & 5 \end{bmatrix} = \begin{bmatrix} 2/3 & 3 \\ -10/3 & -12 \\ -1 & -10 \end{bmatrix}.$$

方法 2 用初等行变换法，直接求出方程的解，即

$$[A \vdots B] \xrightarrow{\text{初等行变换}} [E \vdots A^{-1}B],$$

有

$$[A \vdots B] = \left[\begin{array}{ccc:cc} 2 & 1 & -1 & -1 & 4 \\ 2 & 1 & 0 & -2 & -6 \\ 1 & -1 & 1 & 3 & 5 \end{array}\right]$$

$$\xrightarrow{(①,③)} \left[\begin{array}{ccc:cc} 1 & -1 & 1 & 3 & 5 \\ 2 & 1 & 0 & -2 & -6 \\ 2 & 1 & -1 & -1 & 4 \end{array}\right]$$

$$\xrightarrow[③+①\times(-2)]{②+①\times(-2)} \left[\begin{array}{ccc:cc} 1 & -1 & 1 & 3 & 5 \\ 0 & 3 & -2 & -8 & -16 \\ 0 & 3 & -3 & -7 & -6 \end{array}\right]$$

$$\xrightarrow{②\times(1/3)} \left[\begin{array}{ccc:cc} 1 & -1 & 1 & 3 & 5 \\ 0 & 1 & -2/3 & -8/3 & -16/3 \\ 0 & 3 & -3 & -7 & -6 \end{array}\right]$$

$$\xrightarrow[③+②\times(-3)]{①+②} \left[\begin{array}{ccc:cc} 1 & 0 & 1/3 & 1/3 & -1/3 \\ 0 & 1 & -2/3 & -8/3 & -16/3 \\ 0 & 0 & -1 & 1 & 10 \end{array}\right]$$

$$\xrightarrow{③\times(-1)}\left[\begin{array}{ccc:cc}1 & 0 & 1/3 & 1/3 & -1/3\\0 & 1 & -2/3 & -8/3 & -16/3\\0 & 0 & 1 & -1 & -10\end{array}\right]$$

$$\xrightarrow[②+③\times(2/3)]{①+③\times(-1/3)}\left[\begin{array}{ccc:cc}1 & 0 & 0 & 2/3 & 3\\0 & 1 & 0 & -10/3 & -12\\0 & 0 & 1 & -1 & -10\end{array}\right]=[\boldsymbol{E}\vdots\boldsymbol{A}^{-1}\boldsymbol{B}],$$

所以直接得到矩阵方程的解为

$$\boldsymbol{X}=\boldsymbol{A}^{-1}\boldsymbol{B}=\begin{bmatrix}2/3 & 3\\-10/3 & -12\\-1 & -10\end{bmatrix}.$$

注意:【例 2.53】中的方法 2 只适用于第二种类型,即 $\boldsymbol{AX}=\boldsymbol{B}$,而不适用于第一种类型,即 $\boldsymbol{XA}=\boldsymbol{B}$.

5. 求矩阵的秩的方法

(1) 行列式法.从矩阵的最高阶子式算起,计算出不等于零的子式的最高阶数为 r,r 即是该矩阵的秩.

(2) 初等行变换法.用初等行变换法化矩阵为阶梯形矩阵,此阶梯形矩阵非零行数 r 就是该矩阵的秩.

【例 2.54】 求 $\boldsymbol{A}=\begin{bmatrix}1 & 2 & 0 & -3 & 5\\2 & 1 & 4 & 0 & 1\\1 & -1 & 4 & -4 & 1\\2 & 4 & 0 & 1 & 5\end{bmatrix}$ 的秩.

解 方法 1 初等行变换法.用初等行变换法将 $\boldsymbol{A}$ 化为阶梯形矩阵:

$$\boldsymbol{A}\xrightarrow[\substack{③+①\times(-1)\\④+①\times(-2)}]{②+①\times(-2)}\begin{bmatrix}1 & 2 & 0 & -3 & 5\\0 & -3 & 4 & 6 & -9\\0 & -3 & 4 & -1 & -4\\0 & 0 & 0 & 7 & -5\end{bmatrix}$$

$$\xrightarrow{③+②\times(-1)}\begin{bmatrix}1 & 2 & 0 & -3 & 5\\0 & -3 & 4 & 6 & -9\\0 & 0 & 0 & -7 & 5\\0 & 0 & 0 & 7 & -5\end{bmatrix}$$

$$\xrightarrow{④+③}\begin{bmatrix}1 & 2 & 0 & -3 & 5\\0 & -3 & 4 & 6 & -9\\0 & 0 & 0 & -7 & 5\\0 & 0 & 0 & 0 & 0\end{bmatrix}.$$

此阶梯形矩阵的非零行数量为 3,故 $r(\boldsymbol{A})=3$.

方法 2 行列式法.从最高阶子式算起,矩阵 $\boldsymbol{A}$ 共有 5 个四阶子式,通过计算可知 5 个四阶子式全为零(由读者自己完成).再计算三阶子式,取 $\boldsymbol{A}$ 的第 1,2,3 行、第 1,2,4 列,计算得

$$\begin{vmatrix} 1 & 2 & -3 \\ 2 & 1 & 0 \\ 1 & -1 & -4 \end{vmatrix} = 21 \neq 0.$$

由 $\boldsymbol{A}$ 的四阶子式全为零及 $\boldsymbol{A}$ 有一个三阶子式不为零，知 $r(\boldsymbol{A}) = 3$.

注意：这个矩阵的三阶子式很多，只需有一个三阶子式不为零就可以了，但是应同时说明 $\boldsymbol{A}$ 的所有四阶子式为零，才可以说 $r(\boldsymbol{A}) = 3$. 由此可见，行列式法求矩阵的秩需要计算很多子式的值. 显然这种方法是很烦琐的，所以常用的方法是初等行变换法.

6. 矩阵的应用

(1) 流动问题. 流动问题主要涉及人口流动和物资流动问题，本例是人口流动问题，物资流动问题请参阅习题.

【例 2.55】 设某中小城市及郊区乡镇共有 30 万人从事农、工、商工作，假设这个总人数在若干年内保持不变，而社会调查表明：

① 在这 30 万就业人员中，目前约有 15 万人从事农业，9 万人从事工业，6 万人从事商业；

② 在务农人员中，每年约有 20%的人员改为务工，10%的人员改为经商；

③ 在务工人员中，每年约有 20%的人员改为务农，10%的人员改为经商；

④ 在经商人员中，每年约有 10%的人员改为务农，10%的人员改为务工.

现在想预测 1 ～ 2 年后从事农、工、商工作的人员总数，以及经过多年后，从事农、工、商工作的人员总数的发展趋势.

解 设 x_i, y_i, z_i 表示第 i 年后分别从事农、工、商工作的人员总数. 则 $x_0 = 15, y_0 = 9, z_0 = 6$，现要求 x_1, y_1, z_1 和 x_2, y_2, z_2，并考察当 n 年后 x_n, y_n, z_n 的发展趋势.

根据题意，一年后从事农、工、商工作的人员总数应为

$$\begin{cases} x_1 = 0.7x_0 + 0.2y_0 + 0.1z_0, \\ y_1 = 0.2x_0 + 0.7y_0 + 0.1z_0, \\ z_1 = 0.1x_0 + 0.1y_0 + 0.8z_0, \end{cases}$$

即

$$\begin{bmatrix} x_1 \\ y_1 \\ z_1 \end{bmatrix} = \begin{bmatrix} 0.7 & 0.2 & 0.1 \\ 0.2 & 0.7 & 0.1 \\ 0.1 & 0.1 & 0.8 \end{bmatrix} \begin{bmatrix} x_0 \\ y_0 \\ z_0 \end{bmatrix} = \boldsymbol{A} \begin{bmatrix} x_0 \\ y_0 \\ z_0 \end{bmatrix},$$

其中 $\boldsymbol{A} = \begin{bmatrix} 0.7 & 0.2 & 0.1 \\ 0.2 & 0.7 & 0.1 \\ 0.1 & 0.1 & 0.8 \end{bmatrix}$. 将 $x_0 = 15, y_0 = 9, z_0 = 6$ 代入上式，得

$$\begin{bmatrix} x_1 \\ y_1 \\ z_1 \end{bmatrix} = \boldsymbol{A} \begin{bmatrix} 15 \\ 9 \\ 6 \end{bmatrix} = \begin{bmatrix} 0.7 & 0.2 & 0.1 \\ 0.2 & 0.7 & 0.1 \\ 0.1 & 0.1 & 0.8 \end{bmatrix} \begin{bmatrix} 15 \\ 9 \\ 6 \end{bmatrix} = \begin{bmatrix} 12.9 \\ 9.9 \\ 7.2 \end{bmatrix},$$

即一年后从事农、工、商工作的人员总数分别为 12.9 万人、9.9 万人、7.2 万人. 当 $n = 2$ 时，有

$$\begin{bmatrix} x_2 \\ y_2 \\ z_2 \end{bmatrix} = \boldsymbol{A} \begin{bmatrix} x_1 \\ y_1 \\ z_1 \end{bmatrix} = \boldsymbol{A}^2 \begin{bmatrix} x_0 \\ y_0 \\ z_0 \end{bmatrix} = \begin{bmatrix} 0.7 & 0.2 & 0.1 \\ 0.2 & 0.7 & 0.1 \\ 0.1 & 0.1 & 0.8 \end{bmatrix}^2 \begin{bmatrix} 15 \\ 9 \\ 6 \end{bmatrix} = \begin{bmatrix} 11.73 \\ 10.23 \\ 8.04 \end{bmatrix},$$

即两年后从事农、工、商工作的人员总数分别为 11.73 万人、10.23 万人、8.04 万人. 进而推得

$$\begin{bmatrix} x_n \\ y_n \\ z_n \end{bmatrix} = A\begin{bmatrix} x_{n-1} \\ y_{n-1} \\ z_{n-1} \end{bmatrix} = A^n\begin{bmatrix} x_0 \\ y_0 \\ z_0 \end{bmatrix} = \begin{bmatrix} 0.7 & 0.2 & 0.1 \\ 0.2 & 0.7 & 0.1 \\ 0.1 & 0.1 & 0.8 \end{bmatrix}^n \begin{bmatrix} 15 \\ 9 \\ 6 \end{bmatrix},$$

即 n 年后从事农、工、商工作的人员总数完全由 A^n 决定.

(2) 密码编制问题. 矩阵密码法是信息编码与解码的一种数学应用,其中就用到了可逆矩阵,下面举例说明.

先在 26 个英文字母与数字之间建立起一一对应关系,如

$$\begin{matrix} A & B & C & \cdots & Y & Z \\ \updownarrow & \updownarrow & \updownarrow & & \updownarrow & \updownarrow \\ 1 & 2 & 3 & \cdots & 25 & 26 \end{matrix}$$

若要发出信息"SEND MONEY",使用上述代码,则此信息的编码是 19, 5, 14, 4, 13, 15, 14, 5, 25, 其中 5 表示字母 E,但是这种编码很容易被别人破译. 在一个较长的信息编码中,人们会根据那个出现频率最高的数值而猜出它代表的是哪个字母,比如上述编码中出现最多的数值是 5,人们会猜出它代表的是字母 E,因为统计规律告诉我们,字母 E 是英文单词中出现频率最高的.

我们可以利用矩阵乘法来对明文"SEND MONEY"进行加密,让其变成密文后再进行传送,以增加非法用户破译的难度,而让合法用户轻松解密. 如果一个矩阵 A 和其逆矩阵 A^{-1} 中的元素均为整数,就可以利用这样的矩阵 A 来对明文加密,使加密以后的密文很难破译. 例如,取

$$A = \begin{bmatrix} 1 & 2 & 1 \\ 2 & 5 & 3 \\ 2 & 3 & 2 \end{bmatrix},$$

明文"SEND MONEY"对应的 9 个数值按 3 列排成以下矩阵

$$B = \begin{bmatrix} 19 & 4 & 14 \\ 5 & 13 & 5 \\ 14 & 15 & 25 \end{bmatrix},$$

矩阵乘积

$$AB = \begin{bmatrix} 1 & 2 & 1 \\ 2 & 5 & 3 \\ 2 & 3 & 2 \end{bmatrix}\begin{bmatrix} 19 & 4 & 14 \\ 5 & 13 & 5 \\ 14 & 15 & 25 \end{bmatrix} = \begin{bmatrix} 43 & 45 & 49 \\ 105 & 118 & 128 \\ 81 & 77 & 93 \end{bmatrix},$$

得到对应密文编码为

43, 105, 81, 45, 118, 77, 49, 128, 93.

合法用户用 A^{-1} 去左乘上述矩阵即可解密得到明文

$$A^{-1}\begin{bmatrix} 43 & 45 & 49 \\ 105 & 118 & 128 \\ 81 & 77 & 93 \end{bmatrix} = \begin{bmatrix} 1 & -1 & 1 \\ 2 & 0 & -1 \\ -4 & 1 & 1 \end{bmatrix}\begin{bmatrix} 43 & 45 & 49 \\ 105 & 118 & 128 \\ 81 & 77 & 93 \end{bmatrix} = \begin{bmatrix} 19 & 4 & 14 \\ 5 & 13 & 5 \\ 14 & 15 & 25 \end{bmatrix}.$$

练 习 题

1. 填空题

(1) 设 $\boldsymbol{A},\boldsymbol{B}$ 是两个三阶矩阵,且 $\det\boldsymbol{A}=-2,\det\boldsymbol{B}=-1$,则 $\det(-2\boldsymbol{A}^2\boldsymbol{B}^{-1})=$ ________.

(2) 矩阵 $\boldsymbol{A}=\begin{bmatrix}2&2&1\\-1&3&0\\-3&1&-1\end{bmatrix}$ 的秩为________.

(3) 若 $\boldsymbol{A}=\begin{bmatrix}2&3\\5&7\end{bmatrix}$,则 $\boldsymbol{A}^{-1}=$ ________.

(4) 设 $\boldsymbol{A}=\begin{bmatrix}1&2\\4&0\\-1&3\end{bmatrix},\boldsymbol{B}=\begin{bmatrix}-1&2&0\\3&-1&1\end{bmatrix}$,则 $(\boldsymbol{A}+\boldsymbol{B}^{\mathrm{T}})^{\mathrm{T}}=$ ________.

(5) 设 $\boldsymbol{A},\boldsymbol{B}$ 为可逆 n 阶矩阵,则 $\boldsymbol{C}+(\boldsymbol{AB})^{\mathrm{T}}\boldsymbol{XB}=\boldsymbol{D}$ 的解 $\boldsymbol{X}=$ ________.

(6) 若矩阵 $\boldsymbol{A}$ 满足________,则称 $\boldsymbol{A}$ 为对称矩阵.

(7) 设 $\boldsymbol{A}$ 是 $s\times l$ 矩阵,则 $\boldsymbol{A}^{\mathrm{T}}\boldsymbol{A}$ 是________阶矩阵.

(8) 设 $\boldsymbol{A}$ 是 $m\times n$ 矩阵,$\boldsymbol{B}$ 是 $p\times m$ 矩阵,则 $\boldsymbol{A}^{\mathrm{T}}\boldsymbol{B}^{\mathrm{T}}$ 是________矩阵.

(9) 设 $\boldsymbol{A},\boldsymbol{B}$ 为 n 阶可逆矩阵,则 $\begin{bmatrix}\boldsymbol{O}&\boldsymbol{A}\\\boldsymbol{B}&\boldsymbol{O}\end{bmatrix}^{-1}=$ ________.

2. 单项选择题

(1) 设 $\boldsymbol{A}_{m\times n},\boldsymbol{B}_{s\times t}$,两者相乘得到 $\boldsymbol{A}^{\mathrm{T}}\boldsymbol{B}^{\mathrm{T}}$,则必须满足( ).

A. $m=n$　　B. $m=t$　　C. $n=s$　　D. $n=t$

(2) 由 $\boldsymbol{A}=\begin{bmatrix}3&6&0&2\\5&4&1&8\\0&6&-2&1\\1&3&0&2\end{bmatrix}\begin{bmatrix}2&-6&4\\9&1&9\\3&0&2\\6&-1&-7\end{bmatrix}$ 得到的矩阵 $\boldsymbol{A}$ 中的元素 a_{23} 是( ).

A. -2　　B. 2　　C. 0　　D. -70

(3) 设 $\boldsymbol{A},\boldsymbol{B}$ 都是 n 阶矩阵,若 $\boldsymbol{AB}=\boldsymbol{BA}=\boldsymbol{E}$,则 $\boldsymbol{B}$ 是 $\boldsymbol{A}$ 的( ).

A. 对称矩阵　　B. 对角矩阵　　C. 数量矩阵　　D. 逆矩阵

(4) 若 $\boldsymbol{A},\boldsymbol{B}$ 为 n 阶方阵,则( )正确.

A. $(\boldsymbol{A}-\boldsymbol{B})(\boldsymbol{A}+\boldsymbol{B})=\boldsymbol{A}^2-\boldsymbol{B}^2$　　B. $\boldsymbol{A}(\boldsymbol{B}-\boldsymbol{C})=\boldsymbol{O}$,且 $\boldsymbol{A}\neq\boldsymbol{O}$ 必有 $\boldsymbol{B}=\boldsymbol{C}$

C. $(\boldsymbol{A}+\boldsymbol{B})=\boldsymbol{A}^2+2\boldsymbol{AB}+\boldsymbol{B}^2$　　D. $\det(\boldsymbol{AB})=\det\boldsymbol{A}\cdot\det\boldsymbol{B}$

(5) 设 n 阶方阵 $\boldsymbol{A}$ 的行列式为 $\det\boldsymbol{A}$,则 $k\boldsymbol{A}$(k 为非零整数)的行列式为( ).

A. $k\det\boldsymbol{A}$　　B. $k^n\det\boldsymbol{A}$　　C. $|k|\det\boldsymbol{A}$　　D. $-k\det\boldsymbol{A}$

(6) 设 $\boldsymbol{A}_{s\times n},\boldsymbol{B}_{n\times l}$,则( )的矩阵运算是有意义的.

A. $\boldsymbol{B}^{\mathrm{T}}\boldsymbol{A}^{\mathrm{T}}$　　B. $\boldsymbol{BA}$　　C. $\boldsymbol{A}+\boldsymbol{B}$　　D. $\boldsymbol{A}+\boldsymbol{B}^{\mathrm{T}}$

(7) 设 $\boldsymbol{A}$ 为任意矩阵,则( )是对称矩阵.

A. $\boldsymbol{A}+\boldsymbol{A}^{\mathrm{T}}$　　B. $\boldsymbol{A}\boldsymbol{A}^{\mathrm{T}}$　　C. $\boldsymbol{A}^{\mathrm{T}}\boldsymbol{A}\boldsymbol{A}^{\mathrm{T}}$　　D. $(\boldsymbol{A}+\boldsymbol{A}^{\mathrm{T}})$

(8) 设 $\boldsymbol{A},\boldsymbol{B}$ 为 m 阶方阵,满足 $\boldsymbol{AB}=\boldsymbol{A}$,且 $\boldsymbol{A}$ 可逆,则有( ).

A. $\boldsymbol{A}=\boldsymbol{B}=\boldsymbol{E}$　　B. $\boldsymbol{A}=\boldsymbol{E}$　　C. $\boldsymbol{B}=\boldsymbol{E}$　　D. $\boldsymbol{A},\boldsymbol{B}$ 互为逆矩阵

3. 判断题

(1) 若 $\boldsymbol{A}$ 是 2×3 矩阵，$\boldsymbol{B}$ 是 3×2 矩阵，则 $\boldsymbol{AB}$ 是 2×2 矩阵. ( )

(2) $\begin{bmatrix}3&4\\2&1\end{bmatrix}\boldsymbol{X}=\begin{bmatrix}1&0\\2&5\end{bmatrix}$ 的解为 $\boldsymbol{X}=\begin{bmatrix}1&0\\2&5\end{bmatrix}\begin{bmatrix}3&4\\2&1\end{bmatrix}^{-1}$. ( )

(3) 若 $\boldsymbol{A}$ 为 n 阶对称矩阵，则 $\boldsymbol{A}^2$ 也是对称矩阵. ( )

(4) n 阶方阵 $\boldsymbol{A}$ 为零矩阵的充分必要条件是 $\det\boldsymbol{A}=0$. ( )

(5) $\begin{bmatrix}4&2&10\\6&9&12\\1&-1&0\end{bmatrix}=6\begin{bmatrix}2&1&5\\2&3&4\\1&-1&0\end{bmatrix}$. ( )

(6) 对方阵 $\boldsymbol{A},\boldsymbol{B}$，有 $\det(\boldsymbol{A}+\boldsymbol{B})=\det\boldsymbol{A}+\det\boldsymbol{B}$. ( )

(7) 若 $\boldsymbol{AB}=\boldsymbol{O}$ 且 $\boldsymbol{A}\neq\boldsymbol{O}$，则 $\boldsymbol{B}=\boldsymbol{O}$. ( )

(8) 对于 n 阶方阵 $\boldsymbol{A}$，若 $r(\boldsymbol{A})=n$，则 $\boldsymbol{A}$ 是可逆矩阵. ( )

(9) 设 $\boldsymbol{A},\boldsymbol{B}$ 为 n 阶可逆矩阵，则 $\begin{bmatrix}\boldsymbol{A}&\boldsymbol{O}\\\boldsymbol{O}&\boldsymbol{B}\end{bmatrix}^{-1}=\begin{bmatrix}\boldsymbol{A}^{-1}&\boldsymbol{O}\\\boldsymbol{O}&\boldsymbol{B}^{-1}\end{bmatrix}$. ( )

4. 解下列矩阵方程：

(1) $\boldsymbol{XA}=(\boldsymbol{BC})^{\mathrm{T}}$，其中 $\boldsymbol{A}=\begin{bmatrix}2&0&0\\0&2&1\\0&4&3\end{bmatrix}$，$\boldsymbol{B}=\begin{bmatrix}1&-2\\0&0\\1&2\end{bmatrix}$，$\boldsymbol{C}=\begin{bmatrix}4&-2\\3&2\end{bmatrix}$；

(2) $\boldsymbol{AX}=\boldsymbol{B}^{\mathrm{T}}$，其中 $\boldsymbol{A}=\begin{bmatrix}0&1&2\\1&1&4\\2&-1&0\end{bmatrix}$，$\boldsymbol{B}=\begin{bmatrix}2&1&3\\-3&5&6\end{bmatrix}$.

5. 求下列矩阵的秩：

(1) $\boldsymbol{A}=\begin{bmatrix}0&1&1&-1&2\\0&2&-2&-2&0\\0&-1&-1&1&1\\1&1&0&1&-1\end{bmatrix}$；(2) $\boldsymbol{A}=\begin{bmatrix}-1&-2&1&4\\2&3&-4&-5\\1&-4&-13&14\\1&-1&-7&-1\end{bmatrix}$.

6. 已知 $\boldsymbol{A}=\begin{bmatrix}1&0&2\\0&1&-1\\2&-1&-1\end{bmatrix}$，求 $\boldsymbol{A}^{-1}$.

7. 证明题

(1) 若 n 阶方阵 $\boldsymbol{A}$ 满足 $\boldsymbol{A}^2-3\boldsymbol{A}-5\boldsymbol{E}=\boldsymbol{O}$，试证 $\boldsymbol{A}+\boldsymbol{E}$ 可逆，且 $(\boldsymbol{A}+\boldsymbol{E})^{-1}=\boldsymbol{A}-4\boldsymbol{E}$.

(2) 若 $\boldsymbol{B}_1,\boldsymbol{B}_2$ 都与 $\boldsymbol{A}$ 可交换，则 $\boldsymbol{B}_1+\boldsymbol{B}_2,\boldsymbol{B}_1\boldsymbol{B}_2$ 都与 $\boldsymbol{A}$ 可交换.

(3) 设 $\boldsymbol{A},\boldsymbol{B}$ 都是 n 阶对称矩阵，且 $\boldsymbol{AB}$ 也是对称矩阵，证明 $\boldsymbol{AB}=\boldsymbol{BA}$.

(4) 设 $\boldsymbol{A},\boldsymbol{B}$ 为同阶可逆矩阵，则 $\boldsymbol{A}^{-1},\boldsymbol{B}^{-1}$ 可交换的充分必要条件是 $\boldsymbol{A}$ 与 $\boldsymbol{B}$ 可交换.

(5) 设 $\boldsymbol{A}$ 为 n 阶矩阵，且 $\boldsymbol{A}^2=\boldsymbol{A},\boldsymbol{A}\neq\boldsymbol{E}$，证明 $\boldsymbol{A}$ 是不可逆矩阵.

8. 应用题

(1) 一家生产智能吸尘器的企业在一座拥有 100 万人口的城市中，对市场上所有在售的智能吸尘器的销售情况进行了调研，发现该城市大概有 20%的人会购买智能吸尘器，而该企业自己生产的甲品牌智能吸尘器的市场占有率仅为 30%，为了提高甲品牌智能吸尘器的市场占有率，该企业决定在该城市进行大规模的市场促销活动. 假设每月使用该企业生产的甲品牌智能吸尘器的群体中有20%的人将改用其他企业生产的智能吸尘器，而原来使用其他企业生产的智能吸尘器的群体中有50%的人将改用该企业生产的甲品牌智能吸尘器. 若该市的智能吸尘器使用人数保持不变，问三个月后该企业生产的甲品牌智能吸尘器的市场占有率是多少？

(2) 在对信息加密时，除了用1, 2, …, 25, 26分别代表A, B, …, Y, Z，还可用0代表空格，现有一段明文是由下列矩阵 $\boldsymbol{A}$ 加密的，其中

$$\boldsymbol{A}=\begin{bmatrix}-1 & -1 & 2 & 0\\ 1 & 1 & -1 & 0\\ 0 & 0 & -1 & 1\\ 1 & 0 & 0 & -1\end{bmatrix},$$

而且发出去的密文是

$$-19, 19, 25, -21, 0, 18, -18, 15, 3, 10, -8, 3, -2, 20, -7, 12.$$

试问这段密文对应的明文信息是什么？

第3章　线性方程组

许多科学技术领域中的实际问题往往涉及求解未知数多达成百上千个的线性方程组，因此，对于研究一般的线性方程组，在理论和实际上都具有十分重要的意义，其本身也是线性代数的主要内容之一. 在1.3节及2.2节，我们已经对未知数个数等于方程个数的线性方程组的解进行了研究，得到了重要结论，即克拉默法则与求逆矩阵. 本章主要以矩阵和向量为工具，讨论一般的线性方程组的解的存在性及求解方法，即对含有 n 个未知数、m 个方程的方程组进行研究，并解决以下三个问题.

(1) 如何判定线性方程组是否有解？

(2) 在线性方程组有解的情况下，解是否唯一？

(3) 在线性方程组有无穷多解时，解的结构如何？

我们考虑线性方程组的一般形式

$$\begin{cases} a_{11}x_1 + a_{12}x_2 + \cdots + a_{1n}x_n = b_1, \\ a_{21}x_1 + a_{22}x_2 + \cdots + a_{2n}x_n = b_2, \\ \vdots \qquad \vdots \qquad \qquad \vdots \qquad \vdots \\ a_{m1}x_1 + a_{m2}x_2 + \cdots + a_{mn}x_n = b_m, \end{cases} \tag{3.1}$$

其中系数 $a_{ij}(i=1,2,\cdots,m;j=1,2,\cdots,n)$、常数项 $b_i(i=1,2,\cdots,m)$ 都是已知数，$x_j(j=1,2,\cdots,n)$ 是未知数. 当 $b_i(i=1,2,\cdots,m)$ 不全为零时，称方程组(3.1)为**非齐次线性方程组**；当 $b_i(i=1,2,\cdots,m)$ 全为零时，即

$$\begin{cases} a_{11}x_1 + a_{12}x_2 + \cdots + a_{1n}x_n = 0, \\ a_{21}x_1 + a_{22}x_2 + \cdots + a_{2n}x_n = 0, \\ \vdots \qquad \vdots \qquad \qquad \vdots \qquad \vdots \\ a_{m1}x_1 + a_{m2}x_2 + \cdots + a_{mn}x_n = 0, \end{cases} \tag{3.2}$$

称方程组(3.2)为**齐次线性方程组**. 线性方程组(3.1)的矩阵表达式为

$$\boldsymbol{AX} = \boldsymbol{B},$$

其中

$$\boldsymbol{A} = \begin{bmatrix} a_{11} & a_{12} & \cdots & a_{1n} \\ a_{21} & a_{22} & \cdots & a_{2n} \\ \vdots & \vdots & & \vdots \\ a_{m1} & a_{m2} & \cdots & a_{mn} \end{bmatrix}, \boldsymbol{X} = \begin{bmatrix} x_1 \\ x_2 \\ \vdots \\ x_n \end{bmatrix}, \boldsymbol{B} = \begin{bmatrix} b_1 \\ b_2 \\ \vdots \\ b_n \end{bmatrix},$$

矩阵 $\boldsymbol{A}$ 称为线性方程组 $\boldsymbol{AX}=\boldsymbol{B}$ 的**系数矩阵**，$\boldsymbol{X}$ 称为**未知数矩阵**，$\boldsymbol{B}$ 称为**常数项矩阵**.

将矩阵

$$[\boldsymbol{A} \vdots \boldsymbol{B}] = \left[\begin{array}{cccc:c} a_{11} & a_{12} & \cdots & a_{1n} & b_1 \\ a_{21} & a_{22} & \cdots & a_{2n} & b_2 \\ \vdots & \vdots & & \vdots & \vdots \\ a_{m1} & a_{m2} & \cdots & a_{mn} & b_m \end{array}\right]$$

称为线性方程组(3.1)的**增广矩阵**. 显然，增广矩阵包含了线性方程组(3.1)的全部信息. 一般

的线性方程组的求解都从增广矩阵入手.

3.1 高斯消元法

在第2章曾提及,线性方程组经过初等变换后是不会改变解的.现在我们用矩阵来证明这个结论.

定理 3.1 若将增广矩阵$[\boldsymbol{A} \vdots \boldsymbol{B}]$用初等行变换化为$[\boldsymbol{S} \vdots \boldsymbol{T}]$,则$\boldsymbol{AX}=\boldsymbol{B}$与$\boldsymbol{SX}=\boldsymbol{T}$是同解方程组.

证 由于对矩阵做一次初等行变换等价于矩阵左乘一个初等矩阵,因此存在初等矩阵$\boldsymbol{P}_1,\boldsymbol{P}_2,\cdots,\boldsymbol{P}_k$,使得

$$\boldsymbol{P}_k\boldsymbol{P}_{k-1}\cdots\boldsymbol{P}_2\boldsymbol{P}_1[\boldsymbol{A} \vdots \boldsymbol{B}]=[\boldsymbol{S} \vdots \boldsymbol{T}],$$

记$\boldsymbol{P}_k\boldsymbol{P}_{k-1}\cdots\boldsymbol{P}_2\boldsymbol{P}_1=\boldsymbol{P}$,显然$\boldsymbol{P}$可逆,若$\boldsymbol{X}_1$为$\boldsymbol{AX}=\boldsymbol{B}$的解,即

$$\boldsymbol{AX}_1=\boldsymbol{B},$$

两边同时左乘矩阵$\boldsymbol{P}$,有

$$\boldsymbol{PAX}_1=\boldsymbol{PB},$$

即

$$\boldsymbol{SX}_1=\boldsymbol{T},$$

于是$\boldsymbol{X}_1$是$\boldsymbol{SX}=\boldsymbol{T}$的解.反之,若$\boldsymbol{X}_2$为$\boldsymbol{SX}=\boldsymbol{T}$的解,即

$$\boldsymbol{SX}_2=\boldsymbol{T},$$

两边同时左乘矩阵$\boldsymbol{P}^{-1}$,得

$$\boldsymbol{P}^{-1}\boldsymbol{SX}_2=\boldsymbol{P}^{-1}\boldsymbol{T},$$

即

$$\boldsymbol{AX}_2=\boldsymbol{B},$$

$\boldsymbol{X}_2$亦为$\boldsymbol{AX}=\boldsymbol{B}$的解.

综上所述,$\boldsymbol{AX}=\boldsymbol{B}$与$\boldsymbol{SX}=\boldsymbol{T}$的解相同,称之为**同解方程组**.

为了求方程组(3.1)的解,运用定理3.1,我们用初等行变换把增广矩阵$[\boldsymbol{A} \vdots \boldsymbol{B}]$化简.结合第2章所学内容,我们知道通过初等行变换总能把$[\boldsymbol{A} \vdots \boldsymbol{B}]$化为阶梯形矩阵.因此,我们给出解线性方程组(3.1)的一般方法,就是用初等行变换把增广矩阵$[\boldsymbol{A} \vdots \boldsymbol{B}]$化为阶梯形矩阵,再利用阶梯形矩阵表达的方程组求出解.由于两者为同解方程组,所以也得到原方程组(3.1)的解.这个方法称为高斯(Gauss)消元法.下面举例说明利用高斯消元法来求解一般的线性方程组.

【例 3.1】 解线性方程组

$$\begin{cases} x_1-x_2-3x_3+x_4=1, \\ x_1-x_2+2x_3-x_4=3, \\ 4x_1-4x_2+3x_3-2x_4=10, \\ 2x_1-2x_2-11x_3+4x_4=0. \end{cases} \tag{3.3}$$

解 首先写出增广矩阵,然后做初等行变换将增广矩阵化为阶梯形矩阵,有

$$[\boldsymbol{A} \vdots \boldsymbol{B}] = \left[\begin{array}{cccc:c} 1 & -1 & -3 & 1 & 1 \\ 1 & -1 & 2 & -1 & 3 \\ 4 & -4 & 3 & -2 & 10 \\ 2 & -2 & -11 & 4 & 0 \end{array}\right]$$

$$\xrightarrow[\text{④}+\text{①}\times(-2)]{\substack{\text{②}+\text{①}\times(-1)\\ \text{③}+\text{①}\times(-4)}} \left[\begin{array}{cccc:c} 1 & -1 & -3 & 1 & 1 \\ 0 & 0 & 5 & -2 & 2 \\ 0 & 0 & 15 & -6 & 6 \\ 0 & 0 & -5 & 2 & -2 \end{array}\right]$$

$$\xrightarrow[\text{④}+\text{②}]{\text{③}+\text{②}\times(-3)} \left[\begin{array}{cccc:c} 1 & -1 & -3 & 1 & 1 \\ 0 & 0 & 5 & -2 & 2 \\ 0 & 0 & 0 & 0 & 0 \\ 0 & 0 & 0 & 0 & 0 \end{array}\right].$$

阶梯形矩阵所对应的线性方程组为

$$\begin{cases} x_1 - x_2 - 3x_3 + x_4 = 1, \\ 5x_3 - 2x_4 = 2. \end{cases} \tag{3.4}$$

现在可通过解线性方程组(3.4)来得到线性方程组(3.3)的解.先将方程组(3.4)中含x_2,x_4的项移至等号右端,得

$$\begin{cases} x_1 - 3x_3 = x_2 - x_4 + 1, \\ 5x_3 = 2x_4 + 2. \end{cases} \tag{3.5}$$

再由方程组(3.5)的最后一个方程得到$x_3 = (2/5)x_4 + 2/5$,并代入第一个方程得$x_1 = x_2 + (1/5)x_4 + 11/5$,即

$$\begin{cases} x_1 = x_2 + (1/5)x_4 + 11/5, \\ x_3 = (2/5)x_4 + 2/5. \end{cases} \tag{3.6}$$

显然,未知数x_2,x_4任意取定一对值,代入表达式(3.6)就可求得相应的x_1,x_3的值.这样,得到x_1,x_2,x_3,x_4的一组值是原方程组(3.3)的一个解.由于x_2,x_4取值的任意性,因此方程组(3.3)有无穷多个解.反之,方程组(3.3)的任意一个解一定也是方程组(3.4)的解,所以它也一定能表示为表达式(3.6)的形式.由此可见,表达式(3.6)表示了方程组(3.3)的所有解.表达式(3.6)中右端的未知数x_2,x_4称为自由未知数(或称自由元),用自由元表达其他未知数的表达式(3.6)称为方程组(3.3)的**一般解**.自由元的取法不是唯一的,如本例也可将x_3作为自由元,由方程组(3.4)得

$$\begin{cases} x_1 + x_4 = x_2 + 3x_3 + 1, \\ 2x_4 = 5x_3 - 2, \end{cases} \tag{3.7}$$

解得

$$\begin{cases} x_1 = x_2 + (1/2)x_3 + 2, \\ x_4 = (5/2)x_3 - 1, \end{cases} \tag{3.8}$$

表达式(3.8)也是方程组(3.3)的一般解.表达式(3.6)与表达式(3.8)虽然形式上不一样,但它们本质上是一样的,它们都表示了方程组(3.3)的所有解.

若要把方程组(3.3)的解写成矩阵的形式,则可以把一般解(3.6)改写为

$$\begin{cases} x_1 = 11/5 + k_1 + (1/5)k_2, \\ x_2 = \qquad k_1 \qquad, \\ x_3 = 2/5 \qquad + (2/5)k_2, \\ x_4 = \qquad\qquad k_2, \end{cases}$$

即令自由元 x_2，x_4 取任意常数 k_1, k_2，这样就可以把方程组(3.3)的所有解写成矩阵形式

$$\begin{bmatrix} x_1 \\ x_2 \\ x_3 \\ x_4 \end{bmatrix} = \begin{bmatrix} 11/5 + k_1 + (1/5)k_2 \\ 0 + k_1 \quad + 0k_2 \\ 2/5 + 0k_1 + (2/5)k_2 \\ 0 + 0k_1 \quad + k_2 \end{bmatrix} = \begin{bmatrix} 11/5 \\ 0 \\ 2/5 \\ 0 \end{bmatrix} + k_1 \begin{bmatrix} 1 \\ 1 \\ 0 \\ 0 \end{bmatrix} + k_2 \begin{bmatrix} 1/5 \\ 0 \\ 2/5 \\ 1 \end{bmatrix}, \tag{3.9}$$

式中 k_1, k_2 为任意常数，式(3.9)即为方程组(3.3)所有解的矩阵形式.

【例 3.2】 解齐次线性方程组

$$\begin{cases} x_1 - 3x_2 + x_3 - 2x_4 - x_5 = 0, \\ -3x_1 + 10x_2 - 4x_3 + 7x_4 + 2x_5 = 0, \\ 2x_1 - 7x_2 + 3x_3 - 5x_4 - x_5 = 0, \\ 5x_1 - 14x_2 + 6x_3 - 9x_4 - 10x_5 = 0. \end{cases} \tag{3.10}$$

解 对方程组(3.10)的增广矩阵进行初等行变换，使其化成阶梯形矩阵，得

$$[\boldsymbol{A} \vdots \boldsymbol{B}] = \left[\begin{array}{ccccc:c} 1 & -3 & 1 & -2 & -1 & 0 \\ -3 & 10 & -4 & 7 & 2 & 0 \\ 2 & -7 & 3 & -5 & -1 & 0 \\ 5 & -14 & 6 & -9 & -10 & 0 \end{array}\right]$$

$$\xrightarrow[\substack{③+①\times(-2) \\ ④+①\times(-5)}]{②+①\times 3} \left[\begin{array}{ccccc:c} 1 & -3 & 1 & -2 & -1 & 0 \\ 0 & 1 & -1 & 1 & -1 & 0 \\ 0 & -1 & 1 & -1 & 1 & 0 \\ 0 & 1 & 1 & 1 & -5 & 0 \end{array}\right]$$

$$\xrightarrow[④+②\times(-1)]{③+②} \left[\begin{array}{ccccc:c} 1 & -3 & 1 & -2 & -1 & 0 \\ 0 & 1 & -1 & 1 & -1 & 0 \\ 0 & 0 & 0 & 0 & 0 & 0 \\ 0 & 0 & 2 & 0 & -4 & 0 \end{array}\right]$$

$$\xrightarrow[(③,④)]{④\times(1/2)} \left[\begin{array}{ccccc:c} 1 & -3 & 1 & -2 & -1 & 0 \\ 0 & 1 & -1 & 1 & -1 & 0 \\ 0 & 0 & 1 & 0 & -2 & 0 \\ 0 & 0 & 0 & 0 & 0 & 0 \end{array}\right],$$

阶梯形矩阵所对应的方程组为

$$\begin{cases} x_1 - 3x_2 + x_3 - 2x_4 - x_5 = 0, \\ \qquad x_2 - x_3 + x_4 - x_5 = 0, \\ \qquad\qquad x_3 \qquad - 2x_5 = 0, \end{cases} \tag{3.11}$$

将 x_4, x_5 移至等号右端,有

$$\begin{cases} x_1-3x_2+x_3=2x_4+x_5, \\ x_2-x_3=-x_4+x_5, \\ x_3=2x_5, \end{cases} \tag{3.12}$$

由式(3.12)的最后一个方程逐个回代,得

$$\begin{cases} x_1=-x_4+8x_5, \\ x_2=-x_4+3x_5, \\ x_3=2x_5, \end{cases} \tag{3.13}$$

式(3.13)即为齐次线性方程组(3.10)的一般解,其中 x_4, x_5 为自由元.若写成矩阵形式,可令自由元 x_4 取任意常数 k_1,自由元 x_5 取任意常数 k_2,这样方程组(3.10)的所有解为

$$\boldsymbol{X}=\begin{bmatrix} x_1 \\ x_2 \\ x_3 \\ x_4 \\ x_5 \end{bmatrix}=\begin{bmatrix} -k_1+8k_2 \\ -k_1+3k_2 \\ 0+2k_2 \\ k_1+0 \\ 0+k_2 \end{bmatrix}=k_1\begin{bmatrix} -1 \\ -1 \\ 0 \\ 1 \\ 0 \end{bmatrix}+k_2\begin{bmatrix} 8 \\ 3 \\ 2 \\ 0 \\ 1 \end{bmatrix}, \tag{3.14}$$

其中 k_1, k_2 为任意常数.

【例 3.3】 解非齐次线性方程组

$$\begin{cases} 2x_1-x_2+3x_3=2, \\ x_1-3x_2+4x_3=1, \\ -x_1+2x_2-3x_3=-3. \end{cases} \tag{3.15}$$

解 将方程组(3.15)的增广矩阵通过初等行变换化为阶梯形矩阵,有

$$[\boldsymbol{A} \vdots \boldsymbol{B}]=\left[\begin{array}{ccc:c} 2 & -1 & 3 & 2 \\ 1 & -3 & 4 & 1 \\ -1 & 2 & -3 & -3 \end{array}\right] \xrightarrow{(①,②)} \left[\begin{array}{ccc:c} 1 & -3 & 4 & 1 \\ 2 & -1 & 3 & 2 \\ -1 & 2 & -3 & -3 \end{array}\right]$$

$$\xrightarrow[③+①]{②+①\times(-2)} \left[\begin{array}{ccc:c} 1 & -3 & 4 & 1 \\ 0 & 5 & -5 & 0 \\ 0 & -1 & 1 & -2 \end{array}\right] \xrightarrow[②\times(1/5)]{③+②\times(1/5)} \left[\begin{array}{ccc:c} 1 & -3 & 4 & 1 \\ 0 & 1 & -1 & 0 \\ 0 & 0 & 0 & -2 \end{array}\right],$$

阶梯形矩阵所对应的方程组为

$$\begin{cases} x_1-3x_2+4x_3=1, \\ x_2-x_3=0, \\ 0x_3=-2, \end{cases} \tag{3.16}$$

显然,不可能有 x_1, x_2, x_3 的值满足第三个方程,因此方程组(3.16)无解,即方程组(3.15)无解.

在用高斯消元法解线性方程组的过程中,当增广矩阵经过初等行变换化成阶梯形矩阵后,得到相应的阶梯形方程组,并用回代的方法来求解.其实,回代的过程也可用矩阵表示出来,这个过程实际上就是对阶梯形矩阵进一步化简,使其最终化成一种特殊的矩阵,从这种矩阵中就可以直接解出方程的解.看【例 3.1】的阶梯形矩阵

$$\begin{bmatrix}1 & -1 & -3 & 1 & \vdots & 1\\0 & 0 & 5 & -2 & \vdots & 2\\0 & 0 & 0 & 0 & \vdots & 0\\0 & 0 & 0 & 0 & \vdots & 0\end{bmatrix}\xrightarrow{②\times(1/5)}\begin{bmatrix}1 & -1 & -3 & 1 & \vdots & 1\\0 & 0 & 1 & -2/5 & \vdots & 2/5\\0 & 0 & 0 & 0 & \vdots & 0\\0 & 0 & 0 & 0 & \vdots & 0\end{bmatrix}$$

$$\xrightarrow{①+②\times 3}\begin{bmatrix}1 & -1 & 0 & -1/5 & \vdots & 11/5\\0 & 0 & 1 & -2/5 & \vdots & 2/5\\0 & 0 & 0 & 0 & \vdots & 0\\0 & 0 & 0 & 0 & \vdots & 0\end{bmatrix},$$

这个矩阵所对应的阶梯形方程组是：

$$\begin{cases}x_1-x_2 \qquad -(1/5)x_4=11/5,\\ \qquad\qquad x_3-(2/5)x_4=2/5,\end{cases}$$

将此方程组中含 x_2,x_4 的项移至等号的右端，得

$$\begin{cases}x_1=x_2+(1/5)x_4+11/5,\\ x_3=\qquad (2/5)x_4+2/5,\end{cases}$$

即可得到原方程组(3.3)的一般解(3.6). 因此，这种方法在求解线性方程组时比较简单方便. 可见，上述这种阶梯形矩阵在求解线性方程组的过程中起着重要作用. 将这种阶梯形矩阵称为行简化阶梯形矩阵，下面给出这种阶梯形矩阵的定义.

定义 3.1 满足下列两个条件的阶梯形矩阵称为行简化阶梯形矩阵：

(1) 各非零行的首非零元素(即非零行的第一个不为零的元素)都是 1；

(2) 所有首非零元素所在列的其余元素都是 0.

如矩阵

$$\boldsymbol{A}=\begin{bmatrix}1 & 0 & 0 & 0 & 5\\0 & 1 & 4 & 0 & -9\\0 & 0 & 0 & 1 & 5\\0 & 0 & 0 & 0 & 0\end{bmatrix},\qquad \boldsymbol{B}=\begin{bmatrix}1 & 0 & 8 & 0\\0 & 1 & -5 & 0\\0 & 0 & 0 & 1\end{bmatrix}$$

都是行简化阶梯形矩阵.

容易证明：任意阶梯形矩阵都可以用初等行变换化成行简化阶梯形矩阵；可逆矩阵化成的行简化阶梯形矩阵一定是单位矩阵.

将阶梯形矩阵化为行简化阶梯形矩阵的方法是：首先，从阶梯形矩阵最后一个非零行的首非零元素开始，将首非零元素化为 1，然后将其所在列的其余元素化为 0；其次，把倒数第二个非零行的首非零元素化为 1，将其所在列的其余元素化为 0；依次类推，最后就得到行简化阶梯形矩阵.

通过上面的三个例子，可归纳出解线性方程组(3.1)的高斯消元法的一般步骤：

(1) 将线性方程组(3.1)的增广矩阵$[\boldsymbol{A}\vdots\boldsymbol{B}]$，通过初等行变换化为行简化阶梯形矩阵；将行简化阶梯形矩阵首非零元素所在列的未知数称为**基本未知数(基本元)**，设为 r 个，其余未知数称为**自由未知数(自由元)**，共有 $n-r$ 个(n 是未知数的个数).

(2) 求行简化阶梯形矩阵所对应的线性方程组的解，把此方程组含有自由元的项移至方程的右端，得到用自由元表达的基本元，这就是方程组(3.1)的**一般解**.

(3) 为得到所有解的矩阵形式，可以把 $n-r$ 个自由元依次定为(任意)常数 $k_1,k_2,\cdots,k_{n-r}$，对应地解出基本元，即可写出方程(3.1)所有解的矩阵形式.

习题 3.1

解下列线性方程组：

(1) $\begin{cases} 2x_1 - 3x_2 + x_3 = -3, \\ 5x_1 - 2x_2 + 7x_3 = 7, \\ 13x_1 + 8x_2 = -5; \end{cases}$　　(2) $\begin{cases} 4x_1 + 3x_2 - 2x_3 = -5, \\ 5x_1 - 4x_2 + 6x_3 = 10, \\ 17x_1 + 5x_2 = 6; \end{cases}$

(3) $\begin{cases} 2x_1 - 3x_2 + x_3 + 5x_4 = 6, \\ -3x_1 + x_2 + 2x_3 - 4x_4 = 5, \\ -x_1 - 2x_2 + 3x_3 + x_4 = 11; \end{cases}$　　(4) $\begin{cases} x_1 + 2x_2 + x_3 - x_4 = 0, \\ 3x_1 + 6x_2 - x_3 - 3x_4 = 0, \\ 5x_1 + 10x_2 + x_3 - 5x_4 = 0. \end{cases}$

3.2 线性方程组的相容性定理

由 3.1 节知线性方程组(3.1) 有有解、无解两种情况. 若线性方程组有解则称此线性方程组为**相容的**,否则称此线性方程组为**不相容的**. 利用高斯消元法知,线性方程组(3.1) 是否有解,取决于把线性方程组(3.1) 的增广矩阵$[\boldsymbol{A} \vdots \boldsymbol{B}]$化为阶梯形矩阵后的非零行行数和系数矩阵$\boldsymbol{A}$化为阶梯形矩阵后的非零行行数是否相同. 我们从第 2 章可获知,一个矩阵用初等行变换化为阶梯形矩阵后非零行的数目就等于该矩阵的秩,因此,可以用矩阵的秩来描述线性方程组(3.1) 是否有解(相容). 得到以下定理:

定理 3.2　线性方程组(3.1) 有解(相容) 的充分必要条件是

$$r(\boldsymbol{A}) = r([\boldsymbol{A} \vdots \boldsymbol{B}]).$$

定理 3.2 已圆满地回答了本章开篇提出的关于线性方程组的三个问题中的第一个问题. 至于第二个问题,由 3.1 节的高斯消元法也得到了回答. 因为当$r(\boldsymbol{A}) = r([\boldsymbol{A} \vdots \boldsymbol{B}]) = r$时,方程组(3.1) 有解,而且有$r$个基本元,有$n-r$个自由元,易知,只要方程组有自由元,方程组(3.1) 的解就有无穷多个,而当方程组没有自由元时,即$r=n$时,解才唯一. 这一点可归结为下述定理:

定理 3.3　设对于线性方程组(3.1) 有$r(\boldsymbol{A}) = r([\boldsymbol{A} \vdots \boldsymbol{B}]) = r$,则当$r=n$时,线性方程组(3.1) 有唯一解($n$是未知数的个数).

定理 3.4　设对于线性方程组(3.1) 有$r(\boldsymbol{A}) = r([\boldsymbol{A} \vdots \boldsymbol{B}]) = r$,则当$r<n$时,线性方程组(3.1) 有无穷多组解($n$是未知数的个数).

【例 3.4】　判定下列方程组的相容性和相容时解的个数:

(1) $\begin{cases} x_1 - 2x_2 + x_3 = 4, \\ -x_1 + 4x_2 - 6x_3 = 4, \\ 2x_1 - 2x_2 - 3x_3 = 16, \\ 3x_1 - 4x_2 - 2x_3 = 20; \end{cases}$

(2) $\begin{cases} x_1 - 2x_2 + x_3 = 4, \\ -x_1 + 4x_2 - 6x_3 = 4, \\ 2x_1 - 2x_2 - 3x_3 = 18, \\ 3x_1 - 4x_2 - 2x_3 = 20; \end{cases}$

(3) $\begin{cases} x_1 - 2x_2 + x_3 = 4, \\ -x_1 + 4x_2 - 6x_3 = 4, \\ 2x_1 - 2x_2 + 7x_3 = 16, \\ 3x_1 - 4x_2 - 2x_3 = 20. \end{cases}$

解 用初等行变换将三个方程组的增广矩阵化为阶梯形矩阵,有

$$(1)\ [\boldsymbol{A} \vdots \boldsymbol{B}] = \left[\begin{array}{ccc:c} 1 & -2 & 1 & 4 \\ -1 & 4 & -6 & 4 \\ 2 & -2 & -3 & 16 \\ 3 & -4 & -2 & 20 \end{array}\right] \xrightarrow[\substack{③+①\times(-2)\\④+①\times(-3)}]{②+①} \left[\begin{array}{ccc:c} 1 & -2 & 1 & 4 \\ 0 & 2 & -5 & 8 \\ 0 & 2 & -5 & 8 \\ 0 & 2 & -5 & 8 \end{array}\right]$$

$$\xrightarrow[④+②\times(-1)]{③+②\times(-1)} \left[\begin{array}{ccc:c} 1 & -2 & 1 & 4 \\ 0 & 2 & -5 & 8 \\ 0 & 0 & 0 & 0 \\ 0 & 0 & 0 & 0 \end{array}\right];$$

$$(2)\ [\boldsymbol{A} \vdots \boldsymbol{B}] = \left[\begin{array}{ccc:c} 1 & -2 & 1 & 4 \\ -1 & 4 & -6 & 4 \\ 2 & -2 & -3 & 18 \\ 3 & -4 & -2 & 20 \end{array}\right] \xrightarrow[\substack{③+①\times(-2)\\④+①\times(-3)}]{②+①} \left[\begin{array}{ccc:c} 1 & -2 & 1 & 4 \\ 0 & 2 & -5 & 8 \\ 0 & 2 & -5 & 10 \\ 0 & 2 & -5 & 8 \end{array}\right]$$

$$\xrightarrow[④+②\times(-1)]{③+②\times(-1)} \left[\begin{array}{ccc:c} 1 & -2 & 1 & 4 \\ 0 & 2 & -5 & 8 \\ 0 & 0 & 0 & 2 \\ 0 & 0 & 0 & 0 \end{array}\right];$$

$$(3)\ [\boldsymbol{A} \vdots \boldsymbol{B}] = \left[\begin{array}{ccc:c} 1 & -2 & 1 & 4 \\ -1 & 4 & -6 & 4 \\ 2 & -2 & 7 & 16 \\ 3 & -4 & -2 & 20 \end{array}\right] \xrightarrow[\substack{③+①\times(-2)\\④+①\times(-3)}]{②+①} \left[\begin{array}{ccc:c} 1 & -2 & 1 & 4 \\ 0 & 2 & -5 & 8 \\ 0 & 2 & 5 & 8 \\ 0 & 2 & -5 & 8 \end{array}\right]$$

$$\xrightarrow[④+②\times(-1)]{③+②\times(-1)} \left[\begin{array}{ccc:c} 1 & -2 & 1 & 4 \\ 0 & 2 & -5 & 8 \\ 0 & 0 & 10 & 0 \\ 0 & 0 & 0 & 0 \end{array}\right].$$

由此可知:

对方程组(1)而言,$r(\boldsymbol{A}) = r([\boldsymbol{A} \vdots \boldsymbol{B}]) = 2 < n(=3)$,所以方程组(1)有无穷多组解;

对方程组(2)而言,$2 = r(\boldsymbol{A}) \neq r([\boldsymbol{A} \vdots \boldsymbol{B}]) = 3$,所以方程组(2)无解;

对方程组(3)而言,$r(\boldsymbol{A}) = r([\boldsymbol{A} \vdots \boldsymbol{B}]) = 3 = n$,所以方程组(3)有唯一解.

【例 3.5】 问 λ,μ 为何值时,方程组

$$\begin{cases} x_1 - 2x_2 + 5x_3 = 8, \\ x_1 - x_2 + 6x_3 = 10, \\ 3x_1 + 2x_2 + \lambda x_3 = 8\mu, \end{cases}$$

无解?有唯一解?有无穷多解?

解 利用初等行变换将方程组的增广矩阵化为阶梯形矩阵,有

$$[\boldsymbol{A} \vdots \boldsymbol{B}]=\begin{bmatrix}1 & -2 & 5 & 8\\1 & -1 & 6 & 10\\3 & 2 & \lambda & 8\mu\end{bmatrix}\xrightarrow[③+①\times(-3)]{②+①\times(-1)}\begin{bmatrix}1 & -2 & 5 & 8\\0 & 1 & 1 & 2\\0 & 8 & \lambda-15 & 8\mu-24\end{bmatrix}$$

$$\xrightarrow{③+②\times(-8)}\left[\begin{array}{ccc:c}1 & -2 & 5 & 8\\0 & 1 & 1 & 2\\0 & 0 & \lambda-23 & 8\mu-40\end{array}\right],$$

可知

$$r(\boldsymbol{A})=\begin{cases}2,当\lambda=23时,\\3,当\lambda\neq 23时,\end{cases}\quad r([\boldsymbol{A} \vdots \boldsymbol{B}])=\begin{cases}2,当\lambda=23且\mu=5时,\\3,其他.\end{cases}$$

因此,当$\lambda=23$而$\mu\neq 5$时,方程组无解;当$\lambda\neq 23$时,方程组有唯一解;当$\lambda=23$且$\mu=5$时,方程组有无穷多解.

对于齐次线性方程组(3.2),由于其增广矩阵的最后一列全为零,所以定理3.2是恒满足的,即齐次线性方程组(3.2)总有解,因为所有未知数都为零时,总可以满足方程组(3.2),这样的解称为零解,也称平凡解.因此,对于齐次线性方程组(3.2)来说,重要的是如何判定它是否有非零解(非平凡解)?由定理3.4可得:

定理3.5 齐次方程组(3.2)有非零解的充分必要条件为$r(\boldsymbol{A})<n$.

我们在前面所得到的关于$m=n$情形下的结论已被包含在这一节的结论之中,因为在$m=n$时,$\det\boldsymbol{A}=0$等价于$r(\boldsymbol{A})<n$,故定理3.5的$\det\boldsymbol{A}=0$不仅为齐次方程组有非零解的必要条件,而且还是充分条件.

本章开篇提出的关于线性方程组三个问题中的第三个问题还没有解决.在下一节中,为了揭示关于无穷多解之间的内在联系,我们还要引入一些重要的概念.

习题3.2

参考答案与提示

1. 不解线性方程组,判定下列线性方程组的相容性以及相容时解的个数:

(1) $\begin{cases}2x_1-3x_2+x_3+5x_4=6,\\-3x_1+x_2+2x_3-4x_4=5,\\-x_1-2x_2+3x_3+x_4=-2;\end{cases}$

(2) $\begin{cases}2x_1+x_2-5x_3-3x_4=8,\\-5x_1-3x_2-4x_3+2x_4=9,\\-x_1-x_2-14x_3-4x_4=25;\end{cases}$

(3) $\begin{cases}x_1+3x_2-7x_3=-8,\\2x_1+5x_2+4x_3=4,\\-3x_1-7x_2-2x_3=-3,\\x_1+4x_2-12x_3=-15.\end{cases}$

2. 线性方程组

$$\begin{cases}\lambda x_1 + x_2 + x_3 = 1,\\ x_1 + \lambda x_2 + x_3 = \lambda,\\ x_1 + x_2 + \lambda x_3 = \lambda^2,\end{cases}$$

当 λ 为何值时,方程组有唯一解?或有无穷多解?

3. 线性方程组

$$\begin{cases} x_1 + x_2 + x_3 + x_4 = -7,\\ x_1 + 3x_3 - x_4 = 8,\\ x_1 + 2x_2 - x_3 + x_4 = 2a + 2,\\ 2x_1 + 2x_2 + 2x_3 + x_4 = 2a,\end{cases}$$

当 a 为何值时,方程组相容?

3.3 n 维向量及向量组的线性相关性

本节将二维向量和三维向量的概念推广到 n 维向量,并讨论 n 维向量的线性相关性.

3.3.1 n 维向量的定义

在解析几何中我们已学过向量的概念.当确定了一个坐标系时,一个二维向量可以用坐标表示成 (x,y),一个三维向量可以用坐标表示成 (x,y,z),其中 x,y,z 都是实数.在解析几何中,点与向量都和二维(或三维)数组建立了一一对应关系.在许多实际问题中提炼出来的数学问题,往往要求我们推广二维向量、三维向量的概念.下面利用二维向量、三维向量的坐标来进行推广,对于任意的正整数 n,定义 n 维向量.

定义 3.2 把有顺序的 n 个数 $a_1,a_2,\cdots,a_n$ 称为一个**向量**,记作

$$\boldsymbol{\alpha} = \begin{bmatrix} a_1 \\ a_2 \\ \vdots \\ a_n \end{bmatrix},$$

其中 $a_i(i=1,2,\cdots,n)$ 称为 n 维向量 $\boldsymbol{\alpha}$ 的第 i 个**分量**.

今后我们用希腊字母 $\boldsymbol{\alpha},\boldsymbol{\beta},\boldsymbol{\gamma}\cdots\cdots$ 表示向量.

这样,线性方程组(3.1)的一组解 $x_1,x_2,\cdots,x_n$ 就可视为一个 n 维向量;一个 $m\times n$ 矩阵 $\boldsymbol{A}$ 中的每一列,因为都由 m 个顺序数组成,故都可以视为 m 维向量.与第 2 章中讲过的矩阵联系起来,我们把这 n 个 m 维向量称为矩阵 $\boldsymbol{A}$ 的**列向量**.一个 n 维列向量的转置称为 n 维**行向量**.

对 n 维向量而言,我们规定:**n 维向量之间的相等、相加、数乘与列矩阵之间的相等、相加、数乘都对应相同.**

因此,n 维向量和 $n\times 1$ 的矩阵(即列矩阵)在本质上是两个相同的概念,只是换了个说法,这样,便于理解 n 维向量的几何意义.

3.3.2 线性相关与线性无关

建立了 n 维向量的概念后,我们再从向量的角度来观察线性方程组.如线性方程组

$$\begin{cases} x_1 + 2x_2 - 3x_3 + 5x_4 = 2, \\ 5x_1 - 8x_2 + 7x_3 + 2x_4 = 14, \\ 11x_1 \qquad\quad - 6x_3 + 9x_4 = 8, \end{cases}$$

它的矩阵方程为

$$\begin{bmatrix} 1 & 2 & -3 & 5 \\ 5 & -8 & 7 & 2 \\ 11 & 0 & -6 & 9 \end{bmatrix} \begin{bmatrix} x_1 \\ x_2 \\ x_3 \\ x_4 \end{bmatrix} = \begin{bmatrix} 2 \\ 14 \\ 8 \end{bmatrix}.$$

也可以把线性方程组写成

$$x_1 \begin{bmatrix} 1 \\ 5 \\ 11 \end{bmatrix} + x_2 \begin{bmatrix} 2 \\ -8 \\ 0 \end{bmatrix} + x_3 \begin{bmatrix} -3 \\ 7 \\ -6 \end{bmatrix} + x_4 \begin{bmatrix} 5 \\ 2 \\ 9 \end{bmatrix} = \begin{bmatrix} 2 \\ 14 \\ 8 \end{bmatrix}, \tag{3.17}$$

于是,线性方程组的求解问题就可以看成是求一组数 x_1,x_2,x_3,x_4,使得等式右端的向量

$$\begin{bmatrix} 2 \\ 14 \\ 8 \end{bmatrix}$$

和系数矩阵的列向量

$$\begin{bmatrix} 1 \\ 5 \\ 11 \end{bmatrix}, \begin{bmatrix} 2 \\ -8 \\ 0 \end{bmatrix}, \begin{bmatrix} -3 \\ 7 \\ -6 \end{bmatrix}, \begin{bmatrix} 5 \\ 2 \\ 9 \end{bmatrix}$$

之间具有式(3.17)所描述的关系.

由式(3.17)可知,我们研究一个向量和另外一些向量之间是否存在上述关系是很重要的.为此有如下的定义:

定义 3.3 对于向量 $\boldsymbol{\alpha}_1,\boldsymbol{\alpha}_2,\cdots,\boldsymbol{\alpha}_m,\boldsymbol{\alpha}$,如果有一组实数 $k_1,k_2,\cdots,k_m$,使得

$$\boldsymbol{\alpha} = k_1\boldsymbol{\alpha}_1 + k_2\boldsymbol{\alpha}_2 + \cdots + k_m\boldsymbol{\alpha}_m,$$

便说 $\boldsymbol{\alpha}$ 是 $\boldsymbol{\alpha}_1,\boldsymbol{\alpha}_2,\cdots,\boldsymbol{\alpha}_m$ 的**线性组合**,或者说 $\boldsymbol{\alpha}$ 由 $\boldsymbol{\alpha}_1,\boldsymbol{\alpha}_2,\cdots,\boldsymbol{\alpha}_m$ **线性表出**,且称这组数 $k_1,k_2,\cdots,k_m$ 为该线性组合的**组合系数**.

【例 3.6】 任意三维向量 $\begin{bmatrix} x \\ y \\ z \end{bmatrix}$ 均是向量 $\begin{bmatrix} 1 \\ 0 \\ 0 \end{bmatrix}$, $\begin{bmatrix} 0 \\ 1 \\ 0 \end{bmatrix}$ 和 $\begin{bmatrix} 0 \\ 0 \\ 1 \end{bmatrix}$ 的线性组合,因为总有

$$\begin{bmatrix} x \\ y \\ z \end{bmatrix} = x\begin{bmatrix} 1 \\ 0 \\ 0 \end{bmatrix} + y\begin{bmatrix} 0 \\ 1 \\ 0 \end{bmatrix} + z\begin{bmatrix} 0 \\ 0 \\ 1 \end{bmatrix}.$$

【例 3.7】 向量 $\begin{bmatrix} 4 \\ 5 \end{bmatrix}$ 不是向量 $\begin{bmatrix} -1 \\ 0 \end{bmatrix}$ 和 $\begin{bmatrix} 3 \\ 0 \end{bmatrix}$ 的线性组合,因对于任意的一组数 k_1,k_2,总有

$$k_1\begin{bmatrix} -1 \\ 0 \end{bmatrix} + k_2\begin{bmatrix} 3 \\ 0 \end{bmatrix} = \begin{bmatrix} -k_1 + 3k_2 \\ 0 \end{bmatrix} \neq \begin{bmatrix} 4 \\ 5 \end{bmatrix}.$$

【例 3.8】 零向量是任意一组向量 $\boldsymbol{\alpha}_1,\boldsymbol{\alpha}_2,\cdots,\boldsymbol{\alpha}_m$ 的线性组合,因为显然有

$$\mathbf{0} = 0 \times \boldsymbol{\alpha}_1 + 0 \times \boldsymbol{\alpha}_2 + \cdots + 0 \times \boldsymbol{\alpha}_m.$$

设

$$\boldsymbol{\beta}=\begin{bmatrix}b_1\\b_2\\b_3\\b_4\end{bmatrix},\boldsymbol{\alpha}_1=\begin{bmatrix}a_{11}\\a_{21}\\a_{31}\\a_{41}\end{bmatrix},\boldsymbol{\alpha}_2=\begin{bmatrix}a_{12}\\a_{22}\\a_{32}\\a_{42}\end{bmatrix},\boldsymbol{\alpha}_3=\begin{bmatrix}a_{13}\\a_{23}\\a_{33}\\a_{43}\end{bmatrix},$$

判定向量 $\boldsymbol{\beta}$ 能否由向量 $\boldsymbol{\alpha}_1,\boldsymbol{\alpha}_2,\boldsymbol{\alpha}_3$ 线性表出?

为解决这个问题进行如下分析:

$\boldsymbol{\beta}$ 能由 $\boldsymbol{\alpha}_1,\boldsymbol{\alpha}_2,\boldsymbol{\alpha}_3$ 线性表出等价于有一组数 k_1, k_2, k_3,使得

$$\boldsymbol{\beta}=k_1\boldsymbol{\alpha}_1+k_2\boldsymbol{\alpha}_2+k_3\boldsymbol{\alpha}_3,$$

即

$$\begin{cases}a_{11}k_1+a_{12}k_2+a_{13}k_3=b_1,\\a_{21}k_1+a_{22}k_2+a_{23}k_3=b_2,\\a_{31}k_1+a_{32}k_2+a_{33}k_3=b_3,\\a_{41}k_1+a_{42}k_2+a_{43}k_3=b_4,\end{cases}$$

又等价于线性方程组

$$\begin{cases}a_{11}x_1+a_{12}x_2+a_{13}x_3=b_1,\\a_{21}x_1+a_{22}x_2+a_{23}x_3=b_2,\\a_{31}x_1+a_{32}x_2+a_{33}x_3=b_3,\\a_{41}x_1+a_{42}x_2+a_{43}x_3=b_4\end{cases}$$

有解,且(k_1, k_2, k_3)是它的一组解.

显然,上述分析完全适用于一般情形, 因此有:

定理 3.6 向量 $\boldsymbol{\beta}$ 可以由向量组 $\boldsymbol{\alpha}_1,\boldsymbol{\alpha}_2,\cdots,\boldsymbol{\alpha}_s$ 线性表出的充分必要条件是:以 $\boldsymbol{\alpha}_1,\boldsymbol{\alpha}_2,\cdots,\boldsymbol{\alpha}_s$ 为系数列向量,以 $\boldsymbol{\beta}$ 为常数项向量的线性方程组有解,并且此线性方程组的一组解就是线性组合的一组系数.

【例 3.9】 判定向量 $\boldsymbol{\beta}$ 能否由向量组 $\boldsymbol{\alpha}_1,\boldsymbol{\alpha}_2,\boldsymbol{\alpha}_3,\boldsymbol{\alpha}_4$ 线性表出,若能,求出一组组合系数.其中

$$\boldsymbol{\beta}=\begin{bmatrix}2\\-1\\3\\5\end{bmatrix},\quad\boldsymbol{\alpha}_1=\begin{bmatrix}1\\0\\1\\1\end{bmatrix},\quad\boldsymbol{\alpha}_2=\begin{bmatrix}1\\2\\-3\\1\end{bmatrix},\quad\boldsymbol{\alpha}_3=\begin{bmatrix}5\\-5\\12\\11\end{bmatrix},\quad\boldsymbol{\alpha}_4=\begin{bmatrix}1\\-3\\6\\4\end{bmatrix}.$$

解 考虑以 $\boldsymbol{\alpha}_1,\boldsymbol{\alpha}_2,\boldsymbol{\alpha}_3,\boldsymbol{\alpha}_4$ 为系数列向量,以 $\boldsymbol{\beta}$ 为常数项的线性方程组

$$\begin{cases}x_1+x_2+5x_3+x_4=2,\\2x_2-5x_3-3x_4=-1,\\x_1-3x_2+12x_3+6x_4=3,\\x_1+x_2+11x_3+4x_4=5,\end{cases}\tag{3.18}$$

解此线性方程组,运用初等行变换,得

$$\begin{bmatrix}1&1&5&1&2\\0&2&-5&-3&-1\\1&-3&12&6&3\\1&1&11&4&5\end{bmatrix}\xrightarrow[④+①\times(-1)]{③+①\times(-1)}\begin{bmatrix}1&1&5&1&2\\0&2&-5&-3&-1\\0&-4&7&5&1\\0&0&6&3&3\end{bmatrix}$$

$$\xrightarrow{③+②\times 2}\begin{bmatrix}1&1&5&1&2\\0&2&-5&-3&-1\\0&0&-3&-1&-1\\0&0&6&3&3\end{bmatrix}\xrightarrow{④+③\times 2}\begin{bmatrix}1&1&5&1&2\\0&2&-5&-3&-1\\0&0&-3&-1&-1\\0&0&0&1&1\end{bmatrix}$$

$$\xrightarrow[③\times(-1/3)]{②\times(1/2)}\begin{bmatrix}1&1&5&1&2\\0&1&-5/2&-3/2&-1/2\\0&0&1&1/3&1/3\\0&0&0&1&1\end{bmatrix}\xrightarrow[\substack{②+④\times(3/2)\\③+④\times(-1/3)}]{①+④\times(-1)}\begin{bmatrix}1&1&5&0&1\\0&1&-5/2&0&1\\0&0&1&0&0\\0&0&0&1&1\end{bmatrix}$$

$$\xrightarrow[②+③\times(5/2)]{①+③\times(-5)}\begin{bmatrix}1&1&0&0&1\\0&1&0&0&1\\0&0&1&0&0\\0&0&0&1&1\end{bmatrix}\xrightarrow{①+②\times(-1)}\begin{bmatrix}1&0&0&0&0\\0&1&0&0&1\\0&0&1&0&0\\0&0&0&1&1\end{bmatrix},$$

行简化阶梯形矩阵所对应的方程组为

$$\begin{cases}x_1 = 0,\\ x_2 = 1,\\ x_3 = 0,\\ x_4 = 1,\end{cases}\tag{3.19}$$

显然方程组(3.19)有唯一解,所以 $\boldsymbol{\beta}$ 可以由 $\boldsymbol{\alpha}_1,\boldsymbol{\alpha}_2,\boldsymbol{\alpha}_3,\boldsymbol{\alpha}_4$ 线性表出,由于(3.19)的一组解为

$$x_1=0,\quad x_2=1,\quad x_3=0,\quad x_4=1,$$

所以

$$\boldsymbol{\beta}=\boldsymbol{\alpha}_2+\boldsymbol{\alpha}_4.$$

【例 3.10】 试证向量组 $\boldsymbol{\alpha}_1,\boldsymbol{\alpha}_2,\cdots,\boldsymbol{\alpha}_s$ 中任意一个向量 $\boldsymbol{\alpha}_i(i=1,2,\cdots,s)$ 可以由该向量组线性表出.

证 因为

$$\boldsymbol{\alpha}_i=0\boldsymbol{\alpha}_1+0\boldsymbol{\alpha}_2+\cdots+0\boldsymbol{\alpha}_{i-1}+1\boldsymbol{\alpha}_i+0\boldsymbol{\alpha}_{i+1}+\cdots+0\boldsymbol{\alpha}_s,$$

所以 $\boldsymbol{\alpha}_i(i=1,2,\cdots,s)$ 可以由向量组 $\boldsymbol{\alpha}_1,\boldsymbol{\alpha}_2,\cdots,\boldsymbol{\alpha}_i,\cdots\boldsymbol{\alpha}_s$ 线性表出.

【例 3.11】 已知 $\boldsymbol{\alpha}$ 是 $\boldsymbol{\beta}_1,\boldsymbol{\beta}_2,\cdots,\boldsymbol{\beta}_t$ 的线性组合,且每个 $\boldsymbol{\beta}_i(i=1,2,\cdots,t)$ 又都是 $\boldsymbol{\gamma}_1,\boldsymbol{\gamma}_2,\cdots,\boldsymbol{\gamma}_s$ 的线性组合,证明 $\boldsymbol{\alpha}$ 也是 $\boldsymbol{\gamma}_1,\boldsymbol{\gamma}_2,\cdots,\boldsymbol{\gamma}_s$ 的线性组合.

证 因 $\boldsymbol{\alpha}$ 是 $\boldsymbol{\beta}_1,\boldsymbol{\beta}_2,\cdots,\boldsymbol{\beta}_t$ 的线性组合,故存在数 $k_i(i=1,2,\cdots,t)$,使得

$$\boldsymbol{\alpha}=\sum_{i=1}^{t}k_i\boldsymbol{\beta}_i=k_1\boldsymbol{\beta}_1+k_2\boldsymbol{\beta}_2+\cdots+k_t\boldsymbol{\beta}_t,$$

又由已知条件,同样有

$$\boldsymbol{\beta}_i=\sum_{j=1}^{s}a_{ij}\boldsymbol{\gamma}_j=a_{i1}\boldsymbol{\gamma}_1+a_{i2}\boldsymbol{\gamma}_2+\cdots+a_{is}\boldsymbol{\gamma}_s\quad(i=1,2,\cdots,t),$$

代入上式,得

$$\boldsymbol{\alpha}=\sum_{i=1}^{t}k_i(\sum_{j=1}^{s}a_{ij}\boldsymbol{\gamma}_j)=\sum_{j=1}^{s}(\sum_{i=1}^{t}k_ia_{ij})\boldsymbol{\gamma}_j=\sum_{j=1}^{s}b_j\boldsymbol{\gamma}_j,$$

式中 $b_j=\sum\limits_{i=1}^{t}k_ia_{ij}(j=1,2,\cdots,s)$,这表明 $\boldsymbol{\alpha}$ 是 $\boldsymbol{\gamma}_1,\boldsymbol{\gamma}_2,\cdots,\boldsymbol{\gamma}_s$ 的线性组合.

下面继续讨论向量组的线性相关与线性无关.先看例子,已知向量组

$\boldsymbol{\alpha}_1 = [1,\ 2,\ -4,\ 5]^{\mathrm{T}}, \boldsymbol{\alpha}_2 = [2,\ -3,\ 6,\ 0]^{\mathrm{T}}, \boldsymbol{\alpha}_3 = [7,\ 0,\ 0,\ 15]^{\mathrm{T}}$，容易求出 $\boldsymbol{\alpha}_3 = 3\boldsymbol{\alpha}_1 + 2\boldsymbol{\alpha}_2$，于是有 $3\boldsymbol{\alpha}_1 + 2\boldsymbol{\alpha}_2 - \boldsymbol{\alpha}_3 = \mathbf{0}$.

具有这种关系的向量组称为线性相关的向量组.

定义 3.4 对于向量组 $\boldsymbol{\alpha}_1,\boldsymbol{\alpha}_2,\cdots,\boldsymbol{\alpha}_s$，若存在 s 个不全为零的数 $k_1,k_2,\cdots,k_s$，使得

$$k_1\boldsymbol{\alpha}_1 + k_2\boldsymbol{\alpha}_2 + \cdots + k_s\boldsymbol{\alpha}_s = \mathbf{0}, \tag{3.20}$$

则称向量组 $\boldsymbol{\alpha}_1,\boldsymbol{\alpha}_2,\cdots,\boldsymbol{\alpha}_s$ **线性相关**，否则就称向量组 $\boldsymbol{\alpha}_1,\boldsymbol{\alpha}_2,\cdots,\boldsymbol{\alpha}_s$ **线性无关**.

【例 3.12】 试证：向量组 $\boldsymbol{\alpha}_1,\boldsymbol{\alpha}_2,\mathbf{0},\boldsymbol{\alpha}_3$ 是线性相关的.

证 因为

$$0\times\boldsymbol{\alpha}_1 + 0\times\boldsymbol{\alpha}_2 + 1\times\mathbf{0} + 0\times\boldsymbol{\alpha}_3 = \mathbf{0},$$

其中系数 0,0,1,0 不全为零，所以 $\boldsymbol{\alpha}_1,\boldsymbol{\alpha}_2,\mathbf{0},\boldsymbol{\alpha}_3$ 是线性相关的.

由此例可得到：

推论 3.1 包含零向量的向量组一定是线性相关的.

推论 3.2 单独一个零向量是线性相关的.

推论 3.3 单独一个非零向量是线性无关的.

定义 3.3 还告诉我们：线性无关向量组的特点是它只有系数全为零的线性组合才是零向量，除此以外，它不再有别的线性组合是零向量. 利用线性无关向量组的这个特点，经常用来证明一个向量组的线性无关性.

【例 3.13】 试证：向量组

$$\boldsymbol{e}_1 = \begin{bmatrix} 1 \\ 0 \\ 0 \end{bmatrix},\quad \boldsymbol{e}_2 = \begin{bmatrix} 0 \\ 1 \\ 0 \end{bmatrix},\quad \boldsymbol{e}_3 = \begin{bmatrix} 0 \\ 0 \\ 1 \end{bmatrix}$$

是线性无关的.

证 若 $k_1\boldsymbol{e}_1 + k_2\boldsymbol{e}_2 + k_3\boldsymbol{e}_3 = \mathbf{0}$，即

$$k_1\begin{bmatrix} 1 \\ 0 \\ 0 \end{bmatrix} + k_2\begin{bmatrix} 0 \\ 1 \\ 0 \end{bmatrix} + k_3\begin{bmatrix} 0 \\ 0 \\ 1 \end{bmatrix} = \begin{bmatrix} 0 \\ 0 \\ 0 \end{bmatrix},$$

由上式解得唯一解 $k_1 = 0, k_2 = 0, k_3 = 0$，可知 $\boldsymbol{e}_1,\boldsymbol{e}_2,\boldsymbol{e}_3$ 线性无关.

今后总是用 $\boldsymbol{e}_i$ 表示第 i 个分量为 1 而其余分量为 0 的向量. 显然，n 维向量组 $\boldsymbol{e}_1,\boldsymbol{e}_2,\cdots,\boldsymbol{e}_n$ 是线性无关的.

3.3.3 线性相关性的判定

判定向量组的线性相关性，还可应用下面几个重要的结论.

定理 3.7 对于向量组 $\boldsymbol{\alpha}_1,\boldsymbol{\alpha}_2,\cdots,\boldsymbol{\alpha}_s$，若齐次线性方程组

$$x_1\boldsymbol{\alpha}_1 + x_2\boldsymbol{\alpha}_2 + \cdots + x_s\boldsymbol{\alpha}_s = \mathbf{0} \tag{3.21}$$

有非零解，则向量组 $\boldsymbol{\alpha}_1,\boldsymbol{\alpha}_2,\cdots,\boldsymbol{\alpha}_s$ 线性相关；若齐次线性方程组(3.21) 只有唯一的零解，则向量组 $\boldsymbol{\alpha}_1,\boldsymbol{\alpha}_2,\cdots,\boldsymbol{\alpha}_s$ 线性无关.

只要将式(3.20) 视为以 $\boldsymbol{\alpha}_1,\boldsymbol{\alpha}_2,\cdots,\boldsymbol{\alpha}_s$ 为系数列向量，以 $k_1, k_2, \cdots, k_s$ 为未知数的齐次线性方程组，定理 3.7 的结论就可由定义 3.3 直接得到.

定理 3.8 对于向量组 $\boldsymbol{\alpha}_1,\boldsymbol{\alpha}_2,\cdots,\boldsymbol{\alpha}_s$，引入矩阵

$$\boldsymbol{A}=[\boldsymbol{\alpha}_1,\boldsymbol{\alpha}_2,\cdots,\boldsymbol{\alpha}_s],$$

若 $r(\boldsymbol{A})=s$，则向量组 $\boldsymbol{\alpha}_1,\boldsymbol{\alpha}_2,\cdots,\boldsymbol{\alpha}_s$ 线性无关；若 $r(\boldsymbol{A})<s$，则向量组 $\boldsymbol{\alpha}_1,\boldsymbol{\alpha}_2,\cdots,\boldsymbol{\alpha}_s$ 线性相关.

定理 3.8 是由定理 3.7 和定理 3.5 结合起来得到的.

由于一个矩阵的秩不会大于矩阵的行数，因此有以下结论：

定理 3.9 在 n 维向量的向量组中，若向量的个数 $m>n$，则该向量组一定线性相关.

我们经常利用这些定理来判定向量组的线性相关性.

【例 3.14】 判定下列向量组是线性相关还是线性无关：

(1) $\boldsymbol{\alpha}_1=[1,\ -2,\ 0,\ 4]^{\mathrm{T}},\boldsymbol{\alpha}_2=[2,\ 6,\ -3,\ 0]^{\mathrm{T}},\boldsymbol{\alpha}_3=[3,\ 4,\ 2,\ -1]^{\mathrm{T}}$；

(2) $\boldsymbol{\alpha}_1=[3,\ 4,\ -2,\ 5]^{\mathrm{T}},\boldsymbol{\alpha}_2=[2,\ -5,\ 0,\ -3]^{\mathrm{T}},\boldsymbol{\alpha}_3=[5,\ 0,\ -1,\ 2]^{\mathrm{T}}$,
$\boldsymbol{\alpha}_4=[3,\ 3,\ -3,\ 5]^{\mathrm{T}}$；

(3) $\boldsymbol{\alpha}_1=[5,\ 4,\ 2,\ 9]^{\mathrm{T}},\boldsymbol{\alpha}_2=[-6,\ 8,\ -7,\ 2]^{\mathrm{T}},\boldsymbol{\alpha}_3=[1,\ 8,\ -7,\ 10]^{\mathrm{T}}$,
$\boldsymbol{\alpha}_4=[6,\ 1,\ -8,\ 5]^{\mathrm{T}},\boldsymbol{\alpha}_5=[-9,\ -6,\ -3,\ 7]^{\mathrm{T}}$.

解 利用定理 3.8，得

(1) $$[\boldsymbol{\alpha}_1,\boldsymbol{\alpha}_2,\boldsymbol{\alpha}_3]=\begin{bmatrix}1&2&3\\-2&6&4\\0&-3&2\\4&0&-1\end{bmatrix}\xrightarrow[④+①\times(-4)]{②+①\times 2}\begin{bmatrix}1&2&3\\0&10&10\\0&-3&2\\0&-8&-13\end{bmatrix}$$

$$\xrightarrow{②\times(1/10)}\begin{bmatrix}1&2&3\\0&1&1\\0&-3&2\\0&-8&-13\end{bmatrix}\xrightarrow[④+②\times 8]{③+②\times 3}\begin{bmatrix}1&2&3\\0&1&1\\0&0&5\\0&0&-5\end{bmatrix}\xrightarrow{④+③}\begin{bmatrix}1&2&3\\0&1&1\\0&0&5\\0&0&0\end{bmatrix},$$

因为 $r=3=s$，所以 $\boldsymbol{\alpha}_1,\boldsymbol{\alpha}_2,\boldsymbol{\alpha}_3$ 线性无关；

(2) $$[\boldsymbol{\alpha}_1,\boldsymbol{\alpha}_2,\boldsymbol{\alpha}_3,\boldsymbol{\alpha}_4]=\begin{bmatrix}3&2&5&3\\4&-5&0&3\\-2&0&-1&-3\\5&-3&2&5\end{bmatrix}\xrightarrow{①+③}\begin{bmatrix}1&2&4&0\\4&-5&0&3\\-2&0&-1&-3\\5&-3&2&5\end{bmatrix}$$

$$\xrightarrow[\substack{③+①\times 2\\④+①\times(-5)}]{②+①\times(-4)}\begin{bmatrix}1&2&4&0\\0&-13&-16&3\\0&4&7&-3\\0&-13&-18&5\end{bmatrix}\xrightarrow{②+③\times 3}\begin{bmatrix}1&2&4&0\\0&-1&5&-6\\0&4&7&-3\\0&-13&-18&5\end{bmatrix}$$

$$\xrightarrow[④+②\times(-13)]{③+②\times 4}\begin{bmatrix}1&2&4&0\\0&-1&5&-6\\0&0&27&-27\\0&0&-83&83\end{bmatrix}\xrightarrow{④+③\times(83/27)}\begin{bmatrix}1&2&4&0\\0&-1&5&-6\\0&0&27&-27\\0&0&0&0\end{bmatrix},$$

因为 $r=3,s=4$ 所以 $r<s$，因此 $\boldsymbol{\alpha}_1,\boldsymbol{\alpha}_2,\boldsymbol{\alpha}_3,\boldsymbol{\alpha}_4$ 线性相关；

(3) 由定理 3.9 知，5 个四维向量一定是线性相关的.

【例 3.15】 设四维向量组 $\boldsymbol{\alpha}_1=[a_1,\ a_2,\ a_3,\ a_4]^{\mathrm{T}},\boldsymbol{\alpha}_2=[b_1,\ b_2,\ b_3,\ b_4]^{\mathrm{T}},\boldsymbol{\alpha}_3=[c_1,\ c_2,\ c_3,\ c_4]^{\mathrm{T}}$ 线性无关. 试证：在每个向量上添上一个分量，得到的五维向量组 $\boldsymbol{\beta}_1=[a_1,\ a_2,\ a_3,\ a_4,\ a_5]^{\mathrm{T}},\boldsymbol{\beta}_2=[b_1,\ b_2,\ b_3,\ b_4,\ b_5]^{\mathrm{T}},\boldsymbol{\beta}_3=[c_1,\ c_2,\ c_3,\ c_4,\ c_5]^{\mathrm{T}}$ 也线性无关.

证　因为$\boldsymbol{\alpha}_1,\boldsymbol{\alpha}_2,\boldsymbol{\alpha}_3$线性无关,所以相应的齐次线性方程组

$$\begin{cases} a_1x_1+b_1x_2+c_1x_3=0, \\ a_2x_1+b_2x_2+c_2x_3=0, \\ a_3x_1+b_3x_2+c_3x_3=0, \\ a_4x_1+b_4x_2+c_4x_3=0 \end{cases} \tag{3.22}$$

只有零解.考虑$\boldsymbol{\beta}_1,\boldsymbol{\beta}_2,\boldsymbol{\beta}_3$相应的齐次线性方程组

$$\begin{cases} a_1x_1+b_1x_2+c_1x_3=0, \\ a_2x_1+b_2x_2+c_2x_3=0, \\ a_3x_1+b_3x_2+c_3x_3=0, \\ a_4x_1+b_4x_2+c_4x_3=0, \\ a_5x_1+b_5x_2+c_5x_3=0, \end{cases} \tag{3.23}$$

显然,方程组(3.23)的每个解都是方程组(3.22)的解.既然方程组(3.22)只有零解,所以方程组(3.23)也只有零解,从而$\boldsymbol{\beta}_1,\boldsymbol{\beta}_2,\boldsymbol{\beta}_3$线性无关.

用同样的方法可把此结论推广到一般情形,即有:

定理3.10　若n维向量组$\boldsymbol{\alpha}_1,\boldsymbol{\alpha}_2,\cdots,\boldsymbol{\alpha}_s$线性无关,则在每个向量上添上$m$个分量,得到的$n+m$维向量组$\boldsymbol{\beta}_1,\boldsymbol{\beta}_2,\cdots,\boldsymbol{\beta}_s$也线性无关.

定理3.11　向量组$\boldsymbol{\alpha}_1,\boldsymbol{\alpha}_2,\cdots,\boldsymbol{\alpha}_s(s\geqslant 2)$线性相关的充分必要条件是:其中至少有一个向量可以由其余向量线性表出.

证　必要性　已知向量组$\boldsymbol{\alpha}_1,\boldsymbol{\alpha}_2,\cdots,\boldsymbol{\alpha}_s$线性相关,由定义3.3知,有一组不全为零的数$k_1,k_2,\cdots,k_s$,使得

$$k_1\boldsymbol{\alpha}_1+k_2\boldsymbol{\alpha}_2+\cdots+k_s\boldsymbol{\alpha}_s=\mathbf{0}. \tag{3.24}$$

不妨设$k_i\neq 0$,由式(3.24)移项得

$$k_i\boldsymbol{\alpha}_i=-k_1\boldsymbol{\alpha}_1-k_2\boldsymbol{\alpha}_2-\cdots-k_{i-1}\boldsymbol{\alpha}_{i-1}-k_{i+1}\boldsymbol{\alpha}_{i+1}-\cdots-k_s\boldsymbol{\alpha}_s,$$

即

$$\boldsymbol{\alpha}_i=-\frac{k_1}{k_i}\boldsymbol{\alpha}_1-\frac{k_2}{k_i}\boldsymbol{\alpha}_2-\cdots-\frac{k_{i-1}}{k_i}\boldsymbol{\alpha}_{i-1}-\frac{k_{i+1}}{k_i}\boldsymbol{\alpha}_{i+1}-\cdots-\frac{k_s}{k_i}\boldsymbol{\alpha}_s,$$

这说明$\boldsymbol{\alpha}_i$可以由其余向量线性表出.

充分性　已知向量组$\boldsymbol{\alpha}_1,\boldsymbol{\alpha}_2,\cdots,\boldsymbol{\alpha}_s(s\geqslant 2)$中有一个向量$\boldsymbol{\alpha}_j$可以用其余向量线性表出,即

$$\boldsymbol{\alpha}_j=k_1'\boldsymbol{\alpha}_1+k_2'\boldsymbol{\alpha}_2+\cdots+k_{j-1}'\boldsymbol{\alpha}_{j-1}+k_{j+1}'\boldsymbol{\alpha}_{j+1}+\cdots+k_s'\boldsymbol{\alpha}_s,$$

移项得

$$k_1'\boldsymbol{\alpha}_1+k_2'\boldsymbol{\alpha}_2+\cdots+k_{j-1}'\boldsymbol{\alpha}_{j-1}-\boldsymbol{\alpha}_j+k_{j+1}'\boldsymbol{\alpha}_{j+1}+\cdots+k_s'\boldsymbol{\alpha}_s=\mathbf{0},$$

因为$k_1',k_2',\cdots,k_{j-1}',-1,k_{j+1}',\cdots,k_s'$中至少有一个实数$-1\neq 0$,所以$\boldsymbol{\alpha}_1,\boldsymbol{\alpha}_2,\cdots,\boldsymbol{\alpha}_s$线性相关.

由定理3.11立即得到:

定理3.12　向量组$\boldsymbol{\alpha}_1,\boldsymbol{\alpha}_2,\cdots,\boldsymbol{\alpha}_s(s\geqslant 2)$线性无关的充分必要条件是:其中任何一个向量都不能由其余向量线性表出.

【例3.16】　试证:线性无关向量组的任何部分组也是线性无关的.

证　设向量组$\boldsymbol{\alpha}_1,\boldsymbol{\alpha}_2,\cdots,\boldsymbol{\alpha}_s$线性无关,不妨设$\boldsymbol{\alpha}_1,\boldsymbol{\alpha}_2,\cdots,\boldsymbol{\alpha}_t(t<s)$线性相关,由定义3.3知,有一组不全为零的数$k_1,k_2,\cdots,k_t$,使得

$$k_1\boldsymbol{\alpha}_1+k_2\boldsymbol{\alpha}_2+\cdots+k_t\boldsymbol{\alpha}_t=\mathbf{0},$$

从而有

$$k_1\boldsymbol{\alpha}_1 + k_2\boldsymbol{\alpha}_2 + \cdots + k_t\boldsymbol{\alpha}_t + 0\times\boldsymbol{\alpha}_{t+1} + \cdots + 0\times\boldsymbol{\alpha}_s = \mathbf{0},$$

因为 $k_1,k_2,\cdots,k_t$ 不全为零，所以 $k_1,k_2,\cdots,k_t,0,\cdots,0$ 也不全为零，所以 $\boldsymbol{\alpha}_1,\boldsymbol{\alpha}_2,\cdots,\boldsymbol{\alpha}_s$ 线性相关，与 $\boldsymbol{\alpha}_1,\boldsymbol{\alpha}_2,\cdots,\boldsymbol{\alpha}_s$ 线性无关相矛盾，故 $\boldsymbol{\alpha}_1,\boldsymbol{\alpha}_2,\cdots,\boldsymbol{\alpha}_t$ 线性无关.

【例 3.17】 设向量组 $\boldsymbol{\alpha}_1,\boldsymbol{\alpha}_2,\cdots,\boldsymbol{\alpha}_s$ 线性无关，而向量组 $\boldsymbol{\alpha}_1,\boldsymbol{\alpha}_2,\cdots,\boldsymbol{\alpha}_s,\boldsymbol{\beta}$ 线性相关，证明 $\boldsymbol{\beta}$ 一定可以由 $\boldsymbol{\alpha}_1,\boldsymbol{\alpha}_2,\cdots,\boldsymbol{\alpha}_s$ 线性表出.

证 因为 $\boldsymbol{\alpha}_1,\boldsymbol{\alpha}_2,\cdots,\boldsymbol{\alpha}_s,\boldsymbol{\beta}$ 线性相关，由定义 3.3 知，存在不全为零的数 $k_1,k_2,\cdots,k_s,k_{s+1}$，使得

$$k_1\boldsymbol{\alpha}_1 + k_2\boldsymbol{\alpha}_2 + \cdots + k_s\boldsymbol{\alpha}_s + k_{s+1}\boldsymbol{\beta} = \mathbf{0},$$

假设 $k_{s+1}=0$，则上式变成为

$$k_1\boldsymbol{\alpha}_1 + k_2\boldsymbol{\alpha}_2 + \cdots + k_s\boldsymbol{\alpha}_s = \mathbf{0},$$

而 $k_1,k_2,\cdots,k_s$ 不全为零，知 $\boldsymbol{\alpha}_1,\boldsymbol{\alpha}_2,\cdots,\boldsymbol{\alpha}_s$ 线性相关，这与已知相矛盾，因此 $k_{s+1}\neq 0$，于是

$$\boldsymbol{\beta} = -\frac{k_1}{k_{s+1}}\boldsymbol{\alpha}_1 - \frac{k_2}{k_{s+1}}\boldsymbol{\alpha}_2 - \cdots - \frac{k_s}{k_{s+1}}\boldsymbol{\alpha}_s,$$

即 $\boldsymbol{\beta}$ 可以由 $\boldsymbol{\alpha}_1,\boldsymbol{\alpha}_2,\cdots,\boldsymbol{\alpha}_s$ 线性表出.

定理 3.13 若向量组 $\boldsymbol{\alpha}_1,\boldsymbol{\alpha}_2,\cdots,\boldsymbol{\alpha}_s$ 中每个向量都是 $\boldsymbol{\beta}_1,\boldsymbol{\beta}_2,\cdots,\boldsymbol{\beta}_t$ 的线性组合，且 $t<s$，则 $\boldsymbol{\alpha}_1,\boldsymbol{\alpha}_2,\cdots,\boldsymbol{\alpha}_s$ 线性相关.

证 由条件设

$$\boldsymbol{\alpha}_i = a_{1i}\boldsymbol{\beta}_1 + a_{2i}\boldsymbol{\beta}_2 + \cdots + a_{ti}\boldsymbol{\beta}_t \quad (i=1,2,\cdots,s),$$

于是

$$\begin{aligned}
&k_1\boldsymbol{\alpha}_1 + k_2\boldsymbol{\alpha}_2 + \cdots + k_s\boldsymbol{\alpha}_s \\
&= k_1(a_{11}\boldsymbol{\beta}_1 + a_{21}\boldsymbol{\beta}_2 + \cdots + a_{t1}\boldsymbol{\beta}_t) + k_2(a_{12}\boldsymbol{\beta}_1 + a_{22}\boldsymbol{\beta}_2 + \cdots + a_{t2}\boldsymbol{\beta}_t) + \\
&\quad \cdots + k_s(a_{1s}\boldsymbol{\beta}_1 + a_{2s}\boldsymbol{\beta}_2 + \cdots + a_{ts}\boldsymbol{\beta}_t),
\end{aligned}$$

所以只要 $k_1,k_2,\cdots,k_s$ 满足齐次线性方程组

$$\begin{cases}
a_{11}k_1 + a_{12}k_2 + \cdots + a_{1s}k_s = 0, \\
a_{21}k_1 + a_{22}k_2 + \cdots + a_{2s}k_s = 0, \\
\quad\vdots \qquad\quad \vdots \qquad\qquad \vdots \qquad \vdots \\
a_{t1}k_1 + a_{t2}k_2 + \cdots + a_{ts}k_s = 0,
\end{cases} \tag{3.25}$$

就有

$$k_1\boldsymbol{\alpha}_1 + k_2\boldsymbol{\alpha}_2 + \cdots + k_s\boldsymbol{\alpha}_s = \mathbf{0},$$

而式(3.25)只有 t 个方程，故系数矩阵的秩必不超过 t $(t<s)$，利用定理 3.8，即方程组(3.25)有非零解. 所以 $\boldsymbol{\alpha}_1,\boldsymbol{\alpha}_2,\cdots,\boldsymbol{\alpha}_s$ 线性相关.

习题 3.3

参考答案与提示

1. 设向量 $\boldsymbol{\alpha}_1=[1,\ 2,\ 3]^{\mathrm{T}}$，$\boldsymbol{\alpha}_2=[3,\ 2,\ 1]^{\mathrm{T}}$，$\boldsymbol{\alpha}_3=[-2,\ 0,\ 2]^{\mathrm{T}}$，$\boldsymbol{\alpha}_4=[1,\ 2,\ 4]^{\mathrm{T}}$，求：(1) $3\boldsymbol{\alpha}_1+2\boldsymbol{\alpha}_2-5\boldsymbol{\alpha}_3+4\boldsymbol{\alpha}_4$；(2) $5\boldsymbol{\alpha}_1+2\boldsymbol{\alpha}_2-\boldsymbol{\alpha}_3-\boldsymbol{\alpha}_4$.

2. 设 $2(\boldsymbol{\alpha}_1+\boldsymbol{\alpha})+3(\boldsymbol{\alpha}_2-\boldsymbol{\alpha})=6(\boldsymbol{\alpha}_3-\boldsymbol{\alpha})$，其中 $\boldsymbol{\alpha}_1=[2,\ 4,\ 1,\ 3]^{\mathrm{T}}$，$\boldsymbol{\alpha}_2=[9,\ 5,\ 8,\ 4]^{\mathrm{T}}$，$\boldsymbol{\alpha}_3=[6,\ 3,\ 6,\ 3]^{\mathrm{T}}$，求 $\boldsymbol{\alpha}$.

3. 判定向量 $\boldsymbol{\beta}$ 能否由向量组 $\boldsymbol{\alpha}_1,\boldsymbol{\alpha}_2,\boldsymbol{\alpha}_3$ 线性表出，若能，写出它的一种表出方式：

(1) $\boldsymbol{\beta}=[-2,\ 14,\ -8]^{\mathrm{T}}$，$\boldsymbol{\alpha}_1=[0,\ 1,\ -1]^{\mathrm{T}}$，$\boldsymbol{\alpha}_2=[-2,\ 1,\ 0]^{\mathrm{T}}$，

$\boldsymbol{\alpha}_3=[0,\ -2,\ 1]^{\mathrm{T}}$;

(2) $\boldsymbol{\beta}=[3,\ 5,\ 6]^{\mathrm{T}}, \boldsymbol{\alpha}_1=[1,\ 0,\ 1]^{\mathrm{T}}, \boldsymbol{\alpha}_2=[1,\ 1,\ 1]^{\mathrm{T}}, \boldsymbol{\alpha}_3=[0,\ -1,\ -1]^{\mathrm{T}}$;

(3) $\boldsymbol{\beta}=[0,\ -1,\ 1,\ -2]^{\mathrm{T}}, \boldsymbol{\alpha}_1=[1,\ 1,\ 1,\ 1]^{\mathrm{T}}, \boldsymbol{\alpha}_2=[1,\ 2,\ 1,\ 3]^{\mathrm{T}}, \boldsymbol{\alpha}_3=[1,\ 1,\ 0,\ 1]^{\mathrm{T}}$.

4. 设 $\boldsymbol{\beta}$ 可由 $\boldsymbol{\alpha}_1,\boldsymbol{\alpha}_2,\cdots,\boldsymbol{\alpha}_{s-1},\boldsymbol{\alpha}_s$ 线性表出，但不能由 $\boldsymbol{\alpha}_1,\boldsymbol{\alpha}_2,\cdots,\boldsymbol{\alpha}_{s-1}$ 线性表出，证明 $\boldsymbol{\alpha}_s$ 一定可由 $\boldsymbol{\beta},\boldsymbol{\alpha}_1,\boldsymbol{\alpha}_2,\cdots,\boldsymbol{\alpha}_{s-1}$ 线性表出.

5. 试证：任意一个四维向量 $\boldsymbol{\beta}=[a_1,\ a_2,\ a_3,\ a_4]^{\mathrm{T}}$ 都可以由向量组 $\boldsymbol{\alpha}_1=[1,\ 0,\ 1,\ 0]^{\mathrm{T}}, \boldsymbol{\alpha}_2=[1,\ 1,\ 2,\ 0]^{\mathrm{T}}, \boldsymbol{\alpha}_3=[1,\ 1,\ 3,\ 0]^{\mathrm{T}}, \boldsymbol{\alpha}_4=[1,\ 1,\ 4,\ 1]^{\mathrm{T}}$ 线性表出，并且表出方式只有一种，写出这种表出方式.

6. 判定下列向量组的线性相关性：

(1) $\boldsymbol{\alpha}_1=[1,\ 1,\ 1]^{\mathrm{T}}, \boldsymbol{\alpha}_2=[1,\ 2,\ 3]^{\mathrm{T}}, \boldsymbol{\alpha}_3=[1,\ 3,\ 6]^{\mathrm{T}}$;

(2) $\boldsymbol{\alpha}_1=[2,\ -1,\ 3,\ 1]^{\mathrm{T}}, \boldsymbol{\alpha}_2=[2,\ -1,\ 4,\ -1]^{\mathrm{T}}, \boldsymbol{\alpha}_3=[4,\ -2,\ 5,\ 4]^{\mathrm{T}}$;

(3) $\boldsymbol{\alpha}_1=[2,\ 2,\ 7,\ -1]^{\mathrm{T}}, \boldsymbol{\alpha}_2=[3,\ -1,\ 2,\ 4]^{\mathrm{T}}, \boldsymbol{\alpha}_3=[1,\ 1,\ 3,\ 1]^{\mathrm{T}}$.

7. 设 $\boldsymbol{\alpha}_1,\boldsymbol{\alpha}_2,\cdots,\boldsymbol{\alpha}_s$ 是 s 个 n 维向量，试判定下列条件是否等价：

(1) $\boldsymbol{\alpha}_1,\boldsymbol{\alpha}_2,\cdots,\boldsymbol{\alpha}_s$ 不线性相关；

(2) 不存在不全为零的一组数 $k_1,k_2,\cdots,k_s$，使 $k_1\boldsymbol{\alpha}_1+k_2\boldsymbol{\alpha}_2+\cdots+k_s\boldsymbol{\alpha}_s=\mathbf{0}$；

(3) 设 $k_1,k_2,\cdots,k_s$ 为任意一组不全为零的数，则必有 $k_1\boldsymbol{\alpha}_1+k_2\boldsymbol{\alpha}_2+\cdots+k_s\boldsymbol{\alpha}_s\neq\mathbf{0}$；

(4) 若 $k_1\boldsymbol{\alpha}_1+k_2\boldsymbol{\alpha}_2+\cdots+k_s\boldsymbol{\alpha}_s=\mathbf{0}$，$k_1,k_2,\cdots,k_s$ 为 s 个数，则必有 $k_1=k_2=\cdots=k_s=0$.

8. 下列论断哪些是对的？哪些是错的？如果是对的，加以证明；如果是错的，举反例说明：

(1) 如果 $\boldsymbol{\alpha}_1,\boldsymbol{\alpha}_2,\cdots,\boldsymbol{\alpha}_s$ 线性无关，则其中每个向量都不能表为其余向量的线性组合；

(2) 如果 $\boldsymbol{\alpha}_1,\boldsymbol{\alpha}_2,\cdots,\boldsymbol{\alpha}_s$ 线性相关，则其中每个向量都可表为其余向量的线性组合；

(3) 如果 $\boldsymbol{\alpha}_1,\boldsymbol{\alpha}_2,\cdots,\boldsymbol{\alpha}_s$ 线性无关，$\boldsymbol{\beta}_1,\boldsymbol{\beta}_2,\cdots,\boldsymbol{\beta}_t$ 也线性无关，则 $\boldsymbol{\alpha}_1,\boldsymbol{\alpha}_2,\cdots,\boldsymbol{\alpha}_s,\boldsymbol{\beta}_1,\boldsymbol{\beta}_2,\cdots,\boldsymbol{\beta}_t$ 也线性无关；

(4) 如果 $\boldsymbol{\alpha}_1,\boldsymbol{\alpha}_2,\cdots,\boldsymbol{\alpha}_s$ 线性相关，$\boldsymbol{\beta}_1,\boldsymbol{\beta}_2,\cdots,\boldsymbol{\beta}_t$ 也线性相关，则 $\boldsymbol{\alpha}_1,\boldsymbol{\alpha}_2,\cdots,\boldsymbol{\alpha}_s,\boldsymbol{\beta}_1,\boldsymbol{\beta}_2,\cdots,\boldsymbol{\beta}_t$ 也线性相关；

(5) 如果 $\boldsymbol{\alpha}_1,\boldsymbol{\alpha}_2,\cdots,\boldsymbol{\alpha}_s$ 线性相关，则对任一组不全为零的数 $k_1,k_2,\cdots,k_s$，都有 $k_1\boldsymbol{\alpha}_1+k_2\boldsymbol{\alpha}_2+\cdots+k_s\boldsymbol{\alpha}_s=\mathbf{0}$.

9. 证明：$\boldsymbol{\alpha}_1+\boldsymbol{\alpha}_2,\boldsymbol{\alpha}_2+\boldsymbol{\alpha}_3,\boldsymbol{\alpha}_3+\boldsymbol{\alpha}_1$ 线性无关的充分必要条件是 $\boldsymbol{\alpha}_1,\boldsymbol{\alpha}_2,\boldsymbol{\alpha}_3$ 线性无关.

3.4 向量组的秩

讨论一个向量组的线性相关性时，如何用尽量少的向量去代表全组向量呢？为此，我们引入向量组的等价和极大线性无关组的概念.

3.4.1 向量组的等价关系

定义 3.5 设有两个向量组

$$A=\{\boldsymbol{\alpha}_1,\boldsymbol{\alpha}_2,\cdots,\boldsymbol{\alpha}_r\},\qquad B=\{\boldsymbol{\beta}_1,\boldsymbol{\beta}_2,\cdots,\boldsymbol{\beta}_s\},$$

如果向量组 A 中的每个向量都能由向量组 B 中的向量线性表示，则称向量组 A 能由向量组 B

线性表示. 如果向量组 A 能由向量组 B 线性表示,且向量组 B 也能由向量组 A 线性表示,则称向量组 A 与向量组 B **等价**.

【例 3.18】 设两向量组为

$$A=\{\boldsymbol{\alpha}_1=[1,\ -2,\ 1]^{\mathrm{T}},\boldsymbol{\alpha}_2=[1,\ -3,\ 0]^{\mathrm{T}},\boldsymbol{\alpha}_3=[0,\ -1,\ -1]^{\mathrm{T}}\},$$
$$B=\{\boldsymbol{\beta}_1=[2,\ -5,\ 1]^{\mathrm{T}},\boldsymbol{\beta}_2=[1,\ -1,\ 2]^{\mathrm{T}}\},$$

求证:向量组 A 和向量组 B 等价.

证 因为

$$\boldsymbol{\alpha}_1=\frac{1}{3}\boldsymbol{\beta}_1+\frac{1}{3}\boldsymbol{\beta}_2,\boldsymbol{\alpha}_2=\frac{2}{3}\boldsymbol{\beta}_1-\frac{1}{3}\boldsymbol{\beta}_2,\boldsymbol{\alpha}_3=\frac{1}{3}\boldsymbol{\beta}_1-\frac{2}{3}\boldsymbol{\beta}_2,$$

这表明向量组 A 能由向量组 B 线性表示. 又因为

$$\boldsymbol{\beta}_1=\boldsymbol{\alpha}_1+\boldsymbol{\alpha}_2,\boldsymbol{\beta}_2=\boldsymbol{\alpha}_1-\boldsymbol{\alpha}_3,$$

这表明向量组 B 能由向量组 A 线性表示.

故$\{\boldsymbol{\alpha}_1,\boldsymbol{\alpha}_2,\boldsymbol{\alpha}_3\}$与$\{\boldsymbol{\beta}_1,\boldsymbol{\beta}_2\}$等价.

向量组之间的等价关系具有下面三条性质:

(1) **反身性**:A 组与 A 组自身等价;

(2) **对称性**:若 A 组与 B 组等价,则 B 组与 A 组等价;

(3) **传递性**:若 A 组与 B 组等价,B 组与 C 组等价,则 A 组与 C 组等价.

3.4.2 极大线性无关组

定义 3.6 若向量组 S 中的部分向量组 S_0 满足:

(1) S_0 线性无关;

(2) S 中的每个向量都是 S_0 中向量的线性组合,

则称部分向量组 S_0 为向量组 S 的一个**极大线性无关组**,简称**极大无关组**.

【例 3.19】 设向量组

$$\boldsymbol{\alpha}_1=\begin{bmatrix}1\\4\end{bmatrix},\boldsymbol{\alpha}_2=\begin{bmatrix}2\\5\end{bmatrix},\boldsymbol{\alpha}_3=\begin{bmatrix}3\\6\end{bmatrix},$$

因 $\boldsymbol{\alpha}_1,\boldsymbol{\alpha}_2$ 线性无关,而 $\boldsymbol{\alpha}_1,\boldsymbol{\alpha}_2,\boldsymbol{\alpha}_3$ 都是 $\boldsymbol{\alpha}_1,\boldsymbol{\alpha}_2$ 的线性组合:

$$\boldsymbol{\alpha}_1=1\boldsymbol{\alpha}_1+0\boldsymbol{\alpha}_2,\quad \boldsymbol{\alpha}_2=0\boldsymbol{\alpha}_1+1\boldsymbol{\alpha}_2,\quad \boldsymbol{\alpha}_3=(-1)\boldsymbol{\alpha}_1+2\boldsymbol{\alpha}_2,$$

所以$\{\boldsymbol{\alpha}_1,\boldsymbol{\alpha}_2\}$为向量组$\boldsymbol{\alpha}_1,\boldsymbol{\alpha}_2,\boldsymbol{\alpha}_3$的一个极大无关组. 同理$\{\boldsymbol{\alpha}_2,\boldsymbol{\alpha}_3\}$也是向量组$\boldsymbol{\alpha}_1,\boldsymbol{\alpha}_2,\boldsymbol{\alpha}_3$的一个极大无关组;$\{\boldsymbol{\alpha}_1,\boldsymbol{\alpha}_3\}$也是向量组 $\boldsymbol{\alpha}_1,\boldsymbol{\alpha}_2,\boldsymbol{\alpha}_3$ 的极大无关组.

【例 3.20】 设向量组 $\boldsymbol{\alpha}_1,\boldsymbol{\alpha}_2,\boldsymbol{\alpha}_3,\boldsymbol{\alpha}_4$,其中

$$\boldsymbol{\alpha}_1=\begin{bmatrix}1\\2\\0\\0\end{bmatrix},\boldsymbol{\alpha}_2=\begin{bmatrix}0\\1\\-2\\1\end{bmatrix},\boldsymbol{\alpha}_3=\begin{bmatrix}2\\4\\0\\0\end{bmatrix},\boldsymbol{\alpha}_4=\begin{bmatrix}1\\1\\2\\-1\end{bmatrix},$$

易见$\{\boldsymbol{\alpha}_1,\boldsymbol{\alpha}_2\}$为此向量组的一个极大无关组. $\{\boldsymbol{\alpha}_1,\boldsymbol{\alpha}_4\}$,$\{\boldsymbol{\alpha}_3,\boldsymbol{\alpha}_4\}$,$\{\boldsymbol{\alpha}_2,\boldsymbol{\alpha}_3\}$和$\{\boldsymbol{\alpha}_2,\boldsymbol{\alpha}_4\}$都是此向量组的一个极大无关组.

通过上面两个例子我们看到,一个向量组可以有不止一个极大无关组,但极大无关组中所包含的向量个数却是相同的. 有如下定理:

定理 3.14 对于一个向量组,其所有极大无关组所含向量的个数都相同.

证 设$\{\boldsymbol{\alpha}_1,\boldsymbol{\alpha}_2,\cdots,\boldsymbol{\alpha}_s\}$和$\{\boldsymbol{\beta}_1,\boldsymbol{\beta}_2,\cdots,\boldsymbol{\beta}_t\}$都是向量组$S$的极大无关组.

假设$s\neq t$,不妨设$s<t$.因$\boldsymbol{\alpha}_1,\boldsymbol{\alpha}_2,\cdots,\boldsymbol{\alpha}_s$为$S$的极大无关组,所以每个$\boldsymbol{\beta}_i(i=1,2,\cdots,t)$都是$\boldsymbol{\alpha}_1,\boldsymbol{\alpha}_2,\cdots,\boldsymbol{\alpha}_s$的线性组合,由定理3.13知,$\boldsymbol{\beta}_1,\boldsymbol{\beta}_2,\cdots,\boldsymbol{\beta}_t$线性相关,这和$\boldsymbol{\beta}_1,\boldsymbol{\beta}_2,\cdots,\boldsymbol{\beta}_t$为$S$的极大无关组相矛盾,所以$t=s$.

定义 3.7 对于向量组S,极大无关组中所含向量个数称为**向量组S的秩**.

从定理3.14和定义3.6可得到以下推论:

推论 3.4 若向量组A能由向量组B线性表示,则向量组A的秩不大于向量组B的秩.

推论 3.5 两个等价的线性无关向量组所包含的向量个数一定相等.

推论 3.6 两个等价的向量组有相同的秩.

一般情况下,如何求一个向量组的秩和极大无关组呢?我们将在下面解决这个问题.

【例 3.21】 考虑构成上三角形矩阵

$$\boldsymbol{A}=\begin{bmatrix} a_{11} & a_{12} & \cdots & a_{1n} \\ 0 & a_{22} & \cdots & a_{2n} \\ \vdots & \vdots & & \vdots \\ 0 & 0 & \cdots & a_{nn} \end{bmatrix}\quad(a_{ii}\neq 0,i=1,2,\cdots,n)$$

的n个列向量所构成的向量组.

由于$r(\boldsymbol{A})=n$,所以这n个列向量是线性无关的,故该向量组的秩亦为n.

【例 3.22】 考虑构成下列阶梯形矩阵

$$\boldsymbol{A}=\begin{bmatrix} 2 & 5 & 0 & 1 & 0 & 0 \\ 0 & 0 & -3 & 0 & 1 & -3 \\ 0 & 0 & 0 & 6 & -2 & 0 \\ 0 & 0 & 0 & 0 & 0 & 8 \end{bmatrix}$$

的6个列向量.

显然,有列向量组

$$\begin{bmatrix} 2 \\ 0 \\ 0 \\ 0 \end{bmatrix},\begin{bmatrix} 0 \\ -3 \\ 0 \\ 0 \end{bmatrix},\begin{bmatrix} 1 \\ 0 \\ 6 \\ 0 \end{bmatrix},\begin{bmatrix} 0 \\ -3 \\ 0 \\ 8 \end{bmatrix}$$

是线性无关的,而若再加上一个向量就是线性相关的,因此这6个列向量构成的向量组的秩为4,也就是矩阵$\boldsymbol{A}$的秩,而极大无关组就是上述列向量组.

上例的结论对于一般的阶梯形矩阵是成立的,当矩阵不是阶梯形矩阵时,又如何求呢?我们知道任何一个矩阵都可以通过初等行变换化为阶梯形矩阵.因此,有下列结论:

定理 3.15 列向量组通过初等行变换后不改变其线性相关性.

证 由定理3.7知,向量组$\boldsymbol{\alpha}_1,\boldsymbol{\alpha}_2,\cdots,\boldsymbol{\alpha}_k$的线性相关性,由方程组

$$[\boldsymbol{\alpha}_1\ \boldsymbol{\alpha}_2\cdots\boldsymbol{\alpha}_k]\boldsymbol{X}=\boldsymbol{O}$$

是否有非零解决定.

现经过初等行变换

$$[\boldsymbol{\alpha}_1\boldsymbol{\alpha}_2\cdots\boldsymbol{\alpha}_k]\xrightarrow{\text{初等行变换}}[\boldsymbol{\beta}_1\ \boldsymbol{\beta}_2\ \cdots\ \boldsymbol{\beta}_k],$$

由定理3.1知,$[\boldsymbol{\alpha}_1\ \boldsymbol{\alpha}_2\cdots\boldsymbol{\alpha}_k]\boldsymbol{X}=\boldsymbol{O}$与$[\boldsymbol{\beta}_1\ \boldsymbol{\beta}_2\cdots\boldsymbol{\beta}_k]\boldsymbol{X}=\boldsymbol{O}$为同解方程组,所以向量组$\boldsymbol{\alpha}_1,\boldsymbol{\alpha}_2,\cdots,$

$\boldsymbol{\alpha}_k$ 和向量组 $\boldsymbol{\beta}_1,\boldsymbol{\beta}_2,\cdots,\boldsymbol{\beta}_k$ 的线性相关性相同.

至此,我们一方面知道用初等行变换来求列向量组的秩和极大无关组,另一方面又对矩阵的秩有了新的了解,即矩阵的秩就是列向量组中极大无关组的个数.又 $r(\boldsymbol{A})=r(\boldsymbol{A}^{\mathrm{T}})$,因此有下面的定理:

定理 3.16 矩阵 $\boldsymbol{A}$ 的秩 = 矩阵 $\boldsymbol{A}$ 的列向量组的秩 = 矩阵 $\boldsymbol{A}$ 的行向量组的秩.

于是,求一组向量的秩与极大无关组的方法是:先将这些向量作为矩阵的列构成一个矩阵,再用初等行变换将其化为阶梯形矩阵,阶梯形矩阵中非零行的数量即为向量组的秩,首非零元素所在列对应的原来的向量组即为极大无关组.

【例 3.23】 设向量组

$$\boldsymbol{\alpha}_1=\begin{bmatrix}1\\2\\-2\\3\end{bmatrix},\boldsymbol{\alpha}_2=\begin{bmatrix}2\\-1\\3\\-4\end{bmatrix},\boldsymbol{\alpha}_3=\begin{bmatrix}-1\\5\\6\\2\end{bmatrix},\boldsymbol{\alpha}_4=\begin{bmatrix}3\\1\\1\\-1\end{bmatrix},\boldsymbol{\alpha}_5=\begin{bmatrix}1\\4\\9\\-2\end{bmatrix},$$

求向量组的秩及其一个极大无关组.

解 设矩阵 $\boldsymbol{A}=[\boldsymbol{\alpha}_1,\boldsymbol{\alpha}_2,\boldsymbol{\alpha}_3,\boldsymbol{\alpha}_4,\boldsymbol{\alpha}_5]$,用初等行变换把 $\boldsymbol{A}$ 化为阶梯形矩阵,即

$$\boldsymbol{A}=\begin{bmatrix}1&2&-1&3&1\\2&-1&5&1&4\\-2&3&6&1&9\\3&-4&2&-1&-2\end{bmatrix}\xrightarrow[\substack{③+①\times 2\\ ④+①\times(-3)}]{②+①\times(-2)}\begin{bmatrix}1&2&-1&3&1\\0&-5&7&-5&2\\0&7&4&7&11\\0&-10&5&-10&-5\end{bmatrix}$$

$$\xrightarrow[④+②\times(-2)]{③+②\times(7/5)}\begin{bmatrix}1&2&-1&3&1\\0&-5&7&-5&2\\0&0&69/5&0&69/5\\0&0&-9&0&-9\end{bmatrix}\xrightarrow[\substack{④\times(1/9)\\ ④+③}]{③\times(5/69)}\begin{bmatrix}1&2&-1&3&1\\0&-5&7&-5&2\\0&0&1&0&1\\0&0&0&0&0\end{bmatrix},$$

由定理 3.16 知,$\{\boldsymbol{\alpha}_1,\boldsymbol{\alpha}_2,\boldsymbol{\alpha}_3,\boldsymbol{\alpha}_4,\boldsymbol{\alpha}_5\}$ 的秩为 3,且 $\{\boldsymbol{\alpha}_1,\boldsymbol{\alpha}_2,\boldsymbol{\alpha}_3\}$ 为其中一个极大无关组.

【例 3.24】 设

$$\boldsymbol{A}=[\boldsymbol{\alpha}_1,\boldsymbol{\alpha}_2,\boldsymbol{\alpha}_3,\boldsymbol{\alpha}_4,\boldsymbol{\alpha}_5,\boldsymbol{\alpha}_6,\boldsymbol{\alpha}_7]=\begin{bmatrix}1&-1&2&3&4&5&6\\2&0&3&5&1&4&5\\0&0&0&4&6&8&9\\1&-1&2&7&14&17&19\end{bmatrix},$$

求 $\boldsymbol{A}$ 的列向量组的一个极大无关组,并求出其余向量由此极大无关组线性表出的表达式.

解 因为

$$\boldsymbol{A}\xrightarrow[④+①\times(-1)]{②+①\times(-2)}\begin{bmatrix}1&-1&2&3&4&5&6\\0&2&-1&-1&-7&-6&-7\\0&0&0&4&6&8&9\\0&0&0&4&10&12&13\end{bmatrix}$$

$$\xrightarrow{④+③\times(-1)}\begin{bmatrix}1&-1&2&3&4&5&6\\0&2&-1&-1&-7&-6&-7\\0&0&0&4&6&8&9\\0&0&0&0&4&4&4\end{bmatrix}$$

$$\xrightarrow{④\times(1/4)}\begin{bmatrix}1 & -1 & 2 & 3 & 4 & 5 & 6\\0 & 2 & -1 & -1 & -7 & -6 & -7\\0 & 0 & 0 & 4 & 6 & 8 & 9\\0 & 0 & 0 & 0 & 1 & 1 & 1\end{bmatrix},$$

由此可知列向量组的秩为 4，而 $\boldsymbol{\alpha}_1,\boldsymbol{\alpha}_2,\boldsymbol{\alpha}_4,\boldsymbol{\alpha}_5$ 为一个极大无关组.

为求线性表达式，可逐个求解. 令

$$\boldsymbol{\alpha}_3=\lambda_1\boldsymbol{\alpha}_1+\lambda_2\boldsymbol{\alpha}_2+\lambda_3\boldsymbol{\alpha}_4+\lambda_4\boldsymbol{\alpha}_5,$$

即

$$\begin{bmatrix}2\\3\\0\\2\end{bmatrix}=\begin{bmatrix}1 & -1 & 3 & 4\\2 & 0 & 5 & 1\\0 & 0 & 4 & 6\\1 & -1 & 7 & 14\end{bmatrix}\begin{bmatrix}\lambda_1\\\lambda_2\\\lambda_3\\\lambda_4\end{bmatrix},$$

解出 $\lambda_1=3/2,\lambda_2=-1/2,\lambda_3=0,\lambda_4=0$，所以

$$\boldsymbol{\alpha}_3=(3/2)\boldsymbol{\alpha}_1-(1/2)\boldsymbol{\alpha}_2.$$

同理可得

$$\boldsymbol{\alpha}_6=(1/4)\boldsymbol{\alpha}_1+(3/4)\boldsymbol{\alpha}_2+(1/2)\boldsymbol{\alpha}_4+\boldsymbol{\alpha}_5,$$

$$\boldsymbol{\alpha}_7=(1/8)\boldsymbol{\alpha}_1+(3/8)\boldsymbol{\alpha}_2+(3/4)\boldsymbol{\alpha}_4+\boldsymbol{\alpha}_5.$$

定理 3.17 向量组中每个向量由极大无关组的向量线性表出的表达式是唯一确定的.

证 设 $\{\boldsymbol{\alpha}_1,\boldsymbol{\alpha}_2,\cdots,\boldsymbol{\alpha}_k\}$ 为 S 的极大无关组，$\boldsymbol{\alpha}$ 为 S 中的向量，假设

$$\boldsymbol{\alpha}=\lambda_1\boldsymbol{\alpha}_1+\lambda_2\boldsymbol{\alpha}_2+\cdots+\lambda_k\boldsymbol{\alpha}_k,$$

与

$$\boldsymbol{\alpha}=\mu_1\boldsymbol{\alpha}_1+\mu_2\boldsymbol{\alpha}_2+\cdots+\mu_k\boldsymbol{\alpha}_k,$$

两式相减得

$$\mathbf{0}=(\lambda_1-\mu_1)\boldsymbol{\alpha}_1+(\lambda_2-\mu_2)\boldsymbol{\alpha}_2+\cdots+(\lambda_k-\mu_k)\boldsymbol{\alpha}_k,$$

由于 $\{\boldsymbol{\alpha}_1,\boldsymbol{\alpha}_2,\cdots,\boldsymbol{\alpha}_k\}$ 为极大无关组，故线性无关，因此，有

$$\lambda_1-\mu_1=\lambda_2-\mu_2=\cdots=\lambda_k-\mu_k=0,$$

即

$$\lambda_1=\mu_1,\lambda_2=\mu_2,\cdots,\lambda_k=\mu_k.$$

习题 3.4

参考答案与提示

1. 求下列向量组的秩及一个极大无关组，并将其余向量用极大无关组线性表出：

(1) $\boldsymbol{\alpha}_1=\begin{bmatrix}1\\1\\1\\1\end{bmatrix},\boldsymbol{\alpha}_2=\begin{bmatrix}1\\1\\-1\\-1\end{bmatrix},\boldsymbol{\alpha}_3=\begin{bmatrix}1\\-1\\-1\\1\end{bmatrix},\boldsymbol{\alpha}_4=\begin{bmatrix}-1\\-1\\-1\\1\end{bmatrix}$;

(2) $\boldsymbol{\alpha}_1=\begin{bmatrix}2\\1\\3\\-1\end{bmatrix},\boldsymbol{\alpha}_2=\begin{bmatrix}3\\-1\\2\\0\end{bmatrix},\boldsymbol{\alpha}_3=\begin{bmatrix}1\\3\\4\\-2\end{bmatrix},\boldsymbol{\alpha}_4=\begin{bmatrix}4\\-3\\1\\1\end{bmatrix}$;

(3) $\boldsymbol{\alpha}_1=\begin{bmatrix}0\\4\\10\\1\end{bmatrix},\boldsymbol{\alpha}_2=\begin{bmatrix}4\\8\\18\\7\end{bmatrix},\boldsymbol{\alpha}_3=\begin{bmatrix}10\\18\\40\\17\end{bmatrix},\boldsymbol{\alpha}_4=\begin{bmatrix}1\\7\\17\\3\end{bmatrix}$;

(4) $\boldsymbol{\alpha}_1=\begin{bmatrix}1\\2\\3\end{bmatrix},\boldsymbol{\alpha}_2=\begin{bmatrix}0\\1\\5\end{bmatrix},\boldsymbol{\alpha}_3=\begin{bmatrix}1\\0\\-2\end{bmatrix},\boldsymbol{\alpha}_4=\begin{bmatrix}1\\-2\\-3\end{bmatrix}$.

2. 设向量组

$$\boldsymbol{\alpha}_1=\begin{bmatrix}1\\-1\\2\\4\end{bmatrix},\boldsymbol{\alpha}_2=\begin{bmatrix}0\\3\\1\\2\end{bmatrix},\boldsymbol{\alpha}_3=\begin{bmatrix}3\\0\\7\\14\end{bmatrix},\boldsymbol{\alpha}_4=\begin{bmatrix}2\\1\\5\\6\end{bmatrix},\boldsymbol{\alpha}_5=\begin{bmatrix}1\\-1\\2\\0\end{bmatrix}.$$

(1) 证明 $\boldsymbol{\alpha}_1,\boldsymbol{\alpha}_4$ 线性无关;

(2) 求包含 $\boldsymbol{\alpha}_1,\boldsymbol{\alpha}_4$ 的极大无关组.

3. 设向量组 $\{\boldsymbol{\alpha}_1,\boldsymbol{\alpha}_2,\cdots,\boldsymbol{\alpha}_r\}$ 与向量组 $\{\boldsymbol{\alpha}_1,\boldsymbol{\alpha}_2,\cdots,\boldsymbol{\alpha}_r,\boldsymbol{\alpha}_{r+1},\cdots,\boldsymbol{\alpha}_s\}$ $(s>r)$ 有相同的秩,证明:$\{\boldsymbol{\alpha}_1,\boldsymbol{\alpha}_2,\cdots,\boldsymbol{\alpha}_r\}$ 与 $\{\boldsymbol{\alpha}_1,\boldsymbol{\alpha}_2,\cdots,\boldsymbol{\alpha}_r,\boldsymbol{\alpha}_{r+1},\cdots,\boldsymbol{\alpha}_s\}$ 等价.

4. 设 $\boldsymbol{\beta}_1=\boldsymbol{\alpha}_2+\boldsymbol{\alpha}_3+\cdots+\boldsymbol{\alpha}_r,\boldsymbol{\beta}_2=\boldsymbol{\alpha}_1+\boldsymbol{\alpha}_3+\cdots+\boldsymbol{\alpha}_r,\cdots,\boldsymbol{\beta}_r=\boldsymbol{\alpha}_1+\boldsymbol{\alpha}_2+\cdots+\boldsymbol{\alpha}_{r-1}$,证明:$\boldsymbol{\beta}_1,\boldsymbol{\beta}_2,\cdots,\boldsymbol{\beta}_r$ 与 $\boldsymbol{\alpha}_1,\boldsymbol{\alpha}_2,\cdots,\boldsymbol{\alpha}_r$ 有相同的秩.

3.5 向量空间

3.5.1 向量空间的定义

定义 3.8 设 W 是分量为实数的所有 n 维向量组成的集合,对于集合 W 内的元素定义了加法和数乘两种运算,并且对于任意向量 $\boldsymbol{\alpha},\boldsymbol{\beta}\in W$,都有 $\boldsymbol{\alpha}+\boldsymbol{\beta}\in W,k\boldsymbol{\alpha}\in W(k\in R)$,称此集合 W 为实数集 R 上的 n 维向量空间,记作 R^n.

定义 3.9 R^n 中的向量组 V 如果满足下列两个条件:

(1) 对于任意实数 k 和任意向量 $\boldsymbol{\alpha}\in V$,都有 $k\boldsymbol{\alpha}\in V$;

(2) 对于任意向量 $\boldsymbol{\alpha},\boldsymbol{\beta}\in V$,都有 $\boldsymbol{\alpha}+\boldsymbol{\beta}\in V$,则称向量组 V 为 R^n 的一个向量子空间(简称子空间).

简单地说,向量子空间即为 n 维向量中对加法运算及数乘运算都封闭的向量组.

【例 3.25】 R^n 本身是 n 维向量空间 R^n 的一个子空间. 这是因为对任意实数 $k\in R$ 和 $\boldsymbol{\alpha}\in R^n$,都有 $k\boldsymbol{\alpha}\in R^n$,并且对于任意 $\boldsymbol{\alpha},\boldsymbol{\beta}\in R^n$,都有 $\boldsymbol{\alpha}+\boldsymbol{\beta}\in R^n$.

【例 3.26】 只有一个零向量构成的向量组,也是 R^n 的一个子空间,称为**零子空间**.

R^n 和零子空间称为 R^n 的平凡子空间.

【例 3.27】 向量组

$$S=\left\{\begin{bmatrix}a\\0\\2\end{bmatrix}\middle| a\text{ 为任意实数}\right\}$$

是否为 R^3 中的向量子空间?

解 由于

$$3\begin{bmatrix} a \\ 0 \\ 2 \end{bmatrix} = \begin{bmatrix} 3a \\ 0 \\ 6 \end{bmatrix} \notin S,$$

所以向量组 S 不是 R^3 中的向量子空间.

【例 3.28】 向量组

$$S = \left\{ \begin{bmatrix} a \\ b \\ a \end{bmatrix} \middle| \ a,b \text{为任意实数} \right\}$$

是否为 R^3 的向量子空间?

解 任取数 k 和 $\begin{bmatrix} a \\ b \\ a \end{bmatrix} \in S$,因

$$k\begin{bmatrix} a \\ b \\ a \end{bmatrix} = \begin{bmatrix} ka \\ kb \\ ka \end{bmatrix} \in S,$$

又任取 $\boldsymbol{\alpha} = \begin{bmatrix} a_1 \\ b_1 \\ a_1 \end{bmatrix}, \boldsymbol{\beta} = \begin{bmatrix} a_2 \\ b_2 \\ a_2 \end{bmatrix}$,因

$$\boldsymbol{\alpha} + \boldsymbol{\beta} = \begin{bmatrix} a_1 \\ b_1 \\ a_1 \end{bmatrix} + \begin{bmatrix} a_2 \\ b_2 \\ a_2 \end{bmatrix} = \begin{bmatrix} a_1 + a_2 \\ b_1 + b_2 \\ a_1 + a_2 \end{bmatrix} \in S,$$

所以 S 是 R^3 中的一个向量子空间.

上例给出了判定向量组是否为向量子空间的一般步骤.

3.5.2 向量空间的基与维数

定义 3.10 设向量组 V 是 R^n 的子空间,则向量组 V 的一个极大无关组称为子空间 V 的一个**基**,并且向量组 V 的秩称为子空间 V 的**维数**,记作 $\dim V$.

利用极大无关组的定义和定义 3.9,若 $\boldsymbol{\alpha}_1, \boldsymbol{\alpha}_2, \cdots, \boldsymbol{\alpha}_s$ 是子空间 V 的一个极大线性无关向量组,那么 $\boldsymbol{\alpha}_1, \boldsymbol{\alpha}_2, \cdots, \boldsymbol{\alpha}_s$ 就是 V 的一个基,s 就是子空间 V 的维数.

【例 3.29】 在 R^n 中,因为 $\boldsymbol{e}_1, \boldsymbol{e}_2, \cdots, \boldsymbol{e}_n$ 线性无关,并且是 R^n 的极大无关组,所以 $\boldsymbol{e}_1, \boldsymbol{e}_2, \cdots, \boldsymbol{e}_n$ 是 R^n 的一个基,从而 R^n 的维数是 n.

【例 3.30】 在向量子空间

$$S = \left\{ \begin{bmatrix} a \\ 0 \\ b \end{bmatrix} \middle| \ a,b \text{为任意实数} \right\}$$

中,因 $\begin{bmatrix} 1 \\ 0 \\ 0 \end{bmatrix}, \begin{bmatrix} 0 \\ 0 \\ 1 \end{bmatrix}$ 是线性无关的,而 S 中任意向量

$$\begin{bmatrix} a \\ 0 \\ b \end{bmatrix} = a\begin{bmatrix} 1 \\ 0 \\ 0 \end{bmatrix} + b\begin{bmatrix} 0 \\ 0 \\ 1 \end{bmatrix},$$

都能用 $\begin{bmatrix} 1 \\ 0 \\ 0 \end{bmatrix}, \begin{bmatrix} 0 \\ 0 \\ 1 \end{bmatrix}$ 线性表出，所以 $\begin{bmatrix} 1 \\ 0 \\ 0 \end{bmatrix}, \begin{bmatrix} 0 \\ 0 \\ 1 \end{bmatrix}$ 是 S 的基，且由此知 S 的维数为 2，即 $\dim S = 2$.

需要强调的是，向量的维数和向量空间的维数是两个不同的概念. 一个向量有 n 个分量，就把这个向量称为 n 维向量；而由 n 维向量构成的向量子空间，它的维数是指基中所含向量的个数，因此可能为0，也可能为1，…，也可能为n，由于向量个数超过n的n维向量组一定线性相关，所以由 n 维向量构成的向量子空间的维数不会超过n.

我们把关于向量的秩、向量组的极大无关组的结论引至向量子空间的维数、基，得到以下三条结论：

(1) 一个向量子空间的基可以不止一个；

(2) 一个向量子空间的任何一个基中向量的个数是相同的，即为向量子空间的维数，因此，向量子空间的维数是一个特征量；

(3) 向量子空间中每个向量都可以用基中的向量线性表出，而且表达式是唯一确定的.

定义 3.11 设$\{\boldsymbol{\alpha}_1, \boldsymbol{\alpha}_2, \cdots, \boldsymbol{\alpha}_r\}$为向量子空间 V 的基，对任何 $\boldsymbol{\alpha} \in V$，其唯一表达式为

$$\boldsymbol{\alpha} = a_1\boldsymbol{\alpha}_1 + a_2\boldsymbol{\alpha}_2 + \cdots + a_r\boldsymbol{\alpha}_r,$$

则称向量

$$\begin{bmatrix} a_1 \\ a_2 \\ \vdots \\ a_r \end{bmatrix}$$

为 $\boldsymbol{\alpha}$ 在基$\{\boldsymbol{\alpha}_1, \boldsymbol{\alpha}_2, \cdots, \boldsymbol{\alpha}_r\}$下的**坐标向量**，而数 $a_1, a_2, \cdots, a_r$ 称为 $\boldsymbol{\alpha}$ 的**坐标分量**.

【例 3.31】 下列向量组是否为 R^3 的基，求向量 $\boldsymbol{\alpha} = \begin{bmatrix} 1 \\ 5 \\ 7 \end{bmatrix}$ 在该基下的坐标.

(1) $\boldsymbol{\alpha}_1 = \begin{bmatrix} 1 \\ 1 \\ 1 \end{bmatrix}, \boldsymbol{\alpha}_2 = \begin{bmatrix} 1 \\ 2 \\ 1 \end{bmatrix}, \boldsymbol{\alpha}_3 = \begin{bmatrix} 2 \\ 1 \\ -1 \end{bmatrix}$;

(2) $\boldsymbol{\alpha}_1 = \begin{bmatrix} 8 \\ -5 \\ 7 \end{bmatrix}, \boldsymbol{\alpha}_2 = \begin{bmatrix} -6 \\ 3 \\ 12 \end{bmatrix}, \boldsymbol{\alpha}_3 = \begin{bmatrix} 0 \\ 0 \\ 0 \end{bmatrix}$;

(3) $\boldsymbol{\alpha}_1 = \begin{bmatrix} 1 \\ -4 \\ 5 \end{bmatrix}, \boldsymbol{\alpha}_2 = \begin{bmatrix} 3 \\ 6 \\ -8 \end{bmatrix}, \boldsymbol{\alpha}_3 = \begin{bmatrix} 4 \\ 2 \\ -3 \end{bmatrix}$.

解 因已知 R^3 的维数为 3，所以只要是 3 个线性无关的向量就构成基.

(1) 首先，讨论它们的线性相关性. 由于

$$\begin{bmatrix} 1 & 1 & 2 \\ 1 & 2 & 1 \\ 1 & 1 & -1 \end{bmatrix} \xrightarrow[③+①\times(-1)]{②+①\times(-1)} \begin{bmatrix} 1 & 1 & 2 \\ 0 & 1 & -1 \\ 0 & 0 & -3 \end{bmatrix},$$

显然,$\boldsymbol{\alpha}_1,\boldsymbol{\alpha}_2,\boldsymbol{\alpha}_3$ 是线性无关,所以$\{\boldsymbol{\alpha}_1,\boldsymbol{\alpha}_2,\boldsymbol{\alpha}_3\}$ 是 R^3 的一个基.

其次,求坐标.解方程组

$$\lambda_1\boldsymbol{\alpha}_1 + \lambda_2\boldsymbol{\alpha}_2 + \lambda_3\boldsymbol{\alpha}_3 = \boldsymbol{\alpha},$$

即

$$\begin{bmatrix} 1 & 1 & 2 \\ 1 & 2 & 1 \\ 1 & 1 & -1 \end{bmatrix}\begin{bmatrix} \lambda_1 \\ \lambda_2 \\ \lambda_3 \end{bmatrix} = \begin{bmatrix} 1 \\ 5 \\ 7 \end{bmatrix},$$

得 $\lambda_1 = 3,\lambda_2 = 2,\lambda_3 = -2$,所以 $\boldsymbol{\alpha}$ 在基$\{\boldsymbol{\alpha}_1,\boldsymbol{\alpha}_2,\boldsymbol{\alpha}_3\}$下坐标向量为

$$\begin{bmatrix} 3 \\ 2 \\ -2 \end{bmatrix};$$

(2) 因 $\boldsymbol{\alpha}_3$ 为零向量,故 $\boldsymbol{\alpha}_1,\boldsymbol{\alpha}_2,\boldsymbol{\alpha}_3$ 必线性相关,所以不是基;

(3) $$\begin{bmatrix} 1 & 3 & 4 \\ -4 & 6 & 2 \\ 5 & -8 & -3 \end{bmatrix} \xrightarrow[③+①\times(-5)]{②+①\times 4} \begin{bmatrix} 1 & 3 & 4 \\ 0 & 18 & 18 \\ 0 & -23 & -23 \end{bmatrix}$$

$$\xrightarrow[③\times(1/23)]{②\times(1/18)} \begin{bmatrix} 1 & 3 & 4 \\ 0 & 1 & 1 \\ 0 & -1 & -1 \end{bmatrix} \xrightarrow{③+②} \begin{bmatrix} 1 & 3 & 4 \\ 0 & 1 & 1 \\ 0 & 0 & 0 \end{bmatrix},$$

显然,$\boldsymbol{\alpha}_1,\boldsymbol{\alpha}_2,\boldsymbol{\alpha}_3$ 线性相关,所以$\{\boldsymbol{\alpha}_1,\boldsymbol{\alpha}_2,\boldsymbol{\alpha}_3\}$ 不是基.

如何求出向量子空间 V 的一组基呢?对有限向量所构成的向量组,可以用 3.4 节的方法.一般地,向量子空间有无穷多个向量时就不能用 3.4 节的方法.从 V 的构成特点出发,下面我们只讨论两种特殊情况.

(1) 若向量子空间 V 中每个向量是由 r 个独立的任意常数所确定的,则分别令一个任意常数取 1,其余取 0,所对应得到的 r 个向量即构成一个基.这是由定理 3.10 所保证的.

【例 3.32】 设 $V = \left\{\begin{bmatrix} a \\ b \\ a \end{bmatrix} \middle| a,b \text{ 为任意实数}\right\}$ 为 R^3 的向量子空间,求一个基.

解 这个向量子空间 V 中的向量是由两个独立的任意常数 a, b 确定的,于是令 $a = 1$, $b = 0$, 得到向量

$$\boldsymbol{\alpha}_1 = \begin{bmatrix} 1 \\ 0 \\ 1 \end{bmatrix},$$

再令 $a = 0,b = 1$,得到向量

$$\boldsymbol{\alpha}_2 = \begin{bmatrix} 0 \\ 1 \\ 0 \end{bmatrix},$$

下面验证$\{\boldsymbol{\alpha}_1,\boldsymbol{\alpha}_2\}$ 即为 V 的一个基.

由定理 3.10 知，$\boldsymbol{\alpha}_1,\boldsymbol{\alpha}_2$ 线性无关，且 V 中的每个向量都能由 $\boldsymbol{\alpha}_1,\boldsymbol{\alpha}_2$ 线性表出：

$$\begin{bmatrix} a \\ b \\ a \end{bmatrix} = a\boldsymbol{\alpha}_1 + b\boldsymbol{\alpha}_2,$$

所以 $\{\boldsymbol{\alpha}_1,\boldsymbol{\alpha}_2\}$ 确是 V 的一个基.

【例 3.33】 设

$$V = \left\{ \begin{bmatrix} a_1 \\ a_2 \\ a_3 \\ a_4 \end{bmatrix} \middle| a_1, a_2, a_3, a_4 \text{ 为任意实数且 } 2a_1 + 3a_3 - a_4 = 0 \right\},$$

求 V 的一个基(请读者自行证明 V 是 R^4 中的向量子空间).

解 因 a_1,a_3,a_4 要满足 $2a_1+3a_3-a_4=0$，所以其中只有两个是独立的任意常数，故 V 中的向量由三个独立的任意常数所确定，不妨设 a_1,a_2,a_3 为独立的任意常数. 于是

令 $a_1=1,a_2=a_3=0$，解得 $a_4=2$，有

$$\boldsymbol{\alpha}_1 = \begin{bmatrix} 1 \\ 0 \\ 0 \\ 2 \end{bmatrix},$$

令 $a_1=0,a_2=1,a_3=0$，解得 $a_4=0$，有

$$\boldsymbol{\alpha}_2 = \begin{bmatrix} 0 \\ 1 \\ 0 \\ 0 \end{bmatrix},$$

令 $a_1=a_2=0,a_3=1$，解得 $a_4=3$，有

$$\boldsymbol{\alpha}_3 = \begin{bmatrix} 0 \\ 0 \\ 1 \\ 3 \end{bmatrix},$$

则 $\{\boldsymbol{\alpha}_1,\boldsymbol{\alpha}_2,\boldsymbol{\alpha}_3\}$ 即为 V 的一组基.

(2) 若向量子空间 V 是向量组 $\boldsymbol{\alpha}_1,\boldsymbol{\alpha}_2,\cdots,\boldsymbol{\alpha}_s$ 所生成的，即

$$V = \left\{ \boldsymbol{\beta} \mid \boldsymbol{\beta} = \sum_{i=1}^{s} k_i\boldsymbol{\alpha}_i, k_i \text{ 为任意实数}, i=1,2,\cdots,s \right\},$$

则 $\{\boldsymbol{\alpha}_1,\boldsymbol{\alpha}_2,\cdots,\boldsymbol{\alpha}_s\}$ 的极大无关组即为 V 的一组基.

【例 3.34】 设

$$\boldsymbol{\alpha}_1 = \begin{bmatrix} 1 \\ -1 \\ 2 \\ -1 \end{bmatrix}, \boldsymbol{\alpha}_2 = \begin{bmatrix} 2 \\ 1 \\ 0 \\ 2 \end{bmatrix}, \boldsymbol{\alpha}_3 = \begin{bmatrix} 1 \\ 5 \\ -6 \\ 7 \end{bmatrix},$$

所谓由 $\boldsymbol{\alpha}_1,\boldsymbol{\alpha}_2,\boldsymbol{\alpha}_3$ 生成的向量子空间是指由所有形如

$$k_1\boldsymbol{\alpha}_1 + k_2\boldsymbol{\alpha}_2 + k_3\boldsymbol{\alpha}_3$$

的向量所构成的向量组 V，其中 k_1,k_2,k_3 为任意实数. 易验证 V 是向量子空间. 向量子空间 V 的基为 $\{\boldsymbol{\alpha}_1,\boldsymbol{\alpha}_2,\boldsymbol{\alpha}_3\}$ 的极大无关组，由 $[\boldsymbol{\alpha}_1\ \boldsymbol{\alpha}_2\ \boldsymbol{\alpha}_3]$ 进行初等行变换化为行简化阶梯形矩阵：

$$[\boldsymbol{\alpha}_1\ \boldsymbol{\alpha}_2\ \boldsymbol{\alpha}_3]=\begin{bmatrix}1&2&1\\-1&1&5\\2&0&-6\\-1&2&7\end{bmatrix}\xrightarrow[\text{④}+\text{①}]{\substack{\text{②}+\text{①}\\ \text{③}+\text{①}\times(-2)}}\begin{bmatrix}1&2&1\\0&3&6\\0&-4&-8\\0&4&8\end{bmatrix}$$

$$\xrightarrow{\substack{\text{②}\times(1/3)\\ \text{③}\times(1/4)\\ \text{④}\times(1/4)}}\begin{bmatrix}1&2&1\\0&1&2\\0&-1&-2\\0&1&2\end{bmatrix}\xrightarrow{\substack{\text{③}+\text{②}\\ \text{④}+\text{②}\times(-1)}}\begin{bmatrix}1&2&1\\0&1&2\\0&0&0\\0&0&0\end{bmatrix}\xrightarrow{\text{①}+\text{②}\times(-2)}\begin{bmatrix}1&0&-3\\0&1&2\\0&0&0\\0&0&0\end{bmatrix},$$

于是 $\boldsymbol{\alpha}_1,\boldsymbol{\alpha}_2$ 就是 V 的一组基. 下面进行验证. 因 $\boldsymbol{\alpha}_1,\boldsymbol{\alpha}_2$ 线性无关，而 $\boldsymbol{\alpha}_3=-3\boldsymbol{\alpha}_1+2\boldsymbol{\alpha}_2$，因此 V 中任何一个向量

$$\begin{aligned}k_1\boldsymbol{\alpha}_1+k_2\boldsymbol{\alpha}_2+k_3\boldsymbol{\alpha}_3&=k_1\boldsymbol{\alpha}_1+k_2\boldsymbol{\alpha}_2+k_3(-3\boldsymbol{\alpha}_1+2\boldsymbol{\alpha}_2)\\&=(k_1-3k_3)\boldsymbol{\alpha}_1+(k_2+2k_3)\boldsymbol{\alpha}_2,\end{aligned}$$

由定义知 $\{\boldsymbol{\alpha}_1,\boldsymbol{\alpha}_2\}$ 确为 V 的一组基.

在实际应用中若原来考虑的范围不构成向量子空间，则可利用生成向量子空间的方法，把考虑范围扩大为向量子空间，再去研究这些向量的性质和构造等，使得问题变得比较简单，令研究工作更方便.

习题 3.5

参考答案与提示

1. 判定下列向量组是否为向量子空间：

(1) $V=\left\{\begin{bmatrix}a\\a\\a\\b\end{bmatrix}\middle| a,b\text{ 为任意实数}\right\}$；(2) $V=\left\{\begin{bmatrix}6\\a\\a\\b\end{bmatrix}\middle| a,b\text{ 为任意实数}\right\}$；

(3) $V=\left\{\begin{bmatrix}a\\2a\\2a\\3a\end{bmatrix}\middle| a\text{ 为任意实数}\right\}$；(4) $V=\left\{\begin{bmatrix}a\\b\\0\\c\end{bmatrix}\middle| a,b,c\text{ 为任意实数}\right\}$；

(5) $V=\{[x_1,\ x_2,\ \cdots,\ x_n]^{\mathrm{T}}\mid x_1+x_2+\cdots+x_n=0\}$；

(6) $V=\{[x_1,\ x_2,\ \cdots,\ x_n]^{\mathrm{T}}\mid x_1+x_2+\cdots+x_n=1\}$.

2. 下列向量组是否为 R^4 的基？若是，求向量

$$\boldsymbol{\alpha}=\begin{bmatrix}2\\-6\\5\\-9\end{bmatrix}$$

在该基下的坐标向量：

(1) $\boldsymbol{\alpha}_1 = \begin{bmatrix} 1 \\ -2 \\ 2 \\ 3 \end{bmatrix}, \boldsymbol{\alpha}_2 = \begin{bmatrix} 1 \\ 0 \\ 0 \\ 1 \end{bmatrix}, \boldsymbol{\alpha}_3 = \begin{bmatrix} 0 \\ 0 \\ 1 \\ 0 \end{bmatrix}, \boldsymbol{\alpha}_4 = \begin{bmatrix} 0 \\ 0 \\ 0 \\ 1 \end{bmatrix}$;

(2) $\boldsymbol{\alpha}_1 = \begin{bmatrix} 1 \\ 1 \\ 0 \\ 2 \end{bmatrix}, \boldsymbol{\alpha}_2 = \begin{bmatrix} 0 \\ 1 \\ -2 \\ -1 \end{bmatrix}, \boldsymbol{\alpha}_3 = \begin{bmatrix} 1 \\ 1 \\ -3 \\ -3 \end{bmatrix}, \boldsymbol{\alpha}_4 = \begin{bmatrix} 3 \\ 2 \\ -1 \\ 2 \end{bmatrix}$.

3. 求下列向量子空间的基和维数：

(1) $V_1 = \left\{ \begin{bmatrix} x_1 \\ x_2 \\ x_3 \end{bmatrix} \middle| x_1 - 2x_2 + 6x_3 = 0 \right\}$;

(2) $V_2 = \left\{ \begin{bmatrix} x_1 \\ x_2 \\ 0 \\ x_3 \end{bmatrix} \middle| x_1, x_2, x_3 \text{ 为任意实数} \right\}$;

(3) $V_3 = \left\{ \begin{bmatrix} x_1 \\ x_2 \\ x_3 \\ x_4 \end{bmatrix} \middle| x_1 = 2x_2 = 3x_3 \right\}$.

4. 证明：由 $\boldsymbol{\alpha}_1 = [1, \ 2, \ 3]^{\mathrm{T}}, \boldsymbol{\alpha}_2 = [1, \ 2, \ 0]^{\mathrm{T}}, \boldsymbol{\alpha}_3 = [1, \ 0, \ 3]^{\mathrm{T}}$ 所生成的向量子空间就是 R^3.

5. 由 $\boldsymbol{\alpha}_1 = [1, \ 1, \ 1, \ 0]^{\mathrm{T}}, \boldsymbol{\alpha}_2 = [1, \ -1, \ 0, \ 1]^{\mathrm{T}}$ 所生成的向量子空间记作 V_1，由 $\boldsymbol{\beta}_1 = [2, \ 0, \ 1, \ 1]^{\mathrm{T}}, \boldsymbol{\beta}_2 = [-1, \ 3, \ 1, \ -2]^{\mathrm{T}}$ 所生成的向量子空间记作 V_2，证明：$V_1 = V_2$.

3.6 线性方程组解的结构及其应用

下面我们用向量空间的观点来说明线性方程组解的结构.

3.6.1 齐次线性方程组解的结构

关于齐次线性方程组

$$\boldsymbol{AX} = \boldsymbol{O} \tag{3.26}$$

的解，我们将已得到的结论归纳如下：

(1) 当 $\boldsymbol{A}$ 为 $m \times n$ 矩阵时，方程组(3.26)只有唯一零解的充分必要条件为：$r(\boldsymbol{A}) = n$；

(2) 当 $\boldsymbol{A}$ 为 $m \times n$ 矩阵时，方程组(3.26)有非零解的充分必要条件为：$r(\boldsymbol{A}) < n$；

(3) 当 $\boldsymbol{A}$ 为 $m \times n$ 矩阵，$r(\boldsymbol{A}) = r$ 时，方程组(3.26)有 $n - r$ 个自由元.

下面讨论齐次线性方程组(3.26)解的性质.

性质 3.1 若 $\boldsymbol{X}_1$ 和 $\boldsymbol{X}_2$ 为齐次线性方程组(3.26)的解，则 $\boldsymbol{X}_1 + \boldsymbol{X}_2$ 也为方程组(3.26)的解.

证 由已知条件有 $\boldsymbol{AX}_1=\boldsymbol{O}$ 和 $\boldsymbol{AX}_2=\boldsymbol{O}$,所以

$$\boldsymbol{A}(\boldsymbol{X}_1+\boldsymbol{X}_2)=\boldsymbol{AX}_1+\boldsymbol{AX}_2=\boldsymbol{O}+\boldsymbol{O}=\boldsymbol{O}.$$

性质 3.2 若 $\boldsymbol{X}$ 为方程组(3.26)的解,则对于任意实数 k,$k\boldsymbol{X}$ 也为方程组(3.26)的解.

证 由已知条件有 $\boldsymbol{AX}=\boldsymbol{O}$ 所以

$$\boldsymbol{A}(k\boldsymbol{X})=k\boldsymbol{AX}=k\boldsymbol{O}=\boldsymbol{O}.$$

利用性质 3.1 和性质 3.2,有如下定理:

定理 3.18 齐次线性方程组(3.26)的所有解向量构成一个 R^n 中的向量子空间,称之为齐次线性方程组(3.26)的解空间.

由 3.5 节向量空间知,要掌握向量子空间中的所有向量,只要掌握向量子空间的一组基即可,因为由基向量的所有线性组合即可得到向量子空间的全部向量.把这个结论应用到齐次线性方程组(3.26)的解,即若要掌握式(3.26)的所有解,只要掌握解空间的一组基即可.若 $\boldsymbol{\alpha}_1$,$\boldsymbol{\alpha}_2,\cdots,\boldsymbol{\alpha}_s$ 为式(3.26)解空间的一组基,那么齐次线性方程组(3.26)的全部解就是

$$k_1\boldsymbol{\alpha}_1+k_2\boldsymbol{\alpha}_2+\cdots+k_s\boldsymbol{\alpha}_s,$$

其中 $k_1,k_2,\cdots,k_s$ 为任意常数.

下面给齐次线性方程组(3.26)的解空间的基一个专用名称 —— **基础解系**.

定义 3.11 齐次线性方程组(3.26)解空间的基称为齐次线性方程组(3.26)的**基础解系**.即若满足下列两个条件的一组解向量称为齐次线性方程组(3.26)的**基础解系**:

① 这一组解向量线性无关;

② 齐次线性方程组(3.26)的任何一个解都可以用这组解向量线性表示.

齐次线性方程组 $\boldsymbol{AX}=\boldsymbol{O}$ 的解空间是多少维的呢?由本小节开篇归纳的第(3)条"当 $r(\boldsymbol{A})=r$ 时,方程组 $\boldsymbol{AX}=\boldsymbol{O}$ 有 $n-r$ 个自由元",利用 3.5 节所讲的求向量子空间基的方法中第(1)种情形知,这时解空间的基共有 $n-r$ 个解向量,即解空间是 $n-r$ 维的.

这样,齐次线性方程组(3.26)解的结构就很清楚了,我们把它补充为第四条结论:

(4) 当 $\boldsymbol{A}$ 为 $m\times n$ 矩阵,$r(\boldsymbol{A})=r<n$ 时,齐次线性方程组(3.26)的所有解向量构成 R^n 中的 $n-r$ 维向量子空间.它的每个基础解系含有 $n-r$ 个解向量.若 $\boldsymbol{\alpha}_1,\boldsymbol{\alpha}_2,\cdots,\boldsymbol{\alpha}_{n-r}$ 为基础解系,则

$$k_1\boldsymbol{\alpha}_1+k_2\boldsymbol{\alpha}_2+\cdots+k_{n-r}\boldsymbol{\alpha}_{n-r}, \tag{3.27}$$

即为 $\boldsymbol{AX}=\boldsymbol{O}$ 的全部解,其中 $k_1,k_2,\cdots,k_{n-r}$ 为任意实数.形如式(3.27)的解称为 $\boldsymbol{AX}=\boldsymbol{O}$ 的**通解**.

下面给出求齐次线性方程组 $\boldsymbol{AX}=\boldsymbol{O}$ 通解的一般步骤.

① 用初等行变换将齐次线性方程组的系数矩阵 $\boldsymbol{A}$ 化为行简化阶梯形矩阵.

② 写出齐次线性方程组 $\boldsymbol{AX}=\boldsymbol{O}$ 的一般解.若阶梯形矩阵有 r 个非零行($r<n$),不妨设为如下的形式:

$$\begin{cases} x_1=d_{1,r+1}x_{r+1}+\cdots+d_{1n}x_n, \\ x_2=d_{2,r+1}x_{r+1}+\cdots+d_{2n}x_n, \\ \vdots \qquad \vdots \qquad \vdots \\ x_r=d_{r,r+1}x_{r+1}+\cdots+d_{rn}x_n, \end{cases} \tag{3.28}$$

其中 $x_{r+1},\cdots,x_n$ 为自由元,共有 $n-r$ 个.

③ 求齐次线性方程组 $\boldsymbol{AX}=\boldsymbol{O}$ 的基础解系.在式(3.28)中,分别令自由元中的一个为 1,其余全为 0,所求得 $n-r$ 个解向量 $\boldsymbol{\alpha}_1,\boldsymbol{\alpha}_2,\cdots,\boldsymbol{\alpha}_{n-r}$,即为 $\boldsymbol{AX}=\boldsymbol{O}$ 的一个基础解系.

④ 写出齐次线性方程组 $\boldsymbol{AX}=\boldsymbol{O}$ 的通解. 求出 $\boldsymbol{AX}=\boldsymbol{O}$ 的一个基础解系后,通解 $\boldsymbol{X}$ 可以写成如下形式:

$$\boldsymbol{X}=k_1\boldsymbol{\alpha}_1+k_2\boldsymbol{\alpha}_2+\cdots+k_{n-r}\boldsymbol{\alpha}_{n-r},$$

其中 $k_1,k_2,\cdots,k_{n-r}$ 为任意实数,$\{\boldsymbol{\alpha}_1,\boldsymbol{\alpha}_2,\cdots,\boldsymbol{\alpha}_{n-r}\}$ 是 $\boldsymbol{AX}=\boldsymbol{O}$ 的一个基础解系.

【例 3.35】 求齐次线性方程组

$$\begin{cases}x_1+x_2+x_3+4x_4-3x_5=0,\\ x_1-x_2+3x_3-2x_4-x_5=0,\\ 2x_1+x_2+3x_3+5x_4-5x_5=0,\\ 3x_1+x_2+5x_3+6x_4-7x_5=0\end{cases}$$

的基础解系和通解.

解 第 1 步,用初等行变换将系数矩阵 $\boldsymbol{A}$ 化为行简化阶梯形矩阵,即

$$\boldsymbol{A}=\begin{bmatrix}1&1&1&4&-3\\1&-1&3&-2&-1\\2&1&3&5&-5\\3&1&5&6&-7\end{bmatrix}\xrightarrow[\text{④}+\text{①}\times(-3)]{\text{②}+\text{①}\times(-1)\atop \text{③}+\text{①}\times(-2)}\begin{bmatrix}1&1&1&4&-3\\0&-2&2&-6&2\\0&-1&1&-3&1\\0&-2&2&-6&2\end{bmatrix}$$

$$\xrightarrow[\text{④}\times(1/2)]{\text{②}\times(-1/2)}\begin{bmatrix}1&1&1&4&-3\\0&1&-1&3&-1\\0&-1&1&-3&1\\0&-1&1&-3&1\end{bmatrix}\xrightarrow[\text{④}+\text{②}]{\text{③}+\text{②}}\begin{bmatrix}1&1&1&4&-3\\0&1&-1&3&-1\\0&0&0&0&0\\0&0&0&0&0\end{bmatrix}$$

$$\xrightarrow{\text{④}+\text{②}\times(-1)}\begin{bmatrix}1&0&2&1&-2\\0&1&-1&3&-1\\0&0&0&0&0\\0&0&0&0&0\end{bmatrix}.$$

第 2 步,写出齐次线性方程组的一般解. 从行简化阶梯形矩阵知,非零行的数量为 2,即 $r(\boldsymbol{A})=2<5=n$,有非零解,行简化阶梯形矩阵所对应的方程组为

$$\begin{cases}x_1+2x_3+x_4-2x_5=0,\\ x_2-x_3+3x_4-x_5=0,\end{cases}$$

由于 $n-r=5-2=3$,故上述方程组有 3 个自由元,将 x_3,x_4,x_5 移到方程组的右端,得到一般解为

$$\begin{cases}x_1=-2x_3-x_4+2x_5,\\ x_2=x_3-3x_4+x_5,\end{cases}\quad(x_3,x_4,x_5\text{ 为自由元}).\tag{3.29}$$

第 3 步,求出齐次线性方程组的基础解系. 由第 2 步知,其基础解系由 3 个解向量组成. 在一般解,式(3.29)中,令 $x_3=1,x_4=0,x_5=0$,有 $x_1=-2,x_2=1$,得到一个解向量

$$\boldsymbol{\alpha}_1=\begin{bmatrix}-2\\1\\1\\0\\0\end{bmatrix};$$

在式(3.29)中,令 $x_3=0,x_4=1,x_5=0$,有 $x_1=-1,x_2=-3$,又得到一个解向量

$$\boldsymbol{\alpha}_2 = \begin{bmatrix} -1 \\ -3 \\ 0 \\ 1 \\ 0 \end{bmatrix};$$

在式(3.29)中,令 $x_3 = 0, x_4 = 0, x_5 = 1$,有 $x_1 = 2, x_2 = 1$,再得到一个解向量

$$\boldsymbol{\alpha}_3 = \begin{bmatrix} 2 \\ 1 \\ 0 \\ 0 \\ 1 \end{bmatrix}.$$

于是$\{\boldsymbol{\alpha}_1, \boldsymbol{\alpha}_2, \boldsymbol{\alpha}_3\}$为方程组的基础解系.

第4步,求出齐次线性方程组的通解.利用第3步可得其齐次线性方程组的通解 $\boldsymbol{X}$ 为

$$\boldsymbol{X} = k_1\boldsymbol{\alpha}_1 + k_2\boldsymbol{\alpha}_2 + k_3\boldsymbol{\alpha}_3,$$

即

$$\boldsymbol{X} = k_1\begin{bmatrix} -2 \\ 1 \\ 1 \\ 0 \\ 0 \end{bmatrix} + k_2\begin{bmatrix} -1 \\ -3 \\ 0 \\ 1 \\ 0 \end{bmatrix} + k_3\begin{bmatrix} 2 \\ 1 \\ 0 \\ 0 \\ 1 \end{bmatrix},$$

其中 k_1, k_2, k_3 为任意常数.

显而易见,用这种方法求出的齐次线性方程组的通解和3.1节求出的一般解的矩阵形式是一样的.由于基础解系可以有多种取法,所以通解和一般解的形式未必一样.

3.6.2 非齐次线性方程组解的结构

关于非齐次线性方程组

$$\boldsymbol{AX} = \boldsymbol{B} \tag{3.30}$$

的解,将已得到的结论归纳如下:

(1) $\boldsymbol{AX} = \boldsymbol{B}$ 有解的充分必要条件为 $r([\boldsymbol{A} \vdots \boldsymbol{B}]) = r(\boldsymbol{A})$;

(2) 当 $\boldsymbol{A}$ 为 $m \times n$ 矩阵时,若 $r([\boldsymbol{A} \vdots \boldsymbol{B}]) = r(\boldsymbol{A}) = n$,则 $\boldsymbol{AX} = \boldsymbol{B}$ 的解唯一;

(3) 当 $\boldsymbol{A}$ 为 $m \times n$ 矩阵时,若 $r([\boldsymbol{A} \vdots \boldsymbol{B}]) = r(\boldsymbol{A}) = r < n$,则 $\boldsymbol{AX} = \boldsymbol{B}$ 有无穷多组解,也有 $n - r$ 个自由元.

下面将继续讨论若 $r([\boldsymbol{A} \vdots \boldsymbol{B}]) = r(\boldsymbol{A}) = r < n$ 时,线性方程组 $\boldsymbol{AX} = \boldsymbol{B}$ 有无穷多组解的情形.

性质 3.3 若 $\boldsymbol{X}_1, \boldsymbol{X}_2$ 为 $\boldsymbol{AX} = \boldsymbol{B}$ 的解,则 $\boldsymbol{X}_1 - \boldsymbol{X}_2$ 必为 $\boldsymbol{AX} = \boldsymbol{O}$ 的解.

证 因为 $\boldsymbol{X}_1, \boldsymbol{X}_2$ 为 $\boldsymbol{AX} = \boldsymbol{B}$ 的解,所以有 $\boldsymbol{AX}_1 = \boldsymbol{B}, \boldsymbol{AX}_2 = \boldsymbol{B}$,得

$$\boldsymbol{A}(\boldsymbol{X}_1 - \boldsymbol{X}_2) = \boldsymbol{AX}_1 - \boldsymbol{AX}_2 = \boldsymbol{B} - \boldsymbol{B} = \boldsymbol{O}.$$

性质 3.4 若 $\boldsymbol{X}_0$ 为 $\boldsymbol{AX} = \boldsymbol{B}$ 的解,$\widetilde{\boldsymbol{X}}$ 为 $\boldsymbol{AX} = \boldsymbol{O}$ 的解,则 $\boldsymbol{X}_0 + \widetilde{\boldsymbol{X}}$ 必为 $\boldsymbol{AX} = \boldsymbol{B}$ 的解.

证 因 $\boldsymbol{X}_0$ 为 $\boldsymbol{AX} = \boldsymbol{B}$ 的解,所以有 $\boldsymbol{AX}_0 = \boldsymbol{B}$.因 $\widetilde{\boldsymbol{X}}$ 为 $\boldsymbol{AX} = \boldsymbol{O}$ 的解,所以又有 $\boldsymbol{A}\widetilde{\boldsymbol{X}} = \boldsymbol{O}$,得

$$\boldsymbol{A}(\boldsymbol{X}_0+\widetilde{\boldsymbol{X}})=\boldsymbol{A}\boldsymbol{X}_0+\boldsymbol{A}\widetilde{\boldsymbol{X}}=\boldsymbol{B}+\boldsymbol{O}=\boldsymbol{B}.$$

利用这两条性质可以得到：

定理 3.19 设 $\boldsymbol{X}_0$ 是非齐次线性方程组(3.30) 的一个解，则它的任意一个解 $\boldsymbol{X}$ 可以表示成 $\boldsymbol{X}_0$ 与相应的齐次线性方程组(3.26) 的某个解 $\widetilde{\boldsymbol{X}}$ 之和，即

$$\boldsymbol{X}=\boldsymbol{X}_0+\widetilde{\boldsymbol{X}}.$$

证 把 $\boldsymbol{X}$ 表示为

$$\boldsymbol{X}=\boldsymbol{X}_0+(\boldsymbol{X}-\boldsymbol{X}_0),$$

令 $\widetilde{\boldsymbol{X}}=\boldsymbol{X}-\boldsymbol{X}_0$，由性质 3.4 知 $\widetilde{\boldsymbol{X}}$ 为方程组(3.26) 的解.

由于齐次线性方程组(3.26) 的解都能表示为方程组(3.26) 的基础解系 $\boldsymbol{\alpha}_1,\boldsymbol{\alpha}_2,\cdots,\boldsymbol{\alpha}_{n-r}$ 的线性组合，因此定理 3.19 即说明非齐次线性方程组(3.30) 的每个解 $\boldsymbol{X}$ 都能表示为

$$\boldsymbol{X}=\boldsymbol{\alpha}_0+k_1\boldsymbol{\alpha}_1+k_2\boldsymbol{\alpha}_2+\cdots+k_{n-r}\boldsymbol{\alpha}_{n-r},$$

其中 $\boldsymbol{\alpha}_0$ 是方程组(3.30) 的一个任意解(后面称 $\boldsymbol{\alpha}_0$ 是方程组(3.30) 的**特解**). 反之，对于任意一组数 $k_1,k_2,\cdots,k_{n-r}$，因 $k_1\boldsymbol{\alpha}_1+k_2\boldsymbol{\alpha}_2+\cdots+k_{n-r}\boldsymbol{\alpha}_{n-r}$ 是方程组(3.26) 的解，所以由性质 3.4 知

$$\boldsymbol{\alpha}_0+k_1\boldsymbol{\alpha}_1+k_2\boldsymbol{\alpha}_2+\cdots+k_{n-r}\boldsymbol{\alpha}_{n-r}$$

一定是方程组(3.30) 的解.

综上所述，非齐次线性方程组(3.30) 的解的结构就很清楚了，我们把它归结如下：

(4) 当 $r([\boldsymbol{A}\vdots\boldsymbol{B}])=r(\boldsymbol{A})=r<n$ 时，若 $\boldsymbol{\alpha}_0$ 为线性方程组 $\boldsymbol{AX}=\boldsymbol{B}$ 的一个特解，$\boldsymbol{\alpha}_1,\boldsymbol{\alpha}_2,\cdots,\boldsymbol{\alpha}_{n-r}$ 为相应的齐次线性方程组 $\boldsymbol{AX}=\boldsymbol{O}$ 的基础解系，则方程组 $\boldsymbol{AX}=\boldsymbol{B}$ 的全部解为

$$\boldsymbol{\alpha}_0+k_1\boldsymbol{\alpha}_1+k_2\boldsymbol{\alpha}_2+\cdots+k_{n-r}\boldsymbol{\alpha}_{n-r},\tag{3.31}$$

其中 $k_1,k_2,\cdots,k_{n-r}$ 为任意常数.

我们将解(3.31) 称为非齐次线性方程组 $\boldsymbol{AX}=\boldsymbol{B}$ 的通解. 简言之，非齐次线性方程组的一个特解加上相应的齐次线性方程组的通解即为非齐次线性方程组的通解.

求非齐次线性方程组 $\boldsymbol{AX}=\boldsymbol{B}$ (其中 $\boldsymbol{A}$ 为 $m\times n$ 矩阵) 的通解的一般步骤是：

第 1 步，用初等行变换将增广矩阵$[\boldsymbol{A}\vdots\boldsymbol{B}]$ 化为阶梯形矩阵；

第 2 步，判定线性方程组是否有解. 利用相容性定理，即当 $r([\boldsymbol{A}\vdots\boldsymbol{B}])=r(\boldsymbol{A})=r$ 时，线性方程组有解，并把不在首非零元素所在列对应的 $n-r$ 个未知元作为自由元；

第 3 步，求出非齐次线性方程组 $\boldsymbol{AX}=\boldsymbol{B}$ 的一个特解. 一般令所有 $n-r$ 个自由元为零，就可以求得 $\boldsymbol{AX}=\boldsymbol{B}$ 的一个特解 $\boldsymbol{\alpha}_0$；

第 4 步，求出相应的齐次线性方程组 $\boldsymbol{AX}=\boldsymbol{O}$ 的基础解系. 从阶梯形矩阵中，不计算增广矩阵的最后一列，一般情况下，分别令一个自由元为 1，其余自由元为 0，得到 $\boldsymbol{AX}=\boldsymbol{O}$ 的基础解系 $\boldsymbol{\alpha}_1,\boldsymbol{\alpha}_2,\cdots,\boldsymbol{\alpha}_{n-r}$；

第 5 步，写出非齐次线性方程组 $\boldsymbol{AX}=\boldsymbol{B}$ 的通解. 非齐次线性方程组 $\boldsymbol{AX}=\boldsymbol{B}$ 的通解 $\boldsymbol{X}$ 为非齐次线性方程组 $\boldsymbol{AX}=\boldsymbol{B}$ 的一个特解 $\boldsymbol{\alpha}_0$ 与相应的齐次线性方程组 $\boldsymbol{AX}=\boldsymbol{O}$ 的通解之和，即

$$\boldsymbol{X}=\boldsymbol{\alpha}_0+k_1\boldsymbol{\alpha}_1+k_2\boldsymbol{\alpha}_2+\cdots+k_{n-r}\boldsymbol{\alpha}_{n-r},$$

其中 $k_1,k_2,\cdots,k_{n-r}$ 为任意常数.

【例 3.36】 求线性方程组的通解

$$\begin{cases}x_1+3x_2-x_3+2x_4-x_5=-4,\\-3x_1+x_2+2x_3-5x_4-4x_5=-1,\\2x_1-3x_2-x_3-x_4+x_5=4,\\-4x_1+16x_2+x_3+3x_4-9x_5=-21.\end{cases}$$

解　第 1 步，用初等行变换将增广矩阵 $[\boldsymbol{A} \vdots \boldsymbol{B}]$ 化为行简化阶梯形矩阵，即

$$
[\boldsymbol{A} \vdots \boldsymbol{B}] = \left[\begin{array}{ccccc:c}
1 & 3 & -1 & 2 & -1 & -4 \\
-3 & 1 & 2 & -5 & -4 & -1 \\
2 & -3 & -1 & -1 & 1 & 4 \\
-4 & 16 & 1 & 3 & -9 & -21
\end{array}\right]
$$

$$
\xrightarrow[\text{④}+\text{①}\times 4]{\substack{\text{②}+\text{①}\times 3 \\ \text{③}+\text{①}\times(-2)}}
\left[\begin{array}{ccccc:c}
1 & 3 & -1 & 2 & -1 & -4 \\
0 & 10 & -1 & 1 & -7 & -13 \\
0 & -9 & 1 & -5 & 3 & 12 \\
0 & 28 & -3 & 11 & -13 & -37
\end{array}\right]
$$

$$
\xrightarrow{\text{②}+\text{③}}
\left[\begin{array}{ccccc:c}
1 & 3 & -1 & 2 & -1 & -4 \\
0 & 1 & 0 & -4 & -4 & -1 \\
0 & -9 & 1 & -5 & 3 & 12 \\
0 & 28 & -3 & 11 & -13 & -37
\end{array}\right]
$$

$$
\xrightarrow{\substack{\text{③}+\text{②}\times 9 \\ \text{④}+\text{②}\times(-28)}}
\left[\begin{array}{ccccc:c}
1 & 3 & -1 & 2 & -1 & -4 \\
0 & 1 & 0 & -4 & -4 & -1 \\
0 & 0 & 1 & -41 & -33 & 3 \\
0 & 0 & -3 & 123 & 99 & -9
\end{array}\right]
$$

$$
\xrightarrow{\text{④}+\text{③}\times 3}
\left[\begin{array}{ccccc:c}
1 & 3 & -1 & 2 & -1 & -4 \\
0 & 1 & 0 & -4 & -4 & -1 \\
0 & 0 & 1 & -41 & -33 & 3 \\
0 & 0 & 0 & 0 & 0 & 0
\end{array}\right]
$$

$$
\xrightarrow{\text{①}+\text{③}}
\left[\begin{array}{ccccc:c}
1 & 3 & 0 & -39 & -34 & -1 \\
0 & 1 & 0 & -4 & -4 & -1 \\
0 & 0 & 1 & -41 & -33 & 3 \\
0 & 0 & 0 & 0 & 0 & 0
\end{array}\right]
$$

$$
\xrightarrow{\text{①}+\text{②}\times(-3)}
\left[\begin{array}{ccccc:c}
1 & 0 & 0 & -27 & -22 & 2 \\
0 & 1 & 0 & -4 & -4 & -1 \\
0 & 0 & 1 & -41 & -33 & 3 \\
0 & 0 & 0 & 0 & 0 & 0
\end{array}\right].
$$

第 2 步，判定线性方程组是否有解. 利用相容性定理，从行简化阶梯形矩阵知，由于 $r([\boldsymbol{A} \vdots \boldsymbol{B}]) = r(\boldsymbol{A}) = 3 < 5$，故线性方程组有无穷多解，此时 $n-r = 5-3 = 2$，有 2 个自由元，取 x_3, x_4 为自由元，行简化阶梯形矩阵所对应的方程组为

$$
\begin{cases}
x_1 \qquad\qquad -27x_4 - 22x_5 = 2, \\
\qquad x_2 \qquad\; -4x_4 - 4x_5 = -1, \\
\qquad\qquad x_3 - 41x_4 - 33x_5 = 3,
\end{cases}
$$

得到一般解为

$$\begin{cases} x_1 = 2 + 27x_4 + 22x_5, \\ x_2 = -1 + 4x_4 + 4x_5, \\ x_3 = 3 + 41x_4 + 33x_5. \end{cases} \tag{3.32}$$

第 3 步，求出非齐次线性方程组 $\boldsymbol{AX} = \boldsymbol{B}$ 的一个特解 $\boldsymbol{\alpha}_0$. 在一般解(3.32) 中，通常令 $x_4 = x_5 = 0$，有 $x_1 = 2, x_2 = -1, x_3 = 3$，得到一个特解为

$$\boldsymbol{\alpha}_0 = \begin{bmatrix} 2 \\ -1 \\ 3 \\ 0 \\ 0 \end{bmatrix},$$

第 4 步，求出相应的齐次线性方程组 $\boldsymbol{AX} = \boldsymbol{O}$ 的基础解系. 从行简化阶梯形矩阵所对应的方程组中去掉常数项，可得相应的齐次线性方程组为

$$\begin{cases} x_1 \qquad\qquad - 27x_4 - 22x_5 = 0, \\ \qquad x_2 \qquad - 4x_4 - 4x_5 = 0, \\ \qquad\qquad x_3 - 41x_4 - 33x_5 = 0, \end{cases}$$

或者从一般解中去掉常数项，可得相应的齐次线性方程组的一般解为

$$\begin{cases} x_1 = 27x_4 + 22x_5, \\ x_2 = 4x_4 + 4x_5, \\ x_3 = 41x_4 + 33x_5, \end{cases} \tag{3.33}$$

在一般解(3.33) 中，x_4, x_5 为自由元，令 $x_4 = 1, x_5 = 0$，有 $x_1 = 27, x_2 = 4, x_3 = 41$，得到一个解向量为

$$\boldsymbol{\alpha}_1 = \begin{bmatrix} 27 \\ 4 \\ 41 \\ 1 \\ 0 \end{bmatrix},$$

在一般解(3.33) 中，令 $x_4 = 0, x_5 = 1$，有 $x_1 = 22, x_2 = 4, x_3 = 33$，得到另外一个解向量为

$$\boldsymbol{\alpha}_2 = \begin{bmatrix} 22 \\ 4 \\ 33 \\ 0 \\ 1 \end{bmatrix},$$

所以，$\boldsymbol{AX} = \boldsymbol{O}$ 的一个基础解系为 $\{\boldsymbol{\alpha}_1, \boldsymbol{\alpha}_2\}$.

第 5 步，写出非齐次线性方程组 $\boldsymbol{AX} = \boldsymbol{B}$ 的通解. 利用非齐次线性方程组 $\boldsymbol{AX} = \boldsymbol{B}$ 解的结构，于是所求通解 $\boldsymbol{X}$ 为

$$\boldsymbol{X} = \boldsymbol{\alpha}_0 + k_1\boldsymbol{\alpha}_1 + k_2\boldsymbol{\alpha}_2,$$

即

$$\boldsymbol{X} = \begin{bmatrix} 2 \\ -1 \\ 3 \\ 0 \\ 0 \end{bmatrix} + k_1 \begin{bmatrix} 27 \\ 4 \\ 41 \\ 1 \\ 0 \end{bmatrix} + k_2 \begin{bmatrix} 22 \\ 4 \\ 33 \\ 0 \\ 1 \end{bmatrix},$$

其中 k_1,k_2 为任意常数.

【例 3.37】 设非齐次线性方程组

$$\begin{cases} ax_1 + x_2 + x_3 = 4, \\ x_1 + bx_2 + x_3 = 3, \\ x_1 + 2bx_2 + x_3 = 4, \end{cases}$$

试就 a,b 的取值讨论方程组解的情况,在有解时,求出解.

解 第 1 步,用初等行变换将增广矩阵 $[\boldsymbol{A} \vdots \boldsymbol{B}]$ 化为行简化阶梯形矩阵,即

$$[\boldsymbol{A} \vdots \boldsymbol{B}] = \left[\begin{array}{ccc:c} a & 1 & 1 & 4 \\ 1 & b & 1 & 3 \\ 1 & 2b & 1 & 4 \end{array}\right] \xrightarrow{(①,②)} \left[\begin{array}{ccc:c} 1 & b & 1 & 3 \\ a & 1 & 1 & 4 \\ 1 & 2b & 1 & 4 \end{array}\right]$$

$$\xrightarrow[③+①\times(-1)]{②+①\times(-a)} \left[\begin{array}{ccc:c} 1 & b & 1 & 3 \\ 0 & 1-ab & 1-a & 4-3a \\ 0 & b & 0 & 1 \end{array}\right]$$

$$\xrightarrow{②+③\times a} \left[\begin{array}{ccc:c} 1 & b & 1 & 3 \\ 0 & 1 & 1-a & 4-2a \\ 0 & b & 0 & 1 \end{array}\right]$$

$$\xrightarrow[③+②\times(-b)]{③+②\times(-b)} \left[\begin{array}{ccc:c} 1 & 0 & ab-b+1 & 2ab-4b+3 \\ 0 & 1 & 1-a & 4-2a \\ 0 & 0 & ab-b & 2ab-4b+1 \end{array}\right].$$

第 2 步,判定线性方程组是否有解.利用相容性定理,从行简化阶梯形矩阵知:

(1) 当 $b=0$ 时,行简化阶梯形矩阵化为如下形式,即

$$[\boldsymbol{A} \vdots \boldsymbol{B}] \longrightarrow \left[\begin{array}{ccc:c} 1 & 0 & 1 & 3 \\ 0 & 1 & 1-a & 4-2a \\ 0 & 0 & 0 & 1 \end{array}\right],$$

易知 $2 = r(\boldsymbol{A}) \neq r([\boldsymbol{A} \vdots \boldsymbol{B}]) = 3$,所以原方程组无解.

(2) 当 $a=1$ 且 $b \neq 1/2$ 时,行简化阶梯形矩阵化为如下形式,即

$$[\boldsymbol{A} \vdots \boldsymbol{B}] \longrightarrow \left[\begin{array}{ccc:c} 1 & 0 & 1 & 3-2b \\ 0 & 1 & 0 & 2 \\ 0 & 0 & 0 & 1-2b \end{array}\right],$$

易知 $2 = r(\boldsymbol{A}) \neq r([\boldsymbol{A} \vdots \boldsymbol{B}]) = 3$,所以原方程组无解.

(3) 当 $a=1$ 且 $b=1/2$ 时,行简化阶梯形矩阵化为如下形式,即

$$[\boldsymbol{A} \vdots \boldsymbol{B}] \longrightarrow \left[\begin{array}{ccc:c} 1 & 0 & 1 & 2 \\ 0 & 1 & 0 & 2 \\ 0 & 0 & 0 & 0 \end{array}\right],$$

易知 $r(\boldsymbol{A}) = r([\boldsymbol{A} \vdots \boldsymbol{B}]) = 2 < 3 = n$,所以原方程组有无穷多个解,其通解为

$$\begin{bmatrix} x_1 \\ x_2 \\ x_3 \end{bmatrix} = \begin{bmatrix} 2 \\ 2 \\ 0 \end{bmatrix} + k \begin{bmatrix} 1 \\ 0 \\ 1 \end{bmatrix} \quad (\text{其中 } k \text{ 为任意常数}).$$

(4) 当 $a \neq 1$ 且 $b \neq 0$ 时,从阶梯矩阵知,$r(\boldsymbol{A}) = r([\boldsymbol{A} \vdots \boldsymbol{B}]) = 3 = n$,故原方程组有唯一解,且解为

$$x_1 = \frac{2b-1}{b(a-1)}, x_2 = \frac{1}{b}, x_3 = \frac{2ab-4b+1}{b(a-1)}.$$

从上述讨论得知,当 $b = 0$ 时或当 $a = 1$ 且 $b \neq 1/2$ 时,方程组无解;当 $a = 1$ 且 $b = 1/2$ 时,方程组有无穷多个解;当 $a \neq 1$ 且 $b \neq 0$ 时,方程组有唯一解.

3.6.3 线性方程组的应用

1. 工资问题

现有一位木工、一位电工和一位油漆工,三个人相互同意彼此装修他们自己的房子.在装修之前,他们达成了如下协议:

(1) 每人总共工作 10 天(包括给自己家干活);

(2) 根据市场情况,每人的日工资应在 60 ~ 80 元之间;

(3) 确定每人的日工资,使得每人最终的总收入与总支出相等.

他们协商后制定出工作天数的分配方案,如表 3.1 所示,如何计算出他们每人应得的工资呢?

表 3.1

天数 \ 工种	木工	电工	油漆工
在木工家的工作天数	2	1	6
在电工家的工作天数	4	5	1
在油漆工家的工作天数	4	4	3

解 以 x_1, x_2, x_3 分别表示木工、电工、油漆工的日工资.木工的 10 个工作日总收入为 $10x_1$,木工、电工、油漆工三人在木工家工作的天数分别为:2 天、1 天、6 天,则木工的总支出为 $2x_1 + x_2 + 6x_3$.由于木工总支出与总收入相等,于是木工的收支平衡关系可描述为

$$2x_1 + x_2 + 6x_3 = 10x_1.$$

类似地,可以分别建立描述电工、油漆工的收支平衡关系的两个等式

$$4x_1 + 5x_2 + x_3 = 10x_2, 4x_1 + 4x_2 + 3x_3 = 10x_3.$$

将三个方程联立,得线性方程组为

$$\begin{cases} 2x_1 + x_2 + 6x_3 = 10x_1, \\ 4x_1 + 5x_2 + x_3 = 10x_2, \\ 4x_1 + 4x_2 + 3x_3 = 10x_3. \end{cases}$$

整理得三个人的日工资应满足的齐次线性方程组为

$$\begin{cases} -8x_1 + x_2 + 6x_3 = 0, \\ 4x_1 - 5x_2 + x_3 = 0, \\ 4x_1 + 4x_2 - 7x_3 = 0. \end{cases}$$

利用齐次线性方程组的解法,得到此方程组的通解为

$$\boldsymbol{X} = \begin{bmatrix} x_1 \\ x_2 \\ x_3 \end{bmatrix} = k \begin{bmatrix} 31/36 \\ 8/9 \\ 1 \end{bmatrix},$$

其中k为任意实数.最后,由于每人的日工资在60～80元之间,故选择$k=72$,以确定木工、电工、油漆工每人的日工资为$x_1=62$(元),$x_2=64$(元),$x_3=72$(元).

2. 交通流量问题

某城市部分单行街道的交通流量(每小时通过汽车的数量)如图3-1所示,假设

(1) 全部流入网络的流量等于全部流出网络的流量;

(2) 全部流入单个节点的流量等于全部流出此节点的流量.

建立数学模型确定图3-1所示交通网络未知部分的具体流量.

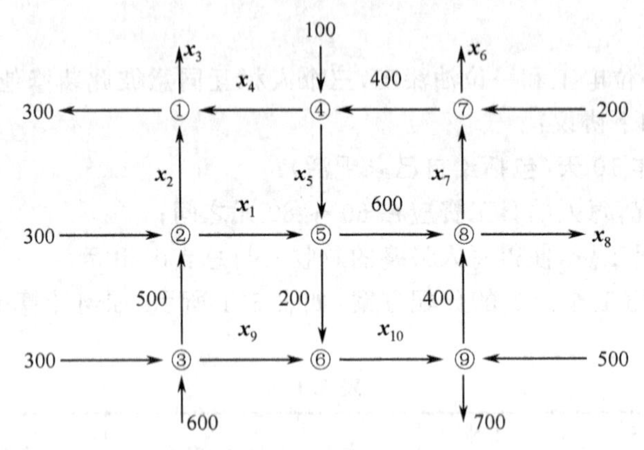

图3-1 某城市部分单行街道的交通流量

解 设流入为正,流出为负,由网络流量假设(1),从x_3开始,计算得

$$-x_3-300+300+300+600-700+500-x_8+200-x_6+100=0,$$

整理有

$$x_3+x_6+x_8=1000.$$

利用网络流量假设(2),计算节点①,得

$$-x_3-300+x_2+x_4=0,$$

即

$$x_2-x_3+x_4=300.$$

类似地,计算节点②～⑨,得$x_1+x_2=800,x_9=400,x_4+x_5=500,x_1+x_5=800,x_9-x_{10}=-200,-x_6+x_7=200,x_7+x_8=1000,x_{10}=600$.

得到如下线性方程组

$$\begin{cases} x_3+x_6+x_8= & 1000, \\ x_2-x_3+x_4= & 300, \\ x_1+x_2= & 800, \\ x_9= & 400, \\ x_4+x_5= & 500, \\ x_1+x_5= & 800, \\ x_9-x_{10}= & -200, \\ -x_6+x_7= & 200, \\ x_7+x_8= & 1000, \\ x_{10}= & 600. \end{cases}$$

利用齐次线性方程组的解法，得到此方程组的通解为

$$\boldsymbol{X}=\boldsymbol{\alpha}_0+k_1\boldsymbol{\alpha}_1+k_2\boldsymbol{\alpha}_2,$$

其中 k_1,k_2 为任意常数，且

$$\boldsymbol{\alpha}_0=(800,0,200,500,0,800,1000,0,400,600)^{\mathrm{T}},$$

$$\boldsymbol{\alpha}_1=(-1,1,0,-1,1,0,0,0,0,0)^{\mathrm{T}},$$

$$\boldsymbol{\alpha}_2=(0,0,0,0,0,-1,-1,1,0,0)^{\mathrm{T}}.$$

$\boldsymbol{X}$ 的每个分量即为交通网络未知部分的具体流量，它有无穷多解.

习题 3.6

参考答案与提示

1. 求下列齐次线性方程组的一个基础解系和通解：

(1) $\begin{cases}x_1-x_2+5x_3-x_4=0,\\x_1+x_2+4x_3+3x_4=0,\\3x_1+x_2+9x_3+5x_4=0;\end{cases}$

(2) $\begin{cases}x_1-x_2+5x_3-x_4=0,\\x_1+x_2-2x_3+3x_4=0,\\3x_1-x_2+8x_3+x_4=0,\\x_1+3x_2-9x_3+7x_4=0;\end{cases}$

(3) $\begin{cases}x_1+2x_2+3x_3+7x_4+3x_5=0,\\3x_1+2x_2+x_3-3x_4+x_5=0,\\x_2+2x_3+6x_4+2x_5=0,\\5x_1+4x_2+3x_3-x_4+3x_5=0;\end{cases}$

(4) $\begin{cases}2x_1-4x_2+x_3-x_4+x_5=0,\\x_1-2x_2-x_3+x_4-2x_5=0,\\3x_1-6x_2+3x_3-3x_4+4x_5=0,\\4x_1-8x_2+5x_3-5x_4+7x_5=0.\end{cases}$

2. 求下列线性方程组的通解：

(1) $\begin{cases}2x_1-7x_2+3x_3+x_4=6,\\3x_1+5x_2+2x_3+2x_4=4,\\9x_1+4x_2+x_3+7x_4=2;\end{cases}$

(2) $\begin{cases}3x_1+2x_2+x_3+x_4+x_5=7,\\3x_1+2x_2+x_3+x_4-3x_5=-2,\\5x_1+4x_2+3x_3+3x_4-x_5=12;\end{cases}$

(3) $\begin{cases}x_1+2x_2-3x_4+2x_5=1,\\x_1-x_2-3x_3+x_4-3x_5=1,\\2x_1-3x_2+4x_3-5x_4+2x_5=7,\\9x_1-9x_2+6x_3-16x_4+2x_5=25;\end{cases}$

(4) $\begin{cases}x_1+2x_2+3x_3+x_4=3,\\x_1+4x_2+5x_3+2x_4=2,\\2x_1+9x_2+8x_3+3x_4=7,\\3x_1+7x_2+7x_3+2x_4=12;\end{cases}$

(5) $\begin{cases}x_1+2x_2+3x_3-x_4=1,\\3x_1+3x_2+x_3-x_4=1,\\2x_1+3x_2+x_3+x_4=1,\\2x_1+2x_2+2x_3-x_4=1,\\5x_1+5x_2+2x_3=2.\end{cases}$

3. 若 $\boldsymbol{\alpha}_1,\boldsymbol{\alpha}_2,\cdots,\boldsymbol{\alpha}_t$ 都是 $\boldsymbol{AX}=\boldsymbol{B}$ 的解，证明：$k_1\boldsymbol{\alpha}_1+k_2\boldsymbol{\alpha}_2+\cdots+k_t\boldsymbol{\alpha}_t$ 也是 $\boldsymbol{AX}=\boldsymbol{B}$ 的解，其中 $k_1+k_2+\cdots+k_t=1$.

4. 若 $\boldsymbol{\alpha}_0$ 为 $\boldsymbol{AX}=\boldsymbol{B}$ 的解，$\boldsymbol{\alpha}_1,\boldsymbol{\alpha}_2,\cdots,\boldsymbol{\alpha}_t$ 为 $\boldsymbol{AX}=\boldsymbol{O}$ 的基础解系，令

$$\boldsymbol{\beta}_1=\boldsymbol{\alpha}_0+\boldsymbol{\alpha}_1,\boldsymbol{\beta}_2=\boldsymbol{\alpha}_0+\boldsymbol{\alpha}_2,\cdots,\boldsymbol{\beta}_t=\boldsymbol{\alpha}_0+\boldsymbol{\alpha}_t,$$

证明：$\boldsymbol{AX}=\boldsymbol{B}$ 的任意一个解 $\boldsymbol{\alpha}$ 均可表示成

$$\boldsymbol{\alpha}=\mu_0\boldsymbol{\alpha}_0+\mu_1\boldsymbol{\beta}_1+\mu_2\boldsymbol{\beta}_2+\cdots+\mu_t\boldsymbol{\beta}_t,$$

其中 $\mu_0+\mu_1+\mu_2+\cdots+\mu_t=1$.

3.7 本章小结与练习

3.7.1 内容提要

1. 基本概念

线性方程组，增广矩阵，基本未知数(基本元)，自由未知数(自由元)，相容，n 维向量，线性组合，线性表出，组合系数，线性相关，线性无关，极大线性无关组，向量组的秩，n 维向量空间，向量子空间，向量子空间的基和维数，坐标向量与坐标分量，解空间，基础解系，齐次线性方程组的通解，非齐次线性方程组的特解与通解.

2. 基本定理

同解定理，相容性定理，齐次线性方程组有无非零解的定理，线性相关性的定理，向量组的秩与极大无关组的定理，齐次线性方程组解的结构定理，非齐次线性方程组解的结构定理.

3. 基本方法

高斯消元法；在不解线性方程组的情况下，判定线性方程组是否有解的方法；判定向量组的线性相关性的方法；求向量组的秩与极大无关组的方法；求向量空间的维数和基的方法；求齐次线性方程组的基础解系及通解的方法；求非齐次线性方程组的通解的方法.

3.7.2 疑点解析

问题 1 当线性方程组的方程个数少于或等于未知量个数时，线性方程组一定有解吗?

解析 不一定. 根据相容性定理知，当 $r(\boldsymbol{A})=r([\boldsymbol{A} \vdots \boldsymbol{B}])$ 时，线性方程组有解；当 $r(\boldsymbol{A})\neq r([\boldsymbol{A} \vdots \boldsymbol{B}])$ 时，线性方程组无解；当 $r(\boldsymbol{A})=r([\boldsymbol{A} \vdots \boldsymbol{B}])=n$($n$ 是未知量个数)时，线性方程组有唯一解；当 $r(\boldsymbol{A})=r([\boldsymbol{A} \vdots \boldsymbol{B}])<n$($n$ 是未知量个数)时，线性方程组有无穷多解.

问题 2 下面的说法对吗?为什么?

(1) 向量组 $\boldsymbol{\alpha}_1,\boldsymbol{\alpha}_2,\cdots,\boldsymbol{\alpha}_t$，如果有全为零的数 $\lambda_1,\lambda_2,\cdots,\lambda_t$，使 $\lambda_1\boldsymbol{\alpha}_1+\lambda_2\boldsymbol{\alpha}_2+\cdots+\lambda_t\boldsymbol{\alpha}_t=\boldsymbol{0}$，则 $\boldsymbol{\alpha}_1,\boldsymbol{\alpha}_2,\cdots,\boldsymbol{\alpha}_t$ 线性无关.

(2) 如果有一组不全为零的数 $\lambda_1,\lambda_2,\cdots,\lambda_t$，使 $\lambda_1\boldsymbol{\alpha}_1+\lambda_2\boldsymbol{\alpha}_2+\cdots+\lambda_t\boldsymbol{\alpha}_t\neq\boldsymbol{0}$，则 $\boldsymbol{\alpha}_1,\boldsymbol{\alpha}_2,\cdots,\boldsymbol{\alpha}_t$ 线性无关.

(3) 向量组 $\boldsymbol{\alpha}_1,\boldsymbol{\alpha}_2,\cdots,\boldsymbol{\alpha}_t$ 线性相关，则其中每个向量都可以由其余向量线性表出.

解析 以上三种说法都是错的. 因为对于(1)，任一向量组对于全为零的数 $\lambda_1,\lambda_2,\cdots,\lambda_t$，都有 $\lambda_1\boldsymbol{\alpha}_1+\lambda_2\boldsymbol{\alpha}_2+\cdots+\lambda_t\boldsymbol{\alpha}_t=\boldsymbol{0}$，因此，谈不上线性无关还是线性相关. 应改为：如果只有全为零的数 $\lambda_1,\lambda_2,\cdots,\lambda_t$，使 $\lambda_1\boldsymbol{\alpha}_1+\lambda_2\boldsymbol{\alpha}_2+\cdots+\lambda_t\boldsymbol{\alpha}_t=\boldsymbol{0}$，则 $\boldsymbol{\alpha}_1,\boldsymbol{\alpha}_2,\cdots,\boldsymbol{\alpha}_t$ 线性无关. 对于(2)，任一不全为零向量的向量组对于有一组不全为零的数 $\lambda_1,\lambda_2,\cdots,\lambda_t$，都有 $\lambda_1\boldsymbol{\alpha}_1+\lambda_2\boldsymbol{\alpha}_2+\cdots+\lambda_t\boldsymbol{\alpha}_t\neq\boldsymbol{0}$，因此谈不上线性无关还是线性相关. 应改为：如果任意一组不全为零的数 $\lambda_1,\lambda_2,\cdots,\lambda_t$，都有 $\lambda_1\boldsymbol{\alpha}_1+\lambda_2\boldsymbol{\alpha}_2+\cdots+\lambda_t\boldsymbol{\alpha}_t\neq\boldsymbol{0}$，则 $\boldsymbol{\alpha}_1,\boldsymbol{\alpha}_2,\cdots,\boldsymbol{\alpha}_t$ 线性无关. 对于(3)，其中有的向量不能用其余向量线性表出. 例如，向量组 $\boldsymbol{\alpha}_1,\boldsymbol{\alpha}_2,\boldsymbol{\alpha}_3,\boldsymbol{\alpha}_4$ 线性相关，且有 $\boldsymbol{\alpha}_1=2\boldsymbol{\alpha}_2-3\boldsymbol{\alpha}_3$，向量组 $\boldsymbol{\alpha}_1,\boldsymbol{\alpha}_2,\boldsymbol{\alpha}_3,\boldsymbol{\alpha}_4$ 中 $\boldsymbol{\alpha}_4$ 不能用 $\boldsymbol{\alpha}_1,\boldsymbol{\alpha}_2,\boldsymbol{\alpha}_3$ 线性表出，应改为：向量组 $\boldsymbol{\alpha}_1,\boldsymbol{\alpha}_2,\cdots,\boldsymbol{\alpha}_t$ 线性相关，则其中

至少有一个向量可以由其余向量线性表出.确切地说是组合系数不为零的那个向量可以被其他向量线性表出.

问题 3　为什么说齐次线性方程组 $\boldsymbol{AX}=\boldsymbol{O}$ 的所有解向量组成的向量组也构成一个向量空间?

解析　因为齐次线性方程组任意两个解向量的和仍是齐次线性方程组的解向量,齐次线性方程组任意一个解向量乘以一个任意常数仍是齐次线性方程组的解向量,所以齐次线性方程组的所有解向量组成的向量组构成一个向量空间.即齐次线性方程组的所有解向量满足向量空间的两个条件:分别对数乘封闭和对加法封闭.

问题 4　非齐次线性方程组 $\boldsymbol{AX}=\boldsymbol{B}$ 的所有解向量组成的向量组构成一个向量空间吗?

解析　不构成.因为非齐次线性方程组 $\boldsymbol{AX}=\boldsymbol{B}$ 的任意一个解向量 $\boldsymbol{X}$ 乘以一个常数 2,得到的 $2\boldsymbol{X}$ 不是非齐次线性方程组 $\boldsymbol{AX}=\boldsymbol{B}$ 的解向量,即不满足对数乘的封闭性,所以非齐次线性方程组 $\boldsymbol{AX}=\boldsymbol{B}$ 的所有解向量组成的向量组不能构成一个向量空间.

3.7.3　例题、方法精讲

1. 高斯消元法

利用本章的同解定理,对于线性方程组 $\boldsymbol{AX}=\boldsymbol{B}$,将增广矩阵 $[\boldsymbol{A} \vdots \boldsymbol{B}]$ 用初等行变换化为阶梯形矩阵 $[\boldsymbol{S} \vdots \boldsymbol{T}]$,求矩阵 $[\boldsymbol{S} \vdots \boldsymbol{T}]$ 所对应的方程组 $\boldsymbol{SX}=\boldsymbol{T}$ 的解,亦即 $\boldsymbol{AX}=\boldsymbol{B}$ 的解,这种方法称为高斯消元法.

高斯消元法的具体步骤如下:

对于线性方程组 $\boldsymbol{AX}=\boldsymbol{B}$,即

$$\begin{cases} a_{11}x_1+a_{12}x_2+\cdots+a_{1n}x_n=b_1, \\ a_{21}x_1+a_{22}x_2+\cdots+a_{2n}x_n=b_2, \\ \quad\vdots \qquad\quad \vdots \qquad\qquad\quad \vdots \qquad\quad \vdots \\ a_{m1}x_1+a_{m2}x_2+\cdots+a_{mn}x_n=b_m, \end{cases}$$

第 1 步,写出线性方程组的增广矩阵 $[\boldsymbol{A} \vdots \boldsymbol{B}]$,并利用初等行变换,将增广矩阵 $[\boldsymbol{A} \vdots \boldsymbol{B}]$ 化为行简化阶梯形矩阵.

第 2 步,设行简化阶梯形矩阵首非零元素所在列的基本元的个数为 r,其余自由元的个数为 $n-r$.

第 3 步,写出行简化阶梯形矩阵所对应的线性方程组,把此方程组含有 $n-r$ 个自由元的项移至方程右端,并用最后一个方程逐个向前回代的方法得到用自由元表达的基本元,这就是方程组的**一般解**.

第 4 步,为得到一般解的矩阵形式,可以把 $n-r$ 个自由元依次设为(任意)常数 $k_1, k_2, \cdots, k_{n-r}$ 后,对应地解出基本元,即可写出此方程的所有解的矩阵形式.

【例 3.38】　当 λ 为何值时,下列方程组有解?有解时,求出解.

$$\begin{cases} 2x_1+3x_2-4x_3+x_4-x_5=-3, \\ 3x_1+4x_2-2x_3-3x_4+x_5=2, \\ 4x_1+7x_2-16x_3+11x_4-7x_5=-19, \\ 5x_1+7x_2-6x_3-2x_4=\lambda+1. \end{cases}$$

解 第1步,写出线性方程组的增广矩阵,并利用初等行变换,将$[\boldsymbol{A} \vdots \boldsymbol{B}]$化为行简化阶梯形矩阵.为了避免分数运算,通常把第1行第1列元素变为1或(−1),为此将第2行乘以(−1)加到第1行,即

$$[\boldsymbol{A} \vdots \boldsymbol{B}] = \left[\begin{array}{ccccc:c} 2 & 3 & -4 & 1 & -1 & -3 \\ 3 & 4 & -2 & -3 & 1 & 2 \\ 4 & 7 & -16 & 11 & -7 & -19 \\ 5 & 7 & -6 & -2 & 0 & \lambda+1 \end{array}\right] \xrightarrow{①+②\times(-1)} \left[\begin{array}{ccccc:c} -1 & -1 & -2 & 4 & -2 & -5 \\ 3 & 4 & -2 & -3 & 1 & 2 \\ 4 & 7 & -16 & 11 & -7 & -19 \\ 5 & 7 & -6 & -2 & 0 & \lambda+1 \end{array}\right]$$

$$\xrightarrow[\substack{③+①\times 4 \\ ④+①\times 5}]{②+①\times 3} \left[\begin{array}{ccccc:c} -1 & -1 & -2 & 4 & -2 & -5 \\ 0 & 1 & -8 & 9 & -5 & -13 \\ 0 & 3 & -24 & 27 & -15 & -39 \\ 0 & 2 & -16 & 18 & -10 & \lambda-24 \end{array}\right]$$

$$\xrightarrow[④+②\times(-2)]{③+②\times(-3)} \left[\begin{array}{ccccc:c} -1 & -1 & -2 & 4 & -2 & -5 \\ 0 & 1 & -8 & 9 & -5 & -13 \\ 0 & 0 & 0 & 0 & 0 & 0 \\ 0 & 0 & 0 & 0 & 0 & \lambda+2 \end{array}\right]$$

$$\xrightarrow[(③,④)]{①\times(-1)} \left[\begin{array}{ccccc:c} 1 & 1 & 2 & -4 & 2 & 5 \\ 0 & 1 & -8 & 9 & -5 & -13 \\ 0 & 0 & 0 & 0 & 0 & \lambda+2 \\ 0 & 0 & 0 & 0 & 0 & 0 \end{array}\right] \xrightarrow{①+②\times(-1)} \left[\begin{array}{ccccc:c} 1 & 0 & 10 & -13 & 7 & 18 \\ 0 & 1 & -8 & 9 & -5 & -13 \\ 0 & 0 & 0 & 0 & 0 & \lambda+2 \\ 0 & 0 & 0 & 0 & 0 & 0 \end{array}\right].$$

第2步,利用相容性定理知,只有$r(\boldsymbol{A}) = r([\boldsymbol{A} \vdots \boldsymbol{B}]) = 2$时,方程组才有解,故有$\lambda = -2$,从方程组知,$n - r = 5 - 2 = 3$,方程组中有3个自由元.

第3步,当$\lambda = -2$时,写出行简化阶梯形矩阵对应的方程组为

$$\begin{cases} x_1 \quad + 10x_3 - 13x_4 + 7x_5 = 18, \\ \quad x_2 - 8x_3 + 9x_4 - 5x_5 = -13, \end{cases} \tag{3.34}$$

从方程组(3.34)得到一般解为

$$\begin{cases} x_1 = 18 - 10x_3 + 13x_4 - 7x_5, \\ x_2 = -13 + 8x_3 - 9x_4 + 5x_5, \end{cases} \tag{3.35}$$

其中x_3, x_4, x_5为自由元.

第4步,在方程组(3.35)中,令$x_3 = k_1, x_4 = k_2, x_5 = k_3$,可得原线性方程组的全部解为

$$\boldsymbol{X} = \begin{bmatrix} x_1 \\ x_2 \\ x_3 \\ x_4 \\ x_5 \end{bmatrix} = \begin{bmatrix} 18 \\ -13 \\ 0 \\ 0 \\ 0 \end{bmatrix} + k_1 \begin{bmatrix} -10 \\ 8 \\ 1 \\ 0 \\ 0 \end{bmatrix} + k_2 \begin{bmatrix} 13 \\ -9 \\ 0 \\ 1 \\ 0 \end{bmatrix} + k_3 \begin{bmatrix} -7 \\ 5 \\ 0 \\ 0 \\ 1 \end{bmatrix},$$

其中 k_1,k_2,k_3 为任意常数.

对于用高斯消元法解线性方程组,需要注意以下四点:

(1) 对增广矩阵$[\boldsymbol{A} \vdots \boldsymbol{B}]$(而不是用系数矩阵$\boldsymbol{A}$)进行初等行变换后矩阵不能与前面的矩阵写等号"=",而只能写等价的箭头"→";

(2) 最后的矩阵一定要化为阶梯形矩阵或行简化阶梯形矩阵;

(3) 不能认为方程个数大于(或小于) 未知量个数的线性方程组一定无解(或有解);

(4) 利用线性方程组解的结构理论来解方程组的方法比高斯消元法简单且方便.

2. 在不解线性方程组的情况下,判定线性方程组相容性的方法

利用本章的相容性定理3.2、定理3.3和定理3.4,即利用$r(\boldsymbol{A})$,$r([\boldsymbol{A} \vdots \boldsymbol{B}])$与未知元个数$n$之间的关系,在不解线性方程组的情况下,可以判定线性方程组有解还是无解;若有解的话,是有唯一解还是无穷多解,具体方法如下.

第1步,写出线性方程组的增广矩阵$[\boldsymbol{A} \vdots \boldsymbol{B}]$.

第2步,用初等行变换法,将增广矩阵$[\boldsymbol{A} \vdots \boldsymbol{B}]$化为阶梯形矩阵.

第3步,根据相容性定理中$r(\boldsymbol{A})$,$r([\boldsymbol{A} \vdots \boldsymbol{B}])$与$n$之间的关系判定解的情况,即:

(1) 若$r(\boldsymbol{A}) \neq r([\boldsymbol{A} \vdots \boldsymbol{B}])$,则$\boldsymbol{AX} = \boldsymbol{B}$无解;

(2) 若$r(\boldsymbol{A}) = r([\boldsymbol{A} \vdots \boldsymbol{B}]) = n$,则$\boldsymbol{AX} = \boldsymbol{B}$有唯一解;

(3) 若$r(\boldsymbol{A}) = r([\boldsymbol{A} \vdots \boldsymbol{B}]) = r < n$,则$\boldsymbol{AX} = \boldsymbol{B}$有无穷多解.

【例3.39】 判定下列方程组是否有解.

$$\begin{cases} 2x_1 - x_2 + 3x_3 = 2, \\ x_1 - 3x_2 + 4x_3 = 1, \\ -x_1 + 2x_2 + \mu x_3 = -4. \end{cases}$$

解 第1步,写出线性方程组的增广矩阵

$$[\boldsymbol{A} \vdots \boldsymbol{B}] = \left[\begin{array}{ccc:c} 2 & -1 & 3 & 2 \\ 1 & -3 & 4 & 1 \\ -1 & 2 & \mu & -4 \end{array}\right].$$

第2步,用初等行变换法,将增广矩阵化为阶梯形矩阵,即

$$[\boldsymbol{A} \vdots \boldsymbol{B}] \xrightarrow{(①,②)} \left[\begin{array}{ccc:c} 1 & -3 & 4 & 1 \\ 2 & -1 & 3 & 2 \\ -1 & 2 & \mu & -4 \end{array}\right] \xrightarrow[③+①]{②+①\times(-2)} \left[\begin{array}{ccc:c} 1 & -3 & 4 & 1 \\ 0 & 5 & -5 & 0 \\ 0 & -1 & \mu+4 & -3 \end{array}\right]$$

$$\xrightarrow{②\times\frac{1}{5}} \left[\begin{array}{ccc:c} 1 & -3 & 4 & 1 \\ 0 & 1 & -1 & 0 \\ 0 & -1 & \mu+4 & -3 \end{array}\right] \xrightarrow{③+②} \left[\begin{array}{ccc:c} 1 & -3 & 4 & 1 \\ 0 & 1 & -1 & 0 \\ 0 & 0 & \mu+3 & -3 \end{array}\right].$$

第3步,利用相容性定理中的$r(\boldsymbol{A})$,$r([\boldsymbol{A} \vdots \boldsymbol{B}])$与$n$之间关系,从阶梯形矩阵最后一行可知,当$\mu \neq -3$时,$r(\boldsymbol{A}) = r([\boldsymbol{A} \vdots \boldsymbol{B}]) = 3 = n$($n$是未知数的个数),原方程组相容且有唯一解;当$\mu = -3$时,$2 = r(\boldsymbol{A}) \neq r([\boldsymbol{A} \vdots \boldsymbol{B}]) = 3$,原方程组无解.

【例3.40】 当a,b为何值时,下列方程组有解?

$$\begin{cases} x_1 - 3x_2 + 5x_3 - 2x_4 + x_5 = 4, \\ -2x_1 + x_2 - 3x_3 + x_4 - 4x_5 = a, \\ -x_1 - 7x_2 + 9x_3 - 4x_4 - 5x_5 = 6, \\ 3x_1 - 14x_2 + 22x_3 - 9x_4 + x_5 = b. \end{cases}$$

解 第1步,写出线性方程组的增广矩阵

$$[\boldsymbol{A} \vdots \boldsymbol{B}] = \left[\begin{array}{ccccc:c} 1 & -3 & 5 & -2 & 1 & 1 \\ -2 & 1 & -3 & 1 & -4 & a \\ -1 & -7 & 9 & -4 & -5 & 6 \\ 3 & -14 & 22 & -9 & 1 & b \end{array}\right].$$

第2步,用初等行变换将$[\boldsymbol{A} \vdots \boldsymbol{B}]$化为阶梯形矩阵,即

$$[\boldsymbol{A} \vdots \boldsymbol{B}] \xrightarrow[\text{④}+\text{①}\times(-3)]{\text{②}+\text{①}\times 2,\ \text{③}+\text{①}} \left[\begin{array}{ccccc:c} 1 & -3 & 5 & -2 & 1 & 4 \\ 0 & -5 & 7 & -3 & -2 & a+8 \\ 0 & -10 & 14 & -6 & -4 & 10 \\ 0 & -5 & 7 & -3 & -2 & b-12 \end{array}\right]$$

$$\xrightarrow[\text{④}+\text{②}\times(-1)]{\text{③}+\text{②}\times(-2)} \left[\begin{array}{ccccc:c} 1 & -3 & 5 & -2 & 1 & 4 \\ 0 & -5 & 7 & -3 & -2 & a+8 \\ 0 & 0 & 0 & 0 & 0 & -2a-6 \\ 0 & 0 & 0 & 0 & 0 & b-a-20 \end{array}\right].$$

第3步,利用相容性定理中的$r(\boldsymbol{A})$,$r([\boldsymbol{A} \vdots \boldsymbol{B}])$与$n$之间关系,从阶梯形矩阵最后两行可知,当$-2a-6=0$且$b-a-20=0$时,即当$a=-3$且$b=17$时线性方程组有解,且$r(\boldsymbol{A}) = r([\boldsymbol{A} \vdots \boldsymbol{B}]) = 2 < 5 = n$($n$是未知数的个数),可知原方程组有无穷多个解.

3. 判定向量组的线性相关性的方法

主要方法有以下四种.

(1) **定义法**:即从定义出发,考虑下式

$$k_1\boldsymbol{\alpha}_1 + k_2\boldsymbol{\alpha}_2 + \cdots + k_s\boldsymbol{\alpha}_s = \boldsymbol{0} \tag{3.36}$$

成立时,这组系数$k_1,k_2,\cdots,k_s$的取值情况.若可以有不全为零的$k_1,k_2,\cdots,k_s$使式(3.36)成立,则向量组$\boldsymbol{\alpha}_1,\boldsymbol{\alpha}_2,\cdots,\boldsymbol{\alpha}_s$线性相关;若只有当$k_1=k_2=\cdots=k_s=0$时才有式(3.36)成立,则向量组$\boldsymbol{\alpha}_1,\boldsymbol{\alpha}_2,\cdots,\boldsymbol{\alpha}_s$线性无关.

定义法一般用在给出的是抽象向量的情形,对于证明题一般要将定义法与反证法结合起来.在给出的向量是具体向量的情况下,常用方法(2)～方法(4).

(2) **秩法**:计算以$\boldsymbol{\alpha}_1,\boldsymbol{\alpha}_2,\cdots,\boldsymbol{\alpha}_s$作为列构成的矩阵

$$\boldsymbol{A} = [\boldsymbol{\alpha}_1,\boldsymbol{\alpha}_2,\cdots,\boldsymbol{\alpha}_s]$$

的秩.若$r(\boldsymbol{A}) < s$(s是向量组的向量个数),则向量组线性相关;若$r(\boldsymbol{A}) = s$,则向量组线性无关.

(3) **判定齐次线性方程组有无非零解法**:设向量组

$$\boldsymbol{\alpha}_1 = \begin{bmatrix} a_{11} \\ a_{21} \\ \vdots \\ a_{n1} \end{bmatrix},\quad \boldsymbol{\alpha}_2 = \begin{bmatrix} a_{12} \\ a_{22} \\ \vdots \\ a_{n2} \end{bmatrix},\cdots,\quad \boldsymbol{\alpha}_s = \begin{bmatrix} a_{1s} \\ a_{2s} \\ \vdots \\ a_{ns} \end{bmatrix}.$$

① 线性相关$\Leftrightarrow$以$\boldsymbol{\alpha}_1,\boldsymbol{\alpha}_2,\cdots,\boldsymbol{\alpha}_s$为系数向量的齐次线性方程组满足:

$$x_1\boldsymbol{\alpha}_1 + x_2\boldsymbol{\alpha}_2 + \cdots + x_s\boldsymbol{\alpha}_s = \mathbf{0},$$

即

$$\begin{cases} a_{11}x_1 + a_{12}x_2 + \cdots + a_{1s}x_s = 0, \\ a_{21}x_1 + a_{22}x_2 + \cdots + a_{2s}x_s = 0, \\ \quad\vdots \qquad\quad \vdots \qquad\quad \vdots \qquad\quad \vdots \quad\; \vdots \\ a_{n1}x_1 + a_{n2}x_2 + \cdots + a_{ns}x_s = 0 \end{cases}$$

有非零解；

② 线性无关 $\Leftrightarrow$ 齐次线性方程组只有零解.

(4) **行列式法**：当 $s = n$（n 是向量的维数）时，

$$\boldsymbol{\alpha}_1, \boldsymbol{\alpha}_2, \cdots, \boldsymbol{\alpha}_s \text{ 线性相关} \Leftrightarrow \text{设 } \boldsymbol{A} = [\boldsymbol{\alpha}_1, \boldsymbol{\alpha}_2, \cdots, \boldsymbol{\alpha}_s], \det\boldsymbol{A} = 0,$$

$$\boldsymbol{\alpha}_1, \boldsymbol{\alpha}_2, \cdots, \boldsymbol{\alpha}_s \text{ 线性无关} \Leftrightarrow \text{设 } \boldsymbol{A} = [\boldsymbol{\alpha}_1, \boldsymbol{\alpha}_2, \cdots, \boldsymbol{\alpha}_s], \det\boldsymbol{A} \neq 0.$$

【例 3.41】 请证明：若向量组 $\boldsymbol{\alpha}_1, \boldsymbol{\alpha}_2, \boldsymbol{\alpha}_3$ 线性无关，则向量组 $\boldsymbol{\alpha}_1 + 2\boldsymbol{\alpha}_2, \boldsymbol{\alpha}_2 + 3\boldsymbol{\alpha}_3, \boldsymbol{\alpha}_1 + 2\boldsymbol{\alpha}_2 + 4\boldsymbol{\alpha}_3$ 线性无关.

证 这些是抽象向量，我们用定义法与反证法来证明.

假设 $\boldsymbol{\alpha}_1 + 2\boldsymbol{\alpha}_2, \boldsymbol{\alpha}_2 + 3\boldsymbol{\alpha}_3, \boldsymbol{\alpha}_1 + 2\boldsymbol{\alpha}_2 + 4\boldsymbol{\alpha}_3$ 线性相关，则存在一组不全为零的数 k_1, k_2, k_3，使得

$$k_1(\boldsymbol{\alpha}_1 + 2\boldsymbol{\alpha}_2) + k_2(\boldsymbol{\alpha}_2 + 3\boldsymbol{\alpha}_3) + k_3(\boldsymbol{\alpha}_1 + 2\boldsymbol{\alpha}_2 + 4\boldsymbol{\alpha}_3) = \mathbf{0},$$

即

$$(k_1 + k_3)\boldsymbol{\alpha}_1 + (2k_1 + k_2 + 2k_3)\boldsymbol{\alpha}_2 + (3k_2 + 4k_3)\boldsymbol{\alpha}_3 = \mathbf{0}.$$

由已知 $\boldsymbol{\alpha}_1, \boldsymbol{\alpha}_2, \boldsymbol{\alpha}_3$ 线性无关，故能使上式成立的 $\boldsymbol{\alpha}_1, \boldsymbol{\alpha}_2, \boldsymbol{\alpha}_3$ 前的各系数必须全为零，即

$$\begin{cases} k_1 \qquad\quad + k_3 = 0, \\ 2k_1 + k_2 + 2k_3 = 0, \\ \qquad 3k_2 + 4k_3 = 0, \end{cases}$$

其方程组的解为

$$k_1 = k_2 = k_3 = 0,$$

与假设矛盾，故 $\boldsymbol{\alpha}_1 + 2\boldsymbol{\alpha}_2, \boldsymbol{\alpha}_2 + 3\boldsymbol{\alpha}_3, \boldsymbol{\alpha}_1 + 2\boldsymbol{\alpha}_2 + 4\boldsymbol{\alpha}_3$ 线性无关.

【例 3.42】 判定下列向量组的线性相关性.

$$\boldsymbol{\alpha}_1 = \begin{bmatrix} 1 \\ 2 \\ 1 \\ 3 \end{bmatrix}, \quad \boldsymbol{\alpha}_2 = \begin{bmatrix} 4 \\ -1 \\ -5 \\ 6 \end{bmatrix}, \quad \boldsymbol{\alpha}_3 = \begin{bmatrix} 1 \\ -3 \\ -4 \\ -7 \end{bmatrix}, \quad \boldsymbol{\alpha}_4 = \begin{bmatrix} 2 \\ 1 \\ -1 \\ 0 \end{bmatrix}.$$

解 这些是具体的向量，可用的方法很多，主要的有以下三种.

方法 1 秩法. 计算以 $\boldsymbol{\alpha}_1, \boldsymbol{\alpha}_2, \boldsymbol{\alpha}_3, \boldsymbol{\alpha}_4$ 作为列构成的矩阵

$$\boldsymbol{A} = [\boldsymbol{\alpha}_1, \boldsymbol{\alpha}_2, \boldsymbol{\alpha}_3, \boldsymbol{\alpha}_4] = \begin{bmatrix} 1 & 4 & 1 & 2 \\ 2 & -1 & -3 & 1 \\ 1 & -5 & -4 & -1 \\ 3 & 6 & -7 & 0 \end{bmatrix}$$

的秩. 利用初等行变换将 $\boldsymbol{A}$ 化为阶梯形矩阵来求 $r(\boldsymbol{A})$，即

$$\boldsymbol{A} \xrightarrow[\text{④}+\text{①}\times(-3)]{\substack{\text{②}+\text{①}\times(-2) \\ \text{③}+\text{①}\times(-1)}} \begin{bmatrix} 1 & 4 & 1 & 2 \\ 0 & -9 & -5 & -3 \\ 0 & -9 & -5 & -3 \\ 0 & -6 & -10 & -6 \end{bmatrix}$$

$$\xrightarrow[④+②\times(-2/3)]{③+②\times(-1)}\begin{bmatrix}1&4&1&2\\0&-9&-5&-3\\0&0&0&0\\0&0&-20/3&-4\end{bmatrix}\xrightarrow{(③,④)}\begin{bmatrix}1&4&1&2\\0&-9&-5&-3\\0&0&-20/3&-4\\0&0&0&0\end{bmatrix},$$

由此阶梯形矩阵知，有 3 个非零行，即 $r(\boldsymbol{A})=3$，于是由 $r(\boldsymbol{A})=3<4=s$，可知向量组 $\boldsymbol{\alpha}_1,\boldsymbol{\alpha}_2,\boldsymbol{\alpha}_3,\boldsymbol{\alpha}_4$ 线性相关.

方法 2　判定齐次线性方程组有无非零解法. 考虑以 $\boldsymbol{\alpha}_1,\boldsymbol{\alpha}_2,\boldsymbol{\alpha}_3,\boldsymbol{\alpha}_4$ 为系数向量的齐次线性方程组

$$x_1\boldsymbol{\alpha}_1+x_2\boldsymbol{\alpha}_2+x_3\boldsymbol{\alpha}_3+x_4\boldsymbol{\alpha}_4=\boldsymbol{0}$$

有无非零解.

上述的方程组即为

$$x_1\begin{bmatrix}1\\2\\1\\3\end{bmatrix}+x_2\begin{bmatrix}4\\-1\\-5\\6\end{bmatrix}+x_3\begin{bmatrix}1\\-3\\-4\\-7\end{bmatrix}+x_4\begin{bmatrix}2\\1\\-1\\0\end{bmatrix}=\begin{bmatrix}0\\0\\0\\0\end{bmatrix},$$

即

$$\begin{cases}x_1+4x_2+x_3+2x_4=0,\\2x_1-x_2-3x_3+x_4=0,\\x_1-5x_2-4x_3-x_4=0,\\3x_1+6x_2-7x_3=0.\end{cases}$$

利用初等行变换将系数矩阵 $\boldsymbol{A}$ 化为阶梯形矩阵，即

$$\boldsymbol{A}=\begin{bmatrix}1&4&1&2\\2&-1&-3&1\\1&-5&-4&-1\\3&6&-7&0\end{bmatrix}\xrightarrow{\text{初等行变换}}\begin{bmatrix}1&4&1&2\\0&-9&-5&-3\\0&0&-20/3&-4\\0&0&0&0\end{bmatrix},$$

从阶梯形矩阵知 $r(\boldsymbol{A})=3<4=s$，即齐次线性方程组有非零解，故向量组 $\boldsymbol{\alpha}_1,\boldsymbol{\alpha}_2,\boldsymbol{\alpha}_3,\boldsymbol{\alpha}_4$ 线性相关.

由上可见，方法 1 和方法 2 实质上是一样的，只不过出发点不同而已.

方法 3　行列式法. 由于 $s=n=4$，设 $\boldsymbol{A}=[\boldsymbol{\alpha}_1,\boldsymbol{\alpha}_2,\boldsymbol{\alpha}_3,\boldsymbol{\alpha}_4]$，计算矩阵 $\boldsymbol{A}$ 的行列式，即

$$\det\boldsymbol{A}=\begin{vmatrix}1&4&1&2\\2&-1&-3&1\\1&-5&-4&-1\\3&6&-7&0\end{vmatrix}\xlongequal[③+①\times(-1)]{②+①\times(-2)}\begin{vmatrix}1&4&1&2\\0&-9&-5&-3\\0&-9&-5&-3\\3&6&-7&0\end{vmatrix}=0,$$

知向量组 $\boldsymbol{\alpha}_1,\boldsymbol{\alpha}_2,\boldsymbol{\alpha}_3,\boldsymbol{\alpha}_4$ 线性相关.

4. 求已知向量 $\boldsymbol{\beta}$ 能否用已知向量组 $\boldsymbol{\alpha}_1,\boldsymbol{\alpha}_2,\cdots,\boldsymbol{\alpha}_s$ 线性表出的方法

求已知向量 $\boldsymbol{\beta}$ 能否可用已知向量组 $\boldsymbol{\alpha}_1,\boldsymbol{\alpha}_2,\cdots,\boldsymbol{\alpha}_s$ 线性表出的问题，用解线性方程组的方法，具体方法如下：

第 1 步，考虑以 $\boldsymbol{\alpha}_1,\boldsymbol{\alpha}_2,\cdots,\boldsymbol{\alpha}_s$ 作为系数列向量，以 $\boldsymbol{\beta}$ 作为常数列向量的线性方程组，即 $x_1\boldsymbol{\alpha}_1+x_2\boldsymbol{\alpha}_2+\cdots+x_s\boldsymbol{\alpha}_s=\boldsymbol{\beta}$；

第 2 步，利用初等行变换将增广矩阵$[\boldsymbol{A} \vdots \boldsymbol{B}]=[\boldsymbol{\alpha}_1,\boldsymbol{\alpha}_2,\cdots,\boldsymbol{\alpha}_s,\boldsymbol{\beta}]$化为阶梯形矩阵；

第 3 步，利用相容性定理. 即若上述线性方程组有唯一解，则表达式是唯一的；若上述线性方程组有无穷多解，则表达式是不唯一的；若上述线性方程组无解，则$\boldsymbol{\beta}$不能由$\boldsymbol{\alpha}_1,\boldsymbol{\alpha}_2,\cdots,\boldsymbol{\alpha}_s$线性表出.

【例 3.43】 已知

$$\boldsymbol{\beta}=\begin{bmatrix}0\\0\\0\\1\end{bmatrix},\boldsymbol{\alpha}_1=\begin{bmatrix}1\\1\\0\\1\end{bmatrix},\boldsymbol{\alpha}_2=\begin{bmatrix}2\\1\\3\\1\end{bmatrix},\boldsymbol{\alpha}_3=\begin{bmatrix}1\\1\\0\\0\end{bmatrix},\boldsymbol{\alpha}_4=\begin{bmatrix}0\\1\\-1\\-1\end{bmatrix},$$

试问$\boldsymbol{\beta}$能否用$\boldsymbol{\alpha}_1,\boldsymbol{\alpha}_2,\boldsymbol{\alpha}_3,\boldsymbol{\alpha}_4$线性表出?其表达式是否唯一?

解 第 1 步，考虑以$\boldsymbol{\alpha}_1,\boldsymbol{\alpha}_2,\boldsymbol{\alpha}_3,\boldsymbol{\alpha}_4$的分量为系数列向量，以$\boldsymbol{\beta}$为常数列向量的线性方程组

$$x_1\boldsymbol{\alpha}_1+x_2\boldsymbol{\alpha}_2+x_3\boldsymbol{\alpha}_3+x_4\boldsymbol{\alpha}_4=\boldsymbol{\beta},$$

上面方程组的具体形式为

$$\begin{cases}x_1+2x_2+x_3=0,\\x_1+x_2+x_3+x_4=0,\\3x_2-x_4=0,\\x_1+x_2-x_4=1.\end{cases}$$

第 2 步，利用初等行变换将增广矩阵$[\boldsymbol{A} \vdots \boldsymbol{B}]=[\boldsymbol{\alpha}_1\ \boldsymbol{\alpha}_2\ \boldsymbol{\alpha}_3\ \boldsymbol{\alpha}_4\ \boldsymbol{\beta}]$化为阶梯形矩阵，即

$$[\boldsymbol{A} \vdots \boldsymbol{B}]=\begin{bmatrix}1&2&1&0&0\\1&1&1&1&0\\0&3&0&-1&0\\1&1&0&-1&1\end{bmatrix}\xrightarrow[④+①\times(-1)]{②+①\times(-1)}\begin{bmatrix}1&2&1&0&0\\0&-1&0&1&0\\0&3&0&-1&0\\0&-1&-1&-1&1\end{bmatrix}$$

$$\xrightarrow[④+②\times(-1)]{③+②\times 3}\begin{bmatrix}1&2&1&0&0\\0&-1&0&1&0\\0&0&0&2&0\\0&0&-1&-2&1\end{bmatrix}\xrightarrow{(③,④)}\begin{bmatrix}1&2&1&0&0\\0&-1&0&1&0\\0&0&-1&-2&1\\0&0&0&2&0\end{bmatrix}.$$

第 3 步，利用相容性定理. 从阶梯形矩阵知，$r(\boldsymbol{A})=r([\boldsymbol{A} \vdots \boldsymbol{B}])=4=s$($s$是向量的个数)，故其方程组有唯一解，即$\boldsymbol{\beta}$可以用$\boldsymbol{\alpha}_1,\boldsymbol{\alpha}_2,\boldsymbol{\alpha}_3,\boldsymbol{\alpha}_4$线性表出，且表达式是唯一的.

5. *求一组向量的秩与极大无关组的方法*

求向量组的秩与极大无关组的方法主要分成以下三步：

(1) 将这组向量作为矩阵的列向量构成一个矩阵$\boldsymbol{A}$；

(2) 求出向量组的秩，用初等行变换将矩阵$\boldsymbol{A}$化为阶梯形矩阵，则此阶梯形矩阵非零行的个数即为向量组的秩；

(3) 求出向量组的极大无关组，首非零元素所在列对应的原来的向量组即为极大无关组.

【例 3.44】 求向量组

$$\boldsymbol{\alpha}_1=\begin{bmatrix}1\\-1\\2\\4\end{bmatrix},\boldsymbol{\alpha}_2=\begin{bmatrix}0\\3\\1\\2\end{bmatrix},\boldsymbol{\alpha}_3=\begin{bmatrix}3\\0\\7\\14\end{bmatrix},\boldsymbol{\alpha}_4=\begin{bmatrix}1\\-1\\2\\0\end{bmatrix}$$

的秩和它的一个极大无关组，并求出其余向量由此极大无关组线性表出的表达式.

解 第1步，将向量组 $\boldsymbol{\alpha}_1, \boldsymbol{\alpha}_2, \boldsymbol{\alpha}_3, \boldsymbol{\alpha}_4$ 作为矩阵 $\boldsymbol{A}$ 的列，即

$$\boldsymbol{A} = [\boldsymbol{\alpha}_1, \boldsymbol{\alpha}_2, \boldsymbol{\alpha}_3, \boldsymbol{\alpha}_4] = \begin{bmatrix} 1 & 0 & 3 & 1 \\ -1 & 3 & 0 & -1 \\ 2 & 1 & 7 & 2 \\ 4 & 2 & 14 & 0 \end{bmatrix}.$$

第2步，求出向量组的秩. 用初等行变换将 $\boldsymbol{A}$ 化为阶梯形矩阵，然后求出非零行的数量，即

$$\boldsymbol{A} \xrightarrow[\substack{③+①\times(-2)\\ ④+①\times(-4)}]{②+①} \begin{bmatrix} 1 & 0 & 3 & 1 \\ 0 & 3 & 3 & 0 \\ 0 & 1 & 1 & 0 \\ 0 & 2 & 2 & -4 \end{bmatrix} \xrightarrow[④\times(1/2)]{②\times(1/3)} \begin{bmatrix} 1 & 0 & 3 & 1 \\ 0 & 1 & 1 & 0 \\ 0 & 1 & 1 & 0 \\ 0 & 1 & 1 & -2 \end{bmatrix}$$

$$\xrightarrow[④+②\times(-1)]{③+②\times(-1)} \begin{bmatrix} 1 & 0 & 3 & 1 \\ 0 & 1 & 1 & 0 \\ 0 & 0 & 0 & 0 \\ 0 & 0 & 0 & -2 \end{bmatrix} \xrightarrow{(③,④)} \begin{bmatrix} 1 & 0 & 3 & 1 \\ 0 & 1 & 1 & 0 \\ 0 & 0 & 0 & -2 \\ 0 & 0 & 0 & 0 \end{bmatrix}.$$

从阶梯形矩阵知，非零行的数量等于3，即 $r(\boldsymbol{A}) = 3$，即向量组的秩为3.

第3步，找出向量组的极大无关组. 从阶梯形矩阵知，向量组的一个极大无关组为 $\boldsymbol{\alpha}_1, \boldsymbol{\alpha}_2, \boldsymbol{\alpha}_4$，现在用 $\boldsymbol{\alpha}_1, \boldsymbol{\alpha}_2, \boldsymbol{\alpha}_4$ 来线性表出 $\boldsymbol{\alpha}_3$，即

$$x_1\boldsymbol{\alpha}_1 + x_2\boldsymbol{\alpha}_2 + x_3\boldsymbol{\alpha}_4 = \boldsymbol{\alpha}_3,$$

即

$$\begin{bmatrix} 3 \\ 0 \\ 7 \\ 14 \end{bmatrix} = \begin{bmatrix} 1 & 0 & 1 \\ -1 & 3 & -1 \\ 2 & 1 & 2 \\ 4 & 2 & 0 \end{bmatrix} \begin{bmatrix} x_1 \\ x_2 \\ x_3 \end{bmatrix},$$

解得

$$x_1 = 3, x_2 = 1, x_3 = 0,$$

所以

$$\boldsymbol{\alpha}_3 = 3\boldsymbol{\alpha}_1 + \boldsymbol{\alpha}_2.$$

6. 齐次线性方程组 $\boldsymbol{AX} = \boldsymbol{O}$ 的求解方法

其方法的主要步骤如下：

第1步，用初等行变换将系数矩阵 $\boldsymbol{A}$ 化成行简化阶梯形矩阵.

第2步，设 $r(\boldsymbol{A}) = r$，若 $r = n$，则方程组 $\boldsymbol{AX} = \boldsymbol{O}$ 有唯一解，若 $r < n$，则有无穷多解，此时把行简化阶梯形矩阵中的首非零元素所在列对应的未知量 r 个划去，剩下的 $n-r$ 个未知量作为自由元，写出齐次线性方程组的一般解，不妨设为如下的形式：

$$\begin{cases} x_1 = c_{1,r+1}x_{r+1} + \cdots + c_{1n}x_n, \\ x_2 = c_{2,r+1}x_{r+1} + \cdots + c_{2n}x_n, \\ \vdots \qquad \vdots \qquad \qquad \vdots \\ x_r = c_{r,r+1}x_{r+1} + \cdots + c_{rn}x_n, \end{cases} \tag{3.37}$$

其中 $x_{r+1}, \cdots, x_n$ 为自由元，共有 $n-r$ 个.

第3步，求基础解系. 例如，在式(3.37)中分别令一个自由元为1，其余为0后所得到对应

的 $n-r$ 个解向量 $\boldsymbol{\alpha}_1,\boldsymbol{\alpha}_2,\cdots,\boldsymbol{\alpha}_{n-r}$，即为一个基础解系.

注意：对于 $n-r$ 个自由元 $x_{r+1},\cdots,x_n$ 所取的一组 $n-r$ 个数，构成的一组 $n-r$ 个线性无关的解向量，只要在保持其线性无关的条件下是可以任意选取的，因此基础解系并不唯一. 但是，实际上我们只需用上述方式求出一个基础解系就可以了.

第 4 步，求齐次线性方程组 $\boldsymbol{AX}=\boldsymbol{O}$ 的通解.

求出齐次线性方程组 $\boldsymbol{AX}=\boldsymbol{O}$ 的一个基础解系后，通解 $\boldsymbol{X}$ 可以写成如下形式：

$$\boldsymbol{X}=k_1\boldsymbol{\alpha}_1+k_2\boldsymbol{\alpha}_2+\cdots+k_{n-r}\boldsymbol{\alpha}_{n-r},$$

其中 $k_1,k_2,\cdots,k_{n-r}$ 为任意常数，$\{\boldsymbol{\alpha}_1,\boldsymbol{\alpha}_2,\cdots,\boldsymbol{\alpha}_{n-r}\}$ 是齐次线性方程组的一个基础解系.

利用以上方法，可以求出齐次线性方程组 $\boldsymbol{AX}=\boldsymbol{O}$ 的通解.

【例 3.45】 求下列齐次线性方程组的一般解、基础解系和通解.

$$\begin{cases} x_1-2x_2+x_3-x_4+x_5=0,\\ 2x_1+x_2-x_3+2x_4-3x_5=0,\\ 3x_1-2x_2-x_3+x_4-2x_5=0,\\ 2x_1-5x_2+x_3-2x_4+2x_5=0. \end{cases}$$

解 运用求 $\boldsymbol{AX}=\boldsymbol{O}$ 通解的方法步骤.

第 1 步，用初等行变换将系数矩阵 $\boldsymbol{A}$ 化为行简化阶梯形矩阵，即

$$\boldsymbol{A}=\begin{bmatrix} 1 & -2 & 1 & -1 & 1\\ 2 & 1 & -1 & 2 & -3\\ 3 & -2 & -1 & 1 & -2\\ 2 & -5 & 1 & -2 & 2 \end{bmatrix}\xrightarrow[\text{④}+\text{①}\times(-2)]{\substack{\text{②}+\text{①}\times(-2)\\ \text{③}+\text{①}\times(-3)}}\begin{bmatrix} 1 & -2 & 1 & -1 & 1\\ 0 & 5 & -3 & 4 & -5\\ 0 & 4 & -4 & 4 & -5\\ 0 & -1 & -1 & 0 & 0 \end{bmatrix}$$

$$\xrightarrow{(\text{②},\text{④})}\begin{bmatrix} 1 & -2 & 1 & -1 & 1\\ 0 & -1 & -1 & 0 & 0\\ 0 & 4 & -4 & 4 & -5\\ 0 & 5 & -3 & 4 & -5 \end{bmatrix}\xrightarrow[\text{④}+\text{②}\times 5]{\text{③}+\text{②}\times 4}\begin{bmatrix} 1 & -2 & 1 & -1 & 1\\ 0 & -1 & -1 & 0 & 0\\ 0 & 0 & -8 & 4 & -5\\ 0 & 0 & -8 & 4 & -5 \end{bmatrix}$$

$$\xrightarrow[\text{③}\times(-1)]{\substack{\text{②}\times(-2)\\ \text{④}+\text{③}\times(-1)}}\begin{bmatrix} 1 & -2 & 1 & -1 & 1\\ 0 & 1 & 1 & 0 & 0\\ 0 & 0 & 8 & -4 & 5\\ 0 & 0 & 0 & 0 & 0 \end{bmatrix}\xrightarrow{\text{③}\times(1/8)}\begin{bmatrix} 1 & -2 & 1 & -1 & 1\\ 0 & 1 & 1 & 0 & 0\\ 0 & 0 & 1 & -1/2 & 5/8\\ 0 & 0 & 0 & 0 & 0 \end{bmatrix}$$

$$\xrightarrow[\text{②}+\text{③}\times(-1)]{\text{①}+\text{③}\times(-1)}\begin{bmatrix} 1 & -2 & 0 & -1/2 & 3/8\\ 0 & 1 & 0 & 1/2 & -5/8\\ 0 & 0 & 1 & -1/2 & 3/8\\ 0 & 0 & 0 & 0 & 0 \end{bmatrix}\xrightarrow{\text{①}+\text{②}\times 2}\begin{bmatrix} 1 & 0 & 0 & 1/2 & -7/8\\ 0 & 1 & 0 & 1/2 & -5/8\\ 0 & 0 & 1 & -1/2 & 5/8\\ 0 & 0 & 0 & 0 & 0 \end{bmatrix}.$$

第 2 步，写出齐次线性方程组的一般解.

从行简化阶梯形矩阵知，有 3 个非零行，即 $r(\boldsymbol{A})=r=3<5=n$，故原方程组有非零解，行简化阶梯形矩阵所对应的方程组为

$$\begin{cases} x_1+(1/2)x_4-(7/8)x_5=0,\\ x_2+(1/2)x_4-(5/8)x_5=0,\\ x_3+(1/2)x_4+(5/8)x_5=0. \end{cases}\tag{3.38}$$

由于 $n-r=5-3=2$，所以方程组(3.38) 中自由元的数量为 2，不妨设为 x_4,x_5，并把自由元 x_4,x_5 移到方程组(3.38) 的右端，从(3.38) 中，得到一般解为

$$\begin{cases} x_1 = -\dfrac{1}{2}x_4 + \dfrac{7}{8}x_5, \\ x_2 = -\dfrac{1}{2}x_4 + \dfrac{5}{8}x_5, \quad (x_4, x_5 \text{ 为自由元}). \\ x_3 = \quad \dfrac{1}{2}x_4 - \dfrac{5}{8}x_5, \end{cases} \tag{3.39}$$

第 3 步,求出基础解系.

由第 2 步知,其基础解系由两个线性无关的解向量组成.

在一般解(3.39)中,令 $x_4 = 1, x_5 = 0$,解得 $x_1 = -1/2, x_2 = -1/2, x_3 = 1/2$,得到一个解向量为

$$\boldsymbol{\alpha}_1 = \begin{bmatrix} -1/2 \\ -1/2 \\ 1/2 \\ 1 \\ 0 \end{bmatrix},$$

在一般解(3.39)中,令 $x_4 = 0, x_5 = 1$,解得 $x_1 = 7/8, x_2 = 5/8, x_3 = -5/8$,得到另一个解向量为

$$\boldsymbol{\alpha}_2 = \begin{bmatrix} 7/8 \\ 5/8 \\ -5/8 \\ 0 \\ 1 \end{bmatrix},$$

所以,基础解系为$\{\boldsymbol{\alpha}_1, \boldsymbol{\alpha}_2\}$.

第 4 步,求齐次线性方程组的通解.

利用第 3 步,可得原齐次线性方程组的通解 $\boldsymbol{X}$ 为

$$\boldsymbol{X} = k_1\boldsymbol{\alpha}_1 + k_2\boldsymbol{\alpha}_2,$$

即

$$\begin{bmatrix} x_1 \\ x_2 \\ x_3 \\ x_4 \\ x_5 \end{bmatrix} = k_1 \begin{bmatrix} -1/2 \\ -1/2 \\ 1/2 \\ 1 \\ 0 \end{bmatrix} + k_2 \begin{bmatrix} 7/8 \\ 5/8 \\ -5/8 \\ 0 \\ 1 \end{bmatrix},$$

其中 k_1, k_2 为任意常数.

7. 非齐次线性方程组 $\boldsymbol{AX} = \boldsymbol{B}$ 的求解方法

此方法的主要步骤如下:

第 1 步,用初等行变换将增广矩阵$[\boldsymbol{A} \vdots \boldsymbol{B}]$化为行简化阶梯形矩阵.

第 2 步,利用相容性定理判定线性方程组是否有解.当 $r(\boldsymbol{A}) \neq r([\boldsymbol{A} \vdots \boldsymbol{B}])$ 时,线性方程组 $\boldsymbol{AX} = \boldsymbol{B}$ 无解;当 $r(\boldsymbol{A}) = r([\boldsymbol{A} \vdots \boldsymbol{B}]) = r$ 时,即线性方程组 $\boldsymbol{AX} = \boldsymbol{B}$ 有解,当 $r = n$ 时,线性方程组 $\boldsymbol{AX} = \boldsymbol{B}$ 有唯一解,把行简化阶梯形矩阵中的首非零元素所在列对应的未知量选 r 个划

去，剩下的$n-r$个未知量作为自由元.

第3步，求出非齐次线性方程组$\boldsymbol{AX}=\boldsymbol{B}$的一个特解，一般地，令所有$n-r$个自由元都为0，就可以求得非齐次线性方程组$\boldsymbol{AX}=\boldsymbol{B}$的一个特解为$\boldsymbol{\alpha}_0$.

第4步，求出相应的齐次方程组$\boldsymbol{AX}=\boldsymbol{O}$的基础解系. 从阶梯形矩阵中，不计算增广矩阵的最后一列，即把增广矩阵的最后一列全变为0，一般地，分别令一个自由元为1，其余自由元为0，得到齐次方程组$\boldsymbol{AX}=\boldsymbol{O}$的基础解系为$\boldsymbol{\alpha}_1,\boldsymbol{\alpha}_2,\cdots,\boldsymbol{\alpha}_{n-r}$.

第5步，写出非齐次线性方程组$\boldsymbol{AX}=\boldsymbol{B}$的通解.

非齐次线性方程组$\boldsymbol{AX}=\boldsymbol{B}$的通解$\boldsymbol{X}$为非齐次线性方程组$\boldsymbol{AX}=\boldsymbol{B}$的一个特解$\boldsymbol{\alpha}_0$与相应的齐次方程组$\boldsymbol{AX}=\boldsymbol{O}$的通解之和，即

$$\boldsymbol{X}=\boldsymbol{\alpha}_0+k_1\boldsymbol{\alpha}_1+k_2\boldsymbol{\alpha}_2+\cdots+k_{n-r}\boldsymbol{\alpha}_{n-r},$$

其中$k_1,k_2,\cdots,k_{n-r}$为任意常数.

利用以上方法，可求出非齐次线性方程组$\boldsymbol{AX}=\boldsymbol{B}$的通解.

【例3.46】 讨论p,q为何值时，下列线性方程组有解、无解，有解时求出它的通解.

$$\begin{cases} x_1+x_2+x_3+x_4+x_5=1, \\ 3x_1+2x_2+x_3+x_4-3x_5=p, \\ x_2+2x_3+2x_4+6x_5=3, \\ 5x_1+4x_2+3x_3+3x_4-x_5=q. \end{cases}$$

解 运用求$\boldsymbol{AX}=\boldsymbol{B}$通解的方法步骤.

第1步，用初等行变换将增广矩阵$[\boldsymbol{A}\vdots\boldsymbol{B}]$化为行简化阶梯形矩阵，即

$$[\boldsymbol{A}\vdots\boldsymbol{B}]=\left[\begin{array}{ccccc:c} 1 & 1 & 1 & 1 & 1 & 1 \\ 3 & 2 & 1 & 1 & -3 & p \\ 0 & 1 & 2 & 2 & 6 & 3 \\ 5 & 4 & 3 & 3 & -1 & q \end{array}\right]$$

$$\xrightarrow[④+①\times(-5)]{②+①\times(-3)}\left[\begin{array}{ccccc:c} 1 & 1 & 1 & 1 & 1 & 1 \\ 0 & -1 & -2 & -2 & -6 & p-3 \\ 0 & 1 & 2 & 2 & 6 & 3 \\ 0 & -1 & -2 & -2 & -6 & q-5 \end{array}\right]$$

$$\xrightarrow[④+②\times(-1)]{③+②}\left[\begin{array}{ccccc:c} 1 & 1 & 1 & 1 & 1 & 1 \\ 0 & -1 & -2 & -2 & -6 & p-3 \\ 0 & 0 & 0 & 0 & 0 & p \\ 0 & 0 & 0 & 0 & 0 & q-p-2 \end{array}\right]$$

$$\xrightarrow[②\times(-1)]{①+②}\left[\begin{array}{ccccc:c} 1 & 0 & -1 & -1 & -5 & p-2 \\ 0 & 1 & 2 & 2 & 6 & 3-p \\ 0 & 0 & 0 & 0 & 0 & p \\ 0 & 0 & 0 & 0 & 0 & q-p-2 \end{array}\right].$$

第2步，判定线性方程组是否有解. 利用相容性定理，对p,q进行讨论，来判定方程组解的情况.

(1) 当 $p \neq 0$ 或 $q - p - 2 \neq 0$ 时，从行简化阶梯形矩阵知，$2 = r(\boldsymbol{A}) \neq r([\boldsymbol{A} \vdots \boldsymbol{B}]) = 3$，故原方程组无解.

(2) 当 $p = 0$ 且 $q = 2$ 时，行简化阶梯形矩阵化为如下形式：

$$[\boldsymbol{A} \vdots \boldsymbol{B}] \longrightarrow \left[\begin{array}{ccccc:c} 1 & 0 & -1 & -1 & -5 & -2 \\ 0 & 1 & 2 & 2 & 6 & 3 \\ 0 & 0 & 0 & 0 & 0 & 0 \\ 0 & 0 & 0 & 0 & 0 & 0 \end{array}\right].$$

从上述行简化阶梯形矩阵知，$r(\boldsymbol{A}) = r([\boldsymbol{A} \vdots \boldsymbol{B}]) = r = 2 < 5 = n$，故原方程组有解，此时 $n - r = 5 - 2 = 3$，于是原方程组有 3 个自由元，不妨设 x_3, x_4, x_5 为自由元.

第 3 步，求出非齐次线性方程组 $\boldsymbol{AX} = \boldsymbol{B}$ 的一个特解 $\boldsymbol{\alpha}_0$.

行简化阶梯形矩阵所对应的方程组为

$$\begin{cases} x_1 \quad\quad - x_3 - x_4 - 5x_5 = -2, \\ x_2 + 2x_3 + 2x_4 + 6x_5 = 3, \end{cases} \tag{3.40}$$

从方程组(3.40)得到一般解为

$$\begin{cases} x_1 = -2 + x_3 + x_4 + 5x_5, \\ x_2 = 3 - 2x_3 - 2x_4 - 6x_5, \end{cases} \tag{3.41}$$

其中 x_3, x_4, x_5 为自由元.

通常在方程组(3.40)或方程组(3.41)中，令 $x_3 = x_4 = x_5 = 0$，解得 $x_1 = -2, x_2 = 3$，得到一个特解为

$$\boldsymbol{\alpha}_0 = \begin{bmatrix} -2 \\ 3 \\ 0 \\ 0 \\ 0 \end{bmatrix}.$$

注：其实 x_3, x_4, x_5 取任意定值均可，取 $x_3 = x_4 = x_5 = 0$，对于解方程组来说计算比较方便、简单.

第 4 步，求出齐次线性方程组 $\boldsymbol{AX} = \boldsymbol{O}$ 的基础解系.

行简化阶梯形矩阵变为如下形式：

$$[\boldsymbol{A} \vdots \boldsymbol{O}] \longrightarrow \left[\begin{array}{ccccc:c} 1 & 0 & -1 & -1 & -5 & 0 \\ 0 & 1 & 2 & 2 & 6 & 0 \\ 0 & 0 & 0 & 0 & 0 & 0 \\ 0 & 0 & 0 & 0 & 0 & 0 \end{array}\right],$$

从阶梯形矩阵或者从方程组(3.40)中去掉常数项，可得相应的齐次线性方程组 $\boldsymbol{AX} = \boldsymbol{O}$ 为

$$\begin{cases} x_1 \quad\quad - x_3 - x_4 - 5x_5 = 0, \\ x_2 + 2x_3 + 2x_4 + 6x_5 = 0, \end{cases} \tag{3.42}$$

从方程组(3.42)或者从方程组(3.41)去掉常数项，可得相应的齐次线性方程组 $\boldsymbol{AX} = \boldsymbol{O}$ 的一般解为

$$\begin{cases} x_1 = x_3 + x_4 + 5x_5, \\ x_2 = -2x_3 - 2x_4 - 6x_5. \end{cases} \tag{3.43}$$

在方程组(3.43)中,令 $x_3=1,x_4=x_5=0$,解得 $x_1=1,x_2=-2$,得到一个解向量为

$$\boldsymbol{\alpha}_1=\begin{bmatrix}1\\-2\\1\\0\\0\end{bmatrix},$$

令 $x_3=0,x_4=1,x_5=0$,解得 $x_1=1,x_2=-2$,得到另一个解向量为

$$\boldsymbol{\alpha}_2=\begin{bmatrix}1\\-2\\0\\1\\0\end{bmatrix},$$

令 $x_3=0,x_4=0,x_5=1$,解得 $x_1=5,x_2=-6$,又得到一个解向量为

$$\boldsymbol{\alpha}_3=\begin{bmatrix}5\\-6\\0\\0\\1\end{bmatrix},$$

所以,$\boldsymbol{AX}=\boldsymbol{O}$ 的一个基础解系为 $\{\boldsymbol{\alpha}_1,\boldsymbol{\alpha}_2,\boldsymbol{\alpha}_3\}$.

第5步,写出 $\boldsymbol{AX}=\boldsymbol{B}$ 的通解.

利用非齐次线性方程组解的结构,得到 $\boldsymbol{AX}=\boldsymbol{B}$ 的通解 $\boldsymbol{X}$ 为

$$\boldsymbol{X}=\boldsymbol{\alpha}_0+k_1\boldsymbol{\alpha}_1+k_2\boldsymbol{\alpha}_2+k_3\boldsymbol{\alpha}_3,$$

即

$$\begin{bmatrix}x_1\\x_2\\x_3\\x_4\\x_5\end{bmatrix}=\begin{bmatrix}-2\\3\\0\\0\\0\end{bmatrix}+k_1\begin{bmatrix}1\\-2\\1\\0\\0\end{bmatrix}+k_2\begin{bmatrix}1\\-2\\0\\1\\0\end{bmatrix}+k_3\begin{bmatrix}5\\-6\\0\\0\\1\end{bmatrix},$$

其中 k_1,k_2,k_3 为任意常数.

总之,当 $p\neq 0$ 或 $q-p-2\neq 0$ 时,线性方程组无解;当 $p=0$ 且 $q=2$ 时,线性方程组有无穷多解,其通解为 $\boldsymbol{X}=\boldsymbol{\alpha}_0+k_1\boldsymbol{\alpha}_1+k_2\boldsymbol{\alpha}_2+k_3\boldsymbol{\alpha}_3$.

线性方程组这一章是线性代数的核心内容,矩阵的初等行变换是研究和解决线性方程组问题的有力工具.消元法、求逆矩阵、求矩阵的秩、求向量组的秩以及线性方程组解的情况的判定和求解,都可以通过矩阵的初等行变换来实现,所以大家应熟练掌握矩阵的初等行变换的方法.判定线性方程组是否有解,是求解一个线性方程组的前提,求齐次线性方程组的基础解系是求线性方程组通解的基础,而具体求出线性方程组的解(如果有解的话)则是我们的目的.

练 习 题

参考答案与提示

1. 填空题

(1) 若向量组 $\boldsymbol{\alpha}_1,\boldsymbol{\alpha}_2,\boldsymbol{\alpha}_3$ 线性无关,则 $2\boldsymbol{\alpha}_1-\boldsymbol{\alpha}_2-\boldsymbol{\alpha}_3$ ______ $\boldsymbol{0}$.

(2) 设 $\boldsymbol{AX}=\boldsymbol{B}$ 有特解 $\boldsymbol{X}_0$，且 $\boldsymbol{AX}=\boldsymbol{O}$ 的一个基础解系为 $\boldsymbol{X}_1,\boldsymbol{X}_2$，则 $\boldsymbol{AX}=\boldsymbol{B}$ 的通解为________.

(3) 若 $\boldsymbol{\alpha}_1,\boldsymbol{\alpha}_2,\boldsymbol{\alpha}_3$ 是三维向量组，且 $k_1\boldsymbol{\alpha}_1+k_2\boldsymbol{\alpha}_2+k_3\boldsymbol{\alpha}_3=\boldsymbol{0}$ 只有零解，则必有 $\boldsymbol{\alpha}_1,\boldsymbol{\alpha}_2,\boldsymbol{\alpha}_3$ 是______的向量组.

(4) $m\times n$ 矩阵 $\boldsymbol{A}$ 的秩为 $r<n$，则 $\boldsymbol{AX}=\boldsymbol{O}$ 的任意一个基础解系的解向量的个数均为________.

(5) $m\times n$ 矩阵 $\boldsymbol{A}$ 的秩为 r，则 $\boldsymbol{AX}=\boldsymbol{O}$ 有非零解的充要条件是________，$\boldsymbol{AX}=\boldsymbol{B}$ 有解的充要条件是________.

(6) 若单个向量 $\boldsymbol{\alpha}$ 是线性相关的，必有 $\boldsymbol{\alpha}=$ ________.

(7) $n+1$ 个 n 维向量构成的向量组一定是线性________的.

(8) 非齐次线性方程组 $\boldsymbol{AX}=\boldsymbol{B}$ 有唯一解，则齐次线性方程组 $\boldsymbol{AX}=\boldsymbol{O}$ ________解.

2. 单项选择题

(1) 向量组 $\begin{bmatrix}1\\0\\0\end{bmatrix},\begin{bmatrix}0\\1\\0\end{bmatrix},\begin{bmatrix}0\\0\\1\end{bmatrix},\begin{bmatrix}1\\2\\3\end{bmatrix},\begin{bmatrix}4\\0\\5\end{bmatrix}$ 的秩为(　).

A. 2　　B. 3　　C. 4　　D. 5

(2) 若 $\boldsymbol{AX}=\boldsymbol{B}$ 的一般解为 $\begin{cases}x_1=2x_3+1,\\x_2=3x_3-2,\end{cases}$ (x_3 为自由元)，则(　).

A. 令 $x_3=3$，得特解 $\boldsymbol{X}_0=\begin{bmatrix}7\\7\\3\end{bmatrix}$

B. 只有令 $x_3=0$，才能求得 $\boldsymbol{AX}=\boldsymbol{B}$ 的特解

C. 令 $x_3=0$，得特解 $\boldsymbol{X}_0=\begin{bmatrix}1\\-2\end{bmatrix}$

D. 令 $x_3=1$，得特解 $\boldsymbol{X}_0=\begin{bmatrix}3\\1\end{bmatrix}$

(3) $\begin{cases}x_1+x_2+x_3=4,\\x_2-x_3=2,\\-2x_2+2x_3=6,\end{cases}$ 一定(　).

A. 有无穷多解　　B. 有唯一解　　C. 只有零解　　D. 无解

(4) 以下结论中正确的是(　).

A. 方程个数小于未知量个数的线性方程组一定有解

B. 方程个数等于未知量个数的线性方程组一定有唯一解

C. 方程个数大于未知量个数的线性方程组一定无解

D. 以上结论都不对

(5) 设 $\boldsymbol{A}$ 是 $m\times n$ 矩阵，若(　)，则 $\boldsymbol{AX}=\boldsymbol{O}$ 有非零解.

A. $m<n$　　B. 秩$(\boldsymbol{A})=n$　　C. $m>n$　　D. 秩$(\boldsymbol{A})=m$

(6) 设向量组为

$$\boldsymbol{\alpha}_1=\begin{bmatrix}1\\1\\0\\0\end{bmatrix},\boldsymbol{\alpha}_2=\begin{bmatrix}0\\0\\1\\1\end{bmatrix},\boldsymbol{\alpha}_3=\begin{bmatrix}1\\0\\1\\0\end{bmatrix},\boldsymbol{\alpha}_4=\begin{bmatrix}1\\1\\1\\1\end{bmatrix},$$

则(　)是极大无关组.

A. α_1,α_2　　B. $\alpha_1,\alpha_2,\alpha_3$　　C. $\alpha_1,\alpha_2,\alpha_4$　　D. α_1

(7) 若某个线性方程组相应的齐次线性方程组只有零解,则该线性方程组(　).

A. 可能无解　　B. 有唯一解　　C. 有无穷多解　　D. 可能有解.

(8) 若向量组 $\boldsymbol{\alpha}_1,\boldsymbol{\alpha}_2,\cdots,\boldsymbol{\alpha}_s$ 线性相关,则向量组内(　)可被该向量组内其余向量线性表出.

A. 至少一个向量　　B. 没有一个向量　　C. 至多一个向量　　D. 任何一个向量

3. 判断题

(1) 由 $\boldsymbol{\alpha}_3=\boldsymbol{\alpha}_1-\boldsymbol{\alpha}_2$,可知向量组 $\boldsymbol{\alpha}_1,\boldsymbol{\alpha}_2,\boldsymbol{\alpha}_3$ 线性相关.　(　)

(2) $\boldsymbol{AX}=\boldsymbol{B}$ 有解的充要条件是方程个数等于未知量个数.　(　)

(3) 若线性齐次方程组中未知量个数是 6,自由元个数是 2,则基础解系中解向量的个数是 4 .　(　)

(4) 向量组 $\boldsymbol{\alpha}_1,\boldsymbol{\alpha}_2,\boldsymbol{\alpha}_3$ 的秩与矩阵 $\boldsymbol{A}=[\boldsymbol{\alpha}_1,\ \boldsymbol{\alpha}_2,\ \boldsymbol{\alpha}_3]$ 的秩相等.　(　)

(5) $\boldsymbol{AX}=\boldsymbol{B}$ 的解与 $\boldsymbol{AX}=\boldsymbol{O}$ 的解之差不是 $\boldsymbol{AX}=\boldsymbol{B}$ 的解.　(　)

(6) 线性方程组 $\begin{cases}x_1+x_2-x_3=0,\\x_1-x_2=0,\\2x_1-x_3=0\end{cases}$ 无解.　(　)

(7) 若向量组 $\boldsymbol{A}$ 可被向量组 $\boldsymbol{B}$ 线性表出,则秩($\boldsymbol{A}$) = 秩($\boldsymbol{B}$).　(　)

(8) 若有一组全为零的数 $k_1=k_2=\cdots=k_s=0$,使得 $k_1\boldsymbol{\alpha}_1+k_2\boldsymbol{\alpha}_2+\cdots+k_s\boldsymbol{\alpha}_s=\boldsymbol{0}$,则向量组 $\boldsymbol{\alpha}_1,\boldsymbol{\alpha}_2,\cdots,\boldsymbol{\alpha}_s$ 是线性无关的向量组.　(　)

(9) 若 $\boldsymbol{\alpha}_1,\boldsymbol{\alpha}_2,\cdots,\boldsymbol{\alpha}_s$ 线性相关,则 $k_1\boldsymbol{\alpha}_1+k_2\boldsymbol{\alpha}_2+\cdots+k_s\boldsymbol{\alpha}_s=\boldsymbol{0}$ 中的 $k_1,k_2,\cdots,k_s$ 必定不全为零.　(　)

(10) 若 $\boldsymbol{AX}=\boldsymbol{B}$ 无解,则必有 $r([\boldsymbol{A}\vdots\boldsymbol{B}])>r(\boldsymbol{A})$.　(　)

4. 计算题

(1) 求向量组 $\boldsymbol{\alpha}_1=\begin{bmatrix}1\\2\\-1\\4\end{bmatrix},\boldsymbol{\alpha}_2=\begin{bmatrix}2\\4\\3\\5\end{bmatrix},\boldsymbol{\alpha}_3=\begin{bmatrix}-1\\-2\\6\\-7\end{bmatrix}$ 的秩,并求一个极大无关组.

(2) 判定向量组 $\boldsymbol{\alpha}_1=\begin{bmatrix}1\\2\\3\\2\end{bmatrix},\boldsymbol{\alpha}_2=\begin{bmatrix}-1\\-2\\0\\1\end{bmatrix},\boldsymbol{\alpha}_3=\begin{bmatrix}2\\4\\6\\4\end{bmatrix},\boldsymbol{\alpha}_4=\begin{bmatrix}1\\-2\\-1\\2\end{bmatrix},\boldsymbol{\alpha}_5=\begin{bmatrix}0\\0\\1\\1\end{bmatrix}$ 的线性相关性,并求向量组的秩.

(3) 求解下列线性方程组.

① 设 $\boldsymbol{A}\xrightarrow{\text{初等行变换}}\begin{bmatrix}1&-1&3&0\\0&1&1&2\\0&0&1&1\\0&0&0&t-1\end{bmatrix}$,当 t 等于何值时,$\boldsymbol{AX}=\boldsymbol{O}$ 有非零解?求

$AX=O$ 的全部解.

② 设$[A\vdots B]\xrightarrow{\text{初等行变换}}\begin{bmatrix}1&-1&0&1&2\\0&-1&1&3&1\\0&0&0&0&\lambda-3\end{bmatrix}$,当 λ 等于何值时,$AX=B$ 有解?求 $AX=B$ 的通解.

③ 设$[A\vdots B]\xrightarrow{\text{初等行变换}}\begin{bmatrix}-1&0&-1&2&0\\0&2&4&-2&1\\0&0&0&0&0\end{bmatrix}$,求 $AX=B$ 的通解.

④ 设 $AX=B$ 的一般解为$\begin{cases}x_1=2-x_3+2x_4,\\x_2=-1+2x_3-x_4,\end{cases}$ x_3,x_4 为自由元,求 $AX=B$ 的通解.

⑤ 设$[A\vdots B]\xrightarrow{\text{初等行变换}}\begin{bmatrix}1&1&1&1&1\\0&1&2&2&-3\\0&0&0&0&0\\0&0&0&0&0\end{bmatrix}$,且已知$X_0=\begin{bmatrix}4\\-3\\0\\0\end{bmatrix}$是$AX=B$的一个解,求 $AX=B$ 的通解.

(4) λ 为何值时,下列线性方程组有解?有解时,求出它的全部解.

$$\begin{cases}x_1-x_2-5x_3+4x_4=2,\\2x_1-x_2+3x_3-x_4=1,\\3x_1-2x_2-2x_3+3x_4=3,\\7x_1-5x_2-9x_3+10x_4=\lambda.\end{cases}$$

5. 证明题

(1) 若 $\alpha_1,\alpha_2,\alpha_3$ 线性无关,证明 $\alpha_1+\alpha_2+\alpha_3,2\alpha_1+\alpha_2-\alpha_3,-\alpha_1+\alpha_2+2\alpha_3$ 线性无关.

(2) 试证:任一四维向量

$$\beta=\begin{bmatrix}a\\b\\c\\d\end{bmatrix},$$

都可以由向量组

$$\alpha_1=\begin{bmatrix}1\\0\\0\\0\end{bmatrix},\alpha_2=\begin{bmatrix}1\\1\\0\\0\end{bmatrix},\alpha_3=\begin{bmatrix}1\\1\\1\\0\end{bmatrix},\alpha_4=\begin{bmatrix}1\\1\\1\\1\end{bmatrix},$$

线性表出,并且表出方式只有一种,写出这种表出方式.

第4章　相似矩阵与二次型

这一章将讨论矩阵的相似问题和二次型.主要内容有向量的内积,向量组的正交单位化,矩阵的特征值、特征向量的概念及求法,相似矩阵的概念及基本性质,矩阵相似于对角矩阵的条件,化实对称矩阵为对角矩阵的具体方法,n 元二次型的概念,正定二次型的概念,运用配方法和正交变换法化二次型为标准型以及正定二次型的判定方法等.

本章所讨论的矩阵均为方阵,矩阵中的元素都是实数.

4.1　向量的内积和向量组的正交单位化

4.1.1　向量的内积

定义 4.1　设有两个 n 维向量

$$\boldsymbol{\alpha}=\begin{bmatrix}a_1\\a_2\\\vdots\\a_n\end{bmatrix},\qquad \boldsymbol{\beta}=\begin{bmatrix}b_1\\b_2\\\vdots\\b_n\end{bmatrix},$$

令

$$(\boldsymbol{\alpha},\boldsymbol{\beta})=a_1b_1+a_2b_2+\cdots+a_nb_n,$$

则称$(\boldsymbol{\alpha},\boldsymbol{\beta})$ 为向量 $\boldsymbol{\alpha}$ 与 $\boldsymbol{\beta}$ 的**内积**.

内积是向量的一种运算,如果用矩阵记号表示,向量的内积还可写成

$$(\boldsymbol{\alpha},\boldsymbol{\beta})=\boldsymbol{\alpha}^{\mathrm{T}}\boldsymbol{\beta}=[a_1,\quad a_2,\quad \cdots,\quad a_n]\begin{bmatrix}b_1\\b_2\\\vdots\\b_n\end{bmatrix}.$$

内积满足下列运算规律(其中 $\boldsymbol{\alpha},\boldsymbol{\beta},\boldsymbol{\gamma}$ 为 n 维向量,λ 为实数):

(1)$(\boldsymbol{\alpha},\boldsymbol{\beta})=(\boldsymbol{\beta},\boldsymbol{\alpha})$;

(2)$(\lambda\boldsymbol{\alpha},\boldsymbol{\beta})=\lambda(\boldsymbol{\alpha},\boldsymbol{\beta})$;

(3)$(\boldsymbol{\alpha}+\boldsymbol{\beta},\boldsymbol{\gamma})=(\boldsymbol{\alpha},\boldsymbol{\gamma})+(\boldsymbol{\beta},\boldsymbol{\gamma})$.

定义 4.2　设

$$\|\boldsymbol{\alpha}\|=\sqrt{(\boldsymbol{\alpha},\boldsymbol{\alpha})}=\sqrt{a_1^2+a_2^2+\cdots+a_n^2},$$

称 $\|\boldsymbol{\alpha}\|$ 为 n 维向量 $\boldsymbol{\alpha}$ 的**长度**(或**范数**).

当 $\|\boldsymbol{\alpha}\|=1$ 时,称 $\boldsymbol{\alpha}$ 为**单位向量**.

对于任何非零向量 $\boldsymbol{\alpha}$,$\dfrac{1}{\|\boldsymbol{\alpha}\|}\boldsymbol{\alpha}$ 称为向量 $\boldsymbol{\alpha}$ 的**单位化**.

向量的长度具有下列性质.

(1) **非负性**:当 $\boldsymbol{\alpha}\neq 0$ 时,$\|\boldsymbol{\alpha}\|>0$;当 $\boldsymbol{\alpha}=0$ 时,$\|\boldsymbol{\alpha}\|=0$.

(2) **齐次性**：$\|\lambda\boldsymbol{\alpha}\| = |\lambda|\ \|\boldsymbol{\alpha}\|$.

(3) **三角不等式**：$\|\boldsymbol{\alpha}+\boldsymbol{\beta}\| \leqslant \|\boldsymbol{\alpha}\| + \|\boldsymbol{\beta}\|$.

定义 4.3 当$(\boldsymbol{\alpha},\boldsymbol{\beta}) = 0$时，称向量$\boldsymbol{\alpha}$与$\boldsymbol{\beta}$正交.

例如，向量$\boldsymbol{\alpha} = \begin{bmatrix} -2 \\ 1 \\ 0 \\ 3 \end{bmatrix}$与向量$\boldsymbol{\beta} = \begin{bmatrix} 4 \\ -7 \\ 9 \\ 5 \end{bmatrix}$是正交的.

因为

$$(\boldsymbol{\alpha},\boldsymbol{\beta}) = -2\times 4 + 1\times(-7) + 0\times 9 + 3\times 5 = 0.$$

定义 4.4 若非零向量组$\boldsymbol{\alpha}_1,\boldsymbol{\alpha}_2,\cdots,\boldsymbol{\alpha}_s$中的任意两个向量都是正交的，则称这个向量组为**正交向量组**.

例如，n维单位向量$\boldsymbol{e}_1,\boldsymbol{e}_2,\cdots,\boldsymbol{e}_n$是正交向量组. 因为

$$(\boldsymbol{e}_i,\boldsymbol{e}_j) = \begin{cases} 1, & i = j, \\ 0, & i \neq j, \end{cases} \quad (i,j = 1,2,\cdots,n).$$

定理 4.1 若n维向量$\boldsymbol{\alpha}_1,\boldsymbol{\alpha}_2,\cdots,\boldsymbol{\alpha}_s$是正交向量组，则$\boldsymbol{\alpha}_1,\boldsymbol{\alpha}_2,\cdots,\boldsymbol{\alpha}_s$线性无关.

证 用反证法，假设有s个不全为零的$\lambda_1,\lambda_2,\cdots,\lambda_s$，使得

$$\lambda_1\boldsymbol{\alpha}_1 + \lambda_2\boldsymbol{\alpha}_2 + \cdots + \lambda_s\boldsymbol{\alpha}_s = \boldsymbol{0},$$

以$\boldsymbol{\alpha}_i^{\mathrm{T}}$左乘上式两端，得

$$\lambda_i\boldsymbol{\alpha}_i^{\mathrm{T}}\boldsymbol{\alpha}_i = 0,$$

因$\boldsymbol{\alpha}_i \neq \boldsymbol{0}$，故$\boldsymbol{\alpha}_i^{\mathrm{T}}\boldsymbol{\alpha}_i = \|\boldsymbol{\alpha}_i\|^2 \neq 0$，从而$\lambda_i = 0\ (i = 1,2,\cdots,s)$，与假设相矛盾，于是向量组$\boldsymbol{\alpha}_1$，$\boldsymbol{\alpha}_2,\cdots,\boldsymbol{\alpha}_s$组性无关.

4.1.2 向量组的正交单位化

线性无关的向量组$\boldsymbol{\alpha},\boldsymbol{\alpha}_2,\cdots,\boldsymbol{\alpha}_s$不一定是正交向量组，不过总可以找一组两两正交的单位向量$\boldsymbol{\gamma}_1,\boldsymbol{\gamma}_2,\cdots,\boldsymbol{\gamma}_s$与$\boldsymbol{\alpha}_1,\boldsymbol{\alpha}_2,\cdots,\boldsymbol{\alpha}_s$等价，称为将向量组$\boldsymbol{\alpha},\boldsymbol{\alpha}_2,\cdots,\boldsymbol{\alpha}_s$**正交单位化**.

下面介绍将线性无关的向量组$\boldsymbol{\alpha}_1,\boldsymbol{\alpha}_2,\cdots,\boldsymbol{\alpha}_s$正交单位化的施密特(Schmidt)过程.

设$\boldsymbol{\alpha}_1,\boldsymbol{\alpha}_2,\cdots,\boldsymbol{\alpha}_s$线性无关，首先取

$$\boldsymbol{\beta}_1 = \boldsymbol{\alpha}_1,$$

再取$\boldsymbol{\beta}_2 = \boldsymbol{\alpha}_2 + \lambda\boldsymbol{\beta}_1$(其中$\lambda$待定)，由

$$(\boldsymbol{\beta}_2,\boldsymbol{\beta}_1) = (\boldsymbol{\alpha}_2 + \lambda\boldsymbol{\beta}_1,\boldsymbol{\beta}_1) = (\boldsymbol{\alpha}_2,\boldsymbol{\beta}_1) + \lambda(\boldsymbol{\beta}_1,\boldsymbol{\beta}_1) = 0,$$

得

$$\lambda = -\frac{(\boldsymbol{\alpha}_2,\boldsymbol{\beta}_1)}{(\boldsymbol{\beta}_1,\boldsymbol{\beta}_1)},$$

所以

$$\boldsymbol{\beta}_2 = \boldsymbol{\alpha}_2 - \frac{(\boldsymbol{\alpha}_2,\boldsymbol{\beta}_1)}{(\boldsymbol{\beta}_1,\boldsymbol{\beta}_1)}\boldsymbol{\beta}_1.$$

类似地，再取$\boldsymbol{\beta}_3 = \boldsymbol{\alpha}_3 + \lambda_1\boldsymbol{\beta}_1 + \lambda_2\boldsymbol{\beta}_2$(其中$\lambda_1,\lambda_2$待定)，由$(\boldsymbol{\beta}_1,\boldsymbol{\beta}_2) = 0$及

$$(\boldsymbol{\beta}_3,\boldsymbol{\beta}_1) = (\boldsymbol{\alpha}_3,\boldsymbol{\beta}_1) + \lambda_1(\boldsymbol{\beta}_1,\boldsymbol{\beta}_1) + \lambda_2(\boldsymbol{\beta}_2,\boldsymbol{\beta}_1) = 0,$$

$$(\boldsymbol{\beta}_3,\boldsymbol{\beta}_2) = (\boldsymbol{\alpha}_3,\boldsymbol{\beta}_2) + \lambda_1(\boldsymbol{\beta}_1,\boldsymbol{\beta}_2) + \lambda_2(\boldsymbol{\beta}_2,\boldsymbol{\beta}_2) = 0,$$

得

$$\lambda_1 = -\frac{(\boldsymbol{\alpha}_3,\boldsymbol{\beta}_1)}{(\boldsymbol{\beta}_1,\boldsymbol{\beta}_1)}, \qquad \lambda_2 = -\frac{(\boldsymbol{\alpha}_3,\boldsymbol{\beta}_2)}{(\boldsymbol{\beta}_2,\boldsymbol{\beta}_2)},$$

所以

$$\boldsymbol{\beta}_3 = \boldsymbol{\alpha}_3 - \frac{(\boldsymbol{\alpha}_3,\boldsymbol{\beta}_1)}{(\boldsymbol{\beta}_1,\boldsymbol{\beta}_1)}\boldsymbol{\beta}_1 - \frac{(\boldsymbol{\alpha}_3,\boldsymbol{\beta}_2)}{(\boldsymbol{\beta}_2,\boldsymbol{\beta}_2)}\boldsymbol{\beta}_2.$$

将这个过程继续下去,最终得

$$\boldsymbol{\beta}_s = \boldsymbol{\alpha}_s - \frac{(\boldsymbol{\alpha}_s,\boldsymbol{\beta}_1)}{(\boldsymbol{\beta}_1,\boldsymbol{\beta}_1)}\boldsymbol{\beta}_1 - \cdots - \frac{(\boldsymbol{\alpha}_s,\boldsymbol{\beta}_{s-1})}{(\boldsymbol{\beta}_{s-1},\boldsymbol{\beta}_{s-1})}\boldsymbol{\beta}_{s-1}.$$

接着对正交向量组 $\boldsymbol{\beta}_1,\boldsymbol{\beta}_2,\cdots,\boldsymbol{\beta}_s$ 单位化,即取

$$\boldsymbol{\gamma}_1 = \frac{\boldsymbol{\beta}_1}{\|\boldsymbol{\beta}_1\|}, \quad \boldsymbol{\gamma}_2 = \frac{\boldsymbol{\beta}_2}{\|\boldsymbol{\beta}_2\|}, \quad \cdots, \quad \boldsymbol{\gamma}_s = \frac{\boldsymbol{\beta}_s}{\|\boldsymbol{\beta}_s\|},$$

于是 $\boldsymbol{\gamma}_1,\boldsymbol{\gamma}_2,\cdots,\boldsymbol{\gamma}_s$ 就是与线性无关向量组 $\boldsymbol{\alpha}_1,\boldsymbol{\alpha}_2,\cdots,\boldsymbol{\alpha}_s$ 等价的正交单位向量组.

【例 4.1】 将 $\boldsymbol{\alpha}_1 = \begin{bmatrix} 1 \\ 2 \\ -2 \end{bmatrix},\boldsymbol{\alpha}_2 = \begin{bmatrix} 1 \\ 0 \\ -2 \end{bmatrix},\boldsymbol{\alpha}_3 = \begin{bmatrix} 4 \\ -1 \\ 2 \end{bmatrix}$正交单位化.

解 取

$$\boldsymbol{\beta}_1 = \boldsymbol{\alpha}_1,$$

$$\boldsymbol{\beta}_2 = \boldsymbol{\alpha}_2 - \frac{(\boldsymbol{\alpha}_2,\boldsymbol{\beta}_1)}{(\boldsymbol{\beta}_1,\boldsymbol{\beta}_1)}\boldsymbol{\beta}_1 = \begin{bmatrix} 1 \\ 0 \\ -2 \end{bmatrix} - \frac{5}{9}\begin{bmatrix} 1 \\ 2 \\ -2 \end{bmatrix} = \begin{bmatrix} 4/9 \\ -10/9 \\ -8/9 \end{bmatrix},$$

$$\begin{aligned}\boldsymbol{\beta}_3 &= \boldsymbol{\alpha}_3 - \frac{(\boldsymbol{\alpha}_3,\boldsymbol{\beta}_1)}{(\boldsymbol{\beta}_1,\boldsymbol{\beta}_1)}\boldsymbol{\beta}_1 - \frac{(\boldsymbol{\alpha}_3,\boldsymbol{\beta}_2)}{(\boldsymbol{\beta}_2,\boldsymbol{\beta}_2)}\boldsymbol{\beta}_2 \\ &= \begin{bmatrix} 4 \\ -1 \\ 2 \end{bmatrix} - \frac{(-2)}{9}\begin{bmatrix} 1 \\ 2 \\ -2 \end{bmatrix} - \frac{10/9}{20/9}\begin{bmatrix} 4/9 \\ -10/9 \\ -8/9 \end{bmatrix} = \begin{bmatrix} 4 \\ 0 \\ 2 \end{bmatrix},\end{aligned}$$

然后将 $\boldsymbol{\beta}_1,\boldsymbol{\beta}_2,\boldsymbol{\beta}_3$ 单位化,取

$$\boldsymbol{\gamma}_1 = \frac{\boldsymbol{\beta}_1}{\|\boldsymbol{\beta}_1\|} = \begin{bmatrix} 1/3 \\ 2/3 \\ -2/3 \end{bmatrix},\boldsymbol{\gamma}_2 = \frac{\boldsymbol{\beta}_2}{\|\boldsymbol{\beta}_2\|} = \begin{bmatrix} 2\sqrt{5}/15 \\ -\sqrt{5}/3 \\ -4\sqrt{5}/15 \end{bmatrix},\boldsymbol{\gamma}_3 = \frac{\boldsymbol{\beta}_3}{\|\boldsymbol{\beta}_3\|} = \begin{bmatrix} 2\sqrt{5}/5 \\ 0 \\ \sqrt{5}/5 \end{bmatrix},$$

则 $\boldsymbol{\gamma}_1,\boldsymbol{\gamma}_2,\boldsymbol{\gamma}_3$ 即为所求.

【例 4.2】 已知 $\boldsymbol{\beta}_1 = \begin{bmatrix} 1 \\ 2 \\ 3 \end{bmatrix}$,求非零向量 $\boldsymbol{\beta}_2,\boldsymbol{\beta}_3$,使 $\boldsymbol{\beta}_1,\boldsymbol{\beta}_2,\boldsymbol{\beta}_3$ 成为正交向量组.

解 所求的 $\boldsymbol{\beta}_2,\boldsymbol{\beta}_3$,应满足 $\boldsymbol{\beta}_1^{\mathrm{T}}\boldsymbol{X} = 0$,即

$$x_1 + 2x_2 + 3x_3 = 0,$$

取其基础解系得

$$\boldsymbol{\alpha}_1 = \begin{bmatrix} 2 \\ -1 \\ 0 \end{bmatrix}, \qquad \boldsymbol{\alpha}_2 = \begin{bmatrix} 3 \\ 0 \\ -1 \end{bmatrix},$$

将 $\boldsymbol{\alpha}_1,\boldsymbol{\alpha}_2$ 正交化,即

$$\boldsymbol{\beta}_2=\boldsymbol{\alpha}_1=\begin{bmatrix}2\\-1\\0\end{bmatrix},$$

$$\boldsymbol{\beta}_3=\boldsymbol{\alpha}_2-\frac{(\boldsymbol{\alpha}_2,\boldsymbol{\beta}_2)}{(\boldsymbol{\beta}_2,\boldsymbol{\beta}_2)}\boldsymbol{\beta}_2=\begin{bmatrix}3\\0\\-1\end{bmatrix}-\frac{6}{5}\begin{bmatrix}2\\-1\\0\end{bmatrix}=\begin{bmatrix}3/5\\6/5\\-1\end{bmatrix},$$

$\boldsymbol{\beta}_2,\boldsymbol{\beta}_3$ 即为所求.

习题 4.1

参考答案与提示

1. 根据下列所给的 $\boldsymbol{\alpha}$ 和 $\boldsymbol{\beta}$,计算 $(\boldsymbol{\alpha},\boldsymbol{\beta})$:

(1) $\boldsymbol{\alpha}=[2,\ 3,\ 1,\ 2]^{\mathrm{T}},\boldsymbol{\beta}=[1,\ -2,\ 2,\ 1]^{\mathrm{T}}$;

(2) $\boldsymbol{\alpha}=[\sqrt{5}/2,\ -1/8,\ \sqrt{5}/3,\ -1]^{\mathrm{T}},\boldsymbol{\beta}=[-\sqrt{5}/2,\ -2,\ \sqrt{5},\ 2/3]^{\mathrm{T}}$.

2. 把下列向量单位化:

(1) $\boldsymbol{\alpha}=[3,\ 0,\ -\sqrt{2},\ 5]^{\mathrm{T}}$; (2) $\boldsymbol{\beta}=[6,\ \sqrt{3},\ -5,\ 0]^{\mathrm{T}}$.

3. 试证:若 $\boldsymbol{\alpha}$ 与 $\boldsymbol{\beta}$ 正交,则对任意实数 k,l,有 $k\boldsymbol{\alpha},l\boldsymbol{\beta}$ 也正交.

4. 将向量组

$$\boldsymbol{\alpha}_1=\begin{bmatrix}1\\-1\\1\end{bmatrix},\boldsymbol{\alpha}_2=\begin{bmatrix}-1\\1\\1\end{bmatrix},\boldsymbol{\alpha}_3=\begin{bmatrix}1\\1\\-1\end{bmatrix}$$

正交单位化.

4.2 矩阵的特征值与特征向量

4.2.1 特征值与特征向量

定义 4.5 设 $\boldsymbol{A}$ 为 n 阶方阵,若存在数 λ 和非零的 n 维向量 $\boldsymbol{X}$,使得

$$\boldsymbol{AX}=\lambda\boldsymbol{X}, \tag{4.1}$$

则称数 λ 为**矩阵 $\boldsymbol{A}$ 的特征值**,称 $\boldsymbol{X}$ 为矩阵 $\boldsymbol{A}$ 对应于**特征值 λ 的特征向量**.

若将式(4.1)改写成

$$(\lambda\boldsymbol{E}-\boldsymbol{A})\boldsymbol{X}=\boldsymbol{O}, \tag{4.2}$$

则式(4.2)为齐次线性方程组,而它有非零解的充分必要条件为

$$\det(\lambda\boldsymbol{E}-\boldsymbol{A})=0, \tag{4.3}$$

式(4.3)的左端 $\det(\lambda\boldsymbol{E}-\boldsymbol{A})$ 为 λ 的 n 次多项式,因此 $\boldsymbol{A}$ 的特征值就是该多项式的根.而与特征值 λ 对应的特征向量便是齐次线性方程组(4.2)的非零解.

定义 4.6 设矩阵

$$\boldsymbol{A}=\begin{bmatrix}a_{11}&a_{12}&\cdots&a_{1n}\\a_{21}&a_{23}&\cdots&a_{2n}\\\vdots&\vdots&&\vdots\\a_{n1}&a_{n2}&\cdots&a_{m}\end{bmatrix}, \tag{4.4}$$

则称矩阵

$$\lambda \boldsymbol{E}-\boldsymbol{A}=\begin{bmatrix}\lambda-a_{11} & -a_{12} & \cdots & -a_{1n}\\ -a_{21} & \lambda-a_{22} & \cdots & -a_{2n}\\ \vdots & \vdots & & \vdots\\ -a_{n1} & -a_{n2} & \cdots & \lambda-a_{nn}\end{bmatrix} \tag{4.5}$$

为 $\boldsymbol{A}$ **的特征矩阵**,它的行列式

$$\det(\lambda \boldsymbol{E}-\boldsymbol{A}) \tag{4.6}$$

是 λ 的一个 n 次多项式,称式(4.6)为 $\boldsymbol{A}$ **的特征多项式**.

易知,矩阵 $\boldsymbol{A}$ 的特征值即为其特征多项式的根.

4.2.2 特征值与特征向量的求法

下面先举一个例子,然后介绍矩阵 $\boldsymbol{A}$ 的特征值与特征向量的求法.

【例 4.3】 设

$$\boldsymbol{A}=\begin{bmatrix}2 & 3 & 2\\ 1 & 4 & 2\\ 1 & -3 & 1\end{bmatrix}, \tag{4.7}$$

求 $\boldsymbol{A}$ 的特征值和特征向量.

解 先写出 $\boldsymbol{A}$ 的特征多项式

$$\det(\lambda \boldsymbol{E}-\boldsymbol{A})=\begin{vmatrix}\lambda-2 & -3 & -2\\ -1 & \lambda-4 & -2\\ -1 & 3 & \lambda-1\end{vmatrix}\xlongequal{①+③}\begin{vmatrix}\lambda-3 & 0 & \lambda-3\\ -1 & \lambda-4 & -2\\ -1 & 3 & \lambda-1\end{vmatrix}$$

$$=(\lambda-3)\begin{vmatrix}1 & 0 & 1\\ -1 & \lambda-4 & -2\\ -1 & 3 & \lambda-1\end{vmatrix}\xlongequal[③+①]{②+①}(\lambda-3)\begin{vmatrix}1 & 0 & 1\\ 0 & \lambda-4 & -1\\ 0 & 3 & \lambda\end{vmatrix}=(\lambda-1)(\lambda-3)^2.$$

再求特征多项式的根,即解方程

$$(\lambda-1)(\lambda-3)^2=0,$$

所以得到 $\boldsymbol{A}$ 的 3 个特征值为 $\lambda_1=1$, $\lambda_2=\lambda_3=3$.

求矩阵 $\boldsymbol{A}$ 对应于特征值 λ_0 的特征向量. 利用式(4.2),将 $\lambda=\lambda_0$ 代入式(4.2),求出该齐次线性方程组的所有非零解,这些解均为对应于 λ_0 的特征向量.

将特征值 $\lambda_1=1$ 代入式(4.2),即得齐次线性方程组

$$(1\boldsymbol{E}-\boldsymbol{A})\boldsymbol{X}=\boldsymbol{O}, \tag{4.8}$$

把系数矩阵通过初等行变换化为阶梯形矩阵

$$1\boldsymbol{E}-\boldsymbol{A}=\begin{bmatrix}1-2 & -3 & -2\\ -1 & 1-4 & -2\\ -1 & 3 & 1-1\end{bmatrix}=\begin{bmatrix}-1 & -3 & -2\\ -1 & -3 & -2\\ -1 & 3 & 0\end{bmatrix}$$

$$\xrightarrow[③+①\times(-1)]{②+①\times(-1)}\begin{bmatrix}-1 & -3 & -2\\ 0 & 0 & 0\\ 0 & 6 & 2\end{bmatrix}\xrightarrow{(②,③)}\begin{bmatrix}-1 & -3 & -2\\ 0 & 6 & 2\\ 0 & 0 & 0\end{bmatrix}$$

$$\xrightarrow[①\times 1/6]{①\times(-1)}\begin{bmatrix}1 & 3 & 2\\ 0 & 1 & 1/3\\ 0 & 0 & 0\end{bmatrix}\xrightarrow{①+②\times(-3)}\begin{bmatrix}1 & 0 & 1\\ 0 & 1 & 1/3\\ 0 & 0 & 0\end{bmatrix},$$

取 x_3 为自由元,得到方程组(4.8)的基础解系为

$$\boldsymbol{\alpha}_1 = \begin{bmatrix} 3 \\ 1 \\ -3 \end{bmatrix},$$

于是对于任意常数 $k_1(k_1 \neq 0)$,$k_1\boldsymbol{\alpha}_1$ 便是矩阵 $\boldsymbol{A}$ 的对应于特征值 1 的全部特征向量.

把 $\lambda_2 = \lambda_3 = 3$ 代入式(4.2),解得齐次线性方程组

$$(3\boldsymbol{E} - \boldsymbol{A})\boldsymbol{X} = \boldsymbol{O}, \tag{4.9}$$

为此,先计算

$$3\boldsymbol{E} - \boldsymbol{A} = \begin{bmatrix} 3-2 & -3 & -2 \\ -1 & 3-4 & -2 \\ -1 & 3 & 3-1 \end{bmatrix} = \begin{bmatrix} 1 & -3 & -2 \\ -1 & -1 & -2 \\ -1 & 3 & 2 \end{bmatrix},$$

对它做初等行变换化为阶梯形矩阵

$$3\boldsymbol{E} - \boldsymbol{A} \xrightarrow[\text{③}+\text{①}]{\text{②}+\text{①}} \begin{bmatrix} 1 & -3 & -2 \\ 0 & -4 & -4 \\ 0 & 0 & 0 \end{bmatrix} \xrightarrow[\text{②}\times(-1/4)]{\text{①}+\text{②}\times(-3/4)} \begin{bmatrix} 1 & 0 & 1 \\ 0 & 1 & 1 \\ 0 & 0 & 0 \end{bmatrix},$$

取 x_3 为自由元,得到式(4.9)的基础解系

$$\boldsymbol{\alpha}_2 = \begin{bmatrix} -1 \\ -1 \\ 1 \end{bmatrix},$$

于是对于任意常数 $k_2(k_2 \neq 0)$,$k_2\boldsymbol{\alpha}_2$ 便是矩阵 $\boldsymbol{A}$ 的对应于特征值 3 的全部特征向量.

由此可以得到两个重要的结论:

(1) 矩阵 $\boldsymbol{A}$ 对应于特征值 λ_0 的特征向量乘以非零常数 k 仍为对应于 λ_0 的特征向量;

(2) 矩阵 $\boldsymbol{A}$ 对应于同一个特征值 λ_0 的两个特征向量之和仍为对应于 λ_0 的特征向量.

上述关于矩阵 $\boldsymbol{A}$ 的特征值及特征向量的求法的结论,可归纳为以下定理.

定理 4.2 设 $\boldsymbol{A}$ 为 n 阶方阵,则数 λ_0 为 $\boldsymbol{A}$ 的特征值的充分必要条件是:λ_0 是 $\boldsymbol{A}$ 的特征多项式 $\det(\lambda\boldsymbol{E} - \boldsymbol{A})$ 的根;n 维向量 $\boldsymbol{\alpha}$ 是 $\boldsymbol{A}$ 对应于特征值 λ_0 的特征向量其充分必要条件为:$\boldsymbol{\alpha}$ 是齐次线性方程组 $(\lambda_0\boldsymbol{E} - \boldsymbol{A})\boldsymbol{X} = \boldsymbol{O}$ 的非零解.

具体计算特征值、特征向量的步骤如下:

第 1 步,写出特征多项式 $\det(\lambda\boldsymbol{E} - \boldsymbol{A})$,并求出它的全部根,这就是 $\boldsymbol{A}$ 的全部特征值;

第 2 步,对于 $\boldsymbol{A}$ 的每个特征值 λ_0,求出齐次线性方程组 $(\lambda_0\boldsymbol{E} - \boldsymbol{A})\boldsymbol{X} = \boldsymbol{O}$ 的一个基础解系

$$\boldsymbol{\alpha}_1, \boldsymbol{\alpha}_2, \cdots, \boldsymbol{\alpha}_t,$$

则对于不全为零的任意常数 $k_1, k_2, \cdots, k_t$,有

$$k_1\boldsymbol{\alpha}_1 + k_2\boldsymbol{\alpha}_2 + \cdots + k_t\boldsymbol{\alpha}_t$$

为 $\boldsymbol{A}$ 对应于特征值 λ_0 的全部特征向量.

【例 4.4】 设

$$\boldsymbol{A} = \begin{bmatrix} -2 & 1 & 1 \\ 0 & 2 & 0 \\ -4 & 1 & 3 \end{bmatrix},$$

求 $\boldsymbol{A}$ 的特征值和特征向量.

解 第 1 步,写出并计算特征多项式

$$\det(\lambda \boldsymbol{E}-\boldsymbol{A})=\begin{vmatrix} \lambda+2 & -1 & -1 \\ 0 & \lambda-2 & 0 \\ 4 & -1 & \lambda-3 \end{vmatrix}=(\lambda-2)\begin{vmatrix} \lambda+2 & -1 \\ 4 & \lambda-3 \end{vmatrix}$$

$$=(\lambda+1)(\lambda-2)^2.$$

令 $\det(\lambda \boldsymbol{E}-\boldsymbol{A})=0$ 并解方程

$$(\lambda+1)(\lambda-2)^2=0,$$

得到 $\boldsymbol{A}$ 的 3 个特征值为

$$\lambda_1=-1,\ \lambda_2=\lambda_3=2.$$

第 2 步,求出每个特征值对应的特征向量,即对每个特征值 λ,求齐次线性方程组

$$(\lambda \boldsymbol{E}-\boldsymbol{A})\boldsymbol{X}=\boldsymbol{O}$$

的一个基础解系.

对于特征值 $\lambda_1=-1$ 的特征向量,即为齐次线性方程组 $(-1\boldsymbol{E}-\boldsymbol{A})\boldsymbol{X}=\boldsymbol{O}$ 的一个基础解系.把系数矩阵进行初等行变换化为阶梯形矩阵

$$-1\boldsymbol{E}-\boldsymbol{A}=\begin{bmatrix} 1 & -1 & -1 \\ 0 & -3 & 0 \\ 4 & -1 & -4 \end{bmatrix}\xrightarrow{③+①\times(-4)}\begin{bmatrix} 1 & -1 & -1 \\ 0 & -3 & 0 \\ 0 & 3 & 0 \end{bmatrix}\xrightarrow{③+②}\begin{bmatrix} 1 & -1 & -1 \\ 0 & -3 & 0 \\ 0 & 0 & 0 \end{bmatrix},$$

取 x_3 为自由元,得到其基础解系为

$$\boldsymbol{\alpha}_1=\begin{bmatrix} 1 \\ 0 \\ 1 \end{bmatrix},$$

所以 $\boldsymbol{A}$ 的对应于特征值 -1 的全部特征向量为 $k_1\boldsymbol{\alpha}_1$,其中 k_1 为任意不为零的实数.

对于特征值 $\lambda_2=\lambda_3=2$ 的特征向量,即为齐次线性方程组 $(2\boldsymbol{E}-\boldsymbol{A})\boldsymbol{X}=\boldsymbol{O}$ 的一个基础解系.把系数矩阵进行初等行变换化为阶梯形矩阵

$$2\boldsymbol{E}-\boldsymbol{A}=\begin{bmatrix} 4 & -1 & -1 \\ 0 & 0 & 0 \\ 4 & -1 & -1 \end{bmatrix}\xrightarrow{③+①\times(-1)}\begin{bmatrix} 4 & -1 & -1 \\ 0 & 0 & 0 \\ 0 & 0 & 0 \end{bmatrix},$$

取 x_2,x_3 为自由元,得到其基础解系为

$$\boldsymbol{\alpha}_2=\begin{bmatrix} 1 \\ 4 \\ 0 \end{bmatrix},\boldsymbol{\alpha}_3=\begin{bmatrix} 1 \\ 0 \\ 4 \end{bmatrix}.$$

所以 $\boldsymbol{A}$ 的对应于特征值 2 的全部特征向量为 $k_2\boldsymbol{\alpha}_2+k_3\boldsymbol{\alpha}_3$,其中 k_2,k_3 为任意不全为零的实数.

【例 4.5】 设

$$\boldsymbol{A}=\begin{bmatrix} 2 & -5 \\ 3 & 4 \end{bmatrix},$$

求 $\boldsymbol{A}$ 的特征值.

解

$$\det(\lambda \boldsymbol{E}-\boldsymbol{A})=\begin{vmatrix} \lambda-2 & 5 \\ -3 & \lambda-4 \end{vmatrix}=\lambda^2-6\lambda+23,$$

由于特征多项式无实根,所以 $\boldsymbol{A}$ 在实数范围内无特征值.

从上面几个例题可以看出，在求矩阵的特征值和特征向量时，特征多项式的计算是很重要的. 下面来考察其特征多项式某些系数的特征，并进一步考察矩阵 $\boldsymbol{A}$ 与特征值 $\lambda_1,\lambda_2,\cdots,\lambda_n$ 的关系.

设 $\boldsymbol{A}$ 是 n 阶方阵，则对

$$\det(\lambda\boldsymbol{E}-\boldsymbol{A})=\begin{vmatrix}\lambda-a_{11} & -a_{12} & \cdots & -a_{1n}\\ -a_{21} & \lambda-a_{22} & \cdots & -a_{2n}\\ \vdots & \vdots & & \vdots\\ -a_{n1} & -a_{n2} & \cdots & \lambda-a_{nn}\end{vmatrix},$$

利用行列式的展开式，可以知道有一项是主对角线上元素的连续乘积

$$(\lambda-a_{11})(\lambda-a_{22})\cdots(\lambda-a_{nn}),$$

展开式中的其余各项，至多包含 $n-2$ 个主对角线上的元素，它对于 λ 的次数最多是 $n-2$，因此特征多项式中含 λ 的 n 次与 $n-1$ 次的项只能在主对角线上元素的连续乘积中出现，它们是

$$\lambda^n-(a_{11}+a_{22}+\cdots+a_{nn})\lambda^{n-1},$$

若在特征多项式中令 $\lambda=0$，即可得常数项 $\det(-\boldsymbol{A})=(-1)^n\det\boldsymbol{A}$.

因此，如果只写出特征多项式的前两项与常数项，就有

$$\det(\lambda\boldsymbol{E}-\boldsymbol{A})=\lambda^n-(a_{11}+a_{22}+\cdots+a_{nn})\lambda^{n-1}+\cdots+(-1)^n\det\boldsymbol{A}.$$

由根与系数的关系可知，$\boldsymbol{A}$ 的全体特征值的和为 $a_{11}+a_{22}+\cdots+a_{nn}$（称为 $\boldsymbol{A}$ 的**迹**，记作 $\mathrm{tr}(\boldsymbol{A})$，即 $\mathrm{tr}(\boldsymbol{A})=a_{11}+a_{22}+\cdots+a_{nn}$），而 $\boldsymbol{A}$ 的全体特征值的积为 $\det\boldsymbol{A}$. 这就是说：

(1) $\lambda_1+\lambda_2+\cdots+\lambda_n=a_{11}+a_{22}+\cdots+a_{nn}$；

(2) $\lambda_1\lambda_2\cdots\lambda_n=\det\boldsymbol{A}$.

对于矩阵 $\boldsymbol{A}$ 的特征值相应的特征向量，也有一些重要的特征. 为了进一步弄清各特征值相应的特征向量之间的线性相关性，我们有如下重要的结论：

定理 4.3 对称矩阵 $\boldsymbol{A}$ 的不同特征值的特征向量一定是正交的.

证 设 λ_1 与 λ_2 是对称矩阵 $\boldsymbol{A}$ 的两个不同的特征值，$\boldsymbol{\alpha}_1,\boldsymbol{\alpha}_2$ 分别是 $\boldsymbol{A}$ 的对应于 λ_1,λ_2 的特征向量. 于是有

$$\boldsymbol{A\alpha}_1=\lambda_1\boldsymbol{\alpha}_1,\quad \boldsymbol{A\alpha}_2=\lambda_2\boldsymbol{\alpha}_2,\quad(\boldsymbol{\alpha}_1\neq 0,\boldsymbol{\alpha}_2\neq 0)$$

因为

$$\lambda_1(\boldsymbol{\alpha}_1,\boldsymbol{\alpha}_2)=(\lambda_1\boldsymbol{\alpha}_1,\boldsymbol{\alpha}_2)=(\boldsymbol{A\alpha}_1,\boldsymbol{\alpha}_2)=(\boldsymbol{A\alpha}_1)^{\mathrm{T}}\boldsymbol{\alpha}_2=\boldsymbol{\alpha}_1^{\mathrm{T}}\boldsymbol{A}^{\mathrm{T}}\boldsymbol{\alpha}_2=\boldsymbol{\alpha}_1^{\mathrm{T}}\boldsymbol{A\alpha}_2,$$
$$\lambda_2(\boldsymbol{\alpha}_1,\boldsymbol{\alpha}_2)=(\boldsymbol{\alpha}_1,\lambda_2\boldsymbol{\alpha}_2)=(\boldsymbol{\alpha}_1,\boldsymbol{A\alpha}_2)=\boldsymbol{\alpha}_1^{\mathrm{T}}\boldsymbol{A\alpha}_2,$$

所以

$$\lambda_1(\boldsymbol{\alpha}_1,\boldsymbol{\alpha}_2)=\lambda_2(\boldsymbol{\alpha}_1,\boldsymbol{\alpha}_2),$$

即

$$(\lambda_1-\lambda_2)(\boldsymbol{\alpha}_1,\boldsymbol{\alpha}_2)=0,$$

因为 $\lambda_1\neq\lambda_2$，所以 $(\boldsymbol{\alpha}_1,\boldsymbol{\alpha}_2)=0$，即 $\boldsymbol{\alpha}_1$ 与 $\boldsymbol{\alpha}_2$ 正交.

利用定理 4.1 和定理 4.3，得到如下结论：

定理 4.4 对称矩阵 $\boldsymbol{A}$ 的不同特征值的特征向量是线性无关的.

证 由定理 4.3 知，$\boldsymbol{A}$ 的不同特征值的特征向量是正交的；又由定理 4.1 知，其向量也是线性无关的.

习题 4.2

参考答案与提示

1. 求下列矩阵的特征值和特征向量：

(1)$\begin{bmatrix} 1 & 4 \\ 2 & 3 \end{bmatrix}$; (2)$\begin{bmatrix} 0 & 1 \\ -1 & 0 \end{bmatrix}$; (3)$\begin{bmatrix} 1 & 0 & 2 \\ 0 & -1 & 0 \\ 0 & 4 & 2 \end{bmatrix}$;

(4)$\begin{bmatrix} 7 & 4 & -1 \\ 4 & 7 & -1 \\ -4 & -4 & 4 \end{bmatrix}$; (5)$\begin{bmatrix} 2 & 0 & 0 \\ 1 & 1 & 1 \\ 1 & -1 & 3 \end{bmatrix}$; (6)$\begin{bmatrix} 3 & 7 & -3 \\ -2 & -5 & 2 \\ -4 & -10 & 3 \end{bmatrix}$;

(7)$\begin{bmatrix} a_1 & 0 & 0 \\ 0 & a_2 & 0 \\ 0 & 0 & a_3 \end{bmatrix}$; (8)$\begin{bmatrix} 2 & 4 & 6 & 8 \\ 0 & 2 & 4 & 6 \\ 0 & 0 & 2 & 4 \\ 0 & 0 & 0 & 2 \end{bmatrix}$.

2. 设$\boldsymbol{\alpha}_1,\boldsymbol{\alpha}_2$都是$\boldsymbol{A}$对应于特征值$\lambda_0$的特征向量,证明$k_1\alpha_1+k_2\alpha_2$($k_1,k_2$不全为零)仍是$\boldsymbol{A}$对应于特征值$\lambda_0$的特征向量.

3. 设$\boldsymbol{\alpha}_1$为$\boldsymbol{A}$对应于特征值λ_1的特征向量,$\boldsymbol{\alpha}_2$为$\boldsymbol{A}$对应于特征值λ_2的特征向量,且$\lambda_1\neq\lambda_2$,证明:

(1)$\boldsymbol{\alpha}_1$和$\boldsymbol{\alpha}_2$线性无关;

(2)$\boldsymbol{\alpha}_1+\boldsymbol{\alpha}_2$不是$\boldsymbol{A}$的特征向量.

4. 若n阶方阵$\boldsymbol{A}$满足$\boldsymbol{A}^2=\boldsymbol{A}$,则称$\boldsymbol{A}$为**幂等矩阵**.试证:幂等矩阵的特征值只可能是1或者0.

5. 若n阶方阵$\boldsymbol{A}$满足$\boldsymbol{A}^2=\boldsymbol{E}$.试证$\boldsymbol{A}$的特征值只可能是1或者$-1$.

6. 试证:

(1) 可逆矩阵$\boldsymbol{A}$如果有特征值,则它的特征值不等于零;

(2) 若λ_0是可逆矩阵$\boldsymbol{A}$的特征值,则$1/\lambda_0$是$\boldsymbol{A}^{-1}$的特征值.

7. 试证:

(1) 正交矩阵$\boldsymbol{A}$如果有特征值,则它的特征值是1或者-1;

(2) 若$\boldsymbol{A}$是奇数阶正交矩阵,且$\det\boldsymbol{A}=1$,则1是$\boldsymbol{A}$的一个特征值;

(3) 若$\boldsymbol{A}$是n阶正交矩阵,且$\det\boldsymbol{A}=-1$,则-1是$\boldsymbol{A}$的一个特征值.

8. 举例说明:在实数范围内一个正交矩阵可以没有特征值.

4.3 相似矩阵

4.3.1 相似矩阵的概念

定义 4.7 设$\boldsymbol{A}$与$\boldsymbol{B}$都是n阶方阵,如果存在一个可逆矩阵$\boldsymbol{P}$,使得

$$\boldsymbol{B}=\boldsymbol{P}^{-1}\boldsymbol{A}\boldsymbol{P},$$

则称$\boldsymbol{A}$与$\boldsymbol{B}$是相似的,记作$\boldsymbol{A}\sim\boldsymbol{B}$.

相似矩阵有如下性质:

性质 4.1 相似矩阵有相同的行列式.

证 设$\boldsymbol{A}\sim\boldsymbol{B}$,即存在可逆矩阵$\boldsymbol{P}$,使得$\boldsymbol{B}=\boldsymbol{P}^{-1}\boldsymbol{A}\boldsymbol{P}$,于是

$$\begin{aligned}\det\boldsymbol{B}&=\det(\boldsymbol{P}^{-1}\boldsymbol{A}\boldsymbol{P})=\det(\boldsymbol{P}^{-1})\det\boldsymbol{A}\det\boldsymbol{P}\\&=\det(\boldsymbol{P}^{-1})\det\boldsymbol{P}\det\boldsymbol{A}=\det(\boldsymbol{P}^{-1}\boldsymbol{P})\det\boldsymbol{A}=\det\boldsymbol{A}.\end{aligned}$$

性质 4.2 相似矩阵具有相同的可逆性;若可逆,它们的逆矩阵也相似.

证 因矩阵的可逆性是由矩阵的行列式是否为零所决定的. 由性质 4.1 知,它们具有相同的可逆性.

又设 $\boldsymbol{A} \sim \boldsymbol{B}$,且 $\boldsymbol{A},\boldsymbol{B}$ 都可逆. 由于 $\boldsymbol{B} = \boldsymbol{P}^{-1}\boldsymbol{A}\boldsymbol{P}$,故

$$\boldsymbol{B}^{-1} = (\boldsymbol{P}^{-1}\boldsymbol{A}\boldsymbol{P})^{-1} = \boldsymbol{P}^{-1}\boldsymbol{A}^{-1}(\boldsymbol{P}^{-1})^{-1} = \boldsymbol{P}^{-1}\boldsymbol{A}^{-1}\boldsymbol{P},$$

由定义 4.7 知,$\boldsymbol{A}^{-1} \sim \boldsymbol{B}^{-1}$.

性质 4.3 相似矩阵具有相同的特征多项式.

证 设 $\boldsymbol{A} \sim \boldsymbol{B}$,即 $\boldsymbol{B} = \boldsymbol{P}^{-1}\boldsymbol{A}\boldsymbol{P}$, 所以

$$\begin{aligned}\det(\lambda\boldsymbol{E} - \boldsymbol{B}) &= \det(\lambda\boldsymbol{E} - \boldsymbol{P}^{-1}\boldsymbol{A}\boldsymbol{P}) = \det(\boldsymbol{P}^{-1}(\lambda\boldsymbol{E} - \boldsymbol{A})\boldsymbol{P}) \\ &= \det(\boldsymbol{P}^{-1})\det\boldsymbol{P}\det(\lambda\boldsymbol{E} - \boldsymbol{A}) = \det(\lambda\boldsymbol{E} - \boldsymbol{A}).\end{aligned}$$

性质 4.4 相似矩阵具有相同的特征值.

证 由性质 4.3 立即可得性质 4.4.

定理 4.5 设 $\boldsymbol{A}$ 与 $\boldsymbol{B}$ 都是 n 阶矩阵,则

$$\operatorname{tr}(\boldsymbol{A}\boldsymbol{B}) = \operatorname{tr}(\boldsymbol{B}\boldsymbol{A}),$$

其中 $\operatorname{tr}(\boldsymbol{A}\boldsymbol{B})$ 表示 $\boldsymbol{A}\boldsymbol{B}$ 的迹.

证 设 $\boldsymbol{A} = [a_{ij}],\boldsymbol{B} = [b_{ij}]$,则:

$\boldsymbol{A}\boldsymbol{B}$ 的第 i 行第 i 列的元素

$$= a_{i1}b_{1i} + a_{i2}b_{2i} + \cdots + a_{in}b_{ni} = \sum_{k=1}^{n} a_{ik}b_{ki},$$

所以

$$\operatorname{tr}(\boldsymbol{A}\boldsymbol{B}) = \sum_{i=1}^{n}(a_{i1}b_{1i} + a_{i2}b_{2i} + \cdots + a_{in}b_{ni}) = \sum_{i=1}^{n}\sum_{k=1}^{n} a_{ik}b_{ki},$$

又有

$\boldsymbol{B}\boldsymbol{A}$ 的第 k 行第 k 列的元素

$$= b_{k1}a_{1k} + b_{k2}a_{2k} + \cdots + b_{kn}a_{nk} = \sum_{i=1}^{n} b_{ki}a_{ik},$$

所以

$$\operatorname{tr}(\boldsymbol{B}\boldsymbol{A}) = \sum_{k=1}^{n}\sum_{i=1}^{n} b_{ki}a_{ik} = \sum_{i=1}^{n}\sum_{k=1}^{n} a_{ik}b_{ki},$$

于是有

$$\operatorname{tr}(\boldsymbol{A}\boldsymbol{B}) = \operatorname{tr}(\boldsymbol{B}\boldsymbol{A}).$$

性质 4.5 相似矩阵有相同的迹.

证 设 $\boldsymbol{A} \sim \boldsymbol{B}$,则存在可逆矩阵 $\boldsymbol{P}$,使得

$$\boldsymbol{B} = \boldsymbol{P}^{-1}\boldsymbol{A}\boldsymbol{P},$$

由定理 4.5,得

$$\begin{aligned}\operatorname{tr}(\boldsymbol{B}) &= \operatorname{tr}(\boldsymbol{P}^{-1}\boldsymbol{A}\boldsymbol{P}) = \operatorname{tr}(\boldsymbol{P}^{-1}(\boldsymbol{A}\boldsymbol{P})) \\ &= \operatorname{tr}((\boldsymbol{A}\boldsymbol{P})\boldsymbol{P}^{-1}) = \operatorname{tr}(\boldsymbol{A}\boldsymbol{E}) = \operatorname{tr}(\boldsymbol{A}).\end{aligned}$$

关于相似矩阵,我们关心的一个问题是:与 $\boldsymbol{A}$ 相似的矩阵中,最简单的形式是什么?由于 n 阶方阵中对角矩阵最简单,于是考虑:是否任何一个方阵都相似于一个对角阵呢?回答是否定的. 下面就来研究这个问题.

4.3.2 相似矩阵的对角化

如果 n 阶矩阵 $\boldsymbol{A}$ 能相似于对角矩阵,则称 $\boldsymbol{A}$ **可对角化**.

设 $\boldsymbol{A}$ 是 n 阶方阵,如果可对角化,即有可逆矩阵 $\boldsymbol{P}$,使得

$$\boldsymbol{P}^{-1}\boldsymbol{A}\boldsymbol{P} = \boldsymbol{D},$$

其中 $\boldsymbol{D}$ 为对角阵,即

$$\boldsymbol{D} = \begin{bmatrix} \lambda_1 & 0 & \cdots & 0 \\ 0 & \lambda_2 & \cdots & 0 \\ \vdots & \vdots & & \vdots \\ 0 & 0 & \cdots & \lambda_n \end{bmatrix},$$

即

$$\boldsymbol{A}\boldsymbol{P} = \boldsymbol{P}\boldsymbol{D},$$

把 $\boldsymbol{P}$ 进行分块,得

$$\boldsymbol{P} = [\boldsymbol{\alpha}_1 \quad \boldsymbol{\alpha}_2 \quad \cdots \quad \boldsymbol{\alpha}_n],$$

由上式得

$$\boldsymbol{A}[\boldsymbol{\alpha}_1 \quad \boldsymbol{\alpha}_2 \quad \cdots \quad \boldsymbol{\alpha}_n] = [\boldsymbol{\alpha}_1 \quad \boldsymbol{\alpha}_2 \quad \cdots \quad \boldsymbol{\alpha}_n]\boldsymbol{D},$$

即

$$[\boldsymbol{A}\boldsymbol{\alpha}_1 \quad \boldsymbol{A}\boldsymbol{\alpha}_2 \quad \cdots \quad \boldsymbol{A}\boldsymbol{\alpha}_n] = [\lambda_1\boldsymbol{\alpha}_1 \quad \lambda_2\boldsymbol{\alpha}_2 \quad \cdots \quad \lambda_n\boldsymbol{\alpha}_n],$$

于是有

$$\boldsymbol{A}\boldsymbol{\alpha}_1 = \lambda_1\boldsymbol{\alpha}_1, \boldsymbol{A}\boldsymbol{\alpha}_2 = \lambda_1\boldsymbol{\alpha}_2, \cdots, \boldsymbol{A}\boldsymbol{\alpha}_n = \lambda_n\boldsymbol{\alpha}_n,$$

因为 $\boldsymbol{P}$ 是可逆矩阵,所以 $\boldsymbol{\alpha}_1,\boldsymbol{\alpha}_2,\cdots,\boldsymbol{\alpha}_n$ 是线性无关的. 满足上述等式的是 $\boldsymbol{A}$ 的 n 个特征值 λ_1, $\lambda_2,\cdots,\lambda_n$ 分别对应的线性无关的特征向量 $\boldsymbol{\alpha}_1,\boldsymbol{\alpha}_2,\cdots,\boldsymbol{\alpha}_n$.

由于上述推导过程可以反推回去,因此,关于矩阵 $\boldsymbol{A}$ 的对角化有如下结论.

定理 4.6 n 阶方阵 $\boldsymbol{A}$ 可对角化的充分必要条件是:$\boldsymbol{A}$ 有 n 个线性无关的特征向量 $\boldsymbol{\alpha}_1$, $\boldsymbol{\alpha}_2,\cdots,\boldsymbol{\alpha}_n$,此时以它们为列向量组的矩阵 $\boldsymbol{P}$,就能使 $\boldsymbol{P}^{-1}\boldsymbol{A}\boldsymbol{P}$ 成为对角矩阵,而且此对角矩阵的主对角元素依次是 $\boldsymbol{\alpha}_1,\boldsymbol{\alpha}_2,\cdots,\boldsymbol{\alpha}_n$ 对应的特征值 $\lambda_1,\lambda_2,\cdots,\lambda_n$.

设 n 阶方阵 $\boldsymbol{A}$ 的所有不同的特征值是 $\lambda_1,\lambda_2,\cdots,\lambda_s$. 因为 $\boldsymbol{A}$ 的特征值 λ_i 对应的特征向量是齐次线性方程组 $(\lambda_i\boldsymbol{E}-\boldsymbol{A})\boldsymbol{X}=\boldsymbol{O}$ 的全部非零解,所以 $(\lambda_i\boldsymbol{E}-\boldsymbol{A})\boldsymbol{X}=\boldsymbol{O}$ 的一个基础解系是 $\boldsymbol{A}$ 对应于 λ_i 的极大线性无关的特征向量组,由于 $\boldsymbol{A}$ 有 s 个不同的特征值,于是可得到 s 组特征向量,其中每组向量都是线性无关的. 问题是:把这 s 组向量合在一起成为一个大的向量组,它是否线性无关?由于这些向量都是 $\boldsymbol{A}$ 的特征向量,因此回答是肯定的. 在这里,我们只介绍一个简单的重要结论,不再进行详细讨论.

定理 4.7 对应于不同特征值的特征向量是线性无关的.

证 设 $\boldsymbol{A}$ 的 s 个不同的特征值,分别为 $\lambda_1,\lambda_2,\cdots,\lambda_s$,对应的特征向量分别为 $\boldsymbol{\alpha}_1,\boldsymbol{\alpha}_2,\cdots,\boldsymbol{\alpha}_s$,不妨假设前 $r(r<s)$ 个特征向量线性无关,则

$$\boldsymbol{\alpha}_{r+1} = k_1\boldsymbol{\alpha}_1 + k_2\boldsymbol{\alpha}_2 + \cdots + k_r\boldsymbol{\alpha}_r, \tag{4.10}$$

在等式(4.10)两边同乘以 λ_{r+1},得

$$\lambda_{r+1}\boldsymbol{\alpha}_{r+1} = k_1\lambda_{r+1}\boldsymbol{\alpha}_1 + k_2\lambda_{r+1}\boldsymbol{\alpha}_2 + \cdots + k_r\lambda_{r+1}\boldsymbol{\alpha}_r, \tag{4.11}$$

在等式(4.10)两边左乘以矩阵 $\boldsymbol{A}$,得

$$\boldsymbol{A}\boldsymbol{\alpha}_{r+1} = k_1\boldsymbol{A}\boldsymbol{\alpha}_1 + k_2\boldsymbol{A}\boldsymbol{\alpha}_2 + \cdots + k_r\boldsymbol{A}\boldsymbol{\alpha}_r, \tag{4.12}$$

利用 $A\boldsymbol{\alpha}_i=\lambda_i\boldsymbol{\alpha}_i(i=1,2,\cdots,s)$，代入式(4.12)得

$$\lambda_{r+1}\boldsymbol{\alpha}_{r+1}=k_1\lambda_1\boldsymbol{\alpha}_1+k_2\lambda_2\boldsymbol{\alpha}_2+\cdots+k_r\lambda_r\boldsymbol{\alpha}_r, \tag{4.13}$$

用式(4.13)减去式(4.11)，得

$$k_1(\lambda_1-\lambda_{r+1})\boldsymbol{\alpha}_1+k_2(\lambda_2-\lambda_{r+1})\boldsymbol{\alpha}_2+\cdots+k_r(\lambda_r-\lambda_{r+1})\boldsymbol{\alpha}_r=\mathbf{0},$$

由于 $\boldsymbol{\alpha}_1,\boldsymbol{\alpha}_2,\cdots,\boldsymbol{\alpha}_r$ 线性无关，所以

$$k_1(\lambda_1-\lambda_{r+1})=0,k_2(\lambda_2-\lambda_{r+1})=0,\cdots,k_r(\lambda_r-\lambda_{r+1})=0,$$

由于 $\lambda_1,\lambda_2,\cdots,\lambda_s,\lambda_{r+1}$ 互不相同，所以

$$k_1=0,k_2=0,\cdots,k_r=0,$$

由此可知结论正确.

由前面的讨论可知，只要把 A 的全部不同的特征值求出来，设为 $\lambda_1,\lambda_2,\cdots,\lambda_s$，然后对每个 λ_i，求出齐次线性方程组 $(\lambda_i\boldsymbol{E}-\boldsymbol{A})\boldsymbol{X}=\boldsymbol{O}$ 的一个基础解系，就是 A 的极大线性无关的特征向量组. 如果这个向量组有 n 个向量，则 A 可对角化；如果这个向量组个数小于 n，则 A 不可对角化.

【例 4.6】 判定 4.2 节中【例 4.3】与【例 4.4】的矩阵 A 能否对角化，若可对角化，找出可逆矩阵 P，使得 $P^{-1}AP$ 为对角矩阵.

解 (1) 在【例 4.3】中 A 的特征值是 1 与 3(二重). 已经求出：对于 $\lambda_1=1$，齐次线性方程组 $(1\boldsymbol{E}-\boldsymbol{A})\boldsymbol{X}=\boldsymbol{O}$ 的一个基础解系为

$$\begin{bmatrix} 3 \\ 1 \\ -3 \end{bmatrix},$$

对于 $\lambda_2=\lambda_3=3$，齐次线性方程组 $(3\boldsymbol{E}-\boldsymbol{A})\boldsymbol{X}=\boldsymbol{O}$ 的一个基础解系为

$$\begin{bmatrix} -1 \\ -1 \\ 1 \end{bmatrix},$$

于是三阶矩阵只有两个线性无关的特征向量，所以 A 不可对角化.

(2) 在【例 4.4】中 A 的特征值是 -1 与 2(二重)，已经求出：对于 $\lambda_1=-1$，齐次线性方程组 $(-1\boldsymbol{E}-\boldsymbol{A})\boldsymbol{X}=\boldsymbol{O}$ 的一个基础解系是

$$\begin{bmatrix} 1 \\ 0 \\ 1 \end{bmatrix},$$

对于 $\lambda_2=\lambda_3=2$，齐次线性方程组 $(2\boldsymbol{E}-\boldsymbol{A})\boldsymbol{X}=\boldsymbol{O}$ 的一个基础解系是

$$\begin{bmatrix} 1 \\ 4 \\ 0 \end{bmatrix},\begin{bmatrix} 1 \\ 0 \\ 4 \end{bmatrix},$$

因为三阶矩阵 A 有三个线性无关的特征向量，所以 A 可对角化，令

$$\boldsymbol{P}=\begin{bmatrix} 1 & 1 & 1 \\ 0 & 4 & 0 \\ 1 & 0 & 4 \end{bmatrix},$$

则

$$\boldsymbol{P}^{-1}\boldsymbol{AP}=\begin{bmatrix} -1 & 0 & 0 \\ 0 & 2 & 0 \\ 0 & 0 & 2 \end{bmatrix}.$$

【例 4.7】 若【例 4.5】在实数范围内,矩阵 $\boldsymbol{A}$ 能否对角化?

解 已经知道 $\boldsymbol{A}$ 在实数范围内没有特征值,从而 $\boldsymbol{A}$ 没有特征向量,所以此时 $\boldsymbol{A}$ 不能对角化.

4.3.3 实对称矩阵的相似矩阵

在矩阵中有一类特殊矩阵 —— 实对称矩阵,这种矩阵是一定可以对角化的,并且对于实对称矩阵 $\boldsymbol{A}$ 不仅能找到一般的可逆矩阵 $\boldsymbol{P}$,使得 $\boldsymbol{P}^{-1}\boldsymbol{AP}$ 为对角矩阵,而且还能够找到一个正交矩阵 $\boldsymbol{U}$,使得 $\boldsymbol{U}^{-1}\boldsymbol{AU}$ 为对角矩阵. 在这里我们不加证明地给出这些结果.

定理 4.8 实对称矩阵的特征值都是实数.

定理 4.9 若 $\boldsymbol{A}$ 是实对称矩阵,则一定可以对角化,并且一定能够找到一个正交矩阵 $\boldsymbol{U}$,使得 $\boldsymbol{U}^{-1}\boldsymbol{AU}$ 为对角矩阵.

综上所述,对于实对称矩阵 $\boldsymbol{A}$,求一个正交矩阵 $\boldsymbol{U}$,使得 $\boldsymbol{U}^{-1}\boldsymbol{AU}$ 为对角矩阵的一般步骤是:

第 1 步,求出 $\boldsymbol{A}$ 的所有不同的特征值,设其为 $\lambda_1,\lambda_2,\cdots,\lambda_s$. 因为由定理 4.8 知,$n$ 阶实对称矩阵全部特征值均为实数.

第 2 步,求出 $\boldsymbol{A}$ 对应于每个特征值 λ_i 的一组线性无关的特征向量,即求出齐次线性方程组 $(\lambda_i\boldsymbol{E}-\boldsymbol{A})\boldsymbol{X}=\boldsymbol{O}$ 的一组基础解系,并且利用施密特正交化过程,把此组基础解系进行正交化、单位化,所以关于 n 阶实对称矩阵 $\boldsymbol{A}$,一定可求出 n 个正交的单位化的特征向量.

第 3 步,以 n 个正交单位化的特征向量作为列向量所得的 n 阶方阵即为所求的正交矩阵 $\boldsymbol{U}$,以相应的特征值作为主对角线元素的对角矩阵,即为所求的 $\boldsymbol{U}^{-1}\boldsymbol{AU}$.

【例 4.8】 设

$$\boldsymbol{A}=\begin{bmatrix}1 & 2 & 2\\ 2 & -2 & -4\\ 2 & -4 & -2\end{bmatrix},$$

求正交矩阵 $\boldsymbol{U}$,使 $\boldsymbol{U}^{-1}\boldsymbol{AU}$ 为对角矩阵.

解 由于 $\boldsymbol{A}^{\mathrm{T}}=\boldsymbol{A}$,故由定理 4.9 知,一定可以找到正交矩阵 $\boldsymbol{U}$,使得 $\boldsymbol{U}^{-1}\boldsymbol{AU}$ 为对角矩阵.

第 1 步,先求 $\boldsymbol{A}$ 的特征值,由

$$\det(\lambda\boldsymbol{E}-\boldsymbol{A})=\begin{vmatrix}\lambda-1 & -2 & -2\\ -2 & \lambda+2 & 4\\ -2 & 4 & \lambda+2\end{vmatrix}\xlongequal{③+②\times(-1)}\begin{vmatrix}\lambda-1 & -2 & -2\\ -2 & \lambda+2 & 4\\ 0 & 2-\lambda & \lambda-2\end{vmatrix}$$

$$=(\lambda-2)\begin{vmatrix}\lambda-1 & -2 & -2\\ -2 & \lambda+2 & 4\\ 0 & -1 & 1\end{vmatrix}\xlongequal[②+③]{}(\lambda-2)\begin{vmatrix}\lambda-1 & -4 & -2\\ -2 & \lambda+6 & 4\\ 0 & 0 & 1\end{vmatrix}$$

$$=(\lambda-2)^2(\lambda+7),$$

求得 $\boldsymbol{A}$ 的不同特征值为 $\lambda_1=2$(二重),$\lambda_2=-7$.

第 2 步,对于 $\lambda_1=2$,求解齐次线性方程组 $(2\boldsymbol{E}-\boldsymbol{A})\boldsymbol{X}=\boldsymbol{O}$,由

$$2\boldsymbol{E}-\boldsymbol{A}=\begin{bmatrix}1 & -2 & -2\\ -2 & 4 & 4\\ -2 & 4 & 4\end{bmatrix}\xrightarrow[③+①\times 2]{②+①\times 2}\begin{bmatrix}1 & -2 & -2\\ 0 & 0 & 0\\ 0 & 0 & 0\end{bmatrix},$$

求得基础解系为

$$\boldsymbol{\alpha}_1=\begin{bmatrix}2\\1\\0\end{bmatrix},\ \boldsymbol{\alpha}_2=\begin{bmatrix}2\\0\\1\end{bmatrix},$$

先正交化，令

$$\boldsymbol{\beta}_1=\boldsymbol{\alpha}_1=\begin{bmatrix}2\\1\\0\end{bmatrix},$$

$$\boldsymbol{\beta}_2=\boldsymbol{\alpha}_2-\frac{(\boldsymbol{\alpha}_2,\boldsymbol{\beta}_1)}{(\boldsymbol{\beta}_1,\boldsymbol{\beta}_1)}\boldsymbol{\beta}_1=\begin{bmatrix}2\\0\\1\end{bmatrix}-\frac{4}{5}\begin{bmatrix}2\\1\\0\end{bmatrix}=\begin{bmatrix}2/5\\-4/5\\1\end{bmatrix},$$

再单位化，令

$$\boldsymbol{\gamma}_1=\frac{1}{\|\boldsymbol{\beta}_1\|}\boldsymbol{\beta}_1=\begin{bmatrix}2\sqrt{5}/5\\\sqrt{5}/5\\0\end{bmatrix},\ \boldsymbol{\gamma}_2=\frac{1}{\|\boldsymbol{\beta}_2\|}\boldsymbol{\beta}_2=\begin{bmatrix}2\sqrt{5}/15\\-4\sqrt{5}/15\\\sqrt{5}/3\end{bmatrix}.$$

对于 $\lambda_2=-7$，求解齐次线性方程组 $(-7\boldsymbol{E}-\boldsymbol{A})\boldsymbol{X}=\boldsymbol{O}$，由

$$-7\boldsymbol{E}-\boldsymbol{A}=\begin{bmatrix}-8&-2&-2\\-2&-5&4\\-2&4&-5\end{bmatrix}\xrightarrow{(①,②)}\begin{bmatrix}-2&-5&4\\-8&-2&-2\\-2&4&-5\end{bmatrix}$$

$$\xrightarrow[③+①\times(-1)]{②+①\times(-4)}\begin{bmatrix}-2&-5&4\\0&18&-18\\0&9&-9\end{bmatrix}\xrightarrow[③+②\times(-9)]{②\times(1/18)}\begin{bmatrix}-2&-5&4\\0&1&-1\\0&0&0\end{bmatrix}$$

$$\xrightarrow{①+②\times5}\begin{bmatrix}-2&0&-1\\0&1&-1\\0&0&0\end{bmatrix}\xrightarrow{①\times(-1/2)}\begin{bmatrix}1&0&1/2\\0&1&-1\\0&0&0\end{bmatrix},$$

求得其基础解系为

$$\boldsymbol{\alpha}_3=\begin{bmatrix}-1/2\\1\\1\end{bmatrix},$$

这里只有一个向量，只需单位化，得

$$\boldsymbol{\gamma}_3=\begin{bmatrix}-1/3\\2/3\\2/3\end{bmatrix},$$

第 3 步，以正交单位向量组 $\boldsymbol{\gamma}_1,\boldsymbol{\gamma}_2,\boldsymbol{\gamma}_3$ 作为列向量组的矩阵 $\boldsymbol{U}$，就是所求的正交矩阵. 即

$$\boldsymbol{U}=[\boldsymbol{\gamma}_1,\ \boldsymbol{\gamma}_2,\ \boldsymbol{\gamma}_3]=\begin{bmatrix}2\sqrt{5}/5&2\sqrt{5}/15&-1/3\\\sqrt{5}/5&-4\sqrt{5}/15&2/3\\0&\sqrt{5}/3&2/3\end{bmatrix},$$

有

$$\boldsymbol{U}^{-1}\boldsymbol{A}\boldsymbol{U}=\begin{bmatrix}2&0&0\\0&2&0\\0&0&-7\end{bmatrix}.$$

【例 4.9】 设

$$\boldsymbol{A}=\begin{bmatrix}3&1&1\\1&0&2\\1&2&0\end{bmatrix},$$

求正交矩阵 $\boldsymbol{U}$,使得 $\boldsymbol{U}^{-1}\boldsymbol{A}\boldsymbol{U}$ 为对角矩阵.

解 第 1 步 先求 $\boldsymbol{A}$ 的特征值,由

$$\det(\lambda\boldsymbol{E}-\boldsymbol{A})=\begin{vmatrix}\lambda-3&-1&-1\\-1&\lambda&-2\\-1&-2&\lambda\end{vmatrix}\overset{\text{③}+\text{②}\times(-1)}{=\!=\!=\!=}\begin{vmatrix}\lambda-3&-1&0\\-1&\lambda&-\lambda-2\\-1&-2&\lambda+2\end{vmatrix}$$

$$=(\lambda+2)\begin{vmatrix}\lambda-3&-1&0\\-1&\lambda&-1\\-1&-2&1\end{vmatrix}\overset{\text{②}+\text{③}}{=\!=\!=}(\lambda+2)\begin{vmatrix}\lambda-3&-1&0\\-2&\lambda-2&0\\-1&-2&1\end{vmatrix}=(\lambda-1)(\lambda-4)(\lambda+2),$$

求得 $\boldsymbol{A}$ 的不同特征值为 $\lambda_1=1,\lambda_2=4,\lambda_3=-2$.

第 2 步 对于 $\lambda_1=1$,求解齐次线性方程组 $(1\boldsymbol{E}-\boldsymbol{A})\boldsymbol{X}=\boldsymbol{O}$,由

$$1\boldsymbol{E}-\boldsymbol{A}=\begin{bmatrix}-2&-1&-1\\-1&1&-2\\-1&-2&1\end{bmatrix}\xrightarrow{(\text{①},\text{②})}\begin{bmatrix}-1&1&-2\\-2&-1&-1\\-1&-2&1\end{bmatrix}\xrightarrow[\text{③}+\text{①}\times(-1)]{\text{②}+\text{①}\times(-2)}\begin{bmatrix}-1&1&-2\\0&-3&3\\0&-3&3\end{bmatrix}$$

$$\xrightarrow[\text{②}\times(-1/3)]{\text{③}+\text{②}\times(-1)}\begin{bmatrix}-1&1&-2\\0&1&-1\\0&0&0\end{bmatrix}\xrightarrow{\text{①}+\text{②}\times(-1)}\begin{bmatrix}-1&0&-1\\0&1&-1\\0&0&0\end{bmatrix},$$

求得其基础解系为

$$\boldsymbol{\alpha}_1=\begin{bmatrix}-1\\1\\1\end{bmatrix},$$

这里只有一个向量,只需单位化,即

$$\boldsymbol{\gamma}_1=\frac{1}{|\boldsymbol{\alpha}_1|}\boldsymbol{\alpha}_1=\begin{bmatrix}-\sqrt{3}/3\\\sqrt{3}/3\\\sqrt{3}/3\end{bmatrix}.$$

对于 $\lambda_2=4$,求解齐次线性方程组 $(4\boldsymbol{E}-\boldsymbol{A})\boldsymbol{X}=\boldsymbol{O}$,由

$$4\boldsymbol{E}-\boldsymbol{A}=\begin{bmatrix}1&-1&-1\\-1&4&-2\\-1&-2&4\end{bmatrix}\xrightarrow[\text{③}+\text{①}]{\text{②}+\text{①}}\begin{bmatrix}1&-1&-1\\0&3&-3\\0&-3&3\end{bmatrix}$$

$$\xrightarrow[\text{②}\times(1/3)]{\text{③}+\text{②}}\begin{bmatrix}1&-1&-1\\0&1&-1\\0&0&0\end{bmatrix}\xrightarrow{1\ +\ 2}\begin{bmatrix}1&0&-2\\0&1&-1\\0&0&0\end{bmatrix},$$

求得其基础解系为

$$\boldsymbol{\alpha}_2=\begin{bmatrix}2\\1\\1\end{bmatrix},$$

这里只有一个向量,只需单位化,即

$$\boldsymbol{\gamma}_2 = \frac{1}{|\boldsymbol{\alpha}_2|}\boldsymbol{\alpha}_2 = \begin{bmatrix} \sqrt{6}/3 \\ \sqrt{6}/6 \\ \sqrt{6}/6 \end{bmatrix}.$$

对于 $\lambda_1 = -2$,求解齐次线性方程组 $(-2\boldsymbol{E}-\boldsymbol{A})\boldsymbol{X}=\boldsymbol{O}$,由

$$-2\boldsymbol{E}-\boldsymbol{A} = \begin{bmatrix} -5 & -1 & -1 \\ -1 & -2 & -2 \\ -1 & -2 & -2 \end{bmatrix} \xrightarrow{(①,②)} \begin{bmatrix} -1 & -2 & -2 \\ -5 & -1 & -1 \\ -1 & -2 & -2 \end{bmatrix} \xrightarrow[③+①\times(-1)]{②+①\times(-5)} \begin{bmatrix} -1 & -2 & -2 \\ 0 & 9 & 9 \\ 0 & 0 & 0 \end{bmatrix}$$

$$\xrightarrow{②\times(1/9)} \begin{bmatrix} -1 & -2 & -2 \\ 0 & 1 & 1 \\ 0 & 0 & 0 \end{bmatrix} \xrightarrow{①+②\times 2} \begin{bmatrix} -1 & 0 & 0 \\ 0 & 1 & 1 \\ 0 & 0 & 0 \end{bmatrix},$$

求得其基础解系为

$$\boldsymbol{\alpha}_3 = \begin{bmatrix} 0 \\ -1 \\ 1 \end{bmatrix},$$

这里只有一个向量,只需单位化,即

$$\boldsymbol{\gamma}_3 = \frac{1}{|\boldsymbol{\alpha}_3|}\boldsymbol{\alpha}_3 = \begin{bmatrix} 0 \\ -\sqrt{2}/2 \\ \sqrt{2}/2 \end{bmatrix}.$$

第 3 步　以三个线性无关的特征向量作为列向量的矩阵 $\boldsymbol{U}$,就是所求的正交矩阵.即

$$\boldsymbol{U} = [\boldsymbol{\gamma}_1 \quad \boldsymbol{\gamma}_2 \quad \boldsymbol{\gamma}_3] = \begin{bmatrix} -\sqrt{3}/3 & \sqrt{6}/3 & 0 \\ \sqrt{3}/3 & \sqrt{6}/6 & -\sqrt{2}/2 \\ \sqrt{3}/3 & \sqrt{6}/6 & \sqrt{2}/2 \end{bmatrix},$$

所求对角矩阵为

$$\boldsymbol{U}^{-1}\boldsymbol{A}\boldsymbol{U} = \begin{bmatrix} 1 & 0 & 0 \\ 0 & 4 & 0 \\ 0 & 0 & -2 \end{bmatrix}.$$

习题 4.3

参考答案与提示

1. 若 $\boldsymbol{A} \sim \boldsymbol{B}$,证明 $\boldsymbol{A}^{\mathrm{T}} \sim \boldsymbol{B}^{\mathrm{T}}$,$k\boldsymbol{A} \sim k\boldsymbol{B}$.
2. 若 $\boldsymbol{A}$ 可逆,证明 $\boldsymbol{AB} \sim \boldsymbol{BA}$.
3. 若 $\boldsymbol{A}_1 \sim \boldsymbol{B}_1$,$\boldsymbol{A}_2 \sim \boldsymbol{B}_2$,证明

$$\begin{bmatrix} \boldsymbol{A}_1 & \boldsymbol{O} \\ \boldsymbol{O} & \boldsymbol{A}_2 \end{bmatrix} \sim \begin{bmatrix} \boldsymbol{B}_1 & \boldsymbol{O} \\ \boldsymbol{O} & \boldsymbol{B}_2 \end{bmatrix}.$$

4. 求正交矩阵 $\boldsymbol{U}$,使得 $\boldsymbol{U}^{-1}\boldsymbol{A}\boldsymbol{U}$ 为对角矩阵:

(1) $\boldsymbol{A} = \begin{bmatrix} 2 & -2 & 0 \\ -2 & 1 & -2 \\ 0 & -2 & 0 \end{bmatrix}$;　　(2) $\boldsymbol{A} = \begin{bmatrix} 2 & 2 & -2 \\ 2 & 5 & -4 \\ -2 & -4 & 5 \end{bmatrix}$;

$$(3)\boldsymbol{A}=\begin{bmatrix}-1&-3&3&-3\\-3&-1&-3&3\\3&-3&-1&-3\\-3&3&-3&-1\end{bmatrix};\qquad (4)\boldsymbol{A}=\begin{bmatrix}3&0&1\\0&2&0\\1&0&3\end{bmatrix}.$$

5. 试证：

(1)$\operatorname{tr}(\boldsymbol{A}+\boldsymbol{B})=\operatorname{tr}(\boldsymbol{A})+\operatorname{tr}(\boldsymbol{B})$；

(2)$\operatorname{tr}(k\boldsymbol{A})=k\operatorname{tr}(\boldsymbol{A})$；

(3)$\operatorname{tr}(\boldsymbol{A}^{\mathrm{T}})=\operatorname{tr}(\boldsymbol{A})$.

6. 试证：如果 $\boldsymbol{A},\boldsymbol{B}$ 都是 n 阶对称矩阵，并且 $\boldsymbol{A}$ 和 $\boldsymbol{B}$ 有相同的特征多项式，则 $\boldsymbol{A}\sim\boldsymbol{B}$.

4.4 二次型

4.4.1 二次型的概念及矩阵表示

在实际问题中，当线性关系不能反映客观现象时，就要考虑在线性关系的基础上加以扩充. 一种最简单的扩充就是再加上二次项，正如我们在平面解析几何中，研究了直线以后，接着就去研究二次曲线一样. 二次曲线的一般方程为

$$ax^2+2bxy+cy^2+2dx+2ey+f=0,$$

其中二次项部分

$$ax^2+2bxy+cy^2,$$

便是一个二次齐次多项式，这就是二次型的实际背景.

在讨论某些问题时，经常会碰到 n 个变量的二次齐次多项式，即所谓的二次型. 在这一节将讨论二次型及它的正定性.

定义 4.8 含 n 个变量 $x_1,x_2,\cdots,x_n$ 的二次齐次多项式

$$\begin{aligned}f(x_1,x_2,\cdots,x_n)=&a_{11}x_1^2+a_{12}x_1x_2+\cdots+a_{1n}x_1x_n+\\&a_{21}x_2x_1+a_{22}x_2^2+\cdots+a_{2n}x_2x_n+\cdots+\\&a_{n1}x_nx_1+a_{n2}x_nx_2+\cdots+a_{nn}x_n^2\end{aligned}\tag{4.14}$$

称为 **n 元二次型**. 从二次型(4.14)的构成可知，它的矩阵形式为

$$f(x_1,x_2,\cdots,x_n)=\boldsymbol{X}^{\mathrm{T}}\boldsymbol{A}\boldsymbol{X},$$

其中

$$\boldsymbol{X}=\begin{bmatrix}x_1\\x_2\\\vdots\\x_n\end{bmatrix},\boldsymbol{A}=\begin{bmatrix}a_{11}&a_{12}&\cdots&a_{1n}\\a_{21}&a_{22}&\cdots&a_{2n}\\\vdots&\vdots&&\vdots\\a_{n1}&a_{n2}&\cdots&a_{nn}\end{bmatrix},$$

且 $a_{ij}=a_{ji}(i,j=1,2,\cdots,n)$.

例如，二次型

$$f(x_1,x_2,x_3)=8x_1^2+12x_1x_2+5x_2^2-6x_2x_3+16x_1x_3-3x_3^2,$$

为了写成矩阵形式，把 $12x_1x_2,-6x_2x_3,16x_1x_3$ 这些项分别改写成 $6x_1x_2+6x_2x_1,-3x_2x_3-3x_3x_2,8x_1x_3+8x_3x_1$，即

$$f(x_1,x_2,x_3)=8x_1^{\ 2}+6x_1x_2+8x_1x_3+6x_2x_1+5x_2^{\ 2}-3x_2x_3+8x_3x_1-3x_3x_2-3x_3^{\ 2},$$

其矩阵表示为

$$f(x_1,x_2,x_3)=[x_1,\quad x_2,\quad x_3]\begin{bmatrix}8&6&8\\6&5&-3\\8&-3&-3\end{bmatrix}\begin{bmatrix}x_1\\x_2\\x_3\end{bmatrix},$$

这样,二次型 $f(x_1,x_2,x_3)$ 与

$$\boldsymbol{A}=\begin{bmatrix}8&6&8\\6&5&-3\\8&-3&-3\end{bmatrix}$$

成为一一对应的关系.

4.4.2 化二次型为标准型

在平面解析几何中讨论二次曲线时,经常采用的是把二次曲线的一般方程

$$ax^2+2bxy+cy^2=f, \tag{4.15}$$

进行适当的坐标变换,形如:

$$\begin{cases}x=x'\cos\theta-y'\sin\theta,\\ y=x'\sin\theta+y'\cos\theta,\end{cases}$$

把式(4.15)化为标准型:

$$a'x'^2+b'y'^2=f'.$$

根据这一标准型方程,就可以对曲线形状进行判定(圆、椭圆或双曲线),以及得到诸如圆的半径,或椭圆、双曲线的长半轴、短半轴等数据.

这里将对二次型也进行类似的讨论.

为此,引入线性变换,如设

$$\boldsymbol{X}=\boldsymbol{CY}, \tag{4.16}$$

其中 $\boldsymbol{C}$ 是一个已知的、可逆的 n 阶方阵,则二次型就变形为

$$f(x_1,x_2,\cdots,x_n)=\boldsymbol{X}^{\mathrm{T}}\boldsymbol{AX}=(\boldsymbol{CY})^{\mathrm{T}}\boldsymbol{ACY}=\boldsymbol{Y}^{\mathrm{T}}\boldsymbol{C}^{\mathrm{T}}\boldsymbol{ACY}, \tag{4.17}$$

即同一个二次型若用变量 $\boldsymbol{Y}$ 表示,其对应的矩阵就成为

$$\boldsymbol{C}^{\mathrm{T}}\boldsymbol{AC}, \tag{4.18}$$

于是我们关心如何寻找适当的可逆矩阵 $\boldsymbol{C}$,使 $\boldsymbol{C}^{\mathrm{T}}\boldsymbol{AC}$ 变成最简单的形式 —— 对角矩阵. 即如何通过满秩变换 $\boldsymbol{X}=\boldsymbol{CY}$,使得二次型用 $y_1,y_2,\cdots,y_n$ 表示时,只有平方项而没有交叉乘积项,也就是化为 $d_1y_1^2+d_2y_2^2+\cdots+d_ny_n^2$ 的形式,我们简称这个问题为**化二次型为标准型**.

1. 用配方法化二次型为标准型

下面举例说明.

【例 4.10】 化二次型

$$f(x_1,x_2,x_3)=2x_1^2+x_2^2-8x_3^2+4x_1x_2-4x_1x_3-8x_2x_3$$

为标准型.

解 先将含 x_1 的各项配成一个关于 x_1 的完全平方项,即

$$\begin{aligned}f(x_1,x_2,x_3)&=2[x_1^2+2x_1(x_2-x_3)+(x_2-x_3)^2]-2(x_2-x_3)^2+x_2^2-8x_3^2-8x_2x_3\\&=2(x_1+x_2-x_3)^2-x_2^2-10x_3^2-4x_2x_3,\end{aligned}$$

再将含 x_2 的各项配成完全平方,即

$$f(x_1,x_2,x_3)=2(x_1+x_2-x_3)^2-(x_2^2+4x_2x_3+4x_3^2)-6x_3^2$$

$$= 2(x_1 + x_2 - x_3)^2 - (x_2 + 2x_3)^2 - 6x_3^2$$

令

$$\begin{cases} y_1 = x_1 + x_2 - x_3, \\ y_2 = x_2 + 2x_3, \\ y_3 = x_3, \end{cases} \tag{4.19}$$

即得

$$f(x_1, x_2, x_3) = 2y_1^2 - y_2^2 - 6y_3^2, \tag{4.20}$$

式(4.20)就是所求的标准型.式(4.19)就是从变量 $\boldsymbol{X}$ 到变量 $\boldsymbol{Y}$ 之间变换式,其逆变换为

$$\begin{cases} x_1 = y_1 - y_2 + 3y_3, \\ x_2 = y_2 - 2y_3, \\ x_3 = y_3, \end{cases} \tag{4.21}$$

即 $\boldsymbol{X} = \boldsymbol{CY}$,其中

$$\boldsymbol{X} = \begin{bmatrix} x_1 \\ x_2 \\ x_3 \end{bmatrix}, \boldsymbol{C} = \begin{bmatrix} 1 & -1 & 3 \\ 0 & 1 & -2 \\ 0 & 0 & 1 \end{bmatrix}, \boldsymbol{Y} = \begin{bmatrix} y_1 \\ y_2 \\ y_3 \end{bmatrix},$$

由于 $\det\boldsymbol{C} = 1$,故 $\boldsymbol{C}$ 为满秩矩阵.

对于二次型,引入矩阵

$$\boldsymbol{A} = \begin{bmatrix} 2 & 2 & -2 \\ 2 & 1 & -4 \\ -2 & -4 & -8 \end{bmatrix}$$

及变换式(4.21)后,即有

$$f(x_1, x_2, x_3) = \boldsymbol{X}^{\mathrm{T}}\boldsymbol{AX} = (\boldsymbol{CY})^{\mathrm{T}}\boldsymbol{ACY} = \boldsymbol{Y}^{\mathrm{T}}\boldsymbol{C}^{\mathrm{T}}\boldsymbol{ACY},$$

若二次型用变量 Y 表示,则相应的对角矩阵为

$$\boldsymbol{C}^{\mathrm{T}}\boldsymbol{AC} = \begin{bmatrix} 2 & 0 & 0 \\ 0 & -1 & 0 \\ 0 & 0 & -6 \end{bmatrix},$$

易知上述的配方法总是可行的，所以有下面的结论.

定理 4.10 任何一个二次型都可化为标准型.即任何一个对称矩阵 $\boldsymbol{A}$,总能找到可逆矩阵 $\boldsymbol{C}$,使得 $\boldsymbol{C}^{\mathrm{T}}\boldsymbol{AC}$ 成为对角矩阵.

【例 4.11】 化二次型

$$f(x_1, x_2, x_3) = x_1x_2 + x_1x_3 + 7x_2x_3 \tag{4.22}$$

为标准型,并求所做的变换.

解 因为二次型中没有平方项,所以先做一个满秩变换,使其出现平方式,根据平方差公式,令

$$\begin{cases} x_1 = y_1 + y_2 \\ x_2 = y_1 - y_2 \\ x_3 = y_3 \end{cases} \tag{4.23}$$

把式(4.23)代入式(4.22)得

$$\begin{aligned} f(x_1, x_2, x_3) &= (y_1 + y_2)(y_1 - y_2) + (y_1 + y_2)y_3 + 7(y_1 - y_2)y_3 \\ &= y_1^2 - y_2^2 + 8y_1y_3 - 6y_2y_3, \end{aligned}$$

把含 y_1 的项配成完全平方,再把含 y_2 的项配成完全平方,得到

$$
\begin{aligned}
f(x_1,x_2,x_3) &= y_1^2+8y_1y_3+16y_3^2-16y_3^2-y_2^2-6y_2y_3 \\
&= (y_1+4y_3)^2-16y_3^2-[y_2^2+6y_2y_3+(3y_3)^2-(3y_3)^2] \\
&= (y_1+4y_3)^2-16y_3^2-[(y_2+3y_3)^2-9y_3^2] \\
&= (y_1+4y_3)^2-(y_2+3y_3)^2-7y_3^2,
\end{aligned}
$$

令

$$
\begin{cases}
z_1 = y_1+4y_3, \\
z_2 = y_2+3y_3, \\
z_3 = y_3,
\end{cases}
$$

解出 y_1,y_2,y_3,得

$$
\begin{cases}
y_1 = z_1-4z_3, \\
y_2 = z_2-3z_3, \\
y_3 = z_3,
\end{cases}
\tag{4.24}
$$

于是二次型 $f(x_1,x_2,x_3)$ 就化为标准型,即

$$
f(x_1,x_2,x_3) = z_1^2-z_2^2-7z_3^2, \tag{4.25}
$$

把式(4.23) 和式(4.24) 结合起来形成的变换为

$$
\begin{cases}
x_1 = z_1+z_2-7z_3, \\
x_2 = z_1-z_2-z_3, \\
x_3 = z_3.
\end{cases}
\tag{4.26}
$$

2. 用正交变换法化二次型为标准型

上面介绍了用配方法把二次型化为标准型. 除了这个方法以外还有更重要的方法 —— **正交变换法**.

在这一节的前面曾指出,平面上二次曲线的分类问题关键是要把 x,y 的二次型

$$
ax^2+2bxy+cy^2,
$$

经过变量代换

$$
\begin{cases}
x = x'\cos\theta - y'\sin\theta, \\
y = x'\sin\theta + y'\cos\theta,
\end{cases}
\tag{4.27}
$$

化为平方和的形式

$$
a'x'^2+b'y'^2,
$$

这里变量代换(4.27) 的系数矩阵

$$
\boldsymbol{C} = \begin{bmatrix} \cos\theta & -\sin\theta \\ \sin\theta & \cos\theta \end{bmatrix}
$$

是一个正交矩阵.

如果变量代换的系数矩阵是正交矩阵,则称之为**正交变换**. 下面,我们将开始证明:二次型一定可以经过正交变换把它化成标准型.

定理 4.11 对于任何一个二次型 $f(x_1,x_2,\cdots,x_n)$,一定能找到一个正交矩阵 $\boldsymbol{U}$,使其经过正交变换

$$
\boldsymbol{X} = \boldsymbol{U}\boldsymbol{Y},
$$

把它化为标准型

$$\lambda_1 y_1^2 + \lambda_2 y_2^2 + \cdots + \lambda_n y_n^2,$$

其中 $\lambda_1, \lambda_2, \cdots, \lambda_n$ 是二次型 $f(x_1, x_2, \cdots, x_n)$ 的矩阵 $\boldsymbol{A}$ 的全部特征值.

证　二次型 $f(x_1, x_2, \cdots, x_n)$ 的矩阵是 $\boldsymbol{A}$，则 $\boldsymbol{A}$ 是对称矩阵，由定理 4.9 知，一定能找到一个正交矩阵 $\boldsymbol{U}$，使得

$$\boldsymbol{U}^{-1}\boldsymbol{A}\boldsymbol{U} = \begin{bmatrix} \lambda_1 & 0 & \cdots & 0 \\ 0 & \lambda_2 & \cdots & 0 \\ \vdots & \vdots & & \vdots \\ 0 & 0 & \cdots & \lambda_n \end{bmatrix},$$

其中 $\lambda_1, \lambda_2, \cdots, \lambda_n$ 是 $\boldsymbol{A}$ 的全部特征值. 因为 $\boldsymbol{U}$ 是正交矩阵，所以 $\boldsymbol{U}^{-1} = \boldsymbol{U}^{\mathrm{T}}$，于是由上式得到

$$\boldsymbol{U}^{\mathrm{T}}\boldsymbol{A}\boldsymbol{U} = \begin{bmatrix} \lambda_1 & 0 & \cdots & 0 \\ 0 & \lambda_2 & \cdots & 0 \\ \vdots & \vdots & & \vdots \\ 0 & 0 & \cdots & \lambda_n \end{bmatrix},$$

令

$$\boldsymbol{X} = \boldsymbol{U}\boldsymbol{Y},$$

由前面所述易知

$$f(x_1, x_2, \cdots, x_n) = \boldsymbol{Y}^{\mathrm{T}}(\boldsymbol{U}^{\mathrm{T}}\boldsymbol{A}\boldsymbol{U})\boldsymbol{Y} = \lambda_1 y_1^2 + \lambda_2 y_2^2 + \cdots + \lambda_n y_n^2,$$

这就是 $f(x_1, x_2, \cdots, x_n)$ 的标准型.

用正交变换法把二次型化为标准型，这在理论上和实际应用中都是非常重要的.

【例 4.12】　求一个正交变换 $\boldsymbol{X} = \boldsymbol{U}\boldsymbol{Y}$，把二次型

$$f(x_1, x_2, x_3, x_4) = x_1^2 + x_2^2 + x_3^2 + x_4^2 + 2x_1x_2 - 2x_1x_4 - 2x_2x_3 + 2x_3x_4$$

化为标准型.

解　$f(x_1, x_2, x_3, x_4)$ 的矩阵是

$$\boldsymbol{A} = \begin{bmatrix} 1 & 1 & 0 & -1 \\ 1 & 1 & -1 & 0 \\ 0 & -1 & 1 & 1 \\ -1 & 0 & 1 & 1 \end{bmatrix},$$

$\boldsymbol{A}$ 的特征多项式为

$$\det(\lambda\boldsymbol{E} - \boldsymbol{A}) = \begin{vmatrix} \lambda-1 & -1 & 0 & 1 \\ -1 & \lambda-1 & 1 & 0 \\ 0 & 1 & \lambda-1 & -1 \\ 1 & 0 & -1 & \lambda-1 \end{vmatrix} \xlongequal[\text{①+④}]{\text{①+②}\ \text{①+③}} \begin{vmatrix} \lambda-1 & -1 & 0 & 1 \\ \lambda-1 & \lambda-1 & 1 & 0 \\ \lambda-1 & 1 & \lambda-1 & -1 \\ \lambda-1 & 0 & -1 & \lambda-1 \end{vmatrix}$$

$$= (\lambda-1)\begin{vmatrix} 1 & -1 & 0 & 1 \\ 1 & \lambda-1 & 1 & 0 \\ 1 & 1 & \lambda-1 & -1 \\ 1 & 0 & -1 & \lambda-1 \end{vmatrix} \xlongequal{\text{②+①×(−1)}\ \text{③+①×(−1)}\ \text{④+①×(−1)}} (\lambda-1)\begin{vmatrix} 1 & -1 & 0 & 1 \\ 0 & \lambda & 1 & -1 \\ 0 & 2 & \lambda-1 & -2 \\ 0 & 1 & -1 & \lambda-2 \end{vmatrix}$$

$$= (\lambda-1)\begin{vmatrix} \lambda & 1 & -1 \\ 2 & \lambda-1 & -2 \\ 1 & -1 & \lambda-2 \end{vmatrix} \xlongequal[\text{①+③}]{} (\lambda-1)\begin{vmatrix} \lambda-1 & 1 & -1 \\ 0 & \lambda-1 & -2 \\ \lambda-1 & -1 & \lambda-2 \end{vmatrix}$$

$$=(\lambda-1)^2\begin{vmatrix}1&1&-1\\0&\lambda-1&-2\\1&-1&\lambda-2\end{vmatrix}\xlongequal{③+①\times(-1)}(\lambda-1)^2\begin{vmatrix}1&1&-1\\0&\lambda-1&-2\\0&-2&\lambda-1\end{vmatrix}$$

$$=(\lambda-1)^2\begin{vmatrix}\lambda-1&-2\\-2&\lambda-1\end{vmatrix}=(\lambda-1)^2(\lambda+1)(\lambda-3),$$

于是 $\boldsymbol{A}$ 的不同特征值为 $\lambda_1=1$(二重),$\lambda_2=-1$, $\lambda_3=3$.

对于 $\lambda_1=1$,解齐次线性方程组 $(1\boldsymbol{E}-\boldsymbol{A})\boldsymbol{X}=\boldsymbol{O}$,由

$$1\boldsymbol{E}-\boldsymbol{A}=\begin{bmatrix}0&-1&0&1\\-1&0&1&0\\0&1&0&-1\\1&0&-1&0\end{bmatrix}\xrightarrow{(①,②)}\begin{bmatrix}-1&0&1&0\\0&-1&0&1\\0&1&0&-1\\1&0&-1&0\end{bmatrix}$$

$$\xrightarrow{④+①}\begin{bmatrix}-1&0&1&0\\0&-1&0&1\\0&1&0&-1\\0&0&0&0\end{bmatrix}\xrightarrow{③+②}\begin{bmatrix}-1&0&1&0\\0&-1&0&1\\0&0&0&0\\0&0&0&0\end{bmatrix},$$

求得一组基础解系为

$$\boldsymbol{\alpha}_1=\begin{bmatrix}1\\0\\1\\0\end{bmatrix},\boldsymbol{\alpha}_2=\begin{bmatrix}0\\1\\0\\1\end{bmatrix},$$

这里 $\boldsymbol{\alpha}_1$, $\boldsymbol{\alpha}_2$ 恰好正交(若所求 $\boldsymbol{\alpha}_1,\boldsymbol{\alpha}_2$ 不正交则应正交化),只需单位化,令

$$\boldsymbol{\gamma}_1=\frac{1}{\|\boldsymbol{\alpha}_1\|}\boldsymbol{\alpha}_1=\begin{bmatrix}\sqrt{2}/2\\0\\\sqrt{2}/2\\0\end{bmatrix},\boldsymbol{\gamma}_2=\frac{1}{\|\boldsymbol{\alpha}_2\|}\boldsymbol{\alpha}_2=\begin{bmatrix}0\\\sqrt{2}/2\\0\\\sqrt{2}/2\end{bmatrix}.$$

对于 $\lambda_1=-1$,解齐次线性方程组 $(-1\boldsymbol{E}-\boldsymbol{A})\boldsymbol{X}=\boldsymbol{O}$,由

$$-1\boldsymbol{E}-\boldsymbol{A}=\begin{bmatrix}-2&-1&0&1\\-1&-2&1&0\\0&1&-2&-1\\1&0&-1&-2\end{bmatrix}\xrightarrow[(②,③)]{(①,④)}\begin{bmatrix}1&0&-1&-2\\0&1&-2&-1\\-1&-2&1&0\\-2&-1&0&1\end{bmatrix}$$

$$\xrightarrow[④+①\times 2]{③+①}\begin{bmatrix}1&0&-1&-2\\0&1&-2&-1\\0&-2&0&-2\\0&-1&-2&-3\end{bmatrix}\xrightarrow[④+②]{③+②\times 2}\begin{bmatrix}1&0&-1&-2\\0&1&-2&-1\\0&0&-4&-4\\0&0&-4&-4\end{bmatrix}$$

$$\xrightarrow{④+③\times(-1)}\begin{bmatrix}1&0&-1&-2\\0&1&-2&-1\\0&0&-4&-4\\0&0&0&0\end{bmatrix}\xrightarrow[③\times(-1/4)]{\substack{①+③\times(-1/4)\\②+③\times(-1/2)}}\begin{bmatrix}1&0&0&-1\\0&1&0&1\\0&0&1&1\\0&0&0&0\end{bmatrix},$$

求得一组基础解系为

$$\boldsymbol{\alpha}_3=\begin{bmatrix}1\\-1\\-1\\1\end{bmatrix},$$

再单位化,得

$$\boldsymbol{\gamma}_3=\frac{1}{\|\boldsymbol{\alpha}_3\|}\boldsymbol{\alpha}_3=\begin{bmatrix}1/2\\-1/2\\-1/2\\1/2\end{bmatrix}.$$

对于 $\lambda_3=3$,解齐次线性方程组 $(3\boldsymbol{E}-\boldsymbol{A})\boldsymbol{X}=\boldsymbol{O}$,由

$$3\boldsymbol{E}-\boldsymbol{A}=\begin{bmatrix}2&-1&0&1\\-1&2&1&0\\0&1&2&-1\\1&0&-1&2\end{bmatrix}\xrightarrow[(②,③)]{(①,④)}\begin{bmatrix}1&0&-1&2\\0&1&2&-1\\-1&2&1&0\\2&-1&0&1\end{bmatrix}$$

$$\xrightarrow[④+①\times(-2)]{③+①}\begin{bmatrix}1&0&-1&2\\0&1&2&-1\\0&2&0&2\\0&-1&2&-3\end{bmatrix}\xrightarrow[④+②]{③+②\times(-2)}\begin{bmatrix}1&0&-1&2\\0&1&2&-1\\0&0&-4&4\\0&0&4&-4\end{bmatrix}$$

$$\xrightarrow{④+③}\begin{bmatrix}1&0&-1&2\\0&1&2&-1\\0&0&-4&4\\0&0&0&0\end{bmatrix}\xrightarrow[\substack{②+③\times(1/2)\\③\times(-1/4)}]{①+③\times(-1/4)}\begin{bmatrix}1&0&0&1\\0&1&0&1\\0&0&1&-1\\0&0&0&0\end{bmatrix},$$

求得它的一组基础解系为

$$\boldsymbol{\alpha}_4=\begin{bmatrix}-1\\-1\\1\\1\end{bmatrix},$$

再单位化,得

$$\boldsymbol{\gamma}_4=\frac{1}{\|\boldsymbol{\alpha}_4\|}\boldsymbol{\alpha}_4=\begin{bmatrix}-1/2\\-1/2\\1/2\\1/2\end{bmatrix}.$$

$$\boldsymbol{U}=[\boldsymbol{\gamma}_1\quad\boldsymbol{\gamma}_2\quad\boldsymbol{\gamma}_3\quad\boldsymbol{\gamma}_4]=\begin{bmatrix}\sqrt{2}/2&0&1/2&-1/2\\0&\sqrt{2}/2&-1/2&-1/2\\\sqrt{2}/2&0&-1/2&1/2\\0&\sqrt{2}/2&1/2&1/2\end{bmatrix},$$

则 $\boldsymbol{U}$ 是正交矩阵,并且有

$$\boldsymbol{U}^{\mathrm{T}}\boldsymbol{A}\boldsymbol{U}=\begin{bmatrix}1&0&0&0\\0&1&0&0\\0&0&-1&0\\0&0&0&3\end{bmatrix},$$

于是，令 $X = UY$，得

$$f(x_1, x_2, x_3, x_4) = X^{\mathrm{T}} AX = (UY)^{\mathrm{T}} AUY = Y^{\mathrm{T}} U^{\mathrm{T}} AUY = y_1^2 + y_2^2 - y_3^2 + 3y_4^2.$$

以上用配方法和正交变换法把一个二次型化为标准型，但是一般情况下，化二次型为标准型不是唯一的.例如，本节【例 4.11】中的二次型

$$f(x_1, x_2, x_3) = x_1 x_2 + x_1 x_3 + 7x_2 x_3,$$

如果改设

$$\begin{cases} z_1 = y_1 + 4y_3, \\ z_2 = (1/2)y_2 + (3/2)y_3, \\ z_3 = y_3, \end{cases}$$

解出 y_1, y_2, y_3，得

$$\begin{cases} y_1 = z_1 - 4z_3, \\ y_2 = 2z_2 - 3z_3, \\ y_3 = z_3, \end{cases} \tag{4.28}$$

利用式(4.28)，变换式(4.26)为

$$\begin{cases} x_1 = z_1 + 2z_2 + 7z_3, \\ x_2 = z_1 - 2z_2 - z_3, \\ x_3 = z_3, \end{cases}$$

则式(4.25)就写成

$$f(x_1, x_2, x_3) = z_1^2 - 4z_2^2 - 7z_3^2. \tag{4.29}$$

式(4.25)和式(4.29)都是二次型 $f(x_1, x_2, x_3)$ 的标准型.由于所做变换不同，所以形式也不同.但是可以看到式(4.25)与式(4.29)中含有的系数不为零的平方项的个数都是相同的，一般地，有：

定理 4.12 二次型 $f(x_1, x_2, \cdots, x_n)$ 的标准型中系数不为零的平方项的个数是唯一确定的，与所做的满秩变换无关.

证 设二次型 $f(x_1, x_2, \cdots, x_n)$ 的矩阵是 $\boldsymbol{A}$，设 $\boldsymbol{X} = \boldsymbol{CY}$，$\boldsymbol{C}$ 为满秩矩阵.把 $\boldsymbol{A}$ 化为标准型

$$\boldsymbol{C}^{\mathrm{T}}\boldsymbol{AC} = \begin{bmatrix} d_1 & 0 & \cdots & 0 & 0 & \cdots & 0 \\ 0 & d_2 & \cdots & 0 & 0 & \cdots & 0 \\ \cdots & \cdots & \cdots & \cdots & \cdots & \cdots & 0 \\ 0 & 0 & \cdots & d_s & \cdots & \cdots & 0 \\ 0 & 0 & \cdots & \cdots & \cdots & \cdots & 0 \\ \cdots & \cdots & \cdots & \cdots & \cdots & \cdots & \cdots \\ 0 & 0 & \cdots & 0 & 0 & \cdots & 0 \end{bmatrix},$$

即

$$f(x_1, x_2, \cdots, x_n) = d_1 y_1^2 + d_2 y_2^2 + \cdots + d_s y_s^2 \quad (d_i \neq 0,\ i = 1, 2, \cdots, s).$$

由于 $\boldsymbol{C}$ 为满秩矩阵，由第 2 章知

$$r(\boldsymbol{A}) = r(\boldsymbol{C}^{\mathrm{T}}\boldsymbol{AC}) = s,$$

s 等于二次型 $f(x_1, x_2, \cdots, x_n)$ 的矩阵 $\boldsymbol{A}$ 的秩，s 是唯一确定的，与所做的满秩变换无关.

我们把二次型 $f(x_1, x_2, \cdots, x_n)$ 的矩阵 $\boldsymbol{A}$ 的秩称为二次型 $f(x_1, x_2, \cdots, x_n)$ 的秩，于是上述结果表明：二次型 $f(x_1, x_2, \cdots, x_n)$ 的标准型中系数不为零的平方项的个数等于这个二次型的秩.

比较【例 4.11】中的二次型的标准型即式(4.25)和式(4.29)还可以看到：尽管不同变换

下的标准型有差别，但是它们中系数为正的平方项都是一项，系数为负的平方项都是两项. 这一点又是它们的相同之处，这个规律对二次型是普遍成立的. 下面，我们将不加证明给出一个定理. 为了说明这个定理，先给出一些有关的概念.

定义 4.9 二次型 $f(x_1,x_2,\cdots,x_n)$ 的标准型中，系数为正的平方项个数 p 称为 $f(x_1,x_2,\cdots,x_n)$ 的**正惯性指数**；系数为负的平方项个数 $s-p$ 称为 $f(x_1,x_2,\cdots,x_n)$ 的**负惯性指数**，其中 s 为 $f(x_1,x_2,\cdots,x_n)$ 的秩，即正、负平方项的个数之和.

定理 4.13（惯性定理） 二次型 $f(x_1,x_2,\cdots,x_n)$ 的任一标准型中，系数为正的平方项个数是唯一确定的，它等于 $f(x_1,x_2,\cdots,x_n)$ 的正惯性指数；而系数为负的平方项个数也是唯一确定的，它等于 $f(x_1,x_2,\cdots,x_n)$ 的负惯性指数.

4.4.3 正定二次型

1. 正定二次型的概念

还有一种特殊的二次型，它在数学的其他分支及物理、力学等领域中是很有用的，即正定二次型. 下面，我们介绍正定二次型的基本概念及性质.

由于二次型 $f(x_1,x_2,\cdots,x_n)$ 是 $x_1,x_2,\cdots,x_n$ 的实系数二次型齐次多项式，因此当 $x_1,x_2,\cdots,x_n$ 取一组实数值 $c_1,c_2,\cdots,c_n$ 时，这个多项式就有一个实数值 $f(c_1,c_2,\cdots,c_n)$.

例如，二次型

$$f(x_1,x_2)=x_1^2+7x_2^2-4x_1x_2,$$

当 $x_1=-1,x_2=2$ 时，得

$$f(-1,2)=(-1)^2+7\times2^2-4\times(-1)\times2=37,$$

当 $x_1=-3,x_2=0$ 时，得

$$f(-3,0)=(-3)^2+7\times0^2-4\times(-3)\times0=9,$$

因为

$$f(x_1,x_2)=x_1^2-4x_1x_2+4x_2^2+3x_2^2=(x_1-2x_2)^2+3x_2^2,$$

所以无论 x_1,x_2 取哪一组不全为零的实数 c_1,c_2 都有

$$f(c_1,c_2)=(c_1-2c_2)^2+3c_2^2>0,$$

像这样的二次型称为正定二次型.

定义 4.10 二次型 $f(x_1,x_2,\cdots,x_n)$，如果对于任意一组不全为零的实数 $c_1,c_2,\cdots,c_n$，都有

$$f(c_1,c_2,\cdots,c_n)>0,$$

则称 $f(x_1,x_2,\cdots,x_n)$ 为**正定二次型**.

给出一个二次型，除了用定义外，还有没有别的方法判定它是不是正定二次型呢？我们进一步探讨这个问题.

首先给出最简单的二次型，判定它是否为正定的.

定理 4.14 二次型 $f(x_1,x_2,\cdots,x_n)=a_1x_1^2+a_2x_2^2+\cdots+a_nx_n^2$ 是正定的充分必要条件是 $a_1,a_2,\cdots,a_n$ 全大于零.

证 必要性 若 $f(x_1,x_2,\cdots,x_n)=a_1x_1^2+a_2x_2^2+\cdots+a_nx_n^2$ 正定，取一组数 $x_1=0,\cdots,x_{i-1}=0,x_i=1,x_{i+1}=0,\cdots,x_n=0$，代入得

$$f(0,\cdots,0,1,0,\cdots,0)=a_1\times0^2+\cdots+a_{i-1}\times0^2+a_i\times1^2+a_{i+1}\times0^2+\cdots+a_n\times0^2=a_i,$$

因为 $f(x_1,x_2,\cdots,x_n)$ 正定,所以 $a_i=f(0,\cdots,0,1,0,\cdots,0)>0$,当 $i=1,2,\cdots,n$ 时,即得 $a_1,a_2,\cdots,a_n$ 全大于零.

充分性　若 $a_1,a_2,\cdots,a_n$ 全大于零,则对于任意一组不全为零的实数 $c_1,c_2,\cdots,c_n$,有

$$f(c_1,c_2,\cdots,c_n)=a_1c_1^2+a_2c_2^2+\cdots+a_nc_n^2,$$

因为至少有一个 $c_j\neq 0$,于是 $a_jc_j^2>0$,而其余的 $a_ic_i^2\geqslant 0$,所以

$$f(c_1,c_2,\cdots,c_n)=a_1c_1^2+a_2c_2^2+\cdots+a_nc_n^2>0,$$

这就证明了 $f(x_1,x_2,\cdots,x_n)$ 是正定的.

由于任何一个二次型都可以经过满秩变换化为平方和的形式,我们自然希望通过二次型的标准型来判定原二次型是否正定. 而这就需要先来研究满秩变换会不会改变二次型的正定性.

定理 4.15　满秩变换不改变二次型的正定性.

证　设二次型 $f(x_1,x_2,\cdots,x_n)$ 经过满秩变换 $\boldsymbol{X}=\boldsymbol{CY}$ 变成新的二次型 $g(y_1,y_2,\cdots,y_n)$.

现在设 $f(x_1,x_2,\cdots,x_n)$ 是正定的,要证 $g(y_1,y_2,\cdots,y_n)$ 也是正定的. 即要证当 $y_1,y_2,\cdots,y_n$ 取任意一组不全为零的实数 $l_1,l_2,\cdots,l_n$ 时,有

$$g(l_1,l_2,\cdots,l_n)>0,$$

因为 $\boldsymbol{X}=\boldsymbol{CY}$,即

$$\begin{bmatrix} x_1 \\ x_2 \\ \vdots \\ x_n \end{bmatrix}=\boldsymbol{C}\begin{bmatrix} y_1 \\ y_2 \\ \vdots \\ y_n \end{bmatrix}, \tag{4.30}$$

当 $y_1,y_2,\cdots,y_n$ 取任意一组不全为零的实数 $l_1,l_2,\cdots,l_n$ 时,代入 $x_1,x_2,\cdots,x_n$, 可得到相应的一组数值 $k_1,k_2,\cdots,k_n$,即

$$\begin{bmatrix} k_1 \\ k_2 \\ \vdots \\ k_n \end{bmatrix}=\boldsymbol{C}\begin{bmatrix} l_1 \\ l_2 \\ \vdots \\ l_n \end{bmatrix}, \tag{4.31}$$

因为 $l_1,l_2,\cdots,l_n$ 不全为零,$\boldsymbol{C}$ 为满秩矩阵,所以 $k_1,k_2,\cdots,k_n$ 也一定不全为零. 由于 $f(x_1,x_2,\cdots,x_n)$ 正定,所以

$$f(k_1,k_2,\cdots,k_n)>0,$$

因为

$$g(y_1,y_2,\cdots,y_n)=f(x_1,x_2,\cdots,x_n),$$

其中 $\boldsymbol{X}=\boldsymbol{CY}$,由式(4.31)得

$$g(l_1,l_2,\cdots,l_n)=f(k_1,k_2,\cdots,k_n)>0,$$

这就证明了 $g(y_1,y_2,\cdots,y_n)$ 是正定的.

由于 $f(x_1,x_2,\cdots,x_n)$ 可由 $g(y_1,y_2,\cdots,y_n)$ 经过满秩变换 $\boldsymbol{Y}=\boldsymbol{C}^{-1}\boldsymbol{X}$ 得到. 因此由刚才证明的结论可知,如果 $g(y_1,y_2,\cdots,y_n)$ 正定,则 $f(x_1,x_2,\cdots,x_n)$ 也正定.

综上所述,可知道满秩变换不改变二次型的正定性.

2. 正定二次型的判定

对于给定的二次型,可用定义来判定它是否正定,但一般来说,这是比较麻烦的. 下面介绍

几个判定定理.

定理 4.16 n 元二次型 $f(x_1,x_2,\cdots,x_n)$ 正定的充分必要条件是其正惯性指数等于 n.

证 必要性 若二次型 $f(x_1,x_2,\cdots,x_n)$ 正定,则由定理 4.15 知,它经过满秩变换 $\boldsymbol{X}=\boldsymbol{CY}$ 变成的标准型

$$d_1y_1^2+d_2y_2^2+\cdots+d_ny_n^2$$

也正定.再根据定理 4.14 得,$d_1,d_2,\cdots,d_n$ 全大于零,因此它的正惯性指数为 n.

充分性 若二次型 $f(x_1,x_2,\cdots,x_n)$ 的正惯性指数为 n,它经过满秩变换 $\boldsymbol{X}=\boldsymbol{CY}$ 变成的标准型为

$$d_1y_1^2+d_2y_2^2+\cdots+d_ny_n^2,$$

正惯性指数为 n 说明 $d_1,d_2,\cdots,d_n$ 全大于零,由定理 4.14 知 $d_1y_1^2+d_2y_2^2+\cdots+d_ny_n^2$ 正定,由定理 4.15 知,原二次型 $f(x_1,x_2,\cdots,x_n)$ 也正定.

下面从二次型的矩阵出发给出判定方法.

定义 4.11 如果二次型 $f(x_1,x_2,\cdots,x_n)=\boldsymbol{X}^{\mathrm{T}}\boldsymbol{AX}$ 是正定二次型,则称对应的对称矩阵 $\boldsymbol{A}$ **是正定的**.

由定理 4.16 容易得到.

定理 4.17 n 元二次型 $f(x_1,x_2,\cdots,x_n)$ 正定的充分必要条件是:它的矩阵 $\boldsymbol{A}$ 的特征值全大于零.

证 因为对二次型 $f(x_1,x_2,\cdots,x_n)$ 可以做正交变换

$$\boldsymbol{X}=\boldsymbol{UY},$$

得到标准型

$$f(x_1,x_2,\cdots,x_n)=\lambda_1y_1^2+\lambda_2y_2^2+\cdots+\lambda_ny_n^2,$$

其中 $\lambda_1,\lambda_2,\cdots,\lambda_n$ 是 $f(x_1,x_2,\cdots,x_n)$ 的矩阵 $\boldsymbol{A}$ 的特征值.由定理 4.16 可得 $f(x_1,x_2,\cdots,x_n)$ 正定当且仅当 $\lambda_1,\lambda_2,\cdots,\lambda_n$ 全大于零.

推论 4.1 正定矩阵的行列式大于零.

证 设 $\boldsymbol{A}$ 是正定矩阵,于是有正交矩阵 $\boldsymbol{U}$,使得

$$\boldsymbol{U}^{\mathrm{T}}\boldsymbol{AU}=\begin{bmatrix}\lambda_1&0&0&\cdots&0\\0&\lambda_2&0&\cdots&0\\\vdots&\vdots&\vdots&&\vdots\\0&0&0&\cdots&\lambda_n\end{bmatrix},$$

其中 $\lambda_1,\lambda_2,\cdots,\lambda_n$ 全大于零.

由于 $\boldsymbol{U}^{\mathrm{T}}=\boldsymbol{U}^{-1}$,故有

$$\boldsymbol{A}=\boldsymbol{U}\begin{bmatrix}\lambda_1&0&0&\cdots&0\\0&\lambda_2&0&\cdots&0\\\vdots&\vdots&\vdots&&\vdots\\0&0&0&\cdots&\lambda_n\end{bmatrix}\boldsymbol{U}^{-1},$$

所以

$$\det\boldsymbol{A}=(\det\boldsymbol{U})\lambda_1\lambda_2\cdots\lambda_n\det(\boldsymbol{U}^{-1})=\lambda_1\lambda_2\cdots\lambda_n(\det\boldsymbol{U})^2>0$$

反过来,如果一个对称矩阵 $\boldsymbol{A}$ 的行列式大于零,那么 $\boldsymbol{A}$ 是否是正定矩阵呢?答案是不一定.例如:

$$\boldsymbol{A}=\begin{bmatrix}-1 & 0\\ 0 & -1\end{bmatrix},$$

显然，$\det\boldsymbol{A}=1>0$，但是二次型

$$\boldsymbol{X}^{\mathrm{T}}\boldsymbol{AX}=-x_1^2-x_2^2,$$

显然不是正定的（根据定理 4.14）.

那么一个行列式大于零的对称矩阵 $\boldsymbol{A}$ 还应该满足什么条件才是正定矩阵呢？为了研究这个问题，还需要引入一些新的概念.

定义 4.12 在 n 阶方阵 $\boldsymbol{A}$ 中，取第 $i_1,i_2,\cdots,i_k$ 行及第 $i_1,i_2,\cdots,i_k$ 列（即行标与列标相同）所得到的 k 阶子式称为 $\boldsymbol{A}$ 的 $\boldsymbol{k}$ **阶主子式**.

例如，设

$$\boldsymbol{A}=\begin{bmatrix}-2 & 3 & 4\\ -5 & 0 & 6\\ 8 & -4 & 7\end{bmatrix},$$

取第 1,3 行及第 1,3 列得到二阶子式

$$\begin{vmatrix}-2 & 4\\ 8 & 7\end{vmatrix},$$

就是一个二阶主子式.

定义 4.13 在 n 阶方阵 $\boldsymbol{A}$ 中取第 $1,2,\cdots,k$ 行及第 $1,2,\cdots,k$ 列所得到的 $k(k\leqslant n)$ 阶子式，称为 $\boldsymbol{A}$ 的 $\boldsymbol{k}$ **阶顺序主子式**.

例如，上例中的 $\boldsymbol{A}$，一阶顺序主子式 $|-2|=-2$，二阶顺序主子式是

$$\begin{vmatrix}-2 & 3\\ -5 & 0\end{vmatrix},$$

三阶顺序主子式就是矩阵的行列式本身，即 $\det\boldsymbol{A}$.

与正定二次型相仿，还有下面的概念.

定义 4.14 设 $f(x_1,x_2,\cdots,x_n)$ 是二次型，对于任意一组不全为零的实数 $c_1,c_2,\cdots,c_n$：

(1) 如果都有 $f(c_1,c_2,\cdots,c_n)<0$，则称 $f(x_1,x_2,\cdots,x_n)$ 是**负定的**；

(2) 如果都有 $f(c_1,c_2,\cdots,c_n)\geqslant 0$，则称 $f(x_1,x_2,\cdots,x_n)$ 是**半正定的**；

(3) 如果都有 $f(c_1,c_2,\cdots,c_n)\leqslant 0$，则称 $f(x_1,x_2,\cdots,x_n)$ 是**半负定的**.

定义 4.15 如果二次型 $f(x_1,x_2,\cdots,x_n)=\boldsymbol{X}^{\mathrm{T}}\boldsymbol{AX}$ 是**负定（半正定、半负定）的**，则称对应的对称矩阵 $\boldsymbol{A}$ 为**负定（半正定、半负定）的**.

定理 4.18 二次型 $f(x_1,x_2,\cdots,x_n)$ 正定的充分必要条件是：它的矩阵 $\boldsymbol{A}$ 的所有顺序主子式全大于零. 即对称矩阵 $\boldsymbol{A}$ 为正定的充分必要条件是：它的所有顺序主子式全大于零，即

$$a_{11}>0,\begin{vmatrix}a_{11} & a_{12}\\ a_{21} & a_{22}\end{vmatrix}>0,\cdots,\begin{vmatrix}a_{11} & \cdots & a_{1n}\\ \cdots & \cdots & \cdots\\ a_{n1} & \cdots & a_{nn}\end{vmatrix}>0,$$

对称矩阵 $\boldsymbol{A}$ 为负定的充分必要条件是：它的所有奇数阶顺序主子式全小于零，而偶数阶顺序主子式全大于零，即

$$(-1)^s\begin{vmatrix}a_{11} & \cdots & a_{1s}\\ \cdots & \cdots & \cdots\\ a_{s1} & \cdots & a_{ss}\end{vmatrix}>0\quad(s=1,2,\cdots,n),$$

证明略.

【例 4.13】 判定下列二次型的正定性:

(1) $f(x_1,x_2,x_3)=3x_1^2+4x_2^2+5x_3^2+4x_1x_2-4x_2x_3$;

(2) $f(x_1,x_2,x_3)=x_1^2+2x_1x_2+4x_1x_3+2x_2^2-8x_2x_3+x_3^2$;

(3) $f(x_1,x_2,x_3)=-2x_1^2-6x_2^2-4x_3^2+4x_1x_2+2x_1x_3$.

解 (1) $f(x_1,x_2,x_3)$ 的矩阵为

$$\boldsymbol{A}=\begin{bmatrix}3&2&0\\2&4&-2\\0&-2&5\end{bmatrix},$$

因为

$$|3|=3>0,\quad \begin{vmatrix}3&2\\2&4\end{vmatrix}=8>0,\quad \begin{vmatrix}3&2&0\\2&4&-2\\0&-2&5\end{vmatrix}=28>0,$$

利用定理 4.18 可知,矩阵 $\boldsymbol{A}$ 是正定的,故 $f(x_1,x_2,x_3)$ 亦正定.

(2) $f(x_1,x_2,x_3)$ 的矩阵为

$$\boldsymbol{A}=\begin{bmatrix}1&1&2\\1&2&-4\\2&-4&1\end{bmatrix},$$

因为

$$|1|=1>0,\quad \begin{vmatrix}1&1\\1&2\end{vmatrix}=1>0,\quad \begin{vmatrix}1&1&2\\1&2&-4\\2&-4&1\end{vmatrix}=-39<0,$$

利用定理 4.18 可知,$f(x_1,x_2,x_3)$ 不是正定的.

(3) $f(x_1,x_2,x_3)$ 的矩阵为

$$\boldsymbol{A}=\begin{bmatrix}-2&2&1\\2&-6&0\\1&0&-4\end{bmatrix},$$

因为

$$|-2|=-2<0,\quad \begin{vmatrix}-2&2\\2&-6\end{vmatrix}=8>0,\quad \begin{vmatrix}-2&2&1\\2&-6&0\\1&0&-4\end{vmatrix}=-26<0,$$

利用定理 4.18 可知,$f(x_1,x_2,x_3)$ 是负定的.

【例 4.14】 试证:若 $\boldsymbol{A}$ 是正定矩阵,则 $\boldsymbol{A}^{-1}$ 也是正定矩阵.

证 因为 $\boldsymbol{A}$ 是对称矩阵,所以 $\boldsymbol{A}^{-1}$ 也是对称矩阵. 又因 $\boldsymbol{A}$ 是正定的,所以有正交矩阵 $\boldsymbol{U}$,使得

$$\boldsymbol{U}^{\mathrm{T}}\boldsymbol{A}\boldsymbol{U}=\begin{bmatrix}\lambda_1&0&\cdots&0\\0&\lambda_2&\cdots&0\\\vdots&\vdots&&\vdots\\0&0&0&\lambda_n\end{bmatrix},$$

其中 $\lambda_i(i=1,2,\cdots,n)$ 全大于零.

由于 $\boldsymbol{U}^{\mathrm{T}}=\boldsymbol{U}^{-1}$，所以 $(\boldsymbol{U}^{\mathrm{T}}\boldsymbol{A}\boldsymbol{U})^{-1}=\boldsymbol{U}^{-1}\boldsymbol{A}^{-1}(\boldsymbol{U}^{\mathrm{T}})^{-1}=\boldsymbol{U}^{\mathrm{T}}\boldsymbol{A}^{-1}\boldsymbol{U}$，于是

$$\boldsymbol{U}^{\mathrm{T}}\boldsymbol{A}^{-1}\boldsymbol{U}=\begin{bmatrix}\lambda_1^{-1} & 0 & \cdots & 0\\ 0 & \lambda_2^{-1} & \cdots & 0\\ \vdots & \vdots & & \vdots\\ 0 & 0 & 0 & \lambda_n^{-1}\end{bmatrix},$$

易知 $\lambda_1^{-1},\lambda_2^{-1},\cdots,\lambda_n^{-1}$ 也全大于零，所以 $\boldsymbol{A}^{-1}$ 也是正定的.

【例 4.15】 试证：若 $\boldsymbol{A}$ 是正定矩阵，则伴随矩阵 $\boldsymbol{A}^*$ 也是正定矩阵.

证 因为 $\boldsymbol{A}$ 是正定矩阵，所以 $\det\boldsymbol{A}>0$，又有

$$\boldsymbol{A}^*\boldsymbol{A}=(\det\boldsymbol{A})\boldsymbol{E},$$

因为 $\boldsymbol{A}^{\mathrm{T}}=\boldsymbol{A}$，且 $\boldsymbol{A}$ 可逆，故得

$$\boldsymbol{A}^{\mathrm{T}}\boldsymbol{A}^*\boldsymbol{A}=\boldsymbol{A}^{\mathrm{T}}(\det\boldsymbol{A})\boldsymbol{E}=(\det\boldsymbol{A})\boldsymbol{A}^{\mathrm{T}}=(\det\boldsymbol{A})\boldsymbol{A},$$

由定理 4.15 知，因 $\boldsymbol{A}$ 为满秩矩阵，所以 $\boldsymbol{A}^*$ 与 $\boldsymbol{A}$ 有相同的正定性，从 $\boldsymbol{A}$ 是正定矩阵可知 $\boldsymbol{A}^*$ 也是正定矩阵.

习题 4.4

参考答案与提示

1. 写出下列二次型的矩阵：

(1) $f(x_1,x_2,x_3)=6x_1^2-2x_2^2+3x_3^2-2x_1x_2+3x_1x_3+8x_2x_3$；

(2) $f(x_1,x_2,x_3,x_4)=x_1x_2-x_1x_3+2x_2x_3+x_4^2$；

(3) $f(x_1,x_2,x_3,x_4)=-x_1^2+3x_2^2+2x_3^2-4x_1x_2+3x_1x_3-7x_1x_4+4x_2x_3$.

2. 把下列二次型用配方法化为标准型，并写出所做的变换：

(1) $f(x_1,x_2,x_3)=x_1^2+2x_2^2+2x_1x_2-2x_1x_3$；

(2) $f(x_1,x_2,x_3,x_4)=2x_1x_2-2x_3x_4$；

(3) $f(x_1,x_2,x_3,x_4)=x_1^2+x_2^2+x_3^2+x_4^2-2x_1x_2+4x_1x_3-2x_1x_4+6x_2x_3-4x_2x_4-4x_3x_4$.

3. 用正交变换把下列二次型化成标准型，并且写出所做的变换：

(1) $f(x_1,x_2,x_3)=x_1^2+2x_2^2+3x_3^2-4x_1x_2-4x_2x_3$；

(2) $f(x_1,x_2,x_3)=x_1^2-2x_2^2-2x_3^2-4x_1x_2+4x_1x_3+8x_2x_3$；

(3) $f(x_1,x_2,x_3,x_4)=2x_1x_2+2x_3x_4$.

4. 判定下列二次型是否正定：

(1) $f(x_1,x_2,x_3)=2x_1^2+5x_2^2+5x_3^2+4x_1x_2-4x_1x_3-8x_2x_3$；

(2) $f(x_1,x_2,x_3)=-5x_1^2-6x_2^2-4x_3^2+6x_1x_2+4x_2x_3$；

(3) $f(x_1,x_2,x_3)=7x_1^2+x_2^2+x_3^2-2x_1x_2-4x_1x_3$；

(4) $f(x_1,x_2,x_3)=x_1^2+5x_2^2+9x_3^2+4x_1x_2+x_1x_3-6x_2x_3$.

5. t 满足什么条件时，下列二次型是正定的？

(1) $f(x_1,x_2,x_3)=2x_1^2+x_2^2+x_3^2+2x_1x_2+tx_2x_3$；

(2) $f(x_1,x_2,x_3,x_4)=t(x_1^2+x_2^2+x_3^2)+x_4^2+2x_1x_2+2x_1x_3-2x_2x_3$.

6. 试证：任一 n 阶可逆矩阵 $\boldsymbol{A}$，都有 $\boldsymbol{A}^{\mathrm{T}}\boldsymbol{A}$ 是正定矩阵.

7. 试证：若 $\boldsymbol{A}$ 与 $\boldsymbol{B}$ 是 n 阶正定矩阵，则 $\boldsymbol{A}+\boldsymbol{B}$ 也是正定矩阵.

8. 试证：若 $\boldsymbol{A}$ 是正定矩阵，则存在一个可逆矩阵 $\boldsymbol{P}$，使得 $\boldsymbol{A}=\boldsymbol{P}^{\mathrm{T}}\boldsymbol{P}$.

9. 设 $\boldsymbol{A}$ 是一个对称矩阵，求证：t 充分大之后，$t\boldsymbol{E}+\boldsymbol{A}$ 是正定矩阵.

10. 试证：若 $\boldsymbol{A}$ 是 n 阶正定矩阵，$\boldsymbol{B}$ 是 n 阶半正定矩阵，则 $\boldsymbol{A}+\boldsymbol{B}$ 是正定矩阵.

11. 试证：二次型 $f(x_1,x_2,\cdots,x_n)$ 半正定的充分必要条件是它的矩阵 $\boldsymbol{A}$ 的特征值全大于或等于零.

4.5 本章小结与练习

4.5.1 内容提要

1. 基本概念

向量的内积，向量的正交，向量的长度，向量组的正交单位化，正交向量组，正交的单位向量组，矩阵的特征值与特征向量，特征矩阵，特征多项式，相似矩阵，矩阵的迹，矩阵可对角化，二次型，二次型的矩阵，化二次型为标准型，正交变换，二次型的秩，正惯性指数，负惯性指数，正(负)定二次型，正(负)定矩阵，k 阶主子式，k 阶顺序主子式.

2. 基本定理

矩阵的特征值和特征向量的判定定理，矩阵的特征值和特征向量的性质定理，相似矩阵的性质，矩阵可对角化的定理，化二次型为标准型的定理，惯性定理，正定二次型与正定矩阵的判定定理.

3. 基本方法

计算 n 阶方阵的特征值与特征向量的方法，施密特正交化过程，利用正交矩阵将实对称矩阵化为对角矩阵的方法，用配方法和正交变换法化二次型为标准型的方法，判定二次型或对称矩阵正定的方法.

4.5.2 疑点解析

问题 1 方阵的特征值是否可以为零？特征向量是否可以为零向量？

解析 由定义知，方阵的特征值可以为零，特征向量不可以为零向量.

问题 2 n 阶实对称矩阵的特征值有多少个？对应于每个特征值的特征向量有多少个？线性无关的特征向量有多少个？

解析 n 阶实对称矩阵的特征值有 n 个，对应于每个特征值的特征向量有无穷多个，线性无关的特征向量有 n 个.

问题 3 n 阶实方阵可对角化的条件是什么？

解析 若 n 阶实方阵有 n 个线性无关的特征向量，则这个 n 阶实方阵可对角化，否则不能对角化.

问题 4 一个二次型化为标准型，其标准型是否唯一？

解析 一个二次型化为标准型，其标准型不是唯一的，所用的满秩线性变换不同，标准型的形式也不同.

问题 5 如何判定一个 n 元二次型是否为正定二次型？

解析　判定一个 n 元二次型是否为正定二次型，主要有三种方法. 第一种是用定义法；第二种是用行列式法，即判定二次型的矩阵的所有顺序主子式是否全大于零；第三种是用配方法，化 n 元二次型为标准型，利用惯性定理，判定 n 元二次型正惯性指数是否等于 n.

4.5.3　例题、方法精讲

1. 施密特正交化的过程

施密特正交化的方法如下：

第 1 步，将 $s(s\geqslant 2)$ 个线性无关的向量组 $\boldsymbol{\alpha}_1,\boldsymbol{\alpha}_2,\cdots,\boldsymbol{\alpha}_s$ 进行正交化，得到 s 个正交向量 $\boldsymbol{\beta}_1,\boldsymbol{\beta}_2,\cdots,\boldsymbol{\beta}_s$，它们与向量组 $\boldsymbol{\alpha}_1,\boldsymbol{\alpha}_2,\cdots,\boldsymbol{\alpha}_s$ 等价，具体过程如下：

令

$$\begin{aligned}
\boldsymbol{\beta}_1 &= \boldsymbol{\alpha}_1,\\
\boldsymbol{\beta}_2 &= \boldsymbol{\alpha}_2-\frac{(\boldsymbol{\alpha}_2,\boldsymbol{\beta}_1)}{(\boldsymbol{\beta}_1,\boldsymbol{\beta}_1)}\boldsymbol{\beta}_1,\\
\boldsymbol{\beta}_3 &= \boldsymbol{\alpha}_3-\frac{(\boldsymbol{\alpha}_3,\boldsymbol{\beta}_1)}{(\boldsymbol{\beta}_1,\boldsymbol{\beta}_1)}\boldsymbol{\beta}_1-\frac{(\boldsymbol{\alpha}_3,\boldsymbol{\beta}_2)}{(\boldsymbol{\beta}_2,\boldsymbol{\beta}_2)}\boldsymbol{\beta}_2,\\
&\vdots\\
\boldsymbol{\beta}_s &= \boldsymbol{\alpha}_s-\frac{(\boldsymbol{\alpha}_s,\boldsymbol{\beta}_1)}{(\boldsymbol{\beta}_1,\boldsymbol{\beta}_1)}\boldsymbol{\beta}_1-\cdots-\frac{(\boldsymbol{\alpha}_s,\boldsymbol{\beta}_{s-1})}{(\boldsymbol{\beta}_{s-1},\boldsymbol{\beta}_{s-1})}\boldsymbol{\beta}_{s-1},
\end{aligned}$$

那么 $\boldsymbol{\beta}_1,\boldsymbol{\beta}_2,\cdots,\boldsymbol{\beta}_s$ 是正交向量组，且与 $\boldsymbol{\alpha}_1,\boldsymbol{\alpha}_2,\cdots,\boldsymbol{\alpha}_s$ 等价.

第 2 步，将正交向量组 $\boldsymbol{\beta}_1,\boldsymbol{\beta}_2,\cdots,\boldsymbol{\beta}_s$ 中每个向量单位化，只要取

$$\boldsymbol{\gamma}_1=\frac{\boldsymbol{\beta}_1}{\|\boldsymbol{\beta}_1\|},\quad \boldsymbol{\gamma}_2=\frac{\boldsymbol{\beta}_2}{\|\boldsymbol{\beta}_2\|},\quad \cdots,\quad \boldsymbol{\gamma}_s=\frac{\boldsymbol{\beta}_s}{\|\boldsymbol{\beta}_s\|},$$

$\boldsymbol{\gamma}_1,\boldsymbol{\gamma}_2,\cdots,\boldsymbol{\gamma}_s$ 就是正交单位向量组，且与 $\boldsymbol{\beta}_1,\boldsymbol{\beta}_2,\cdots,\boldsymbol{\beta}_s$ 等价，从而也与 $\boldsymbol{\alpha}_1,\boldsymbol{\alpha}_2,\cdots,\boldsymbol{\alpha}_s$ 等价.

将一组线性无关向量组 $\boldsymbol{\alpha}_1,\boldsymbol{\alpha}_2,\cdots,\boldsymbol{\alpha}_s$ 通过上述正交化、单位化得到与之等价的正交单位向量组 $\boldsymbol{\gamma}_1,\boldsymbol{\gamma}_2,\cdots,\boldsymbol{\gamma}_s$ 的方法称为施密特正交化过程.

【例 4.16】　将向量组 $\boldsymbol{\alpha}_1=\begin{bmatrix}1\\0\\1\\0\end{bmatrix},\boldsymbol{\alpha}_2=\begin{bmatrix}0\\0\\1\\1\end{bmatrix},\boldsymbol{\alpha}_3=\begin{bmatrix}1\\0\\0\\1\end{bmatrix}$ 正交单位化.

解　利用施密特正交化过程.

第 1 步，首先正交化，令

$$\boldsymbol{\beta}_1=\boldsymbol{\alpha}_1=\begin{bmatrix}1\\0\\1\\0\end{bmatrix},$$

$$\boldsymbol{\beta}_2=\boldsymbol{\alpha}_2-\frac{(\boldsymbol{\alpha}_2,\boldsymbol{\beta}_1)}{(\boldsymbol{\beta}_1,\boldsymbol{\beta}_1)}\boldsymbol{\beta}_1=\begin{bmatrix}0\\0\\1\\1\end{bmatrix}-\frac{1}{2}\begin{bmatrix}1\\0\\1\\0\end{bmatrix}=\begin{bmatrix}-1/2\\0\\1/2\\1\end{bmatrix},$$

$$\boldsymbol{\beta}_3=\boldsymbol{\alpha}_3-\frac{(\boldsymbol{\alpha}_3,\boldsymbol{\beta}_1)}{(\boldsymbol{\beta}_1,\boldsymbol{\beta}_1)}\boldsymbol{\beta}_1-\frac{(\boldsymbol{\alpha}_3,\boldsymbol{\beta}_2)}{(\boldsymbol{\beta}_2,\boldsymbol{\beta}_2)}\boldsymbol{\beta}_2$$

$$=\begin{bmatrix}1\\0\\0\\1\end{bmatrix}-\frac{1}{2}\begin{bmatrix}1\\0\\1\\0\end{bmatrix}-\frac{0.5}{1.5}\begin{bmatrix}-1/2\\0\\1/2\\1\end{bmatrix}=\begin{bmatrix}2/3\\0\\-2/3\\2/3\end{bmatrix},$$

第 2 步，再把 $\boldsymbol{\beta}_1,\boldsymbol{\beta}_2,\boldsymbol{\beta}_3$ 单位化，得

$$\boldsymbol{\gamma}_1=\frac{\boldsymbol{\beta}_1}{\|\boldsymbol{\beta}_1\|}=\begin{bmatrix}1/\sqrt{2}\\0\\1/\sqrt{2}\\0\end{bmatrix},\boldsymbol{\gamma}_2=\frac{\boldsymbol{\beta}_2}{\|\boldsymbol{\beta}_2\|}=\begin{bmatrix}-1/\sqrt{6}\\0\\1/\sqrt{6}\\2/\sqrt{6}\end{bmatrix},\boldsymbol{\gamma}_3=\frac{\boldsymbol{\beta}_3}{\|\boldsymbol{\beta}_3\|}=\begin{bmatrix}1/\sqrt{3}\\0\\-1/\sqrt{3}\\1/\sqrt{3}\end{bmatrix}.$$

2. 计算方阵 $\boldsymbol{A}$ 的特征值与特征向量的方法

利用计算行列式与求齐次线性方程组的解相结合的方法，可以计算方阵 $\boldsymbol{A}$ 的特征值和特征向量，具体步骤如下：

第 1 步，写出并计算 $\boldsymbol{A}$ 的特征多项式 $\det(\lambda\boldsymbol{E}-\boldsymbol{A})$；

第 2 步，求出特征多项式 $\det(\lambda\boldsymbol{E}-\boldsymbol{A})$ 的全部实根 $\lambda_1,\lambda_2,\cdots,\lambda_s$，它们就是 $\boldsymbol{A}$ 的全部实特征值；

第 3 步，把 $\boldsymbol{A}$ 的每个特征值 λ_i 代入齐次线性方程组 $(\lambda_i\boldsymbol{E}-\boldsymbol{A})\boldsymbol{X}=\boldsymbol{O}$，求出每个特征值 λ_i 的一个基础解系，记为

$$\boldsymbol{\alpha}_{i1},\boldsymbol{\alpha}_{i2},\cdots,\boldsymbol{\alpha}_{it_i}\quad(i=1,2,\cdots,s),$$

对于不全为零的任意常数 $k_{i1},k_{i2},\cdots,k_{it_i}$，则

$$k_{i1}\boldsymbol{\alpha}_{i1}+k_{i2}\boldsymbol{\alpha}_{i2}+\cdots+k_{it_i}\boldsymbol{\alpha}_{it_i}$$

为 $\boldsymbol{A}$ 对应于特征值 $\lambda_i(i=1,2,\cdots,s)$ 的全部特征向量.

【例 4.17】 求矩阵 $\boldsymbol{A}=\begin{bmatrix}3&-1&1\\2&0&1\\1&-1&2\end{bmatrix}$ 的特征值和特征向量.

解 第 1 步，写出并计算特征多项式，即

$$\det(\lambda\boldsymbol{E}-\boldsymbol{A})=\begin{vmatrix}\lambda-3&1&-1\\-2&\lambda&-1\\-1&1&\lambda-2\end{vmatrix}\xlongequal{①+②\times(-1)}\begin{vmatrix}\lambda-1&1-\lambda&0\\-2&\lambda&-1\\-1&1&\lambda-2\end{vmatrix}$$

$$=(\lambda-1)\begin{vmatrix}1&-1&0\\-2&\lambda&-1\\-1&1&\lambda-2\end{vmatrix}\xlongequal[②+①]{}(\lambda-1)\begin{vmatrix}1&0&0\\-2&\lambda-2&-1\\-1&0&\lambda-2\end{vmatrix}$$

$$=(\lambda-1)(\lambda-2)^2.$$

第 2 步，求出 $\det(\lambda\boldsymbol{E}-\boldsymbol{A})=\boldsymbol{O}$ 的全部实根，即

$$(\lambda-1)(\lambda-2)^2=0,$$

得到 $\boldsymbol{A}$ 的特征值为

$$\lambda_1=1,\ \lambda_2=2(\text{二重}).$$

第 3 步，求出每个特征值的特征向量.

对于 $\lambda_1=1$ 的特征向量，即为求齐次线性方程组 $(1\boldsymbol{E}-\boldsymbol{A})\boldsymbol{X}=\boldsymbol{O}$ 的一组基础解系. 即

$$1\boldsymbol{E}-\boldsymbol{A}=\begin{bmatrix}-2&1&-1\\-2&1&-1\\-1&1&-1\end{bmatrix}\xrightarrow{(①,③)}\begin{bmatrix}-1&1&-1\\-2&1&-1\\-2&1&-1\end{bmatrix}$$

$$\xrightarrow[③+①\times(-2)]{②+①\times(-2)}\begin{bmatrix}-1&1&-1\\0&-1&1\\0&-1&1\end{bmatrix}\xrightarrow{③+②\times(-1)}\begin{bmatrix}-1&1&-1\\0&-1&1\\0&0&0\end{bmatrix}$$

$$\xrightarrow[\substack{①\times(-1)\\②\times(-1)}]{①+②}\begin{bmatrix}1&0&0\\0&1&-1\\0&0&0\end{bmatrix},$$

取 x_3 为自由元,得到基础解系为

$$\boldsymbol{\alpha}_1=\begin{bmatrix}0\\1\\1\end{bmatrix},$$

所以 $\boldsymbol{A}$ 的特征值为 1 的全部特征向量为

$$k_1\boldsymbol{\alpha}_1=k_1\begin{bmatrix}0\\1\\1\end{bmatrix}\quad(k_1\text{ 为任意非零实数}).$$

对于 $\lambda_2=2$(二重),求解齐次线性方程组$(2\boldsymbol{E}-\boldsymbol{A})\boldsymbol{X}=\boldsymbol{O}$,将系数矩阵进行初等行变换化为阶梯形矩阵,即

$$2\boldsymbol{E}-\boldsymbol{A}=\begin{bmatrix}-1&1&-1\\-2&2&-1\\-1&1&0\end{bmatrix}\xrightarrow[③+①\times(-1)]{②+①\times(-2)}\begin{bmatrix}-1&1&-1\\0&0&1\\0&0&1\end{bmatrix}\xrightarrow{③+②\times(-1)}\begin{bmatrix}-1&1&-1\\0&0&1\\0&0&0\end{bmatrix}$$

$$\xrightarrow[①\times(-1)]{①+②}\begin{bmatrix}1&-1&0\\0&0&1\\0&0&0\end{bmatrix},$$

取 x_2 为自由元,得到基础解系为

$$\boldsymbol{\alpha}_2=\begin{bmatrix}1\\1\\0\end{bmatrix},$$

所以 $\boldsymbol{A}$ 的特征值为 2 的全部特征向量为

$$k_2\boldsymbol{\alpha}_2=k_2\begin{bmatrix}1\\1\\0\end{bmatrix}\quad(k_2\text{ 为任意非零实数}).$$

3. 实对称矩阵对角化的方法

由定理 4.9 知,对于任意一个实对称矩阵 $\boldsymbol{A}$,都可找到一个正交矩阵 $\boldsymbol{U}$,使得 $\boldsymbol{U}^{-1}\boldsymbol{A}\boldsymbol{U}$ 为对角矩阵.具体步骤如下:

第 1 步,求出 $\boldsymbol{A}$ 的所有不同的特征值 $\lambda_1,\lambda_2,\cdots,\lambda_s$.因为由定理 4.8 可知,$n$ 阶实对称矩阵的全部特征值均为实数.

第 2 步，求出 $\boldsymbol{A}$ 对应于每个特征值 λ_i 的一组线性无关的特征向量，即求出齐次线性方程组 $(\lambda_i\boldsymbol{E}-\boldsymbol{A})\boldsymbol{X}=\boldsymbol{O}$ 的一组基础解系，并且利用施密特正交化方法，把每组基础解系进行正交化、单位化，对于 n 阶实对称矩阵 $\boldsymbol{A}$，一定可求出 n 个正交单位化的特征向量.

第 3 步，以 n 个正交单位化的特征向量作为列向量所得的 n 阶方阵即为所求的正交矩阵 $\boldsymbol{U}$，以相应的特征值作为主对角线元素的对角矩阵，即为所求的对角矩阵 $\boldsymbol{U}^{-1}\boldsymbol{A}\boldsymbol{U}$.

【例 4.18】 设

$$\boldsymbol{A}=\begin{bmatrix}1 & 2 & 4\\ 2 & -2 & 2\\ 4 & 2 & 1\end{bmatrix},$$

求正交矩阵 $\boldsymbol{U}$，使 $\boldsymbol{U}^{-1}\boldsymbol{A}\boldsymbol{U}$ 为对角矩阵.

解 由于 $\boldsymbol{A}^{\mathrm{T}}=\boldsymbol{A}$，故由定理 4.9 知，一定可以找到正交矩阵 $\boldsymbol{U}$，使得 $\boldsymbol{U}^{-1}\boldsymbol{A}\boldsymbol{U}$ 为对角矩阵.

第 1 步，先求 $\boldsymbol{A}$ 的特征值，由

$$\det(\lambda\boldsymbol{E}-\boldsymbol{A})=\begin{vmatrix}\lambda-1 & -2 & -4\\ -2 & \lambda+2 & -2\\ -4 & -2 & \lambda-1\end{vmatrix}\xlongequal{①+③\times(-1)}\begin{vmatrix}\lambda+3 & 0 & -\lambda-3\\ -2 & \lambda+2 & -2\\ -4 & -2 & \lambda-1\end{vmatrix}$$

$$\xlongequal[③+①]{}\begin{vmatrix}\lambda+3 & 0 & 0\\ -2 & \lambda+2 & -4\\ -4 & -2 & \lambda-5\end{vmatrix}=(\lambda+3)\begin{vmatrix}\lambda+2 & -4\\ -2 & \lambda-5\end{vmatrix}$$

$$=(\lambda+3)^2(\lambda-6),$$

求得 $\boldsymbol{A}$ 的不同特征值为 $\lambda_1=-3$（二重），$\lambda_2=6$.

第 2 步，对于 $\lambda_1=-3$（二重），求解齐次线性方程组 $(-3\boldsymbol{E}-\boldsymbol{A})\boldsymbol{X}=\boldsymbol{O}$，由

$$-3\boldsymbol{E}-\boldsymbol{A}=\begin{bmatrix}-4 & -2 & -4\\ -2 & -1 & -2\\ -4 & -2 & -4\end{bmatrix}\xrightarrow[③+①\times(-1)]{②+①\times(-1/2)}\begin{bmatrix}-4 & -2 & -4\\ 0 & 0 & 0\\ 0 & 0 & 0\end{bmatrix},$$

求得其一组基础解系为

$$\boldsymbol{\alpha}_1=\begin{bmatrix}-1\\ 2\\ 0\end{bmatrix},\boldsymbol{\alpha}_2=\begin{bmatrix}-1\\ 0\\ 1\end{bmatrix},$$

先正交化，令

$$\boldsymbol{\beta}_1=\boldsymbol{\alpha}_1=\begin{bmatrix}-1\\ 2\\ 0\end{bmatrix},$$

$$\boldsymbol{\beta}_2=\boldsymbol{\alpha}_2-\frac{(\boldsymbol{\alpha}_2,\boldsymbol{\beta}_1)}{(\boldsymbol{\beta}_1,\boldsymbol{\beta}_1)}\boldsymbol{\beta}_1=\begin{bmatrix}-1\\ 0\\ 1\end{bmatrix}-\frac{1}{5}\begin{bmatrix}-1\\ 2\\ 0\end{bmatrix}=\begin{bmatrix}-4/5\\ -2/5\\ 1\end{bmatrix},$$

再单位化，令

$$\boldsymbol{\gamma}_1=\frac{1}{\|\boldsymbol{\beta}_1\|}\boldsymbol{\beta}_1=\begin{bmatrix}-1/\sqrt{5}\\ 2/\sqrt{5}\\ 0\end{bmatrix},\quad \boldsymbol{\gamma}_2=\frac{1}{\|\boldsymbol{\beta}_2\|}\boldsymbol{\beta}_2=\begin{bmatrix}-4\sqrt{5}/15\\ -2\sqrt{5}/15\\ \sqrt{5}/3\end{bmatrix},$$

对于 $\lambda_2 = 6$，求解齐次线性方程组 $(6\boldsymbol{E}-\boldsymbol{A})\boldsymbol{X}=\boldsymbol{O}$，由

$$6\boldsymbol{E}-\boldsymbol{A}=\begin{bmatrix}5 & -2 & -4\\ -2 & 8 & -2\\ -4 & -2 & 5\end{bmatrix}\xrightarrow{①+②\times 2}\begin{bmatrix}1 & 14 & -8\\ -2 & 8 & -2\\ -4 & -2 & 5\end{bmatrix}$$

$$\xrightarrow[③+①\times 4]{②+①\times 2}\begin{bmatrix}1 & 14 & -8\\ 0 & 36 & -18\\ 0 & 54 & -27\end{bmatrix}\xrightarrow{③+②\times(-3/2)}\begin{bmatrix}1 & 14 & -8\\ 0 & 36 & -18\\ 0 & 0 & 0\end{bmatrix}$$

$$\xrightarrow[②\times(1/36)]{①+②\times(-7/14)}\begin{bmatrix}1 & 0 & -1\\ 0 & 1 & -1/2\\ 0 & 0 & 0\end{bmatrix},$$

求得它的一组基础解系为

$$\boldsymbol{\alpha}_3=\begin{bmatrix}2\\1\\2\end{bmatrix},$$

这里只有一个向量，只需单位化，得

$$\boldsymbol{\gamma}_3=\frac{\boldsymbol{\alpha}_3}{\|\boldsymbol{\alpha}_3\|}=\begin{bmatrix}2/3\\1/3\\2/3\end{bmatrix},$$

第 3 步，以正交单位向量组 $\boldsymbol{\gamma}_1,\boldsymbol{\gamma}_2,\boldsymbol{\gamma}_3$ 为列向量组的矩阵 $\boldsymbol{U}$，就是所求的正交矩阵. 即

$$\boldsymbol{U}=[\boldsymbol{\gamma}_1,\ \boldsymbol{\gamma}_2,\ \boldsymbol{\gamma}_3]=\begin{bmatrix}-1/\sqrt{5} & -4\sqrt{5}/15 & 2/3\\ 2/\sqrt{5} & -2\sqrt{5}/15 & 1/3\\ 0 & \sqrt{5}/3 & 2/3\end{bmatrix},$$

有

$$\boldsymbol{U}^{-1}\boldsymbol{A}\boldsymbol{U}=\begin{bmatrix}-3 & 0 & 0\\ 0 & -3 & 0\\ 0 & 0 & 6\end{bmatrix}.$$

4. 化二次型为标准型的方法

介绍两种方法：

(1) 配方法.

① 如果二次型 $f(x_1,x_2,\cdots,x_n)$ 中含有平方项，可直接利用完全平方公式进行配方，化二次型 $f(x_1,x_2,\cdots,x_n)$ 为标准型.

② 如果二次型 $f(x_1,x_2,\cdots,x_n)$ 中不含平方项，而只含有交叉项，利用平方差公式先做辅助替换，使其产生平方项，再利用完全平方公式进行配方，化二次型 $f(x_1,x_2,\cdots,x_n)$ 为标准型.

(2) 正交变换法. 首先写出二次型 $f(x_1,x_2,\cdots,x_n)$ 的矩阵 $\boldsymbol{A}$，再将对称矩阵 $\boldsymbol{A}$ 对角化. 即求出矩阵 $\boldsymbol{A}$ 的所有特征值及与之相应的特征向量，经过正交化、单位化，利用正交单位化的特征向量作为列向量构成矩阵 $\boldsymbol{U}$（即 $\boldsymbol{U}$ 为正交矩阵），通过 $\boldsymbol{X}=\boldsymbol{U}\boldsymbol{Y}$ 变换，可将二次型 $f(x_1,x_2,\cdots,x_n)$ 化为标准型.

【例 4.19】 用配方法，将下列二次型化成标准型并写出所做的满秩变换：

(1) $f(x_1,x_2,x_3)=x_1^2+4x_1x_2+x_2^2-2x_1x_3-2x_2x_3+2x_3^2$；

(2) $f(x_1,x_2,x_3)=2x_1x_2+2x_1x_3-6x_2x_3$.

解 用配方法.二次型的标准型不是唯一的，它与所做的满秩变换有关.在配方法中，一般是按 x 的下标顺序 $x_1\to x_2\to x_3$ 配完全平方，若遇到困难时，可以改变这个顺序.

对于式(1)，二次型中含有平方项，可直接利用完全平方公式进行配方，化二次型为标准型.

下面分别用两种配方法来化标准型.

第一种方法，先将含有 x_1 的项合并在一起，配完全平方项

$$\begin{aligned}f(x_1,x_2,x_3)&=(x_1^2+4x_1x_2-2x_1x_3)+x_2^2-2x_2x_3+2x_3^2\\&=(x_1+2x_2-x_3)^2-(2x_2-x_3)^2+x_2^2-2x_2x_3+2x_3^2\\&=(x_1+2x_2-x_3)^2-3x_2^2+2x_2x_3+x_3^2,\end{aligned}$$

再将余下的含有 x_2 的项合并在一起配完全平方

$$\begin{aligned}f(x_1,x_2,x_3)&=(x_1+2x_2-x_3)^2-3\left(x_2^2-\frac{2}{3}x_2x_3+\frac{1}{9}x_3^2\right)+\frac{1}{3}x_3^2+x_3^2\\&=(x_1+2x_2-x_3)^2-3\left(x_2-\frac{1}{3}x_3\right)^2+\frac{4}{3}x_3^2,\end{aligned}$$

令

$$\begin{cases}y_1=x_1+2x_2-x_3,\\y_2=x_2-\dfrac{1}{3}x_3,\\y_3=x_3,\end{cases}$$

从上面方程组解得

$$\begin{cases}x_1=y_1-2y_2+\dfrac{1}{3}y_3,\\x_2=y_2+\dfrac{1}{3}y_3,\\x_3=y_3,\end{cases}$$

令

$$\boldsymbol{C}=\begin{bmatrix}1&-2&1/3\\0&1&1/3\\0&0&1\end{bmatrix},$$

则 $\boldsymbol{X}=\boldsymbol{CY}$，将二次型化成标准型

$$f(x_1,x_2,x_3)=y_1^2-3y_2^2+\frac{4}{3}y_3^2.$$

第二种方法，如果先按 x_1 配方后，再将余下的含有 x_3 的项合并在一起，配完全平方，计算如下：

$$\begin{aligned}f(x_1,x_2,x_3)&=(x_1+2x_2-x_3)^2-3x_2^2+2x_2x_3+x_3^2\\&=(x_1+2x_2-x_3)^2+(x_3^2+2x_2x_3+x_2^2)-x_2^2-3x_2^2\\&=(x_1+2x_2-x_3)^2+(x_3+x_2)^2-4x_2^2,\end{aligned}$$

令

$$\begin{cases}y_1 = x_1 + 2x_2 - x_3, \\ y_2 = x_2 + x_3, \\ y_3 = x_3,\end{cases}$$

解得

$$\begin{cases}x_1 = y_1 - 2y_2 + 3y_3, \\ x_2 = y_2 - y_3, \\ x_3 = y_3,\end{cases}$$

令

$$\boldsymbol{C} = \begin{bmatrix} 1 & -2 & 3 \\ 0 & 1 & -1 \\ 0 & 0 & 1 \end{bmatrix},$$

通过 $\boldsymbol{X} = \boldsymbol{CY}$,将二次型化成标准型

$$f(x_1, x_2, x_3) = y_1^2 + y_2^2 - 4y_3^2.$$

从上面两种配方法可以看出,由于所用的满秩变换不同,所得的二次型的标准型不一样,所以说二次型的标准型不是唯一的.

对于式(2),二次型中没有平方项,而只含有交叉项,利用平方差公式先做辅助变换使其产生平方项,再利用完全平方公式进行配方,化二次型为标准型.

先做辅助变换.设

$$\begin{cases}x_1 = y_1 + y_2, \\ x_2 = y_1 - y_2, \\ x_3 = y_3,\end{cases}$$

则

$$\begin{aligned} f(x_1, x_2, x_3) &= 2(y_1 + y_2)(y_1 - y_2) + 2(y_1 + y_2)y_3 - 6(y_1 - y_2)y_3 \\ &= 2y_1^2 - 2y_2^2 - 4y_1y_3 + 8y_2y_3, \end{aligned}$$

上述表达式已含有平方项,先对 y_1 配完全平方

$$\begin{aligned} f(x_1, x_2, x_3) &= (2y_1^2 - 4y_1y_3) - 2y_2^2 + 8y_2y_3 \\ &= 2(y_1 - y_3)^2 - 2y_3^2 - 2y_2^2 + 8y_2y_3, \end{aligned}$$

再对 y_2 配完全平方

$$\begin{aligned} f(x_1, x_2, x_3) &= 2(y_1 - y_3)^2 - (2y_2^2 - 8y_2y_3) - 2y_3^2 \\ &= 2(y_1 - y_3)^2 - 2(y_2 - 2y_3)^2 + 6y_3^2, \end{aligned}$$

令

$$\begin{cases}z_1 = y_1 - y_3, \\ z_2 = y_2 - 2y_3, \\ z_3 = y_3,\end{cases}$$

解得

$$\begin{cases}y_1 = z_1 + z_3, \\ y_2 = z_2 + 2z_3, \\ y_3 = z_3,\end{cases}$$

两次代换复合得

$$\begin{cases} x_1 = z_1 + z_2 + 3z_3, \\ x_2 = z_1 - z_2 - z_3, \\ x_3 = z_3, \end{cases}$$

令

$$C = \begin{bmatrix} 1 & 1 & 3 \\ 1 & -1 & -1 \\ 0 & 0 & 1 \end{bmatrix},$$

通过 $\boldsymbol{X} = \boldsymbol{CZ}$,将上述二次型化成标准型

$$f(x_1, x_2, x_3) = 2z_1^2 - 2z_2^2 + 6z_3^2.$$

【例 4.20】 用正交变换法,将下列二次型化成标准型并写出所做的正交变换.

$$f(x_1, x_2, x_3, x_4) = x_1^2 + x_2^2 + x_3^2 + x_4^2 + 4x_1x_2 + 4x_1x_3 + 4x_1x_4 - 4x_2x_3 - 4x_2x_4 - 4x_3x_4.$$

解 先写出二次型 $f(x_1, x_2, x_3, x_4)$ 的矩阵 $\boldsymbol{A}$,即

$$\boldsymbol{A} = \begin{bmatrix} 1 & 2 & 2 & 2 \\ 2 & 1 & -2 & -2 \\ 2 & -2 & 1 & -2 \\ 2 & -2 & -2 & 1 \end{bmatrix},$$

再求出 $\boldsymbol{A}$ 的特征值,由

$$\det(\lambda\boldsymbol{E} - \boldsymbol{A}) = \begin{vmatrix} \lambda-1 & -2 & -2 & -2 \\ -2 & \lambda-1 & 2 & 2 \\ -2 & 2 & \lambda-1 & 2 \\ -2 & 2 & 2 & \lambda-1 \end{vmatrix} \xlongequal[\substack{③+②\times(-1) \\ ④+②\times(-1)}]{①+②} \begin{vmatrix} \lambda-3 & \lambda-3 & 0 & 0 \\ -2 & \lambda-1 & 2 & 2 \\ 0 & 3-\lambda & \lambda-3 & 0 \\ 0 & 3-\lambda & 0 & \lambda-3 \end{vmatrix}$$

$$= (\lambda-3)^3 \begin{vmatrix} 1 & 1 & 0 & 0 \\ -2 & \lambda-1 & 2 & 2 \\ 0 & -1 & 1 & 0 \\ 0 & -1 & 0 & 1 \end{vmatrix} \xlongequal{④+③\times(-1)} (\lambda-3)^3 \begin{vmatrix} 1 & 1 & 0 & 0 \\ -2 & \lambda-1 & 2 & 2 \\ 0 & -1 & 1 & 0 \\ 0 & 0 & -1 & 1 \end{vmatrix}$$

$$= (\lambda-3)^3(\lambda+5),$$

得到矩阵 $\boldsymbol{A}$ 的特征值为 $\lambda_1 = 3$(三重),$\lambda_2 = -5$.下面再求其特征值相应的特征向量.

对于 $\lambda_1 = 3$(三重),解齐次线性方程组 $(3\boldsymbol{E} - \boldsymbol{A})\boldsymbol{X} = \boldsymbol{O}$,由

$$3\boldsymbol{E} - \boldsymbol{A} = \begin{bmatrix} 2 & -2 & -2 & -2 \\ -2 & 2 & 2 & 2 \\ -2 & 2 & 2 & 2 \\ -2 & 2 & 2 & 2 \end{bmatrix} \xrightarrow{\substack{②+① \\ ③+① \\ ④+①}} \begin{bmatrix} 2 & -2 & -2 & -2 \\ 0 & 0 & 0 & 0 \\ 0 & 0 & 0 & 0 \\ 0 & 0 & 0 & 0 \end{bmatrix},$$

求得其基础解系为

$$\boldsymbol{\alpha}_1 = \begin{bmatrix} 1 \\ 1 \\ 0 \\ 0 \end{bmatrix}, \boldsymbol{\alpha}_2 = \begin{bmatrix} 1 \\ 0 \\ 1 \\ 0 \end{bmatrix}, \boldsymbol{\alpha}_3 = \begin{bmatrix} 1 \\ 0 \\ 0 \\ 1 \end{bmatrix},$$

先正交化,令

$$\boldsymbol{\beta}_1=\boldsymbol{\alpha}_1=\begin{bmatrix}1\\1\\0\\0\end{bmatrix},$$

$$\boldsymbol{\beta}_2=\boldsymbol{\alpha}_2-\frac{(\boldsymbol{\alpha}_2,\boldsymbol{\beta}_1)}{(\boldsymbol{\beta}_1,\boldsymbol{\beta}_1)}\boldsymbol{\beta}_1=\begin{bmatrix}1\\0\\1\\0\end{bmatrix}-\frac{1}{2}\begin{bmatrix}1\\1\\0\\0\end{bmatrix}=\begin{bmatrix}1/2\\-1/2\\1\\0\end{bmatrix},$$

$$\boldsymbol{\beta}_3=\boldsymbol{\alpha}_3-\frac{(\boldsymbol{\alpha}_3,\boldsymbol{\beta}_1)}{(\boldsymbol{\beta}_1,\boldsymbol{\beta}_1)}\boldsymbol{\beta}_1-\frac{(\boldsymbol{\alpha}_3,\boldsymbol{\beta}_2)}{(\boldsymbol{\beta}_2,\boldsymbol{\beta}_2)}\boldsymbol{\beta}_2=\begin{bmatrix}1\\0\\0\\1\end{bmatrix}-\frac{1}{2}\begin{bmatrix}1\\1\\0\\0\end{bmatrix}-\frac{1}{3}\begin{bmatrix}1/2\\-1/2\\1\\0\end{bmatrix}=\begin{bmatrix}1/3\\-1/3\\-1/3\\1\end{bmatrix},$$

再单位化,令

$$\boldsymbol{\gamma}_1=\frac{1}{\|\boldsymbol{\beta}_1\|}\boldsymbol{\beta}_1=\begin{bmatrix}\sqrt{2}/2\\\sqrt{2}/2\\0\\0\end{bmatrix},\boldsymbol{\gamma}_2=\frac{1}{\|\boldsymbol{\beta}_2\|}\boldsymbol{\beta}_2=\begin{bmatrix}\sqrt{6}/6\\-\sqrt{6}/6\\\sqrt{6}/3\\0\end{bmatrix},\boldsymbol{\gamma}_3=\frac{1}{\|\boldsymbol{\beta}_3\|}\boldsymbol{\beta}_3=\begin{bmatrix}\sqrt{3}/6\\-\sqrt{3}/6\\-\sqrt{3}/6\\\sqrt{3}/2\end{bmatrix}.$$

对于 $\lambda_2=-5$,求解齐次线性方程组 $(-5\boldsymbol{E}-\boldsymbol{A})\boldsymbol{X}=\boldsymbol{O}$,由

$$-5\boldsymbol{E}-\boldsymbol{A}=\begin{bmatrix}-6&-2&-2&-2\\-2&-6&2&2\\-2&2&-6&2\\-2&2&2&-6\end{bmatrix}\xrightarrow{(①,②)}\begin{bmatrix}-2&-6&2&2\\-6&-2&-2&-2\\-2&2&-6&2\\-2&2&2&-6\end{bmatrix}$$

$$\xrightarrow[\substack{③+①\times(-1)\\④+①\times(-1)}]{②+①\times(-3)}\begin{bmatrix}-2&-6&2&2\\0&16&-8&-8\\0&8&-8&0\\0&8&0&-8\end{bmatrix}\xrightarrow[\substack{③\times(1/8)\\④\times(1/8)}]{②\times(1/16)}\begin{bmatrix}-2&-6&2&2\\0&1&-1/2&-1/2\\0&1&-1&0\\0&1&0&-1\end{bmatrix}$$

$$\xrightarrow[④+②\times(-1)]{③+②\times(-1)}\begin{bmatrix}-2&-6&2&2\\0&1&-1/2&-1/2\\0&0&-1/2&1/2\\0&0&1/2&-1/2\end{bmatrix}\xrightarrow{④+③}\begin{bmatrix}-2&-6&2&2\\0&1&-1/2&-1/2\\0&0&-1/2&1/2\\0&0&0&0\end{bmatrix}$$

$$\xrightarrow[\substack{②+③\times(-1)\\③\times(-2)}]{①+③\times④}\begin{bmatrix}-2&-6&0&4\\0&1&0&-1\\0&0&1&-1\\0&0&0&0\end{bmatrix}\xrightarrow[①\times(-1/2)]{①+②\times⑥}\begin{bmatrix}1&0&0&1\\0&1&0&-1\\0&0&1&-1\\0&0&0&0\end{bmatrix},$$

求得它的基础解系为

$$\boldsymbol{\alpha}_4=\begin{bmatrix}-1\\1\\1\\1\end{bmatrix},$$

这里只有一个向量,只需单位化,即

$$\boldsymbol{\gamma}_4 = \frac{1}{\|\boldsymbol{\alpha}_4\|}\boldsymbol{\alpha}_4 = \begin{bmatrix} -1/2 \\ 1/2 \\ 1/2 \\ 1/2 \end{bmatrix}.$$

最后,得到正交变换矩阵 $\boldsymbol{U}$,即

$$\boldsymbol{U} = [\boldsymbol{\gamma}_1 \quad \boldsymbol{\gamma}_2 \quad \boldsymbol{\gamma}_3 \quad \boldsymbol{\gamma}_4] = \begin{bmatrix} \sqrt{2}/2 & \sqrt{6}/6 & \sqrt{3}/6 & -1/2 \\ \sqrt{2}/2 & -\sqrt{6}/6 & -\sqrt{3}/6 & 1/2 \\ 0 & \sqrt{6}/3 & -\sqrt{3}/6 & 1/2 \\ 0 & 0 & \sqrt{3}/2 & 1/2 \end{bmatrix},$$

设 $\boldsymbol{X} = \boldsymbol{U}\boldsymbol{Y}$,即

$$\begin{cases} x_1 = (\sqrt{2}/2)y_1 + (\sqrt{6}/6)y_2 + (\sqrt{3}/6)y_3 - (1/2)y_4, \\ x_2 = (\sqrt{2}/2)y_1 - (\sqrt{6}/6)y_2 - (\sqrt{3}/6)y_3 + (1/2)y_4, \\ x_3 = (\sqrt{6}/3)y_2 - (\sqrt{3}/6)y_3 + (1/2)y_4, \\ x_4 = (\sqrt{3}/2)y_3 + (1/2)y_4, \end{cases}$$

用正交变换法将二次型化为标准型

$$f(x_1, x_2, x_3, x_4) = 3y_1^2 + 3y_2^2 + 3y_3^2 - 5y_4^2.$$

5. 判定二次型或对称矩阵正定的方法

(1) 定义法.对于抽象矩阵或二次型,通常用正定的定义来判定二次型或对称矩阵的正定性.

(2) 行列式法.对于具体的二次型或对称矩阵,可用定理,即对称矩阵的所有顺序主子式全大于零来判定二次型或对称矩阵的正定性.

(3) 配方法.对于具体的二次型或对称矩阵,还可用惯性定理,即将二次型化为标准型后,看它的正惯性指数是否等于 n 来判定二次型或对称矩阵的正定性.

【例 4.21】 试证:对任意一 n 阶可逆方阵 $\boldsymbol{A}$,$\boldsymbol{A}^{\mathrm{T}}\boldsymbol{A}$ 是正定矩阵.

证 由于是抽象矩阵,所以用定义法.显然 $\boldsymbol{A}^{\mathrm{T}}\boldsymbol{A}$ 是对称矩阵,设

$$f(x_1, x_2, \cdots, x_n) = \boldsymbol{X}^{\mathrm{T}}\boldsymbol{A}^{\mathrm{T}}\boldsymbol{A}\boldsymbol{X},$$

令 $\boldsymbol{Y} = \boldsymbol{A}\boldsymbol{X}$,得

$$f(x_1, x_2, \cdots, x_n) = \boldsymbol{Y}^{\mathrm{T}}\boldsymbol{Y} = y_1^2 + y_2^2 + \cdots + y_n^2,$$

由于 $\boldsymbol{A}$ 是可逆方阵,所以 $\boldsymbol{Y} = \boldsymbol{A}\boldsymbol{X}$ 是一个满秩变换,利用定理 4.14 可知,$f(x_1, x_2, \cdots, x_n) = \boldsymbol{Y}^{\mathrm{T}}\boldsymbol{Y} = y_1^2 + y_2^2 + \cdots + y_n^2$ 是正定的,再利用定理 4.15,即满秩变换不改变二次型的正定性,可知原二次型也是正定的,故 $\boldsymbol{A}^{\mathrm{T}}\boldsymbol{A}$ 是正定矩阵.

【例 4.22】 t 满足什么条件时,二次型

$$f(x_1, x_2, x_3) = x_1^2 + 4x_2^2 + 2x_3^2 + 2tx_1x_2 + 2x_1x_3$$

是正定的?

解 方法 1 用行列式法.$f(x_1, x_2, x_3)$ 的矩阵 $\boldsymbol{A}$ 为

$$\boldsymbol{A} = \begin{bmatrix} 1 & t & 1 \\ t & 4 & 0 \\ 1 & 0 & 2 \end{bmatrix},$$

如果 $\boldsymbol{A}$ 是正定的，由定理 4.18 可知，要求 $\boldsymbol{A}$ 的所有顺序主子式全大于零，即

$$1>0,\begin{vmatrix}1 & t\\ t & 4\end{vmatrix}>0,\begin{vmatrix}1 & t & 1\\ t & 4 & 0\\ 1 & 0 & 2\end{vmatrix}>0,$$

即

$$\begin{cases}4-t^2>0,\\ 4-2t^2>0,\end{cases}$$

解得

$$-\sqrt{2}<t<\sqrt{2},$$

所以，当 $t\in(-\sqrt{2},\sqrt{2})$ 时，$f(x_1,x_2,x_3)$ 是正定的.

方法 2　用配方法.

$$\begin{aligned}f(x_1,x_2,x_3)&=(x_1^2+2tx_1x_2+2x_1x_3)+4x_2^2+2x_3^2\\&=(x_1+tx_2+x_3)^2-(tx_2+x_3)^2+4x_2^2+2x_3^2\\&=(x_1+tx_2+x_3)^2+x_3^2-2tx_2x_3+(4-t^2)x_2^2\\&=(x_1+tx_2+x_3)^2+(x_3-tx_2)^2+(4-2t^2)x_2^2,\end{aligned}$$

若 $f(x_1,x_2,x_3)$ 是正定的，利用惯性定理可知，其正惯性指数应等于 3，即

$$4-2t^2>0,$$

于是，当 $t\in(-\sqrt{2},\sqrt{2})$ 时，$f(x_1,x_2,x_3)$ 是正定的.

注：一般来说，具体的二次型大多用行列式法，若遇到计算行列式比较麻烦时可用配方法.

练　习　题

参考答案与提示

1. 填空题

(1) 如果向量 $\boldsymbol{\alpha},\boldsymbol{\beta}$ 是正交的，则满足____________.

(2) 在向量组中，如果____________，并且它们都是非零向量，则称向量是正交向量组.

(3) 若数 λ_0 为矩阵 $\boldsymbol{A}$ 的特征值，则 λ_0 是 $\boldsymbol{A}$ 的特征多项式 $\det(\lambda\boldsymbol{E}-\boldsymbol{A})$ 的____.

(4) 若数 $\lambda_0=0$ 为矩阵 $\boldsymbol{A}$ 的特征值，则齐次线性方程组 $\boldsymbol{AX}=\boldsymbol{O}$ 必有______解.

(5) n 阶实对称矩阵的特征值有____个，对应于每个特征值的特征向量有______个.

(6) 若实对称矩阵 $\boldsymbol{A}$ 的特征值 λ_0 是特征多项式的 k 重根，则属于 λ_0 的线性无关的特征向量有__________个.

(7) 二次型的标准型不含____项，它的标准型的一般表达式为 $f(x_1,x_2,\cdots,x_n)=$ ____________________.

(8) 二次型 $f(x_1,x_2,\cdots,x_n)$ 如果对于任意一组不全为零的实数 $c_1,c_2,\cdots,c_n$，都有 $f(c_1,c_2,\cdots,c_n)>0$，则称 $f(x_1,x_2,\cdots,x_n)$ 为________________.

2. 判断题

(1) 长度等于 1 的向量称为单位向量.　(　)

(2) 把向量除以它的长度称为把向量单位化.　(　)

(3) 正交向量组一定是线性相关的.　(　)

(4) 方阵 $\boldsymbol{A}$ 的特征向量可以为零向量.　(　)

(5) 方阵 $\boldsymbol{A}$ 的特征向量的线性组合仍然是方阵 $\boldsymbol{A}$ 的特征向量. ( )

(6) n 阶实对称矩阵 $\boldsymbol{A}$ 有 n 个线性无关的特征向量. ( )

(7) 方阵 $\boldsymbol{A}$ 的特征值不是 $\boldsymbol{A}$ 的特征多项式的根. ( )

(8) 如果二次型通过变换 $\boldsymbol{X}=\boldsymbol{CY}$($\boldsymbol{C}$ 为满秩方阵),使得原二次型化为标准型,则称此变换为正交变换. ( )

3. 单项选择题

(1) 若一个向量组是正交的单位向量组,则( ).

A. 向量组中任意两个向量都正交,且不一定是单位向量

B. 向量组中任意两个向量都不是正交的,但都是单位向量

C. 向量组中任意两个向量都正交,且都是单位向量

D. 向量组中任意两个向量都不是正交的,也不是单位向量

(2) 若 $\boldsymbol{A}$ 相似于 $\boldsymbol{B}$,则( ).

A. 存在可逆方阵 $\boldsymbol{U}$,使 $\boldsymbol{A}=\boldsymbol{UBU}$

B. 存在正交方阵 $\boldsymbol{U}$,使 $\boldsymbol{A}=\boldsymbol{U}^{-1}\boldsymbol{BU}$

C. 存在可逆方阵 $\boldsymbol{U}$,使 $\boldsymbol{A}=\boldsymbol{UBU}^{-1}$

D. 存在可逆方阵 $\boldsymbol{U},\boldsymbol{V}$,使 $\boldsymbol{A}=\boldsymbol{U}^{-1}\boldsymbol{BV}$

(3) 对于 n 阶实对称矩阵 $\boldsymbol{A}$,结论( )正确.

A. 一定有 n 个不同的特征值

B. 存在正交方阵 $\boldsymbol{U}$,使 $\boldsymbol{U}^{\mathrm{T}}\boldsymbol{AU}$ 成对角形

C. 它的特征值一定都是整数

D. 属于不同的特征值的特征向量必线性无关,但不一定正交

(4) 若 $\boldsymbol{\alpha}_i$ 是三阶方阵属于 λ_i 的特征向量($i=1,2,3$),以 $\boldsymbol{\alpha}_i$ 作为列向量依次排列得到方阵 $\boldsymbol{V}=[\boldsymbol{\alpha}_1,\boldsymbol{\alpha}_2,\boldsymbol{\alpha}_3]$,则有( ).

A. $\boldsymbol{V}^{-1}\boldsymbol{AV}=\begin{bmatrix}\lambda_2&0&0\\0&\lambda_3&0\\0&0&\lambda_1\end{bmatrix}$　　B. $\boldsymbol{V}^{-1}\boldsymbol{AV}=\begin{bmatrix}\lambda_1&0&0\\0&\lambda_2&0\\0&0&\lambda_3\end{bmatrix}$

C. $\boldsymbol{V}^{-1}\boldsymbol{AV}=\begin{bmatrix}\lambda_2&0&0\\0&\lambda_1&0\\0&0&\lambda_3\end{bmatrix}$　　D. $\boldsymbol{V}^{-1}\boldsymbol{AV}=\begin{bmatrix}\lambda_1&0&0\\0&\lambda_3&0\\0&0&\lambda_2\end{bmatrix}$

4. 计算题

(1) 将向量组

$$\boldsymbol{\alpha}_1=\begin{bmatrix}1\\1\\1\end{bmatrix},\boldsymbol{\alpha}_2=\begin{bmatrix}1\\1\\-1\end{bmatrix},\boldsymbol{\alpha}_3=\begin{bmatrix}1\\-1\\-1\end{bmatrix},$$

正交单位化.

(2) 验证下列矩阵是否为正交矩阵:

$$①\begin{bmatrix}1&0&1\\0&1&1\\-1&-1&1\end{bmatrix};\quad ②\begin{bmatrix}1/\sqrt{3}&1/\sqrt{3}&1/\sqrt{3}\\0&-1/\sqrt{2}&1/\sqrt{2}\\-2/\sqrt{6}&1/\sqrt{6}&1/\sqrt{6}\end{bmatrix}.$$

(3) 求下列矩阵的特征值和特征向量：

① $\begin{bmatrix} 2 & 3 \\ 1 & 4 \end{bmatrix}$； ② $\begin{bmatrix} 1 & -2 & 0 \\ -4 & -1 & 0 \\ 6 & 3 & 1 \end{bmatrix}$； ③ $\begin{bmatrix} -1 & 1 & 4 \\ 0 & -2 & 0 \\ -2 & -2 & -10 \end{bmatrix}$.

(4) 试求一个正交矩阵，将下列对称矩阵对角化：

① $\boldsymbol{A} = \begin{bmatrix} 4 & 0 & 0 \\ 0 & 3 & 1 \\ 0 & 1 & 3 \end{bmatrix}$； ② $\boldsymbol{A} = \begin{bmatrix} 2 & -2 & 0 \\ -2 & 1 & -2 \\ 0 & -2 & 0 \end{bmatrix}$.

(5) 用配方法化下列二次型为标准型，并求所用的变换矩阵：

① $f(x_1, x_2, x_3) = x_1^2 + 2x_1x_2 + 2x_2^2 + 4x_2x_3 + 4x_3^2$；

② $f(x_1, x_2, x_3) = x_1x_2 + x_1x_3 + x_2x_3$.

(6) 求一个正交变换，使下列二次型化为标准型：

① $f(x_1, x_2, x_3) = 4x_1^2 + 3x_2^2 + 2x_2x_3 + 3x_3^2$；

② $f(x_1, x_2, x_3, x_4) = 2x_1x_2 - 2x_3x_4$.

(7) 判定下列二次型的正定性：

① $f(x_1, x_2, x_3) = -5x_1^2 + 4x_1x_2 - 6x_2^2 + 4x_2x_3 - 4x_3^2$；

② $f(x_1, x_2, x_3) = x_1^2 + 4x_2^2 + 2x_1x_3 + 2x_3^2$；

③ $f(x_1, x_2, x_3) = x_1^2 - 2x_1x_2 - 3x_2^2 + 2x_1x_3 - 6x_2x_3$.

5. 证明题

(1) 试证明 n 阶方阵 $\boldsymbol{A}$ 与 $\boldsymbol{A}^{\mathrm{T}}$ 具有相同的特征值.

(2) 试证明 n 阶方阵 $\boldsymbol{A}$，当 $\boldsymbol{A}^2 = \boldsymbol{E}$ 时，$\boldsymbol{A}$ 的特征值为 $\lambda = \pm 1$.

(3) 设 $\boldsymbol{A}$ 是 n 阶正定矩阵，证明 $\det(\boldsymbol{A} + \boldsymbol{E}) > 1$.

第5章 数学实验

5.1 矩阵的基本运算的演示与实验

5.1.1 实验目的

1. 掌握 Mathematica 中矩阵的输入方法.
2. 学习用 Mathematica 计算行列式.
3. 学习用 Mathematica 进行矩阵的基本运算.
4. 学习用 Mathematica 求逆矩阵及矩阵的秩.

5.1.2 内容与步骤

1. Mathematica 中矩阵的输入方法

线性代数中的大量计算都是针对矩阵的,在 Mathematica 中矩阵的输入方法有以下几种.

注意:为保持与 Mathematica 软件中的输入格式一致,故下列命令不再按照数学格式书写.

(1) 按表的形式输入矩阵,格式如下:

```
A={{a11,a12,…,a1n},{a21,a22,…,a2n},…,{am1,am2,…,amn}}
```

还可以用函数 a(i, j)生成一个矩阵,也是表的形式,格式如下:

```
B=Table[a(i, j), {i, 1, m}, {j, 1, n}]
```

(2) 由模板输入矩阵.此方法适用于行数、列数较少的矩阵,步骤如下:

① 在基本输入模板中单击二阶方阵模块,输入一个空白的二阶方阵;

② 按【Ctrl】+【,】组合键,使矩阵增加一列;

③ 按【Ctrl】+【Enter】组合键,使矩阵增加一行.

(3) 由菜单输入矩阵.如果输入行数、列数较多的矩阵,打开主菜单的 Input 项,选择 Create Table/Matrix/Palette 项,即可打开一个创建矩阵的对话框,输入行数、列数,即可得到一个空白矩阵,填入数据即可.

对于存入系统中的矩阵可以直接调用,并进行各种运算.

2. 计算行列式的值

计算行列式的值其命令格式为:Det[A].

【例 5.1】 计算行列式 $\begin{vmatrix} 3 & 1 & -1 & 2 \\ -5 & 1 & 3 & -4 \\ 2 & 0 & 1 & -1 \\ 1 & -5 & 3 & -3 \end{vmatrix}$ 的值.

首先以表的形式输入矩阵，然后计算矩阵的行列式，输入如下命令：

```
A={{3, 1,-1, 2},{-5, 1, 3,-4},{2, 0, 1,-1},{1,-5, 3,-3}}
Det[A]
```

执行，即得结果为：

```
40
```

【例 5.2】 计算行列式 $\begin{vmatrix} 1 & 1 & 1 & 1 \\ a & b & c & d \\ a^2 & b^2 & c^2 & d^2 \\ a^4 & b^4 & c^4 & d^4 \end{vmatrix}$.

输入命令如下：

```
Det [{{1, 1, 1, 1},{a, b, c, d},{a^2, b^2, c^2, d^2},{a^4, b^4, c^4, d^4}}]
Factor[%]  （将上条命令的结果分解因式）
```

执行，即得结果为：

$$a^4b^2c-a^2b^4c-a^4bc^2+ab^4c^2+a^2bc^4-ab^2c^4-a^4b^2d+a^2b^4d+a^4c^2d-b^4c^2d-a^2c^4d+b^2c^4d+a^4bd^2-ab^4d^2-a^4cd^2+b^4cd^2+ac^4d^2-bc^4d^2-a^2bd^4+ab^2d^4+a^2cd^4-b^2cd^4-ac^2d^4+bc^2d^4$$

$$(a-b)(a-c)(b-c)(a-d)(b-d)(c-d)(a+b+c+d)$$

前一个结果是 24 项之和，很复杂；后一个结果经分解因式变简洁了.

3. 矩阵的基本运算

常用的矩阵的基本运算其命令格式及说明如下.

(1)A+B:矩阵 $\boldsymbol{A}$ 和 $\boldsymbol{B}$ 相加.

(2)k * A:k 常数和矩阵 $\boldsymbol{A}$ 相乘.

(3)Transpose[M]:矩阵 $\boldsymbol{M}$ 的转置.

(4)A . B:矩阵 $\boldsymbol{A}$ 和 $\boldsymbol{B}$ 相乘.

(5)MatrixForm[M]:用标准形式表示矩阵.

(6)M//MatrixForm:直接将矩阵 $\boldsymbol{M}$ 以标准化形式输出.

【例 5.3】 已知 $\boldsymbol{A}=\begin{bmatrix} 1 & 1 & 1 \\ 1 & 1 & -1 \\ 1 & -1 & 1 \end{bmatrix}$,$\boldsymbol{B}=\begin{bmatrix} 1 & 2 & 3 \\ -1 & -2 & 4 \\ 0 & 5 & 1 \end{bmatrix}$,求 $3\boldsymbol{AB}-2\boldsymbol{A}$ 及 $\boldsymbol{A}^{\mathrm{T}}\boldsymbol{B}$.

输入命令如下：

```
A={{ 1, 1, 1},{1, 1,-1},{1,-1, 1}}
    B={{1, 2, 3},{-1,-2, 4},{0, 5, 1}}
3*A . B - 2*A
MatrixForm[%]                （将上面矩阵形式上标准化）
M=Transpose[A]
P=M . B// MatrixForm         （直接将矩阵以标准化形式输出）
```

执行，即得结果为：

```
{{-2, 13, 22},{-2,-17, 20},{4, 29,-2}}
```

$$\begin{bmatrix} -2 & 13 & 22 \\ -2 & -17 & 20 \\ 4 & 29 & -2 \end{bmatrix}$$

```
{{ 1, 1, 1},{1, 1,-1},{1,-1, 1}}
```

$$\begin{bmatrix} 0 & 5 & 8 \\ 0 & -5 & 6 \\ 2 & 9 & 0 \end{bmatrix}$$

4. 矩阵求逆

对矩阵求逆的命令格式及说明如下.

(1)Inverse[A]:求方阵 $\boldsymbol{A}$ 的逆矩阵.

(2)Inverse[A] // MatrixForm:求方阵 $\boldsymbol{A}$ 的逆矩阵,并以标准形式输出.

【例 5.4】 求方阵 $\boldsymbol{A}=\begin{bmatrix} 3 & -2 & 0 & -1 \\ 0 & 2 & 2 & 1 \\ 1 & -2 & -3 & -2 \\ 0 & 1 & 2 & 1 \end{bmatrix}$ 的逆矩阵.

输入命令如下:

```
Det[{{3,-2, 0,-1},{0, 2, 2, 1},{1,-2,-3,-2},{0, 1, 2, 1}}]
```

先计算行列式,判定可逆性.

执行,即得结果为:

$1 \neq 0$.

矩阵可逆,则执行下面命令:

```
Inverse[{{3,-2, 0,-1},{0, 2, 2, 1},{1,-2,-3,-2},{0, 1, 2, 1}}] // MatrixForm
```

执行,即得逆矩阵,并且是标准形式的.输出结果为:

$$\begin{bmatrix} 1 & 1 & -2 & -4 \\ 0 & 1 & 0 & -1 \\ -1 & -1 & 3 & 6 \\ 2 & 1 & -6 & -10 \end{bmatrix}$$

5. 求矩阵的秩

(1)求矩阵的秩的方法:用初等变换将矩阵化为行简化阶梯形矩阵,观察非零行数即可.

(2)求矩阵的秩的命令格式为:RowReduce[M].

【例 5.5】 求矩阵 $\boldsymbol{B}=\begin{bmatrix} 3 & 2 & -1 & -3 & -2 \\ 2 & -1 & 3 & 1 & -3 \\ 7 & 0 & 5 & -1 & -8 \end{bmatrix}$ 的秩.

输入命令:

```
RowReduce[{{3, 2,-1,-3,-2},{2,-1, 3, 1,-3},{7, 0, 5,-1,-8}}] // MatrixForm
```

输出结果为：

$$\begin{bmatrix} 1 & 0 & \frac{5}{7} & -\frac{1}{7} & -\frac{8}{7} \\ 0 & 1 & -\frac{11}{7} & -\frac{9}{7} & \frac{5}{7} \\ 0 & 0 & 0 & 0 & 0 \end{bmatrix}$$

从结果可以看出矩阵 **B** 的秩是 2.

6. 注意事项

(1) 定义矩阵时可使用 A，B，M，P 等符号，但不能使用 C，D，E，因为在 Mathematica 中 C，D，E 有各自的意义，代表固定的参数.

(2) 以上例题中的矩阵都是以表的形式输入的，可以尝试用其他两种方式输入矩阵.

5.2 求线性方程组解的演示与实验

5.2.1 实验目的

1. 学习用 Mathematica 判定非齐次线性方程组解的存在性.
2. 学习用 Mathematica 求齐次线性方程组解的基础解系和通解.
3. 学习用 Mathematica 求非齐次线性方程组解的通解和特解.

5.2.2 内容与步骤

1. 用 Mathematica 判定非齐次线性方程组解的存在性

根据线性方程组解的存在性定理，只要求出系数矩阵和增广矩阵的秩，即可判定方程组的解是否存在.

求矩阵的秩，除了可以用 5.1 节中的方法外，还可以用下面命令：

```
n-Length[NullSpace [A]]
```

其中，n 是矩阵 **A** 的列数，Length[NullSpace [A]]是齐次线性方程组 $\boldsymbol{AX}=\boldsymbol{O}$ 的基础解系所含解的个数.

【例 5.6】 判定方程组 $\begin{cases} x_1 - 2x_2 + 3x_3 - x_4 = 1, \\ 3x_1 - x_2 + 5x_3 - 3x_4 = 2, \\ 2x_1 + x_2 + 2x_3 - 2x_4 = 3 \end{cases}$ 是否有解.

输入命令如下：

```
A={{ 1,-2, 3,-1},{3,-1, 5,-3},{2, 1, 2,-2}}                 (系数矩阵)
B={{ 1,-2, 3,-1, 1},{3,-1, 5,-3, 2},{2, 1, 2,-2, 3}}         (增广矩阵)
4-Length[NullSpace [A]]                                      (求系数矩阵的秩)
5-Length[NullSpace [B]]                                      (求增广矩阵的秩)
```

输出结果为：

```
Out[3]=2
Out[4]=3
```

结论:因为 $2 \neq 3$,所以方程组无解.

2. 用 Mathematica 求齐次线性方程组解的基础解系和通解

(1) 求 $\boldsymbol{AX}=\boldsymbol{O}$ 的基础解系用下面命令:

```
NullSpace [A]
```

(2) 求 $\boldsymbol{AX}=\boldsymbol{O}$ 的通解用下面命令:

```
Solve [{方程组}]
```

【例 5.7】 求齐次线性方程组 $\begin{cases} 3x_1+4x_2-5x_3+7x_4=0, \\ 2x_1-3x_2+3x_3-2x_4=0, \\ 4x_1+11x_2-13x_3+16x_4=0, \\ 7x_1-2x_2+x_3+3x_4=0 \end{cases}$ 的基础解系,并求通解.

第一种方法,输入命令:

```
A={{ 3, 4,-5, 7},{2,-3, 3,-2},{4, 11,-13, 16}, { 7,-2, 1, 3}};
NullSpace [A]
```

输出结果为:

```
Out[5]={{-13,-20, 0, 17},{3, 19, 17,0}}
```

这样,有了基础解系即可写出如下通解:

$\boldsymbol{X}= C_1(-13,-20,0,17)+C_2(3,19,17,0)$(其中 C_1 ,C_2 是任意常数)

第二种方法,用下面命令也可求出齐次线性方程组通解(最简通解方程组的形式,与上面形式不同).

输入命令:

```
Solve [{3x1+4x2-5x3+7x4==0, 2x1-3x2+3x3-2x4==0,
    4x1+11x2-13x3+16x4==0, 7x1-2x2+x3+3x4==0}]
```

输出结果为:

$$\left\{\left\{x1 \to \frac{3x3}{17}-\frac{13x4}{17}, x2 \to \frac{19x3}{17}-\frac{20x4}{17}\right\}\right\}$$

由此结果也很容易写出基础解系.

3. 用 Mathematica 求非齐次线性方程组解的通解和特解

(1) 求非齐次线性方程组解的通解可直接用 Solve 命令,格式如下:

```
Solve [{方程组}]
```

(2) 求非齐次线性方程组解的特解或唯一解可以用下面命令:

```
LinearSolve [系数矩阵,常数项矩阵]
```

【例 5.8】 求解方程组 $\begin{cases} \frac{1}{2}x_1 + \frac{1}{3}x_2 + x_3 = 1, \\ x_1 + \frac{5}{3}x_2 + 3x_3 = 3, \\ 2x_1 + \frac{4}{3}x_2 + 5x_3 = 2. \end{cases}$

第一种方法,输入命令:

```
Solve [{1/2x1+1/3x2+x3==1, x1+5/3x2+3x3==3, 2x1+4/3x2+5x3==2}]
```

输出结果为:

```
{{x1-> 4, x2-> 3, x3->-2}}
```

结果得到了方程组的唯一解.

第二种方法,本方法也能得到唯一解,但输入的不是方程组,而是矩阵.输入命令:

```
A={{1/2, 1/3, 1}, {1, 5/3, 3}, {2, 4/3, 5}};
b={1, 3, 2}(注意:在后面的运算中,计算机会自动识别 b 是行矩阵还是列矩阵)
LinearSolve[A, b]
```

输出结果为:

```
{4, 3,-2}
```

【例 5.9】 求 $\begin{cases} x_1 + 3x_2 + 4x_3 = 1, \\ 2x_1 + x_2 + 3x_3 = 1 \end{cases}$ 的特解及通解.

实验步骤:

(1) 求非齐次线性方程组的特解;

(2) 求相应齐次线性方程组的基础解系;

(3) 写出通解.

输入命令:

```
A={{1, 3, 4}, {2, 1, 3}};
b={1, 1}
LinearSolve[A, b]
NullSpace [A]
```

输出结果为:

$\left\{\frac{2}{5}, \frac{1}{5}, 0\right\}$

```
{{-1,-1, 1}}
```

结果中前者是特解,后者是基础解系,因而方程组的通解是:

$$\boldsymbol{X} = \begin{bmatrix} 2/5 \\ 1/5 \\ 0 \end{bmatrix} + C\begin{bmatrix} -1 \\ -1 \\ 1 \end{bmatrix}.$$

5.3 求方阵的特征值与特征向量的演示与实验

5.3.1 实验目的

1. 学习用 Mathematica 求方阵的特征值
2. 学习用 Mathematica 求方阵的特征值与对应的特征向量

5.3.2 内容与步骤

1. 用 Mathematica 求方阵的全部特征值

求方阵 **A** 的全部特征值用下面命令：

```
Eigenvalues [A]
```

【例 5.10】 求方阵 $\boldsymbol{A}=\begin{bmatrix}-2 & 1 & 1\\ 0 & 2 & 0\\ -4 & 1 & 3\end{bmatrix}$ 的全部特征值.

输入命令：

```
A={{-2, 1, 1 },{0, 2, 0 },{-4, 1, 3 }};          (方阵)
Eigenvalues [A]                                   (求方阵的特征值)
```

输出结果为：

```
Out[2]={ 2, 2,-1 }
```

这样，方阵 **A** 的三个特征值分别为 2,2,−1,其中有两个特征值相同.

2. 用 Mathematica 求方阵的特征值与对应的特征向量

求方阵的特征值与对应的特征向量，可以用以下两条命令.

(1) 求方阵 **A** 的一组线性无关的特征向量可用下面命令：

```
Eigenvectoes [A]
```

(2) 求方阵 **A** 的全部特征值与对应的线性无关的特征向量可用下面命令：

```
Eigensystem [A]
```

【例 5.11】 求方阵 $\boldsymbol{A}=\begin{bmatrix}-2 & 1 & 1\\ 0 & 2 & 0\\ -4 & 1 & 3\end{bmatrix}$ 的全部特征值与对应的线性无关的特征向量.

输入命令：

```
A={{-2, 1, 1 },{0, 2, 0 },{-4, 1, 3 }};
Eigenvalues [A]
```

输出结果为：

```
Out[2]={ 2, 2,-1 }
```

输入命令：

```
Eigenvectoes [A]
```

输出结果为：

```
Out[3]={{1,0,4},{1,4,0},{1,0,1}}
```

输入命令：

```
Eigensystem [A]
```

输出结果为：

```
Out[4]={{2,2,-1},{{1,0,4},{1,4,0},{1,0,1}}}
```

输入命令：

```
Eigensystem [A]// MatrixForm
```

输出结果为：

$$\text{Out[5]}=\begin{pmatrix} 2 & 2 & -1 \\ \{1,0,4\} & \{1,4,0\} & \{1,0,1\} \end{pmatrix}$$

这样，方阵 **A** 的特征值为 2 所对应的线性无关的特征向量有两个，分别为{1,0,4}，{1,4,0}，特征值为−1 所对应的线性无关的特征向量只有一个，即{1,0,1}.

提示：(1) 由【例 5.11】可知，函数 Eigensystem 最好用，输出的结果含义十分清楚，通常使用这个函数就可以了.

(2) 如果输入 **A** 的元素时使用了小数点，或者参数改为 N[A]，则求得近似解.

以下举例说明：

【例 5.12】 求方阵 $\boldsymbol{A}=\begin{bmatrix}1 & 2\\ 3 & 4\end{bmatrix}$ 的全部特征值与对应的线性无关的特征向量.

输入命令：

```
A={{ 1, 2 },{3, 4 }};
Eigensystem [A]// MatrixForm
```

输出结果为：

$$\text{Out[2]}=\begin{pmatrix} \frac{1}{2}(5+\sqrt{33}) & \frac{1}{2}(5-\sqrt{33}) \\ \{-\frac{4}{3}+\frac{1}{6}(5+\sqrt{33}),\ 1\} & \{-\frac{4}{3}+\frac{1}{6}(5-\sqrt{33}),\ 1\} \end{pmatrix}$$

输入命令：

```
Eigensystem [N[A]]// MatrixForm
```

输出结果为：

$$\text{Out[3]}=\begin{pmatrix} 5.37228 & -0.37228 \\ \{-0.415974,\ -0.909377\} & \{-0.824565,\ 0.565767\} \end{pmatrix}$$

输入命令：

```
A={{ 1.0, 2 },{3, 4 }};
Eigensystem [A]// MatrixForm
```

输出结果为：

$$\text{Out[4]}=\begin{pmatrix} 5.37228 & -0.37228 \\ \{-0.415974,\ -0.909377\} & \{-0.824565,\ 0.565767\} \end{pmatrix}$$

【例 5.13】 求方阵 $\boldsymbol{A}=\begin{bmatrix} -2 & 1 & 1 \\ 0 & 2 & 0 \\ -4 & 1 & 3 \end{bmatrix}$ 的全部特征值与对应的线性无关的特征向量.

输入命令：

```
A={{-2, 1, 1 },{0, 2, 0 },{-4, 1, 3 }};
Eigensystem [A]// MatrixForm
```

输出结果为：

$$\text{Out[2]}=\begin{pmatrix} 3 & 3 & 1 \\ \{-1,-1,1\} & \{0,0,0\} & \{-3,-1,3\} \end{pmatrix}$$

这样，方阵 $\boldsymbol{A}$ 的特征值为 3 所对应的线性无关的特征向量只有一个，即{−1，−1，1}，特征值为 1 所对应的线性无关的特征向量也只有一个，即{−3，−1，3}.

注意：这个例子中属于特征值 3 的线性无关的特征向量只有一个，这时不能找到 n 个线性无关的特征向量（不相似于对角矩阵）. 遇到这种情况，Mathematica 总是补上零向量！但零向量不是特征向量，与常规不一致，不要产生误解.

参考文献

[1]钱椿林,蒋麟,吴平．线性代数．北京:电子工业出版社,1997.
[2]钱椿林．线性代数．北京:高等教育出版社,2000.
[3]俞正光,李永乐,詹汉生．线性代数与解析几何．北京:清华大学出版社,1999.
[4]张文忠,杨盛祥,王莉．线性代数．重庆:重庆大学出版社,1997.
[5]彭玉芳,尹福源．线性代数．北京:高等教育出版社,1993.
[6]赵德修．线性代数．北京:高等教育出版社,1990.
[7]同济大学数学教研室．线性代数(第二版)．北京:高等教育出版社,1991.
[8]袁尚明．线性代数．上海:上海交通大学出版社,1988.

举报电话：（010）88254396；（010）88258888

传　　真：（010）88254397

E-mail：　dbqq@phei.com.cn

通信地址：北京市万寿路 173 信箱

　　　　　电子工业出版社总编办公室

邮　　编：100036